1945年诺贝尔物理学奖获得者

WOLFGANG PAULI 著作选译

PAULI LECTURES ON PHYSICS
VOLUME 4, 5, 6

PAOLI WULIXUE JIANGYI

泡利物理学讲义
（第四、五、六卷）

W. 泡利 著 洪铭熙 苑之方 等译

高等教育出版社·北京

图书在版编目（CIP）数据

泡利物理学讲义. 第4~6卷 /（美）泡利
（Pauli, W.）著；洪铭熙，苑之方译 . -- 北京：高等教
育出版社，2020. 8

书名原文：Pauli lectures on physics

ISBN 978-7-04-054105-2

Ⅰ. ①泡… Ⅱ. ①泡… ②洪… ③苑… Ⅲ. ①理论物
理学－高等学校－教材 Ⅳ. ① O41

中国版本图书馆 CIP 数据核字（2020）第 081797 号

| 策划编辑 | 王　超 | 责任编辑 | 王　超 | 封面设计 | 王　洋 | 版式设计 | 杨　树 |
| 插图绘制 | 于　博 | 责任校对 | 张　薇 | 责任印制 | 赵义民 | | |

出版发行	高等教育出版社	网　　址	http://www.hep.edu.cn
社　　址	北京市西城区德外大街4号		http://www.hep.com.cn
邮政编码	100120	网上订购	http://www.hepmall.com.cn
印　　刷	固安县铭成印刷有限公司		http://www.hepmall.com
开　　本	787mm×1092mm　1/16		http://www.hepmall.cn
印　　张	28.5		
字　　数	510千字	版　　次	2020年8月第1版
购书热线	010-58581118	印　　次	2020年8月第1次印刷
咨询电话	400-810-0598	定　　价	89.00元

再 版 说 明

　　本书为 1981 年中文版的重排版。利用重排机会,对全书进行了一些修改:根据有关规定修改了外国人名及物理学名词的中译名;根据国家有关标准规范使用了物理量的单位符号。

前 言

人们常说: 科学方面的教科书很快会过时。可是泡利讲义, 尽管其中一些是早在二十年以前讲授的, 为什么现在还要出版呢? 理由是简单的, 因为泡利介绍物理学的方式一点也不过时。他的论量子力学基础的著名论文发表在 1933 年德国百科全书《物理学手册》中①。二十五年后, 该文几乎未作改动地重新出现在新版本②中, 而投给这部百科全书的大多数文稿却必须完全重写。出现这种惊人事实的原因就在于泡利的风格, 在论文的透彻性和影响力方面, 他的这种风格是与论文主题的伟大相称的。科学写作的风格是一种品质, 这种品质当今正濒于消失。快速出版的压力是如此之大, 以致人们把草率地写成的文章和书籍匆忙付印, 而很少关心概念的细心阐述。目前, 数学和仪器手段的技巧变得又复杂又困难, 人们写作与学习上所花费的精力, 大部分是用于获得这些技巧, 而不是用于深入吃透重要概念。物理学的主要概念往往消失在数学论证的茂密丛林之中。这种情况并非一定如此。泡利讲义说明怎样才能够清晰地并用优美的数学形式把物理概念表达清楚, 而不致被形式化的专门技巧所掩盖。

从字面的意义上讲, 泡利不是一个有才艺的演说家。人们跟上他的课程往往是不容易的。但是, 当他的思想脉络和他的逻辑结构变得明显时, 注意听讲的追随者就会对主要概念留下一个新的更深刻的理解, 并对精美的推理结构留下一个更透彻的领悟, 这个精美的推理结构就是理论物理。这套讲课笔记不是他本人而是他的一些同事写的, 这一事实, 并不降低它们的价值。在其概念结构和数学严谨上, 它们体现了大师的特点。只是间或在某些地方人们确实没见到大师的一些词语和说明。除了场的量子化那些讲义, 人们对他的讲义并无过时之感, 在场的量子化讲义中, 有些概念的表达方式, 今天对有些

---

① 这部《物理学手册》(*Handbuch der Physik*) 是 H. Geiger 和 K. Scheel 主编的。泡利这篇论文 "*Dieallgemeinen Prinzipien der Wellenmechanik*" 曾载入该手册第二版, 第二十四卷, 第一分册 (1933)。——中译者注

② 泡利这篇论文的新版本载入 S. Flügge 主编的 *Handbuch der Physik* (*Encyclopedia of physics*) 第五卷, 第一分册 (1958)。——中译者注

人来说, 也许显得陈旧。尽管如此, 由于这些讲义的简洁性和直截了当地逼近中心问题, 它们对现代的学生来说该是有益的。

愿本卷作为一个范例, 说明创建理论物理学的伟人之一, 是怎样表达和讲授理论物理学概念的。

维克托 F. 外斯科夫
于马萨诸塞州坎布里奇市

目　录

第四卷　统 计 力 学

第五卷　波 动 力 学

第六卷　场量子化选题

第四卷

统 计 力 学

刘云喜　译

李季良　校

序

在"苏黎世联邦工业大学数学工作者与物理学工作者协会"(Verein der Mathematiker und Physiker an der E. T. H. Zürich) 出版的泡利六卷讲稿中,《统计力学》是最先出的一卷. 在多年讲授之后, 泡利本人的讲稿已开始散失. 因此他请当时的助教夏福罗特 (Schafroth, M. R.) 作课堂笔记供他本人之用. 结果, 笔记只是一份几乎没有正文的简短提纲. 但是, 学生请求泡利允许出版这些笔记给他们使用, 这已在 1947 年实现. 对于一个缺乏初步知识的学生说来, 听泡利讲课的确很不容易.

但是, 夏福罗特的笔记不仅反映了提纲是为泡利本人使用的原来目的, 也典型地代表了夏福罗特讨论物理学的风格. 它和本丛书中的《场量子化选题》①具有同一种风格, 后者也是以夏福罗特的笔记为基础的.

产生本讲义的这些特殊情况, 对译者和编者都提出了不少问题. 必须加进一些话, 某些推导也需要改动和扩充. 我相信, 这样作的结果使这本讲义变成了一部关于统计力学的简明教程, 它以简明的方式 (即使不容易) 着重向学生介绍基础概念的历史发展和理论的逻辑结构.

自从泡利作过这些讲演以来, 在用以详细洞察相变现象的统计力学简单模型的严格解方面取得了重大进展. 两维伊辛模型 (Ising model) 的昂萨格 (Onsager) 解, 作为这个领域中第一个也是最辉煌的成就, 虽然在这些讲义的德文原版之前三年就发表了, 但泡利未曾讨论过. 很可能当时泡利认为这个问题对于本课程的水平来说是一个太深和太专门的课题. 但是, 事实上从那时以来, 推导昂萨格结果的技巧已显著地简化. 对于这方面, 更一般地讲, 对于相变问题的恰当介绍, 可在斯坦里 (Stanley, H. E.) 的新著 "Phase Transitions and Critical Phenomena" (Oxford University Press, New York, 1971) 中找到.

查理 P. 安兹

日内瓦, 1971 年 11 月 19 日

---

① 见 *Pauli Lectures on Physics*: Volume6. *Selected Topics in Field Quantization* (本讲义第六卷).——中译者注

第一章

碰撞数假设[①][②]

§1. 初等气体分子运动论的概念

令 $f(\boldsymbol{v})\mathrm{d}^3v$ 是每立方厘米中速度在 d^3v 内的分子数. 并令 $n = \int f(\boldsymbol{v})\mathrm{d}^3v$ 是每立方厘米中的分子数. 函数 $f(\boldsymbol{v})$ 还可能与 $\boldsymbol{x}$ 有关. 于是, 我们有

$$\iint f(\boldsymbol{v}, \boldsymbol{x})\mathrm{d}^3v\mathrm{d}^3x = \int n(\boldsymbol{x})\mathrm{d}^3x = N,$$

式中 N 是分子总数.

压强张量定义为

$$p_{ik} = m \int v_i v_k f \mathrm{d}^3v, \quad p_{ik} = p_{ki} = nm\overline{v_i v_k},$$

式中 m 是分子的质量. 平均速度定义为

$$c_i \equiv \overline{v}_i = \frac{1}{n} \int v_i f \mathrm{d}^3v,$$

$$\boldsymbol{c} = \overline{\boldsymbol{v}} = \frac{1}{n} \int \boldsymbol{v} f \mathrm{d}^3v.$$

如果有分子的流动, $\boldsymbol{c} \neq 0$, 我们定义

$$\boldsymbol{u} = \boldsymbol{v} - \boldsymbol{c}.$$

于是, 严格地讲, 压强张量定义为

$$p_{ik} = nm \cdot \overline{u_i u_k} = m \int u_i u_k f(\boldsymbol{u} + \boldsymbol{c})\mathrm{d}^3u.$$

---

① 英译本直接用的德文 "stosszahlansatz".——中译者注
② "stosszahlansatz" 是一个关于计算气体分子间碰撞次数的假设.

由于 $\overline{\boldsymbol{u}} = 0$, 我们有

$$\overline{v_i v_k} = c_i c_k + \overline{u_i u_k}.$$

例: 考虑一均匀且各向同性的速度分布:

$$c_i = 0, \quad f(\boldsymbol{v}) = F(v), \quad v = |\boldsymbol{v}|,$$

$$p_{ik} = p\delta_{ik}, \quad p = nm\overline{v_1^2} = nm\overline{v_2^2} = nm\overline{v_3^2}.$$

于是,

$$p = \frac{1}{3}nm\overline{v^2}.$$

由这个方程可得出理想气体定律. 由于 $\frac{1}{2}nm\overline{v^2} = U =$ 每立方厘米分子的平均动能, 方程可以改写成

$$p = \frac{2}{3}U.$$

§2. 碰撞定律

我们考虑分别以速度 $\boldsymbol{v}$ 和 $\boldsymbol{V}$ 运动的两个质量 m 和 M 之间的碰撞. 定义相对速度

$$\boldsymbol{w} = \boldsymbol{v} - \boldsymbol{V}$$

和质心速度

$$\boldsymbol{U} = \frac{m\boldsymbol{v} + M\boldsymbol{V}}{m + M}.$$

解出 $\boldsymbol{v}$ 和 $\boldsymbol{V}$, 得到

$$\left.\begin{array}{l} \boldsymbol{v} = \boldsymbol{U} + \dfrac{M}{M+m}\boldsymbol{w} \\[2mm] \boldsymbol{V} = \boldsymbol{U} - \dfrac{m}{M+m}\boldsymbol{w} \end{array}\right\}. \tag{2.1}$$

这些方程连同动能定义 $E_{动} = \frac{1}{2}mv^2 + \frac{1}{2}MV^2$, 给出

$$E_{动} = \frac{m+M}{2}U^2 + \frac{1}{2}\frac{mM}{M+m}w^2. \tag{2.2}$$

如果用撇表示碰撞后的量, 则动量和能量守恒定律可写成

$$\left.\begin{array}{l} \boldsymbol{P}' = \boldsymbol{P} \longrightarrow \boldsymbol{U}' = \boldsymbol{U} \\[2mm] E'_{动} = E_{动} \end{array}\right\}. \tag{2.3}$$

将 $\boldsymbol{U}' = \boldsymbol{U}$ 代入 $E'_{动} = E_{动}$, 得

$$\boldsymbol{w}'^2 = \boldsymbol{w}^2, \quad |\boldsymbol{w}'| = |\boldsymbol{w}|. \tag{2.4}$$

守恒定律还不足以确定碰撞后的变量. 仍然缺少的两部分数据可借助于特殊模型来决定.

a. 弹性球模型

我们把分子理想化, 将它们当成刚性的弹性球. 用碰撞时由 m 中心指向 M 中心的单位矢量 n 来规定碰撞 (图 2.1), 于是有

$$\boldsymbol{w}'_n = -\boldsymbol{w}_n, \quad \boldsymbol{w}'_{\perp n} = \boldsymbol{w}_{\perp n}. \tag{2.5}$$

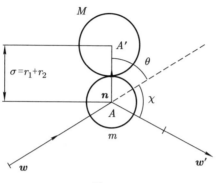

图 2.1

可以引进两个角以代替 n: $\theta = \boldsymbol{w}$ 与 n 间的夹角, $\varepsilon = $ 由 $\boldsymbol{w}$ 和 n 所决定的平面与一个包含 $\boldsymbol{w}$ 的固定平面之间的夹角. 于是, 散射角 $\chi = \pi - 2\theta$. 如果我们稍微改变一下初始条件, 以使 U 包含于 d^3U 中, $\boldsymbol{w}$ 包含于 d^3w 中, 那么 U' 将包含于 d^3U' 中, 而 $\boldsymbol{w}'$ 将包含于 d^3w' 中. 微分的关系为

$$\mathrm{d}^3U = \mathrm{d}^3U' \quad \text{(由方程 (2.3))}$$
$$\mathrm{d}^3w = \mathrm{d}^3w' \quad \text{(由方程 (2.5))}.$$

因此,

$$\mathrm{d}^3w\mathrm{d}^3U = \mathrm{d}^3w'\mathrm{d}^3U'. \tag{2.6}$$

此外, 由于方程 (2.1), 我们有

$$\frac{\partial(\boldsymbol{u}, \boldsymbol{w})}{\partial(\boldsymbol{v}, \boldsymbol{v})} = \prod_{i=1}^{3} \frac{\partial(U_i, w_i)}{\partial(V_i, v_i)} = 1 \times 1 \times 1 = 1. \tag{2.7}$$

利用方程 (2.6) 和 (2.7), 我们得到

$$\mathrm{d}^3V\mathrm{d}^3v = \mathrm{d}^3V'\mathrm{d}^3v'. \tag{2.8}$$

如果允许 n 在立体角 $\mathrm{d}^2\lambda = \sin\theta\mathrm{d}\theta\mathrm{d}\varepsilon$ 内变动, 于是由于没有 $\mathrm{d}^2\lambda'$, 我们有

$$\mathrm{d}^3V\mathrm{d}^3v\mathrm{d}^2\lambda = \mathrm{d}^3V'\mathrm{d}^3v'\mathrm{d}^2\lambda. \tag{2.9}$$

这就是以后要用到的一个碰撞不变量.

b. 一般有心力模型

假定分子是按照某种有心力的规律相互排斥的质点. 我们可以画一个类似于图 2.2 的图, 其中沿 w 和 w' 的直线不是质心的轨道, 而是轨道的渐近线.

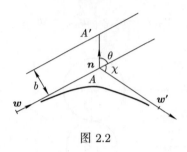

图 2.2

于是, 可以在轨道平面内引入平行于 w 和 w' 间夹角平分线的单位矢量 n, 而其方向是由 m 指向 M. 我们还可以引入碰撞参量 b, 散射角 $\chi = \chi(|w|, b)$, 和轨道平面角 ε. 如图 2.1, 我们定义 σ 为 $\sigma = b/\sin\theta$, 式中 $\theta = (\pi - \chi)/2$. 于是方程 (2.5) 仍然成立; 因此, 方程 (2.6), (2.8) 和 (2.9) 也成立, 而在这种情形, $\mathrm{d}^3v\,\mathrm{d}^3V$ 同样是碰撞不变量.

我们引入两个附加概念: 逆碰撞 (inverse collision) 和反碰撞 (opposite collision). 它们由下表中的参量来表述.

原碰撞	逆碰撞	反碰撞	
$\left\{\begin{array}{l} v, V; \theta, \varepsilon \\ U, w; n \end{array}\right.$	$\begin{array}{l} -v', -V'; \theta, \varepsilon \\ -U', -w'; n \end{array}$	$\left.\begin{array}{l} v', V'; \theta, \pi + \varepsilon \\ U', w'; -n \end{array}\right\}$	碰撞前
$\left\{\begin{array}{l} v', V' \\ U', w' \end{array}\right.$	$\begin{array}{l} -v', -V' \\ -U, -w \end{array}$	$\left.\begin{array}{l} v, V \\ U, w \end{array}\right\}$	碰撞后

§3. 碰撞引起的分布函数的变化

假定有两种类型的分子: 第 1 种用 f 和 v 描述, 第 2 种用 F 和 V 描述. 在 d^3v 中第 1 种分子数的减少是由 $a)$ 同第 2 种分子的碰撞和 $b)$ 同第 1 种分子的碰撞所引起的. 速度在 d^3V 中的第 2 种分子和速度在 d^3v 中的第 1 种分子之间每秒钟的碰撞数, 用 b 和 ε 表征为

$$wb\,\mathrm{d}b\,\mathrm{d}\varepsilon f(v)F(V)\mathrm{d}^3v\,\mathrm{d}^3V$$

(见图 3.1). 这意味着在 d^3v 中第 1 种分子数的 (负的) 变化率为:

$$\mathrm{d}^3v\frac{\partial f}{\partial t} = -\iiint \mathrm{d}^3V\,\mathrm{d}b\,\mathrm{d}\varepsilon\, wb f(v)F(V)\mathrm{d}^3v.$$

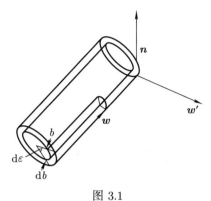

图 3.1

因同类分子 (第 1 种) 之间的碰撞而使 d^3v 中分子数减少的变化率是

$$\mathrm{d}^3v\frac{\partial f}{\partial t} = -\iiint \mathrm{d}^3V\mathrm{d}b\mathrm{d}\varepsilon wbf(\boldsymbol{v})f(\boldsymbol{V})\mathrm{d}^3v.$$

同样, 由于碰撞, 在 d^3v 中分子数的增加为

$$\mathrm{d}^3v\frac{\partial f}{\partial t} = +\iiint \mathrm{d}^3V'\mathrm{d}b\mathrm{d}\varepsilon wbf(\boldsymbol{v}')F(\boldsymbol{V}')\mathrm{d}^3v'$$
$$= +\iiint \mathrm{d}^3V'\mathrm{d}b\mathrm{d}\varepsilon wbf(\boldsymbol{v}')f(\boldsymbol{V}')\mathrm{d}^3v'.$$

在此式中, 已知量是 $\boldsymbol{v}$ 和 $\boldsymbol{V}$ 而不是 $\boldsymbol{v}'$ 和 $\boldsymbol{V}'$. 更确切地应写成

$$\boldsymbol{v}' = \boldsymbol{v}'(\boldsymbol{v},\boldsymbol{V},b,\varepsilon) \quad 和 \quad \boldsymbol{V}' = \boldsymbol{V}'(\boldsymbol{v},\boldsymbol{V},b,\varepsilon).$$

应用方程 (2.8) 得到

$$-\frac{\partial f}{\partial t} = \iiint wb\mathrm{d}b\mathrm{d}\varepsilon \mathrm{d}^3V[f(\boldsymbol{v})F(\boldsymbol{V}) - f(\boldsymbol{v}')F(\boldsymbol{V}')] +$$
$$\iiint wb\mathrm{d}b\mathrm{d}\varepsilon \mathrm{d}^3V[f(\boldsymbol{v})f(\boldsymbol{V}) - f(\boldsymbol{v}')f(\boldsymbol{V}')].$$

碰撞参量是 θ 和 w 的函数, $b = b(\theta, w)$. 所以

$$b\mathrm{d}b\mathrm{d}\varepsilon = b\left(\frac{\partial b}{\partial \theta}\right)_w \mathrm{d}\theta\mathrm{d}\varepsilon = Q\mathrm{d}^2\lambda,$$

式中

$$Q = b\left(\frac{\partial b}{\partial \theta}\right)_w \frac{1}{\sin\theta}.$$

对于刚性球, $Q = \sigma^2\cos\theta$. (在下文中, 对 $M - M$ 碰撞用 Q, 对 $M - m$ 碰撞用 $\overline{Q}$, 对 $m - m$ 碰撞用 q.)

最后, 我们有

$$-\frac{\partial f(\boldsymbol{v})}{\partial t} = \iint w\overline{Q}\mathrm{d}^2\lambda\mathrm{d}^3V[f(\boldsymbol{v})F(\boldsymbol{V}) - f(\boldsymbol{v}')F(\boldsymbol{V}')] +$$
$$\iint wq\mathrm{d}^2\lambda\mathrm{d}^3V[f(\boldsymbol{v})f(\boldsymbol{V}) - f(\boldsymbol{v}')f(\boldsymbol{V}')],$$

和

$$-\frac{\partial F(\boldsymbol{V})}{\partial t} = \iint w\overline{Q}\mathrm{d}^2\lambda\mathrm{d}^3v[f(\boldsymbol{v})F(\boldsymbol{V}) - f(\boldsymbol{v}')F(\boldsymbol{V}')] +$$
$$\iint wQ\mathrm{d}^2\lambda\mathrm{d}^3v[F(\boldsymbol{v})F(\boldsymbol{V}) - F(\boldsymbol{v}')F(\boldsymbol{V}')].$$

注: 在导出这一方程中, 除有心力的假定外, 我们还引入了一个基本假说; 这个假说称为 "碰撞数假设", 我们曾假定在圆柱形体积元 $bdbd\varepsilon$ 中分子的密度和其余气体中的密度是一样的. 可是, 因有密度涨落, $\partial f/\partial t$ 和 $\partial F/\partial t$ 也将有涨落. 由于忽略了这些涨落, 我们实际上未曾计算 $\partial f/\partial t$; 而是计算了 $\overline{\Delta f}/\Delta t$. 这一片面的平均也表示我们的公式选择了一个特定的时间范围, 这和推导中引用过的定律不同.

§4. 稳定分布

情况 1. 分布函数与位置无关

我们定义玻尔兹曼 H 函数

$$H_{\mathrm{B}} \equiv \int f \ln f \mathrm{d}^3v + \int F \ln F \mathrm{d}^3V, \tag{4.1}$$

和一相关函数

$$H \equiv \int f(\ln f - 1)\mathrm{d}^3v +$$
$$\int F(\ln F - 1)\mathrm{d}^3V = H_{\mathrm{B}} - n_m - n_M. \tag{4.2}$$

由于分子数守恒, 得

$$\frac{\mathrm{d}H}{\mathrm{d}t} = \frac{\mathrm{d}H_{\mathrm{B}}}{\mathrm{d}t}$$
$$= \int \ln f \frac{\partial f}{\partial t}\mathrm{d}^3v + \int \ln F \frac{\partial F}{\partial t}\mathrm{d}^3V$$
$$= -\iiint w\overline{Q}\mathrm{d}^2\lambda\mathrm{d}^3v\mathrm{d}^3V[\ln f(\boldsymbol{v}) + \ln F(\boldsymbol{V})] \times$$
$$[f(\boldsymbol{v})F(\boldsymbol{V}) - f(\boldsymbol{v}')F(\boldsymbol{V}')] -$$
$$\iiint wq\mathrm{d}^2\lambda\mathrm{d}^3v\mathrm{d}^3V[\ln f(\boldsymbol{v})][f(\boldsymbol{v})f(\boldsymbol{V}) - f(\boldsymbol{v}')f(\boldsymbol{V}')] -$$

$$\iiint wQ\mathrm{d}^2\lambda\mathrm{d}^3v\mathrm{d}^3V[\ln F(\boldsymbol{V})][F(\boldsymbol{v})F(\boldsymbol{V}) - F(\boldsymbol{v'})F(\boldsymbol{V'})].$$

我们有

(a)
$$\iiint wq\mathrm{d}^2\lambda\mathrm{d}^3v\mathrm{d}^3V[\ln f(\boldsymbol{v})]f(\boldsymbol{v})f(\boldsymbol{V})$$

$$= \frac{1}{2}\iiint wq\mathrm{d}^2\lambda\mathrm{d}^3v\mathrm{d}^3V[\ln f(\boldsymbol{v}) + \ln f(\boldsymbol{V})]f(\boldsymbol{v})f(\boldsymbol{V})$$

$$= \frac{1}{2}\iiint wq\mathrm{d}^2\lambda\mathrm{d}^3v\mathrm{d}^3V\{\ln[f(\boldsymbol{v})f(\boldsymbol{V})]\}f(\boldsymbol{v})f(\boldsymbol{V}).$$

(b) 由于分子是全同的, 因此交换 $\boldsymbol{v}$ 与 $\boldsymbol{V}$ 也就交换了 $\boldsymbol{v'}$ 和 $\boldsymbol{V'}$:

$$\iiint wq\mathrm{d}^2\lambda\mathrm{d}^3v\mathrm{d}^3V[\ln f(\boldsymbol{v})]f(\boldsymbol{v'})f(\boldsymbol{V'})$$

$$= \frac{1}{2}\iiint wq\mathrm{d}^2\lambda\mathrm{d}^3v\mathrm{d}^3V\{\ln[f(\boldsymbol{v})f(\boldsymbol{V})]\}f(\boldsymbol{v'})f(\boldsymbol{V'}).$$

(c) 用这些结果, 例如, 可得到 $\mathrm{d}H/\mathrm{d}t$ 式中的第二个积分,

$$-\frac{1}{2}\iiint wq\mathrm{d}^2\lambda\mathrm{d}^3v\mathrm{d}^3V\{\ln[f(\boldsymbol{v})f(\boldsymbol{V})]\}\{f(\boldsymbol{v})f(\boldsymbol{V}) - f(\boldsymbol{v'})f(\boldsymbol{V'})\}.$$

(d) 由于反碰撞的特性, 这个积分还可写成

$$-\frac{1}{4}\iiint wq\mathrm{d}^2\lambda\mathrm{d}^3v\mathrm{d}^3V\{\ln[f(\boldsymbol{v})f(\boldsymbol{V})] - \ln[f(\boldsymbol{v'})f(\boldsymbol{V'})]\} \times$$
$$\{f(\boldsymbol{v})f(\boldsymbol{V}) - f(\boldsymbol{v'})f(\boldsymbol{V'})\}.$$

最后得到

$$-\frac{\mathrm{d}H}{\mathrm{d}t} = \frac{1}{2}\iiint w\overline{Q}\mathrm{d}^2\lambda\mathrm{d}^3v\mathrm{d}^3V\{\ln[f(\boldsymbol{v})F(\boldsymbol{V})] -$$
$$\ln[f(\boldsymbol{v'})F(\boldsymbol{V'})]\} \times \{f(\boldsymbol{v})F(\boldsymbol{V}) - f(\boldsymbol{v'})F(\boldsymbol{V'})\} +$$
$$\frac{1}{4}\iiint wq\mathrm{d}^2\lambda\mathrm{d}^3v\mathrm{d}^3V\{\ln[f(\boldsymbol{v})f(\boldsymbol{V})] - \ln[f(\boldsymbol{v'})f(\boldsymbol{V'})]\} \times$$
$$\{f(\boldsymbol{v})f(\boldsymbol{V}) - f(\boldsymbol{v'})f(\boldsymbol{V'})\} +$$
$$\frac{1}{4}\iiint wQ\mathrm{d}^2\lambda\mathrm{d}^3v\mathrm{d}^3V\{\ln[F(\boldsymbol{v})F(\boldsymbol{V})] - \ln[F(\boldsymbol{v'})F(\boldsymbol{V'})]\} \times$$
$$\{F(\boldsymbol{v})F(\boldsymbol{V}) - F(\boldsymbol{v'})F(\boldsymbol{V'})\}.$$

因为

$$(x - y)(\ln x - \ln y) \begin{cases} > 0, & \text{对于 } x \neq y, \\ = 0, & \text{对于 } x = y, \end{cases}$$

所以我们得到玻尔兹曼 H 定理:

$$\frac{\mathrm{d}H}{\mathrm{d}t} \leqslant 0. \tag{4.3}$$

我们是在求稳定条件, 即求使 $\partial f/\partial t = 0$ 和 $\partial F/\partial t = 0$ 的分布 f 和 F. 由此有 $\mathrm{d}H/\mathrm{d}t = 0$, 它因此是稳定分布的必要条件. 由于 $\mathrm{d}H/\mathrm{d}t = 0$, 我们有

$$f(\boldsymbol{v})f(\boldsymbol{V}) = f(\boldsymbol{v}')f(\boldsymbol{V}') \tag{4.4}$$

$$F(\boldsymbol{v})F(\boldsymbol{V}) = F(\boldsymbol{v}')F(\boldsymbol{V}') \tag{4.5}$$

$$f(\boldsymbol{v})F(\boldsymbol{V}) = f(\boldsymbol{v}')F(\boldsymbol{V}'). \tag{4.6}$$

这些关系式必须对 $\boldsymbol{v}$ 和 $\boldsymbol{V}$ 的值所容许的所有 $\boldsymbol{v}'$ 和 $\boldsymbol{V}'$ 都成立; 就是说, 这些关系式对所有满足下列能量和动量守恒定律的 $\boldsymbol{v}'$ 和 $\boldsymbol{V}'$ 都成立:

$$\boldsymbol{p} = m\boldsymbol{v} + m\boldsymbol{V} = m\boldsymbol{v}' + m\boldsymbol{V}' = \boldsymbol{p}', \tag{4.7a}$$

$$\boldsymbol{P} = M\boldsymbol{v} + M\boldsymbol{V} = M\boldsymbol{v}' + M\boldsymbol{V}' = \boldsymbol{P}', \tag{4.8a}$$

$$\overline{\boldsymbol{P}} = m\boldsymbol{v} + M\boldsymbol{V} = m\boldsymbol{v}' + M\boldsymbol{V}' = \overline{\boldsymbol{P}'}, \tag{4.9a}$$

$$e = \frac{m}{2}v^2 + \frac{m}{2}V^2 = \frac{m}{2}v'^2 + \frac{m}{2}V'^2 = e', \tag{4.7b}$$

$$E = \frac{M}{2}v^2 + \frac{M}{2}V^2 = \frac{M}{2}v'^2 + \frac{M}{2}V'^2 = E', \tag{4.8b}$$

$$\overline{E} = \frac{m}{2}v^2 + \frac{M}{2}V^2 = \frac{m}{2}v'^2 + \frac{M}{2}V'^2 = \overline{E'}. \tag{4.9b}$$

可是, 由此即有 $\partial f/\partial t = 0$ 和 $\partial F/\partial t = 0$; 就是说, $\mathrm{d}H/\mathrm{d}t = 0$ 也是稳定分布的充分条件. 若我们作代换

$$\ln f = \varphi \text{ 和 } \ln F = \Phi,$$

则方程 (4.4)—(4.6) 变为

$$\varphi(\boldsymbol{v}) + \varphi(\boldsymbol{V}) = \varphi(\boldsymbol{v}') + \varphi(\boldsymbol{V}'), \tag{4.4a}$$

$$\Phi(\boldsymbol{v}) + \Phi(\boldsymbol{V}) = \Phi(\boldsymbol{v}') + \Phi(\boldsymbol{V}'), \tag{4.5a}$$

和

$$\varphi(\boldsymbol{v}') + \Phi(\boldsymbol{V}) = \varphi(\boldsymbol{v}') + \Phi(\boldsymbol{V}'), \tag{4.6a}$$

并以方程 (4.7a)—(4.9b) 作为辅助条件.

如果用拉格朗日乘子处理问题, 我们得到

$$\left[\frac{\partial\varphi}{\partial\boldsymbol{v}} + \alpha' m\boldsymbol{v} + \beta m\right] \cdot \mathrm{d}\boldsymbol{v} + [\cdots] \cdot \mathrm{d}\boldsymbol{V} = [\cdots] \cdot \mathrm{d}\boldsymbol{v}' + [\cdots] \cdot \mathrm{d}\boldsymbol{V}'. \tag{4.4b}$$

每个括号中的量都必须等于零:

$$\frac{\partial \varphi}{\partial \boldsymbol{v}} + \alpha' m \boldsymbol{v} + \boldsymbol{\beta} m = 0.$$

其解是

$$f = A' \exp\left[-\alpha' \frac{1}{2} m \boldsymbol{v}^2 - \boldsymbol{\beta} \cdot m \boldsymbol{v}\right].$$

如果定义 $\boldsymbol{c} = -\boldsymbol{\beta}/\alpha'$ 和 $\alpha' m/2 = \alpha$, $A' \exp(\alpha c^2) = A$, 则

$$f = A \exp[-\alpha(\boldsymbol{v} - \boldsymbol{c})^2].$$

这是一个叠加有恒定的分子流速 $\boldsymbol{c}$ 的麦克斯韦分布.

同样, 由方程 (4.5a) 得

$$F = \overline{A}' \exp\left[-a' \frac{1}{2} M \boldsymbol{V}^2 - \boldsymbol{b} \cdot M \boldsymbol{V}\right].$$

因为, 由方程 (4.6), fF 只能与 $\overline{E}$ 和 $\overline{P}$ 有关, 由此得到 $a' = \alpha'$ 和 $b = \beta$, 这说明在两种情况下 $\boldsymbol{c}$ 是相同的. 因此, 两种气体相互不可能有相对运动. 于是, 由此可见, 最一般的与位置无关的稳定分布是麦克斯韦分布:

$$f = A \exp[-\alpha(\boldsymbol{v} - \boldsymbol{c})^2],$$
$$F = \overline{A} \exp[-a(\boldsymbol{v} - \boldsymbol{c})^2].$$

情况 2. f 与位置和外力影响的关系

这两个因素在 $\partial f/\partial t$ 的式中引起了附加项.

(a) 与位置的关系. 由

$$f(t + \mathrm{d}t, \boldsymbol{x}, \boldsymbol{v}) = f(t, \boldsymbol{x} - \boldsymbol{v}\mathrm{d}t, \boldsymbol{v})$$

得出

$$\frac{\partial f}{\partial t} \mathrm{d}t = -\frac{\partial f}{\partial \boldsymbol{x}} \cdot \boldsymbol{v}\mathrm{d}t.$$

于是, 分子运动对 f 的时间导数的贡献是

$$-\frac{\partial f}{\partial \boldsymbol{x}} \cdot \boldsymbol{v}.$$

(b) 外力的影响. 在这种情况

$$m \frac{\mathrm{d}\boldsymbol{v}}{\mathrm{d}t} = \boldsymbol{K};$$

因此

$$f(t + \mathrm{d}t, \boldsymbol{x}, \boldsymbol{v}) = f\left(t, \boldsymbol{x}, \boldsymbol{v} - \frac{\boldsymbol{K}}{m}\mathrm{d}t\right).$$

于是, 对时间导数的贡献是

$$-\frac{\partial f}{\partial \boldsymbol{v}} \cdot \frac{\boldsymbol{K}}{m}.$$

用这些结果, 我们得到单一成分气体的分子运动论的完备的基本方程 [A–1][①]:

$$\frac{\partial f}{\partial t} + \frac{\partial f}{\partial \boldsymbol{x}} \cdot \boldsymbol{v} + \frac{\partial f}{\partial \boldsymbol{v}} \cdot \frac{\boldsymbol{K}}{m}$$

$$= \iint \mathrm{d}^3 V \mathrm{d}^2\lambda [f(\boldsymbol{v}')f(\boldsymbol{V}') - f(\boldsymbol{v})f(\boldsymbol{V})]wq.$$

这可直接推广到两种或更多种成分的气体.

为了求得稳定分布, 让我们假定 $\boldsymbol{K}$ 是一种保守力场:

$$\boldsymbol{K} = -\frac{\partial E_{势}}{\partial \boldsymbol{x}}.$$

根据分布是稳定的假定, 得 $\partial f/\partial t = 0$ 以及 f 因碰撞而引起的变化必须为零; 就是说, 基本方程的右边必须为零. 所以,

(1) f 是一个带位置依赖常数的麦克斯韦分布, 并且

(2) $m\boldsymbol{v} \cdot \dfrac{\partial f}{\partial \boldsymbol{x}} - \dfrac{\partial E_{势}}{\partial \boldsymbol{x}} \cdot \dfrac{\partial f}{\partial \boldsymbol{v}} = 0.$

这个式子是满足的, 如果 f 仅与 $E_{动}$ 和 $E_{势}$ 有关:

$$\frac{\partial f}{\partial \boldsymbol{x}} = \frac{\partial f}{\partial E} \frac{\partial E_{势}}{\partial \boldsymbol{x}},$$

$$\frac{\partial f}{\partial \boldsymbol{v}} = \frac{\partial f}{\partial E} m\boldsymbol{v};$$

因此,

$$\frac{\partial f}{\partial \boldsymbol{x}} \cdot m\boldsymbol{v} - \frac{\partial E_{势}}{\partial \boldsymbol{x}} \cdot \frac{\partial f}{\partial \boldsymbol{v}} = 0.$$

于是, 如果我们在麦克斯韦分布中用 $E = E_{动} + E_{势}$ 代替 $E_{动} = \dfrac{1}{2}mv^2$, 就得到稳定分布. 所得分布称为麦克斯韦–玻尔兹曼分布:

$$f(\boldsymbol{v}, \boldsymbol{x}) = A' \exp\left[-\alpha'\left(\frac{m}{2}v^2 + E_{势}(x)\right)\right].$$

---

① [A–1]—[A–8] 的注释在附录中.

关于严格推导这个公式的注释. 我们必须从广义 H 定理开始, 其中与位置有关的 H 函数应对气体体积 G 积分:

$$\mathscr{H} = \int_G \mathrm{d}^3 x H(\boldsymbol{x}) = \int_G \mathrm{d}^3 x \int_\infty \mathrm{d}^3 v (f \ln f - f),$$

$$\frac{\mathrm{d}\mathscr{H}}{\mathrm{d}t} = \int_\infty \mathrm{d}^3 v \int_G \mathrm{d}^3 x \ln f \frac{\partial f}{\partial t}$$

$$= J - \int_\infty \mathrm{d}^3 v \int_G \mathrm{d}^3 x \ln f \frac{\partial f}{\partial \boldsymbol{x}} \cdot \boldsymbol{v} - \int_\infty \mathrm{d}^3 v \int_G \mathrm{d}^3 x \ln f \frac{\partial f}{\partial \boldsymbol{v}} \cdot \frac{\boldsymbol{K}}{m}$$

$$= J - \int_\infty \mathrm{d}^3 v \int_\Sigma \mathrm{d}\boldsymbol{\sigma} \cdot \boldsymbol{v}(f \ln f - f) -$$

$$\int_G \mathrm{d}^3 x \int_\Omega \mathrm{d}\boldsymbol{\omega} \cdot \frac{\boldsymbol{K}}{m}(f \ln f - f).$$

这里, $J \leqslant 0$, 而 Σ 是 G 的边界. 在 $\boldsymbol{v}$-空间中对无限大球面 Ω 的积分显然为零.

如果假定 Σ 由理想反射壁构成, 或者对气体不加以限制, 以致 Σ 可以放到无限远处, 就可以使第二个积分为零. 于是,

$$\frac{\mathrm{d}\mathscr{H}}{\mathrm{d}t} = J = \int_G \mathrm{d}^3 x \int \mathrm{d}^3 v \int \mathrm{d}^3 V \int \mathrm{d}^2 \lambda \times$$

$$[f(\boldsymbol{v}')f(\boldsymbol{V}') - f(\boldsymbol{v})f(\boldsymbol{V})] q w \ln f \leqslant 0.$$

对于稳定分布, 我们有 $\partial f / \partial t = 0$, 它意味着 $\mathrm{d}\mathscr{H}/\mathrm{d}t = 0$. 这也只有对于带有确定的辅助条件[①]的

$$f(\boldsymbol{v}')f(\boldsymbol{V}') = f(\boldsymbol{v})f(\boldsymbol{V})$$

才是可能的. 结果为

$$f = A \exp[-\alpha(\boldsymbol{v} - \boldsymbol{c})^2],$$

式中 A, α 和 $\boldsymbol{c}$ 是 $\boldsymbol{x}$ 的函数. 此式只有当 [A–1]

$$\frac{\partial f}{\partial \boldsymbol{x}} \cdot \boldsymbol{v} + \frac{\partial f}{\partial \boldsymbol{v}} \cdot \frac{\boldsymbol{K}}{m} = \frac{\partial f}{\partial \boldsymbol{x}} \cdot \frac{\mathrm{d}\boldsymbol{x}}{\mathrm{d}t} + \frac{\partial f}{\partial \boldsymbol{v}} \cdot \frac{\mathrm{d}\boldsymbol{v}}{\mathrm{d}t} = 0$$

时, 即只有当 f 是分子运动方程的与时间无关的积分时, 才满足基本方程和稳定分布的条件 $\partial f / \partial t = 0$. 由此, 我们可以得到下面最一般的分布函数 [A–1]:

$$f = A \exp\left[-\alpha\left(\frac{2(E_{动} + E_{势})}{m} - 2\boldsymbol{v} \cdot \boldsymbol{c}\right)\right].$$

这里, (1) $\alpha = $ 常量, $A = $ 常量,

(2) $\boldsymbol{K}$ 必须有势 $E_{势}$,

(3) $\boldsymbol{c} = \boldsymbol{c}^0 + \boldsymbol{\omega} \times \boldsymbol{x}$ 相当于刚体的运动, 因此速度矢量处处与等势面相切.

---

① 指 (4.7a)—(4.9b).——中译者注

§5. 输运现象

基本方程也提供了处理输运现象的正确根据.

a. 黏性

我们忽略外力:

$$\frac{\partial f}{\partial t} + \frac{\partial f}{\partial \boldsymbol{x}} \cdot \boldsymbol{v} = \iint \mathrm{d}^3 V \mathrm{d}^2 \lambda w q[f(\boldsymbol{v}')f(\boldsymbol{V}') - f(\boldsymbol{v})f(\boldsymbol{V})].$$

压强张量

$$p_{ik} = \int m v_i v_k f \mathrm{d}^3 v$$

是要计算的. 作为例子, 我们考虑两平板间的气体, 一板固定, 一板运动 (图 5.1). 作为零级近似, 可令

$$c_x(z) = C\frac{z}{d} \quad \text{(根据宏观理论)};$$

于是,

$$\begin{aligned} f_0(\boldsymbol{v}) &= A \exp[-\alpha(\boldsymbol{v} - \boldsymbol{c})^2] \\ &= A \exp\left[-\alpha\left[\left(v_x - C\frac{z}{d}\right)^2 + v_y^2 + v_z^2\right]\right]. \end{aligned}$$

然而, 这不是基本方程的解, 因为基本方程左边有 $(\partial f/\partial z)v_z$ 这一项. 更进一

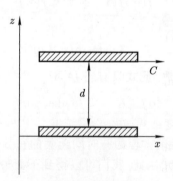

图 5.1

步的近似可写成

$$f = f_0[1 + u_x u_z B(u^2) + \cdots],$$

其中

$$u_x = v_x - C\frac{z}{d}, \quad u_y = v_y, \quad u_z = v_z.$$

由基本方程得

$$-u_z \frac{\partial f}{\partial u_x} \frac{C}{d} = \iint \mathrm{d}^2\lambda \mathrm{d}^3 U w q\{f_0(\boldsymbol{u}')f_0(\boldsymbol{U}')[u_x'u_z'B(u'^2) +$$

$$U_x'U_z'B(U'^2)] - f_0(\boldsymbol{u})f_0(\boldsymbol{U})[u_xu_zB(u^2) + U_xU_zB(U^2)]\}.$$

容易验证, 由力的球对称性而引起的与速度方向的依存关系是同样地被满足的. 剩下来的是一个关于 $B(u^2)$ 的复杂的积分方程 (见 S. CHAPMAN and T. G. COWLING, *Mathematical Theory of Non-Uniform Gases*). 切应力可用 $B(u^2)$ 算出:

$$p_{xz} = m \int u_x^2 u_z^2 f_0(\boldsymbol{u}) B(u^2) \mathrm{d}^3 u.$$

无需计算, 显然结果必定是

$$p_{xz} = -\eta \frac{C}{d} = -\eta \frac{\partial c_x}{\partial z}.$$

注: 我们的近似使切应力成为线性. 利用平均自由程 l 的概念 (当然, 它隐含于积分方程中), 根据初等理论可以认为, 只有当 l 小于容器的线度时, 这种近似才是好的. 如果这个条件不满足, 就必须考虑高次项, 从而导致与宏观理论的偏差.

b. 热传导

解决热传导问题, 可用更一般的表达式 [A–1]

$$f(\boldsymbol{u}) = f_0(\boldsymbol{u})\Bigg\{1 + \sum_{i,k}\left(u_iu_k - \frac{1}{3}\delta_{ik}u^2\right)\frac{\partial c_i}{\partial x_k}B(u^2) +$$

$$\sum_k u_k \frac{\partial T}{\partial x_k}A(u^2) + \cdots\Bigg\},$$

式中 $T = m/(2k\alpha)$ 是温度, k 是玻尔兹曼常量.

现在我们将初等理论的结果与查普曼 (Chapman) 严格理论的结果进行比较. 初等理论给出的黏度系数是

$$\eta = \frac{\gamma}{\pi^{3/2}}\frac{\sqrt{mkT}}{\sigma^2},$$

式中 $\gamma \sim 1$ 是一个未定的因子; 热传导系数由 $\kappa = \delta\eta c_v$ 给出, 其中 δ 是另一个大约为 1 的因子. 用严格理论, 我们得到

$$\eta = \frac{1}{\sigma^2}\sqrt{\frac{mkT}{\pi}} \times \frac{5}{16} \times 1.016,$$

这说明

$$\gamma = \frac{5.08}{16} \times \pi = 0.998;$$

我们还得到

$$\kappa = 2.522 \times \eta c_v,$$

这意味着

$$\delta = 2.522.$$

注意: (1) 分子间力的规律的形式并不影响 η 与压强的无关, 但却影响 η 与温度的依赖关系.

(2) 引入的唯一张量是迹为零的张量, 即 $u_i u_k - \frac{1}{3}\delta_{ik}u^2$, 这个事实是力的球对称性的结果, 并对球对称的速度分布导致压强张量为零的结论. 换句话说, 由于我们用张量计算, 原则上可能的两个常数约化为一个:

$$p_{ik} = -\eta \left\{ \left(\frac{\partial c_i}{\partial x_k} + \frac{\partial c_k}{\partial x_i} \right) - \frac{2}{3}\delta_{ik} \sum_l \frac{\partial c_l}{\partial x_l} \right\},$$

$$\sum_i p_{ii} = 0.$$

§6.　H 定理的意义. 温度

由 §4 有

$$\mathscr{H} = \iint \mathrm{d}^3 x \mathrm{d}^3 v (f \ln f - f) = \mathscr{H}_{\mathrm{B}} - N.$$

我们现在特别研究麦克斯韦分布:

$$f = A \exp[-\alpha v^2], \quad \int f \mathrm{d}^3 v = A \left(\frac{\pi}{\alpha} \right)^{\frac{3}{2}} = n,$$

使得

$$A = n \left(\frac{\alpha}{\pi} \right)^{\frac{3}{2}}, \quad \overline{v_1^2} = \overline{v_2^2} = \overline{v_3^2} = \frac{1}{3}\overline{v^2} = \frac{1}{2\alpha}.$$

于是,

$$\mathscr{H} = \iint \mathrm{d}^3 x \mathrm{d}^3 v f (\ln A - \alpha v^2 - 1) = N(\ln A - \alpha \overline{v^2} - 1)$$

$$= N \left(\ln n + \frac{3}{2}\ln \alpha - \frac{3}{2}\ln \pi - \frac{5}{2} \right)$$

$$= N \left(\ln N - \ln V + \frac{3}{2}\ln \alpha - \frac{3}{2}\ln \pi - \frac{5}{2} \right).$$

此外,

$$E = N\frac{m}{2}\overline{v^2} = N\frac{3m}{4\alpha},$$

$$\mathscr{H} = N\left(-\ln V - \frac{3}{2}\ln E + \left[\ln N + \frac{3}{2}\ln\left(\frac{3mN}{4\alpha}\right) - \frac{5}{2}\right]\right)$$

$$= N\left(-\ln V - \frac{3}{2}\ln E + 常量\right).$$

对于热力学熵 S, 有

(1) S 只确定到一相加常数,

(2) $p = T(\partial S/\partial V)_E, 1/T = (\partial S/\partial E)_V.$

对于 1mol 的理想气体,

$$S = C_v\ln E + R\ln V + 常量.$$

另一方面, 对于 1mol 的单原子气体,

$$\mathscr{H} = -\frac{3L}{2}\ln E - L\ln V + 常量,$$

式中, L = 洛施密特 (Loschmidt) 数 [阿伏伽德罗 (Avogadro) 数]. 与 $R/L = k$ 比较, 得

$$S = -k\mathscr{H} + 常量,$$

和 $C_v = \frac{3}{2}R$, 这证实了一个以前的结果 (见 §1 末). 由此即有

$$\left(\frac{\partial S}{\partial E}\right)_V = \frac{1}{T} = -k\left(\frac{\partial \mathscr{H}}{\partial E}\right)_V = +\frac{3LK}{2\overline{E}} = \frac{2\alpha k}{m},$$

式中

$$\alpha = \frac{m}{2kT} \quad 或 \quad T = \frac{m}{2k\alpha}.$$

注: 在热力学中, 温度是原量 (primary quantity); 由此, 借助于一般的假定 (头两个定律), 导出熵的概念. 另一方面, 在统计力学中, 可定义具有熵特性的 $\mathscr{H}$ 函数; 于是由 $\mathscr{H}$ 可把温度定义为副量 (secondary quantity),

$$\left(\frac{\partial \mathscr{H}}{\partial E}\right)_V = -\frac{1}{kT},$$

正如上面曾对单原子理想气体所作的那样. 引用温度概念, $\mathscr{H}$ 可写成

$$-\mathscr{H} = N\left(\ln\frac{V}{N} + \frac{3}{2}\ln T + \frac{3}{2}\ln\frac{2\pi k}{m} + \frac{5}{2}\right).$$

就能斯特 (Nernst) 定理的意义上说, 我们不必对这里出现的熵常数赋予更多的意义, 因为在定义 $\mathscr{H}$ 时, 其量纲并没有完全确定. 的确, $f\mathrm{d}^3v\mathrm{d}^3x$ 是无量纲的, 但 f 却不然, 因此, $\iint f\ln f\mathrm{d}^3v\mathrm{d}^3x$ 只确定到一个相加的 (与量纲相关) 常数, 而熵常数的不确定性保留着. 这个问题只能在量子统计中解决.

§7.　理想气体的统计

我们将 (v, x)-空间分成元胞, 每个元胞具有恒定的体积 ω, 并用指标 k 对它们编号;

$$N_k = \iint_k f\mathrm{d}^3v\mathrm{d}^3x$$

是第 k 个元胞的随时间变化的占有数. 由于 N_k 不连续地变化, 我们只考虑有限的时间间隔 τ.

我们将全部 N_k 的集合称为气体的一个宏观态. 当然, 总是有

$$\sum_k N_k = N \text{ 和 } \sum_k N_k\varepsilon_k = E = \text{常量},$$

对于我们的单原子理想气体情况, $\varepsilon_k = mv_k^2/2$.

气体的微观态定义为指明每个原子处在那个元胞内的那些数的一个集合:

$s =$ 标记原子的数,

$k_s =$ 原子 s 位于其中的那个元胞的标号,

$(k_s) =$ 微观态.

我们有

$$\sum_{s=1}^{N} \varepsilon_{k_s} = E.$$

宏观态唯一地由微观态确定, 虽然反过来是不正确的. 对于每一个宏观态有很多个微观态, 即和把 N 个元 (element) 排列成 $N_1, N_2, \cdots$ 诸相同元的各组 (groups) 的方式一样多. 这个 "多项式系数" 是大家知道的:

$$\frac{N!}{N_{1!}N_{2!}\cdots N_{k!}\cdots} = \frac{N!}{\prod_k N_{k!}}.$$

玻尔兹曼的基本假说: 所有微观态是同等概然的.

讨论: 我们必须认为 "概率" 是事件的相对 (后验的)出现次数; 但是在哪一种系综内呢? 可能性是:

1. 气体的时间系综, 是由气体的时间发展中各离散时刻构成的.

2. 统计系综, 是由同一时刻的很多气体构成的.

玻尔兹曼假定这两种系综给出相同的结果. 时间系综是用力学方法确定的, 而且可以预料, 对于某些特殊的初态, 这一假说肯定将不被满足. 可是, 这些异常初态的权重与其他初态相比必定是小到可以不计.

玻尔兹曼假说成立的必要条件是: 除能量积分外不存在运动方程的二次积分; 这是很清楚的. 充分条件较不明显.

玻尔兹曼假说与吉布斯 (Gibbs) 的各态历经假说密切相关, 后者在经典力学框架内显然是不能证明的.

如果我们承认玻尔兹曼假说, 则得到宏观态 (N_k) 的相对概率是

$$W = \frac{N!}{\prod_k N_{k!}}.$$

对于 $N_k \gg 1$, 引用斯特林 (Stirling) 公式, 得

$$\ln W = \ln N! - \sum_k N_k(\ln N_k - 1).$$

a. 与 $\mathscr{H}$ 的关系

$$\begin{aligned}
\mathscr{H} &= \iint f(\ln f - 1)\mathrm{d}^3 v\mathrm{d}^3 x \\
&= \sum_k N_k \left(\ln \frac{N_k}{\omega} - 1 \right) \\
&= \sum_k N_k(\ln N_k - 1) - N \ln \omega.
\end{aligned}$$

因此

$$\ln W = \ln N! - \mathscr{H} - N \ln \omega.$$

第一项和第三项与分布无关; 它们补偿 $\mathscr{H}$ 的不同量纲.

b. 最概然分布

利用拉格朗日乘子, 我们得到下面关于极值的结果:

$$\frac{\partial \ln W}{\partial N_k} - \alpha \varepsilon_k + \beta = 0, \quad N_k = A \exp[-\alpha \varepsilon_k].$$

就是说, 麦克斯韦–玻尔兹曼能量分布是最常见的宏观态.

c. 理想气体中的涨落理论

我们考虑麦克斯韦分布:

$$N_k^0 = A \exp[-\alpha \varepsilon_k]$$

附近的状态, $N_k = N_k^0 + \Delta_k, \sum_k \Delta_k = 0, \sum_k \varepsilon_k \Delta_k = 0,$

$$\ln W = \ln W_0 + \sum_k \left(\frac{\partial \ln W}{\partial N_k} \right)_0 \Delta_k +$$
$$\frac{1}{2} \sum_{k,l} \left(\frac{\partial^2 \ln W}{\partial N_k \partial N_l} \right)_0 \Delta_k \Delta_l + \cdots .$$

由于辅助条件, 一次项为零; 而二次项变为

$$\frac{\partial^2 \ln W}{\partial N_k \partial N_l} = -\frac{1}{N_k} \delta_{k,l}.$$

于是,

$$\ln W = \ln W_0 - \frac{1}{2} \sum_k \frac{1}{N_k^0} \Delta_k^2, \quad W = W_0 \prod_k \exp \left[-\frac{1}{2} \frac{\Delta_k^2}{N_k^0} \right].$$

我们能够得出下面的结论:

1. 麦克斯韦分布实际上代表 W 的一个极大值.

2. 密度涨落为

$$\overline{\Delta_k^2} = N_k^0.$$

d. H 定理的讨论

$\mathscr{H}$ 达到极小值后, 它将不能无限期地保持这个值; 而是要发生涨落, 而且常常不是大的涨落. 如果在 t 时刻发生一个大的涨落, 那么在 $t+\tau$ 时刻发生一个甚至更大的涨落或在 $t-\tau$ 时已经发生过一个更大的涨落的情况都将是极为稀有的. 由此, 重又确立了时间对称性. 我们用碰撞数假设所进行的计算不适用于单一的气体; 只适用于统计系综. 就统计系综而论, 对单一的气体, $\mathscr{H}$ 值必须是离散的, 它由满足 H 定理的连续分布值来代替. 可是, 当我们从热力学角度观察不可逆性时, 情况总是使得位置和速度的分布, 以压倒一切的概率接近平衡分布, 虽然微小的涨落还是不断地发生.

e. 熵概念的推广

统计观点还使我们得以表述非平衡态熵的定义. 对于 1 和 2 两个态, 我们有

$$S_2 - S_1 = k \ln \frac{W_2}{W_1};$$

留下附加常数未定, 我们得到

$$S = k \ln W.$$

由于是对数, 并且因为独立态的概率是相乘的, 因此保持了熵的相加性.

第二章

一般统计力学

下面, 不再局限于研究理想气体. 我们寻求一种普遍方案, 用以从力学系统的力学结构导出该力学系统的热力学状态函数.

§8. 相空间和刘维尔定理

我们考察一个具有 N 个自由度的力学系统, 它由下列正则形式的运动方程描述:

$$\dot{q}_i = \frac{\partial H}{\partial p_i},$$

$$\dot{p}_i = -\frac{\partial H}{\partial q_i}.$$

对于确定的初始值 q_i^0 和 p_i^0, 这些方程的积分给出系统的时间展开, 几何上表示成 $2N$ 维相空间中的一条曲线, 相空间中的轨迹为

$$\left.\begin{array}{l} q_i = q_i(q_k^0, p_k^0, t) \\ p_i = p_i(q_k^0, p_k^0, t) \end{array}\right\} \text{ 以及 } \left\{\begin{array}{l} q_i(q_k^0, p_k^0, 0) = q_i^0 \\ p_i(q_k^0, p_k^0, 0) = p_i^0. \end{array}\right.$$

此外, 由运动方程有

$$\dot{H} = \frac{\mathrm{d}H}{\mathrm{d}t} = \frac{\partial H}{\partial t} + \sum_k \left\{ \dot{q}_k \frac{\partial H}{\partial q_k} + \dot{p}_k \frac{\partial H}{\partial p_k} \right\} = \frac{\partial H}{\partial t}.$$

当 H 不显含时间时, 则 $\partial H/\partial t = 0$, 于是

$$H(p, q) = E = \text{常量}.$$

这意味着, 对于时间无关的 H, 相空间中的轨迹完全位于能量超曲面上. 由于相空间中的轨迹唯一地决定于微分方程和初始条件, 因此两条轨迹决不能相交.

刘维尔定理

在相空间中, 一个体积元的体积在时间进程中不变, 如果它的每个点在相空间中描画出由运动方程所决定的轨迹的话; 就是说

$$D(t, t_0) = \frac{\partial(p, q)}{\partial(p^0, q^0)} = 1.$$

我们可分两步证明这个关系:

1. 首先证明

$$[\partial D(t, t_0)/\partial t]_{t=t_0} = 0.$$

定义 $\varepsilon = t - t_0$, 可写出

$$D(t, t_0) = 1 + \varepsilon \left[\frac{\partial D}{\partial t}(t, t_0)\right]_{t=t_0} + \cdots$$

$$= 1 + \varepsilon \sum_i \left(\frac{\partial \dot{p}_i}{\partial p_i^0} + \frac{\partial \dot{q}_i}{\partial q_i^0}\right)_{t=t_0} + \cdots.$$

因此,

$$\left[\frac{\partial D(t, t_0)}{\partial t}\right]_{t=t_0} = \sum_i \left(\frac{\partial \dot{p}_i}{\partial p_i^0} + \frac{\partial \dot{q}_i}{\partial q_i^0}\right)_{t=t_0}$$

$$= \sum_i \left(-\frac{\partial^2 H}{\partial p_i^0 \partial q_i} + \frac{\partial^2 H}{\partial q_i^0 \partial p_i}\right)_{t=t_0}$$

$$= \sum_i \left(-\frac{\partial^2 H}{\partial p_i^0 \partial q_i^0} + \frac{\partial^2 H}{\partial q_i^0 \partial p_i^0}\right) = 0.$$

2. 由雅可比行列式乘法定律, 有

$$\frac{\partial D(t, t_0)}{\partial t} = \frac{\partial D(t, t_1)}{\partial t} D(t_1, t_0).$$

令 t_1 趋近 t, 则得

$$\frac{\partial D(t, t_0)}{\partial t} = \left[\frac{\partial D(t, t_1)}{\partial t}\right]_{t_1=t} D(t, t_0).$$

因此

$$\frac{\partial D(t, t_0)}{\partial t} = 0, \quad D(t, t_0) = 常量.$$

因为 $D(t_0, t_0) = 1$, 我们便得到所要求的结果 $D(t, t_0) = 1$.

§9. 微正则系综

我们考虑相空间中具有密度 $\rho(p, q; t)$ 的统计系综; 就是说, 在体积元 $\mathrm{d}^{2N}\Omega$ 中有 $\rho(p, q; t)\mathrm{d}^{2N}\Omega$ 个系综点. 像在流体动力学中那样, 令 $\partial/\partial t$ 表示在固定点取导数, 而令 $\mathrm{D}/\mathrm{D}t$ 表示沿相空间中力学轨迹取导数:

$$\frac{\mathrm{D}}{\mathrm{D}t} = \frac{\partial}{\partial t} + \sum_k \left(\dot{q}_k \frac{\partial}{\partial q_k} + \dot{p}_k \frac{\partial}{\partial p_k} \right).$$

由定义,

$$\frac{\mathrm{D}}{\mathrm{D}t}(\rho \mathrm{d}^{2N}\Omega) = 0.$$

此外, 根据刘维尔定理,

$$\frac{\mathrm{D}}{\mathrm{D}t}\mathrm{d}^{2N}\Omega = 0.$$

故

$$\frac{\mathrm{D}\rho}{\mathrm{D}t} = 0,$$

它可以写成

$$\frac{\partial \rho}{\partial t} + \sum_k \left(\dot{q}_k \frac{\partial \rho}{\partial q_k} + \dot{p}_k \frac{\partial \rho}{\partial p_k} \right) = 0,$$

$$\frac{\partial \rho}{\partial t} + \sum_k \left(\frac{\partial H}{\partial p_k} \frac{\partial \rho}{\partial q_k} - \frac{\partial H}{\partial q_k} \frac{\partial \rho}{\partial p_k} \right) = 0.$$

引用泊松括号, 表述为

$$\frac{\partial \rho}{\partial t} + [H, \rho] = 0.$$

如果分布是稳定的, 必然有 $\partial\rho/\partial t = 0$, 即

$$[H, \rho] = 0.$$

这恰好是运动方程的积分与时间无关的条件. 因此, 稳定的密度分布只可能依存于运动方程的与时间无关的积分.

稳定分布的最简单的情况是当 ρ 只和能量有关: $\rho = \rho(E)$. 这显然是一种稳定分布, 而且, 正如确实不易证明那样, 它也是仅有的这样一种正规分布 (即仅有的对 p 和 q 的依存关系不是太不连续的分布). 所以, 根据纯物理学的理由, 可以期望这种情况包括所有合理的密度.

特别有趣的是那些仅与能量有关, 并描述闭合系的密度:

$$\rho = \rho(E) = \begin{cases} \text{常量}, & E < H < E + \mathrm{d}E, \\ 0, & \text{在其他情况下}. \end{cases}$$

这样一种分布称为微正则分布. 对于这里所考虑的系统, 能量壳一般是一个闭合的或至少是有限的超曲面. 由于这个原因, 能量壳的体积是有限的:

$$\int_{E<H<E+\mathrm{d}E} \mathrm{d}^{2N}\Omega = \omega(E)\mathrm{d}E.$$

在这方面, 本质上有两种观点: 玻尔兹曼观点和吉布斯观点.

a. 玻尔兹曼观点

原则上, 考虑一个系统而不考虑统计系综就足够了. 宏观观测到的是形如

$$\overline{f}^t = \lim_{T\to\infty} \frac{1}{2T} \int_{-T}^{+T} f(p,q)\mathrm{d}t$$

的时间平均值. 这种观点除了极少数例外, 是以力学系统的初始条件不影响这些平均值的假定为基础. 除这样的时间平均值从未能算出来之外 [A–2], 这种观点在物理学上是极令人满意的. 由于这个理由引入了各态历经假说. 各态历经假说表明, 除了与所有其他初始条件相比重要性小到可以不计的那些初始条件外, 对于合理的函数 f, 时间平均与对微正则系综的统计平均是等同的.

各态历经假说可看成是玻尔兹曼基本假说 (§7) 的推广. 历史上, 各态历经假说是这样一个假定, 即相空间中的轨迹在时间进程中任意接近相空间的每个点. 我们的假定较强. 作为例子, 考虑在小区域 G 内 $f=1$, 而在 G 的外部 $f=0$ 的情况. 于是, 我们发现

时间平均 = 系统在 G 中的住留时间分数,

系综平均 = G 的体积.

这意味着, 系统在 G 中的住留时间分数与 G 的体积成正比. 这个说法超过了原始的各态历经假说.

用经典方法或许不能证明的各态历经假说, 可以证明在量子理论中以极大的可能被满足.

b. 吉布斯观点

时间系综也好, 系统的封闭性[①]也好, 都不是主要的. 吉布斯简单地假定了在物理学上得到满意结果的正则系综. 尽管玻尔兹曼观点带来困难, 但吉布斯的概念在物理上更不令人满意. 根据这个理由, 我们将采取玻尔兹曼的观点.

---

① 英译本译为理论的完备性 (the completeness of the theory), 德文原书为 die Abgeschlossenheit, 应指系统的封闭性.——中译校注

任意量 $f(p,q)$ 对微正则系综的平均值是

$$\overline{f(p,q)} = \frac{\displaystyle\int_{\omega} f \mathrm{d}^{2N}\Omega}{\displaystyle\int_{\omega} \mathrm{d}^{2N}\Omega} = \frac{\displaystyle\int_{\omega} f \mathrm{d}^{2N}\Omega}{\omega(E)\mathrm{d}E}.$$

在这个公式中, ω 意味着遍及能量壳

$$E < H < E + \mathrm{d}E$$

积分. 上述积分可借助关系式

$$\int_{E<H<E+\mathrm{d}E} f \mathrm{d}^{2N}\Omega = \mathrm{d}E\frac{\mathrm{d}}{\mathrm{d}E}\int_{\Omega(E)} f \mathrm{d}^{2N}\Omega$$

进行变换. 这里 $\Omega(E)$ 是体积,

$$\Omega(E) = \int_{H<E} \mathrm{d}^{2N}\Omega.$$

令 x_i 是 p_i 或 q_i 中的一个; 于是有

$$\overline{x_i\frac{\partial H}{\partial x_i}} = \frac{\displaystyle\int_{\omega} x_i(\partial H/\partial x_i)\mathrm{d}^{2N}\Omega}{\displaystyle\int_{\omega} \mathrm{d}^{2N}\Omega}$$

$$= \frac{\mathrm{d}E(\mathrm{d}/\mathrm{d}E)\displaystyle\int_{\Omega(E)} x_i(\partial H/\partial x_i)\mathrm{d}^{2N}\Omega}{\omega(E)\mathrm{d}E}$$

$$= \frac{(\mathrm{d}/\mathrm{d}E)\displaystyle\int_{\Omega(E)} x_i(\partial H/\partial x_i)\mathrm{d}^{2N}\Omega}{\omega(E)}.$$

因为 $\partial E/\partial x_i = 0$, 有

$$\int_{\Omega(E)} x_i\frac{\partial H}{\partial x_i}\mathrm{d}^{2N}\Omega = -\int_{\Omega(E)} x_i\frac{\partial}{\partial x_i}(E-H)\mathrm{d}^{2N}\Omega.$$

作一次分部积分, 得

$$-\int_{\Omega(E)} x_i\frac{\partial}{\partial x_i}(E-H)\mathrm{d}^{2N}\Omega$$

$$= +\int_{\Omega(E)} (E-H)\mathrm{d}^{2N}\Omega.$$

于是,

$$\frac{\mathrm{d}}{\mathrm{d}E} \int_{\Omega(E)} x_i \frac{\partial H}{\partial x_i} \mathrm{d}^{2N}\Omega = \frac{\mathrm{d}}{\mathrm{d}E} \int_{\Omega(E)} (E-H) \mathrm{d}^{2N}\Omega$$

$$= \int_{\Omega(E)} \mathrm{d}^{2N}\Omega + (E-H)|_{H=E}$$

$$= \Omega(E).$$

最后,

$$\overline{x_i \frac{\partial H}{\partial x_i}} = \frac{\Omega(E)}{\omega(E)} = \frac{\Omega(E)}{\Omega'(E)} = \frac{1}{(\mathrm{d}/\mathrm{d}E)\ln\Omega(E)}.$$

所以, 这个平均值是与 i 无关的. 量

$$\Sigma = \ln\Omega = \frac{S}{k}$$

具有熵的特性 (见下面 c.). 特别是

$$\left(\frac{\mathrm{d}\Sigma}{\mathrm{d}E}\right)_V \equiv \frac{1}{\Theta} = \frac{1}{kT}.$$

因此,

$$\overline{x_i \frac{\partial H}{\partial x_i}} = \Theta.$$

推论 1: 令 $x_i = p_i$; 则

$$\overline{p_i \frac{\partial H}{\partial p_i}} = \overline{p_i \dot{q}_i}.$$

在通常情况下, 如果 H 是

$$H = E_{势}(q) + E_{动}(p,q),$$

式中

$$E_{动} = \sum_{i,k} a_{ik}(q) p_i p_k,$$

于是

$$\sum_i p_i \frac{\partial E_{动}}{\partial p_i} = \sum_i p_i \frac{\partial H}{\partial p_i} = 2 E_{动}.$$

这容许我们定义

$$\frac{1}{2} p_i \partial H / \partial p_i$$

为第 i 个自由度的动能. 由此, 得到能量均分定理:

每个自由度的平均动能是 $\frac{1}{2}kT$.

推论 2: 令 $x_i = q_i$; 则

$$\overline{q_i \frac{\partial H}{\partial q_i}} = -\overline{q_i \dot{p_i}} = -\overline{q_i K_i} = \Theta.$$

这是位力定理 [A–3]:

$$-\overline{q_i K_i} = kT.$$

此外, 我们可以得到对各态历经假说的某种支持. 不难证明, 下面的时间平均为零:

$$\overline{\frac{\mathrm{d}}{\mathrm{d}t}(p_i q_i)}^{\,t} = 0.$$

并且, 由上所述, 对微正则系综的统计平均是

$$\overline{\frac{\mathrm{d}}{\mathrm{d}t}(p_i q_i)} = \overline{q_i \dot{p_i} + p_i \dot{q_i}} = -\overline{q_i \frac{\partial H}{\partial q_i}} + \overline{p_i \frac{\partial H}{\partial p_i}} = 0.$$

若非如此, 则各态历经假说就会严重地动摇.

注 1: 与上面类似, 如果我们计算 $i \neq k$ 的

$$\overline{x_k \frac{\partial H}{\partial x_i}},$$

则分部积分毫无贡献, 我们就得到一般结果

$$\overline{x_k \frac{\partial H}{\partial x_i}} = \Theta \delta_{ik}.$$

注 2: 我们只利用正则方程推导了刘维尔定理; 以后再未使用过这些方程. 可是, 如果我们作出一个行列式为 1 的变换, 刘维尔定理仍然正确. 于是, 若令

$$r_i = \sum_{k=1}^{N} \beta_{ik}(q) p_k, \quad \text{式中 } |\beta_{ik}| = 1,$$

则当以 (r, q) 代替 (p, q), 我们的所有结果仍然是正确的. 特别是, 我们有

$$\overline{r_k \frac{\partial H}{\partial r_i}} = \Theta \delta_{ik}.$$

c. 熵

我们考虑由两个能量上独立的子系 (E_1, V_1) 和 (E_2, V_2) 组成的系统 (E, V). 于是, 哈密顿量同样分离为:

$$H = H_1(x^{(1)}) + H_2(x^{(2)}).$$

令 $W(E_1, V_1; E_2, V_2)$ 是系统 1 和系统 2 在相空间的能量壳上分别对应于 (E_1, V_1) 和 (E_2, V_2) 的概率. 则概率 W 与壳层体积的乘积成正比

$$
\begin{aligned}
W(E_1, V_1; E_2, V_2)\mathrm{d}E_1 &= \frac{\omega_1(E_1)\mathrm{d}E_1 \omega_2(E_2)\mathrm{d}E_2}{\omega(E)\mathrm{d}E} \\
&= \frac{\omega_1(E_1)\omega_2(E_2)}{\omega(E)}\mathrm{d}E_1,
\end{aligned}
$$

式中

$$E = E_1 + E_2,$$

而分母保证了正确的归一化. 对于固定的 E, E_1 的最概然值是由 $\mathrm{d}W = 0$ 决定的. 同时, 对于固定的 E, $\mathrm{d}E_1 = -\mathrm{d}E_2$. 所以,

$$\omega_2 \frac{\mathrm{d}\omega_1}{\mathrm{d}E_1} - \omega_1 \frac{\mathrm{d}\omega_2}{\mathrm{d}E_2} = 0 \ \text{或} \ \frac{1}{\omega_1}\frac{\mathrm{d}\omega_1}{\mathrm{d}E_1} = \frac{1}{\omega_2}\frac{\mathrm{d}\omega_2}{\mathrm{d}E_2}.$$

如果我们定义

$$\sigma_{1,2} \equiv \ln\omega_{1,2},$$

和

$$\frac{1}{\theta_{1,2}} \equiv \frac{\mathrm{d}\sigma_{1,2}}{\mathrm{d}E_{1,2}},$$

则

$$\theta_1 = \theta_2.$$

即, θ 具有温度的特性, σ 具有熵的特性, 因此我们有理由写出

$$k\sigma = S + \text{常量}$$

和

$$\theta = kT.$$

用于特殊情况, 例如, 理想气体, 我们可以确定 k 是玻尔兹曼常量:

$$k = \frac{R}{L}.$$

注: 起初, 代替把 k 和玻尔兹曼常量等同起来, 我们取 $k\Sigma = S$ 和 $\Theta = kT$. 但可以证明这并不重要, 因为

$$\Sigma - \sigma = O(\ln N)$$

而

$$\Theta - \theta = O\left(\frac{1}{N}\right).$$

§10. 正则系综

和前面一样, 我们考虑由无相互作用的两部分所组成的系统 $1+2$:

$$H = H_1(p, q) + H_2(P, Q).$$

令 "小系统" 1 的自由度数比 "大系统" $1+2$ 的自由度数小得多. 我们现在不管第二个系统的位置, 求在相空间的体积元 $\mathrm{d}^{2N_1}\Omega_1$ 中发现小系统的概率. 令

$$\int_{E_2 < H_2 < E_2 + \mathrm{d}E_2} \mathrm{d}^{2N_2}\Omega_2 = \omega_2(E_2)\mathrm{d}E_2^{①},$$

我们有

$$\mathrm{d}W = \frac{\mathrm{d}^{2N_1}\Omega_1 \omega_2(E_2)\mathrm{d}E_2}{\displaystyle\int \mathrm{d}^{2N_1}\Omega_1 \omega_2(E_2)\mathrm{d}E_2},$$

式中积分是对 $E_2 = E - E_1$ 进行的 $(E_1 < E)$:

$$\begin{aligned}
\mathrm{d}W &= \frac{\mathrm{d}^{2N_1}\Omega_1 \omega_2(E - E_1)}{\displaystyle\int_{E_1 < E} \mathrm{d}^{2N_1}\Omega_1 \omega_2(E - E_1)} \\
&= \frac{\mathrm{d}^{2N_1}\Omega_1 \omega_2(E - E_1)/\omega_2(E)}{\displaystyle\int_{E_1 < E} \mathrm{d}^{2N_1}\Omega_1 \omega_2(E - E_1)/\omega_2(E)}.
\end{aligned}$$

如果定义 $\omega_2(E) = \exp[\sigma_2(E)]$, 上式可写成

$$\mathrm{d}W = \frac{\mathrm{d}^{2N_1}\Omega_1 \exp[\sigma_2(E - E_1) - \sigma_2(E)]}{\displaystyle\int_{E_1 < E} \mathrm{d}^{2N_1}\Omega_1 \exp[\sigma_2(E - E_1) - \sigma_2(E)]}.$$

如果我们现在利用 $N_1 \ll N_2$ 的假定, 则

$$\sigma_2(E - E_1) - \sigma_2(E) = -\alpha E_1[1 + O(N_1/N_2)].$$

---

① 原书 $\mathrm{d}^{2N_2}\Omega_2$ 误为 $\mathrm{d}^{2N_2}\Omega$.——中译者注

此处

$$\alpha \equiv \frac{\mathrm{d}\sigma_2(E)}{\mathrm{d}E} = \frac{1}{\theta} = \frac{1}{kT}.$$

这样一来, 我们便得到这个小系统的分布. 把 E 换写为 H 并去掉指标 1, 有

$$\rho(p, q) = \frac{\exp[-\alpha H(p, q)]}{\int \exp[-\alpha H(p', q')]\mathrm{d}^{2N}\Omega'}.$$

这是正则系综的概率分布. 于是, 与大热库接触的系统相当于正则系综.

如果我们专门研究理想气体中的分子, 我们便重新得到麦克斯韦–玻尔兹曼分布.

如果一个正则系统能分离成两部分, 使得 $H = H_1 + H_2$, 则

$$\rho = \rho_1\rho_2,$$

这意味着子系统也是正则地分布的. 这连同 $\rho = \rho(H)$, 是正则分布的特征.

§11. 热力学状态函数

依照吉布斯把自由能 F 定义为

$$\exp[-\alpha F] = \int \exp[-\alpha H]\mathrm{d}^{2N}\Omega \equiv Z,$$

或

$$F = -kT \ln Z.$$

函数 Z 称为配分函数. 通过证明 F 满足热力学所要求的以下两个等式, 我们可以看到这是自由能的合适的定义,

$$S = -\left(\frac{\partial F}{\partial T}\right)_V, \quad E = F - T\left(\frac{\partial F}{\partial T}\right)_V.$$

对 α 微分

$$\int \exp[\alpha(F - H)]\mathrm{d}^{2N}\Omega = 1,$$

并利用 $\partial H/\partial \alpha = 0$, 得

$$\int \left(\alpha\frac{\partial F}{\partial \alpha} + F - H\right)\exp[\alpha(F - H)]\mathrm{d}^{2N}\Omega = 0.$$

由此, 并记住关系式 $\rho = \exp[\alpha(F - H)]$, 得到

$$\alpha\frac{\partial F}{\partial \alpha} + F - E = 0$$

或

$$-T\frac{\partial F}{\partial T} + F - E = 0,$$

式中 $\overline{H} = E$. 我们看到必须用

$$S = -\frac{\partial F}{\partial T}$$

定义熵.

让我们将基于正则系综的这个熵的定义与用微正则系综:

$$\exp[-\alpha F] = \int \exp[-\alpha H]\mathrm{d}^{2N}\Omega$$

定义的熵作比较. 首先, 对能量壳积分. 为此目的, 我们写出

$$\exp[-\alpha F] = \int \exp[-\alpha H]\omega(H)\mathrm{d}H$$

$$= \int \exp[\sigma(H) - \alpha H]\mathrm{d}H.$$

这个积分可由最速下降法计算. 被积函数在 $H = E$ 时有极大值:

$$\left(\frac{\mathrm{d}\sigma}{\mathrm{d}H}\right)_E = \alpha \quad (E = \text{ 最概然能量}).$$

所以,

$$\sigma(H) - \alpha H = \sigma(E) - \alpha E + \frac{1}{2}\left(\frac{\mathrm{d}^2\sigma}{\mathrm{d}H^2}\right)(H - E)^2 + O[(H - E)^3],$$

它导致

$$\exp[-\alpha F] \sim \exp[\sigma(E) - \alpha E]\int_{-\infty}^{+\infty}\exp\left[\frac{1}{2}\frac{\mathrm{d}^2\sigma}{\mathrm{d}E^2}(H - E)^2\right]\mathrm{d}H,$$

由指数表示式极陡地降落的事实证明此处的近似是正确的. (当然, 我们必须要求 $\mathrm{d}^2\sigma/\mathrm{d}E^2 \ll 0$, 这是与热力学一致的.) 于是,

$$\exp[-\alpha F] = \exp[\sigma(E) - \alpha E]\sqrt{\frac{2\pi}{|\mathrm{d}^2\sigma/\mathrm{d}E^2|}}$$

或

$$-\alpha F = \sigma(E) - \alpha E + \frac{1}{2}\ln\left(\frac{2\pi}{|\mathrm{d}^2\sigma/\mathrm{d}E^2|}\right).$$

因此

$$S_{\text{正则}} = S_{\text{微正则}} + \frac{k}{2}\ln\left(\frac{2\pi}{|\mathrm{d}^2\sigma/\mathrm{d}E^2|}\right)$$

或

$$S_{\text{正则}} - S_{\text{微正则}} = kO(\ln N).$$

正像我们所定义的那样, 正则熵与微正则熵的区别并非本质的.

a. 能量分布

由定义,

$$\int (E - H) \exp[\alpha(F - H)]\mathrm{d}^{2N}\Omega = 0.$$

对 α 求微分, 我们得到

$$\frac{\partial E}{\partial \alpha} + \int (E - H)\left(\alpha\frac{\partial F}{\partial \alpha} + F - H\right)\exp[\alpha(F - H)]\mathrm{d}^{2N}\Omega = 0,$$

或

$$\frac{\partial E}{\partial \alpha} + \int (E - H)^2 \exp[\alpha(F - H)]\mathrm{d}^{2N}\Omega = 0.$$

于是, 到 $O(E^2/N)$ 级, 能量对其最概然值的方均涨落是

$$\overline{(E - H)^2} = kT^2\frac{\partial E}{\partial T} = kT^2 c_v,$$

式中 c_v 是比热容[1].

b. 均分定理和位力定理

正如用微正则系综那样, 可以证明

$$\overline{x_i \frac{\partial H}{\partial x_k}} = \frac{1}{\alpha}\delta_{ik},$$

式中 $x = p$ 或 q. 这个等式是均分定理和位力定理的表达式 (当然, 后者只有当 H 已包括与壁的相互作用时才是对的 [A–3]). 例如, 我们由分部积分得到

$$\overline{p_i \frac{\partial H}{\partial p_i}} = \frac{\displaystyle\int p_i(\partial H/\partial p_i)\exp[-\alpha H]\mathrm{d}^{2N}\Omega}{\displaystyle\int \exp[-\alpha H]\mathrm{d}^{2N}\Omega}$$

$$= \frac{-(1/\alpha)\displaystyle\int p_i(\partial/\partial p_i)(\exp[-\alpha H])\mathrm{d}^{2N}\Omega}{\displaystyle\int \exp[-\alpha H]\mathrm{d}^{2N}\Omega}$$

$$= \frac{1}{\alpha}.$$

c. 具有可变外参量的过程

令 $H = H(p, q; a)$ 依存于力参量 a. 如果我们取

$$\exp[-\alpha F] = \int \exp[-\alpha H]\mathrm{d}^{2N}\Omega$$

---

[1] 按德文版, 用 c_v.——中译本编注

的对数, 并对 a 微分, 则得

$$-\alpha\frac{\partial F}{\partial a} = -\alpha\frac{\int (\partial H/\partial a)_{p,q}\exp[-\alpha H]\mathrm{d}^{2N}\Omega}{\int \exp[-\alpha H]\mathrm{d}^{2N}\Omega}$$

或

$$\left(\frac{\partial F}{\partial a}\right)_a = \overline{\left(\frac{\partial H}{\partial a}\right)_{p,q}}.$$

系统所作的功是

$$A\delta a \equiv \delta W = -\overline{\left(\frac{\partial H}{\partial a}\right)_{p,q}}\delta a;$$

因此,

$$A = -\overline{\left(\frac{\partial H}{\partial a}\right)_{p,q}}.$$

例如: $a = V, A = p,$ 等等.

d. 熵

如果我们写出 $S = k\alpha(E - F)$ 和 $E = \overline{H},$ 则

$$\left(\frac{\partial S}{\partial a}\right)_a = k\alpha\left[\frac{\partial E}{\partial a} - \overline{\left(\frac{\partial H}{\partial a}\right)_{p,q}}\right].$$

另外, 我们可改变 α:

$$\frac{1}{k}S = \alpha E + \ln\int \exp[-\alpha H]\mathrm{d}^{2N}\Omega,$$

$$\frac{1}{k}\mathrm{d}S = \mathrm{d}\alpha E + \frac{-\mathrm{d}\alpha\int H\exp[-\alpha H]\mathrm{d}^{2N}\Omega}{\int \exp[-\alpha H]\mathrm{d}^{2N}\Omega} +$$

$$\alpha\mathrm{d}E - \frac{\alpha\int (\partial H/\partial a)\exp[-\alpha H]\mathrm{d}^{2N}\Omega}{\int \exp[-\alpha H]\mathrm{d}^{2N}\Omega}\mathrm{d}a.$$

由于前两项相消, 得到

$$\frac{1}{k}\mathrm{d}S = \alpha\left[\mathrm{d}E - \overline{\left(\frac{\partial H}{\partial a}\right)_{p,q}}\mathrm{d}a\right]$$

或

$$\frac{1}{k}\mathrm{d}S = \alpha\left[\mathrm{d}\overline{H} - \overline{\left(\frac{\partial H}{\partial a}\right)_{p,q}}\mathrm{d}a\right].$$

右边的第一项是内能的总变化, 而第二项是系统所作的功 (因 a 的变化而引起的能量变化).

由于这个结果, 绝热变化条件 $dS = 0$ 表明, 仅当作功时, 内能才改变.

§12. 广义密度分布

令 ρ 是相空间中归一化的密度:

$$\int \rho d^{2N} \Omega = 1.$$

于是, 依照吉布斯, 广义 $\mathscr{H}$ 函数 (见 §6) 可定义为

$$\mathscr{H} = \int \rho \ln \rho d^{2N} \Omega = \overline{\ln \rho}.$$

对于正则分布,

$$\rho = \exp[\alpha(F - H)],$$

而

$$\mathscr{H} = \overline{\alpha(F - H)} = \alpha(F - \overline{H}) = -\frac{S}{k}$$

证明我们的定义是正确的. 这样, 我们可对每一个统计系综, 甚至对非稳定统计系综指定一个熵.

a. 定理: $\mathscr{H}$ 与时间无关

由

$$\frac{\partial \rho}{\partial t} = -\sum_k \left(\frac{\partial \rho}{\partial q_k} \frac{\partial H}{\partial p_k} - \frac{\partial \rho}{\partial p_k} \frac{\partial H}{\partial q_k} \right),$$

$$\int \frac{\partial \rho}{\partial t} d^{2N} \Omega = 0,$$

得到

$$
\begin{aligned}
\frac{d\mathscr{H}}{dt} &= \int \ln \rho \frac{\partial \rho}{\partial t} d^{2N} \Omega \\
&= -\sum_k \int \ln \rho \left(\frac{\partial \rho}{\partial q_k} \frac{\partial H}{\partial p_k} - \frac{\partial \rho}{\partial p_k} \frac{\partial H}{\partial q_k} \right) d^{2N} \Omega \\
&= -\sum_k \int \left\{ \frac{\partial}{\partial q_k} (\rho \ln \rho - \rho) \frac{\partial H}{\partial p_k} - \right. \\
&\qquad \left. \frac{\partial}{\partial p_k} (\rho \ln \rho - \rho) \frac{\partial H}{\partial q_k} \right\} d^{2N} \Omega
\end{aligned}
$$

$$= -\sum_k \int \left\{ \frac{\partial}{\partial q_k} \left[(\rho \ln \rho - \rho) \frac{\partial H}{\partial p_k} \right] - \right.$$

$$\left. \frac{\partial}{\partial p_k} \left[(\rho \ln \rho - \rho) \frac{\partial H}{\partial q_k} \right] \right\} \mathrm{d}^{2N} \Omega.$$

如果在 H 中考虑到壁施加的力, 由分部积分可证明此式为零.

$b.$ 引理

令

$$L(x,y) \equiv x(\ln x - \ln y) - x + y.$$

如果 x 和 y 是正的, 则当 $x = y$ 时 $L(x,y) = 0$, 而当 $x \neq y$ 时 $L(x,y) > 0$.

证明:

$$\frac{\partial L}{\partial x} = \ln x - \ln y,$$

$$\frac{\partial^2 L}{\partial x^2} = \frac{1}{x} \gtrless 0 \quad \text{当 } x \gtrless 0 \text{ 时.}$$

$c.$ 关于平均的定理

令 Z 是相空间中的一个区域, 并用

$$\overline{\rho} = \frac{1}{\Omega} \int_Z \rho \mathrm{d}^{2N} \Omega$$

定义一 "粗密度". 式中 $\Omega = \int_Z \mathrm{d}^{2N} \Omega$;

$$\mathscr{H} = \int_Z \rho \ln \rho \mathrm{d}^{2N} \Omega, \quad \overline{\mathscr{H}} = \Omega \overline{\rho} \ln \overline{\rho}.$$

因为

$$\int_Z (\rho - \overline{\rho}) \mathrm{d}^{2N} \Omega = 0,$$

所以,

$$\mathscr{H} - \overline{\mathscr{H}} = \int_Z \rho \ln \rho \mathrm{d}^{2N} \Omega - \Omega \overline{\rho} \ln \overline{\rho}$$

$$= \int_Z L(\rho, \overline{\rho}) \mathrm{d}^{2N} \Omega > 0.$$

于是,

$$\mathscr{H} - \overline{\mathscr{H}} > 0.$$

只在 $\rho = \overline{\rho}$ 时, 才有 $\mathscr{H} = \overline{\mathscr{H}}$. 可以希望, 由粗密度构成的 $\overline{\mathscr{H}}$ 是减少的. 这只能在量子力学中证明.

d. 分离定理

令系统是由 1 和 2 两部分组成，以致 $\mathrm{d}^{2N}\Omega = \mathrm{d}^{2N_1}\Omega_1 \mathrm{d}^{2N_2}\Omega_2$. 设密度包含由 $\rho(x_1, x_2)$ 给出的相互关联. 我们用积分构成

$$\rho_1 = \int \rho \mathrm{d}^{2N_2}\Omega_2 \text{ 和 } \rho_2 = \int \rho \mathrm{d}^{2N_1}\Omega_1.$$

因为

$$\int \rho_1 \rho_2 \mathrm{d}^{2N}\Omega = \int \rho_1 \mathrm{d}^{2N_1}\Omega_1 \int \rho_2 \mathrm{d}^{2N_2}\Omega_2 = 1,$$

所以,

$$\int (\rho - \rho_1 \rho_2) \mathrm{d}^{2N}\Omega = 0.$$

令

$$\mathscr{H}_1 = \int \rho_1 \ln \rho_1 \mathrm{d}^{2N_1}\Omega_1,$$

$$\mathscr{H}_2 = \int \rho_2 \ln \rho_2 \mathrm{d}^{2N_2}\Omega_2,$$

$$\mathscr{H} = \int \rho \ln \rho \mathrm{d}^{2N}\Omega.$$

论断:

$$\mathscr{H} - \mathscr{H}_1 - \mathscr{H}_2 \geqslant 0,$$

式中等式仅当 ρ 是乘积 (无关联) 时才成立.

证明:

$$\mathscr{H} - \mathscr{H}_1 - \mathscr{H}_2 = \int \rho[\ln \rho - \ln \rho_1 \rho_2]\mathrm{d}^{2N}\Omega$$

$$= \int L(\rho, \rho_1 \rho_2)\mathrm{d}^{2N}\Omega \geqslant 0.$$

e. 并合定理

我们考虑一个用指标 i 编号的诸系综的集合, 这里

$$\int \rho_i \mathrm{d}^{2N}\Omega = 1.$$

令 $\rho = \sum_i c_i \rho_i$, 式中 $\sum_i c_i = 1$ 而 $c_i > 0$, 则

$$\Delta\mathscr{H} = \sum_i c_i \int \rho_i \ln \rho_i \mathrm{d}^{2N}\Omega - \int \rho \ln \rho \mathrm{d}^{2N}\Omega$$

$$= \sum_i c_i \int \rho_i (\ln \rho_i - \ln \rho)\mathrm{d}^{2N}\Omega$$

$$= \sum_i c_i \int L(\rho_i, \rho)\mathrm{d}^{2N}\Omega \geqslant 0.$$

于是,

$$\Delta \mathscr{H} \geqslant 0,$$

此处等式只当对所有的 i 和 k, $\rho_i = \rho_k$ 时才成立. 当系综并合时, $\mathscr{H}$ 减少.

f. 极小值性质

对固定的 $E \equiv \int H\rho \mathrm{d}^{2N}\Omega$, 正则系综 $\mathscr{H}$ 是极小值.

证明: 令 $\rho_0 = A \exp[-\alpha H]$, 则

$$\int \rho \ln \rho_0 \mathrm{d}^{2N}\Omega = \ln A - \alpha \int H\rho \mathrm{d}^{2N}\Omega = \ln A - \alpha E.$$

固定 E 意味着要求辅助条件:

$$\int \rho \ln \rho_0 \mathrm{d}^{2N}\Omega = \int \rho_0 \ln \rho_0 \mathrm{d}^{2N}\Omega.$$

于是,

$$\Delta \mathscr{H} = \int \rho \ln \rho \mathrm{d}^{2N}\Omega - \int \rho_0 \ln \rho_0 \mathrm{d}^{2N}\Omega$$

$$= \int L(\rho, \rho_0) \mathrm{d}^{2N}\Omega > 0.$$

证毕.

应注意, 代替能量, 也可事先指定任何别的量的平均值.

§13.　应用

a. 双原子分子 (哑铃)

$$E_{动} = \frac{A}{2}(\dot\theta^2 + \dot\varphi^2 \sin^2\theta),$$

$$p_\theta = \frac{\partial E_{动}}{\partial \dot\theta} = A\dot\theta,$$

$$p_\varphi = \frac{\partial E_{动}}{\partial \dot\varphi} = A\dot\varphi \sin^2\theta.$$

如果势能为零

$$H = \frac{1}{2A}\left(p_\theta^2 + p_\varphi^2 \frac{1}{\sin^2\theta}\right).$$

相空间中对应于 θ 和 φ 的体积元是

$$\mathrm{d}^4\Omega = \mathrm{d}p_\theta \mathrm{d}p_\varphi \mathrm{d}\theta \mathrm{d}\varphi.$$

若我们定义 $\pi_1 = p_\theta$, $\pi_2 = p_\varphi/\sin\theta$ (围绕 ϑ_0 和 φ_0 的角速度; 见图 13.1) 和 $u = \cos\theta$, 则

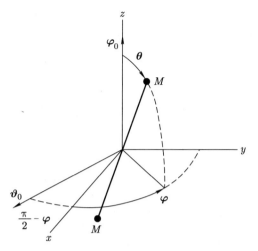

图 13.1
φ_0 平行于 z 轴
ϑ_0 在 (x,y)-平面内垂直于分子轴线 MM
$\varphi =$ 垂直于 φ_0 的角
$\theta =$ 垂直于 ϑ_0 的角

$$\mathrm{d}^4\Omega = \mathrm{d}\pi_1\mathrm{d}\pi_2\mathrm{d}u\mathrm{d}\varphi$$

和

$$H = \frac{1}{2A}\{\pi_1^2 + \pi_2^2\} + E_{\text{势}}(u,\varphi).$$

由于

$$\overline{p_\theta\frac{\partial H}{\partial p_\theta}} = \overline{p_\varphi\frac{\partial H}{\partial p_\varphi}} = kT,$$

我们有

$$\overline{\frac{1}{2A}\pi_1^2} = \overline{\frac{1}{2A}\pi_2^2} = \frac{1}{2}kT$$

或

$$\overline{E_{\text{动}}^{\text{转}}} = kT.$$

对于双原子分子这个模型很好用. 此外, 如果我们把平动动能 $\overline{E_{\text{动}}^{\text{平}}} = \frac{3}{2}kT$ 也考虑进来, 那么

$$\overline{E_{\text{动}}} = \frac{5}{2}kT.$$

由此得到比热容

$$c_v = \frac{5}{2}R, \quad c_p = \frac{7}{2}R \text{ 而 } \gamma = \frac{c_p}{c_v} = \frac{7}{5} = 1.4.$$

在低温下, 氢原子的转动自由度被 "冻结". 这是与经典统计任意地计入某些自由度, 而忽视其他一些自由度的事实有关系. 例如, 这里我们并没有计入与围绕对称轴转动相对应的自由度.

b. 转动的刚体 (一般情况)

我们引入以欧拉角表示的沿主轴的角速度分量:

$$u_1 = \dot{\varphi} \sin\theta \sin\psi + \dot{\theta} \cos\psi,$$
$$u_2 = \dot{\varphi} \sin\theta \cos\psi - \dot{\theta} \sin\psi,$$
$$u_3 = \dot{\varphi} \cos\theta + \dot{\psi}.$$

用主转动惯量 A_1, A_2 和 A_3 表示, 有

$$E_{\text{动}} = \frac{1}{2}(A_1 u_1^2 + A_2 u_2^2 + A_3 u_3^2).$$

因此

$$p_\theta = A_1 \cos\psi u_1 - A_2 \sin\psi u_2,$$
$$p_\varphi = A_1 \sin\theta \sin\psi u_1 + A_2 \sin\theta \cos\psi u_2 + A_3 \cos\theta u_3,$$
$$p_\psi = A_3 u_3,$$

而

$$\frac{\partial(p_1, p_2, p_3)}{\partial(u_1, u_2, u_3)} = A_1 A_2 A_3 \sin\theta.$$

于是,

$$dW = \text{常量} \times \exp\left[-\frac{E_{\text{动}} + E_{\text{势}}}{kT}\right] d^6\Omega$$
$$= \text{常量} \times \exp\left[-\frac{1}{2kT}(A_1 u_1^2 + A_2 u_2^2 + A_3 u_3^2 + 2E_{\text{势}})\right] \times$$
$$du_1 du_2 du_3 \sin\theta d\theta d\varphi d\psi,$$

和

$$\overline{\frac{1}{2}A_1 u_1^2} = \overline{\frac{1}{2}A_2 u_2^2} = \overline{\frac{1}{2}A_3 u_3^2} = \frac{1}{2}kT.$$

对于多原子气体,

$$\text{转动动能} = \frac{3}{2}kT,$$
$$\text{平动动能} = \frac{3}{2}kT,$$

和

$$\overline{E} = 3kT.$$

于是,

$$c_v = 3R, \quad c_p = 4R \quad \text{而} \quad \frac{c_p}{c_v} = \frac{4}{3} = 1.33.$$

c. 振动的哑铃

引入约化质量

$$\mu = Mm/(M+m),$$

我们有

$$E = \frac{p_r^2}{2\mu} + \frac{\mu}{2}\omega_0^2(r-a)^2 + \cdots + E_{\text{转}}.$$

对于每一振动自由度, $\overline{E} = kT$. 这个对 $\overline{E}$ 的贡献是加在其他自由度的贡献之上的.

值得注意的是, 这个能量根本不取决于耦合强度 (不取决于 ω_0). 所以, $\omega_0 \to \infty$ 时 (刚性哑铃), 贡献确实不趋于零. 可是, 由实验得知, 这个自由度通常不起作用.

d. 固体

我们设想固体是由可在其平衡位置附近振动的原子组成. 对于微小振动, 力与位移成线性关系, 因此, 势能将是位移的二次函数. 所以, 根据欧拉定理,

$$\sum_k q_k \frac{\partial E_{\text{势}}}{\partial q_k} = 2E_{\text{势}},$$

而

$$\overline{E}_{\text{势}} = \frac{1}{2}kT \cdot 3N.$$

同样,

$$\overline{E}_{\text{动}} = \frac{1}{2}kT \cdot 3N,$$

它导致

$$\overline{E} = 3RT.$$

于是, $c_v = 3R \simeq 6\ \text{cal}/{}^\circ\text{C}$. 这是杜隆–珀蒂定律.

可以预期在高温下会有偏差, 因为那时位移不再是微小的. 可是, 在高温下定律很好地被满足, 反之, 由于当 $T \to 0$ 时 $c_v \to 0$, 所以在低温时定律却根本不能成立. 这方面的解释需要量子统计 (见 §20b).

e. 顺磁性的朗之万理论

我们考虑磁场 H 中的理想气体, 它的每个气体分子都具有永久磁矩 μ (完全同样的考虑对于稀溶液也是正确的). 我们不需要讨论仅与 π 有关的动能;

$$E_{\text{势}} = -\mu H \cos\theta,$$

式中 θ 是 μ 与磁场 $\boldsymbol{H}$ 间的夹角. 所以,

$$W(\theta)\mathrm{d}\theta = \text{常量} \times \exp\left[-\frac{E_{\text{势}}}{kT}\right]\sin\theta\mathrm{d}\theta,$$

它导致

$$\overline{M} = \overline{\mu\cos\theta} = \mu\frac{\displaystyle\int_0^\pi \cos\theta\exp[-(E_{\text{势}}/kT)]\sin\theta\mathrm{d}\theta}{\displaystyle\int_0^\pi \exp[-(E_{\text{势}}/kT)]\sin\theta\mathrm{d}\theta}.$$

由配分函数,

$$\exp\left[-\frac{F}{kT}\right] = \int_0^\pi \exp\left[\frac{\mu H}{kT}\cos\theta\right]\sin\theta\mathrm{d}\theta,$$

得到

$$\overline{M} = -\left(\frac{\partial F}{\partial H}\right)_T.$$

令 $x = \mu H/kT$, 我们有

$$\begin{aligned}
\exp\left[-\frac{F}{kT}\right] &= \int_{-1}^{+1}\exp\left[\frac{\mu H}{kT}u\right]\mathrm{d}u \\
&= \frac{kT}{\mu H}\left(\exp\left[\frac{\mu H}{kT}\right] - \exp\left[-\frac{\mu H}{kT}\right]\right) \\
&= 2\frac{\sinh x}{x}.
\end{aligned}$$

所以

$$F(H) - F(0) = -kT\ln\frac{\sinh x}{x},$$
$$\overline{M} = -\frac{\partial F}{\partial H} = \mu\left(\coth x - \frac{1}{x}\right).$$

极限情况:

　　(a) $x \gg 1$: $\overline{M} = \mu$ (饱和).

　　(b) $x \ll 1$: $F \sim -kT\dfrac{x^2}{6} + \cdots$,

$$\overline{M} = \mu\frac{x}{3} = \mu\frac{\mu H}{3kT}.$$

每摩尔的磁化率是

$$\chi = \frac{1}{3}\frac{\mu^2}{kT}L = \frac{1}{3}\frac{(\mu L)^2}{kT}.$$

这就是居里定律.

注: 重要的是赋予原子一永久磁矩 μ, 而不问它的起源; 只有量子理论才能回答永久磁矩的起源问题. 事实上, 如果认为磁矩是由基元安培电流引起的, 并且如果统计地处理基本粒子 (原子核和电子), 则得到顺磁性不存在的荒谬结果.

对于磁场 $\boldsymbol{H}$ 中的带电粒子, 我们有

$$H = \frac{1}{2m}\left(\boldsymbol{p} - \frac{e}{c}\boldsymbol{A}\right)^2,$$

式中

$$\boldsymbol{H} = \mathrm{curl}\boldsymbol{A},$$

而

$$\frac{\partial \boldsymbol{A}}{\partial t} = 0.$$

可以证明不存在顺磁性如下:

$$\dot{\boldsymbol{q}} = \frac{\partial H}{\partial \boldsymbol{p}} = \frac{1}{m}\left(\boldsymbol{p} - \frac{e}{c}\boldsymbol{A}\right),$$

$$\dot{p}_k = -\frac{\partial H}{\partial q_k} = \frac{1}{m}\sum_i\left(p_i - \frac{e}{c}A_i\right)\frac{e}{c}\frac{\partial A_i}{\partial q_k},$$

$$m\ddot{q}_k = \dot{p}_k - \frac{e}{c}\sum_i\frac{\partial A_k}{\partial q_i}\dot{q}_i.$$

因此,

$$m\ddot{q}_k = \frac{e}{c}\dot{q}_i\sum_i\left(\frac{\partial A_i}{\partial q_k} - \frac{\partial A_k}{\partial q_i}\right) = \frac{e}{c}\sum_i H_{k_i}\dot{q}_i,$$

$$m\ddot{\boldsymbol{q}} = -\frac{e}{c}\boldsymbol{H}\times\dot{\boldsymbol{q}},$$

$$m\dot{\boldsymbol{v}} = \frac{e}{c}\boldsymbol{v}\times\boldsymbol{H} \text{ (洛伦兹力)}.$$

如果我们定义

$$\boldsymbol{\pi} = \boldsymbol{p} - \frac{e}{c}\boldsymbol{A} = m\dot{\boldsymbol{q}},$$

则

$$\mathrm{d}^3 p\,\mathrm{d}^3 q = \mathrm{d}^3\pi\,\mathrm{d}^3 q,$$

而

$$d^3 vW = 常量 \times \exp\left[-\alpha \frac{1}{2m}\boldsymbol{\pi}^2\right] d^3\pi$$

$$= 常量 \times \exp\left[-\alpha \frac{m}{2}\boldsymbol{v}^2\right] d^3 v,$$

式中 W 是找到速度 v 的概率密度. 不论我们假定粒子间有否势能, 这都是成立的. 于是, 我们总归得到麦克斯韦分布, 特别是不存在磁矩情况. 图 13.2 概略地说明了没有磁矩的理由. 用虚线表示的是被壁反射的粒子, 它们产生一个反向电流, 抵消了由其他粒子所产生的磁矩. 顺磁性是纯量子效应.

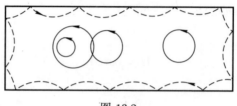

图 13.2

f. 范德瓦耳斯气体

为简单起见, 我们仅限于讨论单原子气体. 设描述第 i 个和第 k 个分子间力的势为 $U(r_{ik})$, 此处 $U(\infty) = 0$. 于是 ($N =$ 粒子数)

$$E_{势} = \sum_{i<k} U(r_{ik}),$$

$$H = \frac{1}{2m} \sum_{k=1}^{N} p_k^2 + E_{势},$$

$$\exp[-\alpha F] = \iint \exp\left[-\alpha \frac{1}{2m} \sum_{k=1}^{N} p_k^2\right] \times$$

$$\exp[-\alpha E_{势}] d^3 p_1 \cdots d^3 p_N d^3 q_1 \cdots d^3 q_N.$$

如果我们只求速度分布, 那么我们又得到麦克斯韦分布

$$\exp[-\alpha F] = (2\pi mkT)^{3N/2} \int \exp[-\alpha E_{势}] d^3 q_1 \cdots d^3 q_N.$$

我们不能精确地计算这个积分. 但可作一实质上是按 V 的降幂展开的展开式. 令

$$W_{ik}(r_{ik}) = \exp[-\alpha U(r_{ik})] - 1; W_{ik}(\infty) = 0.$$

我们展开

$$\exp[-\alpha E_{\text{势}}] = \prod_{i<k}(1+W_{ik})$$

$$= 1 + \sum_{i<k} W_{ik} + \sum_{(i<k)\neq(i'<k')} W_{ik}W_{i'k'} + \cdots.$$

一次项只有当两个原子彼此接近时才有贡献; 而高次项只有当多于两个原子, 或者当两对或更多对原子 "碰撞" 时才有贡献. 例如:

$W_{12}W_{13}$: (123) 一起;

$W_{12}W_{34}$: (12) 和 (34) 同时一起.

逐项积分, 并引入质心坐标, 我们得到

$$\int W_{12}(r_{12})\mathrm{d}^3q_1\cdots\mathrm{d}^3q_N = V^{N-2}\int W_{12}(r)\mathrm{d}^3q_1\mathrm{d}^3q_2$$

$$= V^{N-1}\int_0^\infty W(r)\cdot 4\pi r^2\mathrm{d}r + \text{表面项}.$$

类似地,

$$\int W_{12}W_{13}\mathrm{d}^{3N}q = V^{N-2}\int \cdots,$$

所以,

$$\int \exp[-\alpha E_{\text{势}}]\mathrm{d}^3q_1\cdots\mathrm{d}^3q_N$$

$$= V^N + V^{N-1}\binom{N}{2}\int_0^\infty 4\pi r^2 W(r)\mathrm{d}r + O(V^{N-2})$$

$$\simeq V^N + V^{N-1}\frac{N^2}{2}\int_0^\infty 4\pi r^2 W(r)\mathrm{d}r + O(V^{N-2});$$

$$\exp[-\alpha F] = (2\pi mkT)^{3N/2}V^N \times$$

$$\left[1 + \frac{1}{V}\frac{N^2}{2}\int_0^\infty 4\pi r^2 W(r)\mathrm{d}r + O\left(\frac{1}{V^2}\right)\right];$$

$$-\frac{F}{kT} = \frac{3}{2}N\ln(2\pi mkT) + N\ln V +$$

$$\underbrace{\frac{1}{V}\frac{N^2}{2}\int_0^\infty W(r)4\pi r^2\,\mathrm{d}r}_{(1/V)\cdot A(T)/kT} + O\left(\frac{1}{V^2}\right).$$

由 $p = -\partial F/\partial V$, 对每摩尔上式给出,

$$p = \frac{RT}{V} - \frac{\overline{A(T)}}{V^2} + O\left(\frac{1}{V^3}\right).$$

这和气体分子运动论中用位力定理所得的结果一样 [A–3][1].

若 $U(r)$ 如图 13.3 所概略表示的那样, 那么, 如同在分子运动论中一样 [A–3], 我们求得

$$\overline{A(T)} = -RTb + a, \qquad b = \frac{2\pi}{3}\sigma^3 L,$$

$$a = -\frac{L^2}{2}\int_\sigma^\infty U(r)4\pi r^2 \mathrm{d}r;$$

$$p = \frac{RT}{V}\left(1 + \frac{b}{V}\right) - \frac{a}{V^2} \quad (\text{范德瓦耳斯}).$$

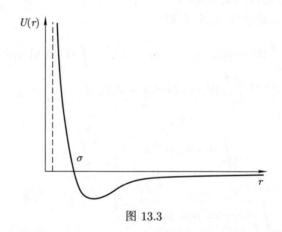

图 13.3

§14. 巨正则系综

a. 均匀系统

在体积为 V 和 N 个相同分子的均匀系统中, 我们用假想的壁分出一个体积为 V_1、包含 N_1 个分子的子系统 (图 14.1):

$$V = V_1 + V_2, \quad N = N_1 + N_2.$$

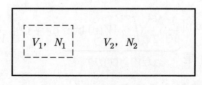

图 14.1

① 关于高级近似的参考文献: H. D. URSELL, *Proc. Cambridge. Phil. Soc.* **23**, 685 (1927); G. E. UHLENBECK and E. BETH. *Physica* **3**, 729 (1963).

我们想确定在 V_1 中找到 N_1 个坐标为 $q^1, \cdots, q^{N_1}$ 的分子的概率. 首先我们来求在 V_1 中发现 N_1 个特定分子的概率. 我们由下式开始

$$W(N_1, V_1, \alpha) = \exp[+\alpha F(V, N, \alpha)] \times$$

$$\iint_{V_1 V_2} \exp[-\alpha H(p^1, \cdots, q^{N_1}, p^{N_1+1}, \cdots, q^{N_2})] \mathrm{d}^{2N_1} \Omega_1 \mathrm{d}^{2N_2} \Omega_2,$$

式中

$$\exp[-\alpha F(V, N, \alpha)] = \int_V \exp[-\alpha H(p, q)] \mathrm{d}^{2N} \Omega.$$

如果我们假定 V_1 很大, 以便能忽略表面效应, 于是可忽略 1 中分子和 2 中分子之间的相互作用:

$$H = H_1(p^1, \cdots, q^{N_1}) + H_2(p^{N_1+1}, \cdots, q^{N_2}),$$

$$\iint_{V_1 V_2} \cdots = \int_{V_1} \exp[-\alpha H_1(p^1, \cdots, q^{N_1})] \mathrm{d}^{2N_1} \Omega_1 \times$$

$$\int_{V_2} \exp[-\alpha H_2(p^{N_1+1}, \cdots, q^{N_2})] \mathrm{d}^{2N_2} \Omega_2.$$

所以, 对 V_1 中的 N_1 个特定分子,

$$W(N_1, V_1, \alpha) = \exp[\alpha\{F(V, N) - F_1(V_1, N_1) - F_2(V_2, N_2)\}],$$

式中 F, F_1 和 F_2 都是相同的函数 [A–4].

现在, 我们回到原来的任务, 即确定在 V_1 中发现任何 N_1 个分子的概率:

$$W^*(N_1, V_1, \alpha) = \frac{N!}{N_1! N_2!} \exp[\alpha\{F(V, N) - F_1(V_1, N_1) - F_2(V_2, N_2)\}].$$

我们由下式引进新函数 F^*

$$\frac{1}{N!} \exp[-\alpha F] = \exp[-\alpha F^*], \quad F^* = F + kT \ln N!.$$

于是,

$$W^*(N_1, V_1) = \exp[\alpha\{F^*(V, N) - F_1^*(V_1, N_1) - F_2^*(V_1, N - N_1)\}].$$

最概然 N_1 的条件是

$$\ln W^* = \text{最大值},$$

或

$$\frac{\partial F_1^*}{\partial N_1} - \frac{\partial F_2^*}{\partial N_2} = 0.$$

若我们定义 $\mu = \partial F^*/\partial N$, 则条件是

$$\mu_1(V_1, N_1) = \mu_2(V_2, N_2),$$

式中

$$N = N_1 + N_2.$$

涨落: 我们从 $\ln W^*$ 在最概然值附近的泰勒展开式开始:

$$\ln W^* = \ln W_0 - \frac{\alpha}{2}\frac{\partial^2 F_1^*}{\partial N_1^2}(\Delta N_1)^2 - \frac{\alpha}{2}\frac{\partial^2 F_2^*}{\partial N_2^2}(\Delta N_2)^2 + \cdots.$$

利用 $\Delta N_1 = -\Delta N_2$, 展开式可写成

$$\ln W^* = \ln W_0 - \frac{\alpha}{2}\left(\frac{\partial^2 F_1^*}{\partial N_1^2} + \frac{\partial^2 F_2^*}{\partial N_2^2}\right)(\Delta N_1)^2 + \cdots.$$

若 N_1 和 N_2 的平均值较大 (这已在忽略表面效应时假定过了), 则高次项就很小 [A–5]. 所以, 如前所述 (比较 §7c 与下面 $N_1 \ll N$ 的理想气体结果),

$$\overline{(\Delta N_1)^2} = \frac{kT}{\partial^2 F_1^*/\partial N_1^2 + \partial^2 F_2^*/\partial N_2^2}.$$

用于理想气体:

$$-\alpha F = N \ln V + N f(\alpha),$$
$$\alpha F^* = \ln N! - N \ln V - N f(\alpha)$$
$$\cong N \ln N - N - N \ln V - N f(\alpha);$$

因此,

$$\alpha \mu = \ln N - \ln V - f(\alpha).$$

因为 $\mu_1 = \mu_2$, 所以, $N_1/V_1 = N_2/V_2$. 由

$$\partial^2 F^*/\partial N^2 = 1/\alpha N$$

立即有

$$\overline{(\Delta N_1)^2} = \frac{1}{1/N_1 + 1/N_2} = \frac{N_1 N_2}{N}.$$

在这种情况下, F^* 是 V 和 N 的一次齐次函数. 可以证明, 一般这也是正确的:

$$F^*(\lambda V, \lambda N, \alpha) = \lambda F^*(V, N, \alpha).$$

利用齐次函数的欧拉关系, 我们得到

$$F^* = N\frac{\partial F^*}{\partial N} + V\frac{\partial F^*}{\partial V};$$

因此, 由 $\partial F^*/\partial V = -p$,

$$N\mu = F^* + pV,$$
$$\mu = \frac{F^* + pV}{N}.$$

这是热力学已有的关系. 此外, μ 是 V 和 N 的零次齐次函数:

$$\mu(\lambda V, \lambda N, \alpha) = \mu(V, N, \alpha).$$

欧拉关系意味着

$$N\frac{\partial \mu}{\partial N} + V\frac{\partial \mu}{\partial V} = 0,$$

或

$$N\frac{\partial^2 F^*}{\partial N^2} + V\frac{\partial^2 F^*}{\partial V\partial N} = 0, \quad \frac{\partial^2 F^*}{\partial N^2} = \frac{V}{N}\frac{\partial p}{\partial N}.$$

由于 p 也是零次齐次函数, 因此,

$$N\frac{\partial p}{\partial N} + V\frac{\partial p}{\partial V} = 0,$$

这导致

$$\frac{\partial^2 F^*}{\partial N^2} = -\left(\frac{V}{N}\right)^2\frac{\partial p}{\partial V}.$$

为使 W_0 真正是极大值, 我们必须首先有

$$\frac{\partial^2 F^*}{\partial N^2} > 0,$$

意思是

$$\frac{\partial p}{\partial V} < 0.$$

这是稳定性条件. 其次, 由于均匀性, 有

$$V_1\frac{\partial p}{\partial V_1} = V_2\frac{\partial p}{\partial V_2} = V\frac{\partial p}{\partial V},$$

或

$$\overline{(\Delta N_1)^2} = -\frac{kT}{(V/N)^2(\partial p/\partial V)V(1/V_1 + 1/V_2)}.$$

由

$$n = \frac{N}{V} \text{ 和 } \frac{V}{N}\frac{\partial p}{\partial N} = \frac{1}{N}\frac{\partial p}{\partial n},$$

上式成为

$$\overline{(\Delta N_1)^2} = \frac{kT}{(\partial p/\partial n)} \frac{N_1 N_2}{N_1 + N_2}.$$

极限情况:

$$V_1 \ll V_2 \cong V, N_1 \ll N,$$

$$\overline{(\Delta N_1)^2} = \frac{kT}{(\partial p/\partial n)} N_1.$$

b. 推广到混合物

令角标标记混合物的组元, 令总体积 $\widetilde{V}$ 中有 $\widetilde{N}_i$ 个 i 组元的分子, 令由假想的壁所分出的分体积 V 中有 N_i 个 i 组元的分子. 联合概率是

$$W^*(N_1, N_2, \cdots, V, \alpha)$$
$$= \frac{1}{N_1! N_2! \cdots} \int_{\widetilde{V}} \exp\{\alpha[F^*(\widetilde{N}_1, \widetilde{N}_2, \cdots, \widetilde{V}) - $$
$$F^*(\widetilde{N}_1 - N_1, \cdots, \widetilde{V} - V) - H(p^1, \cdots, q^N)]\} \mathrm{d}^{2N} \Omega,$$

式中

$$F^* = F + kT \sum_k \ln N_k!.$$

对于最概然分布,

$$\overline{\mu}_k \equiv \mu_k \equiv \frac{\partial F^*}{\partial N_k}.$$

下面, 我们始终假定 $V \ll \widetilde{V}$. 当我们只注意于 N_1 的一次项时, 有

$$W^*(N_1, N_2, \cdots, V, \alpha) = \frac{1}{N_1! N_2! \cdots} \times$$
$$\int_{\widetilde{V}} \exp[\alpha\{\Omega + \mu_1 N_1 + \mu_2 N_2 + \cdots - H(p^1, \cdots, q^N)\}] \mathrm{d}^{2N} \Omega,$$

式中我们引入了

$$\Omega = +\frac{\partial F^*}{\partial V} V.$$

在平衡时, 有关系式

$$\frac{\partial F^*}{\partial V} = -\widetilde{p} = -p \ 或 \ \Omega = -pV.$$

把 Ω 看作是 μ_k 的函数 $\Omega(\mu_1, \mu_2, \cdots; V, T)$. 对于固定的 T, 由于均匀性, 有关系式

$$F^* = \sum_k \overline{N}_k \frac{\partial F^*}{\partial N_k} + V \frac{\partial F^*}{\partial V}.$$

所以,

$$\Omega = F^* - \sum_k \widetilde{N}_k \mu_k.$$

由这个公式可导出

$$-\frac{\partial \Omega}{\partial \mu_k} = \overline{N}_k,$$

$$\left(\frac{\partial \Omega}{\partial V}\right)_\mu = \left(\frac{\partial F^*}{\partial V}\right)_N,$$

$$\left(\frac{\partial \Omega}{\partial T}\right)_\mu = \left(\frac{\partial F^*}{\partial T}\right)_N.$$

量 Ω 是一个新热力学势.

平均值和涨落:

$$\sum_{N_i} W^*(N_1, N_2, \cdots, V, \alpha) = 1$$

也可看成是 Ω 的定义:

$$\exp[-\alpha\Omega] = \sum_{N_i} \int \mathrm{d}^{2N}\Omega \frac{1}{\prod_i N_i!} \exp\left[\alpha\left\{\sum_k \mu_k N_k - H\right\}\right].$$

对 μ_i 取微分, 得

$$0 = \sum_{N_i} \left(\frac{\partial \Omega}{\partial \mu_i} + N_i\right) W^*.$$

所以, 和前面一样,

$$\overline{N}_i = -\frac{\partial \Omega}{\partial \mu_i}.$$

再取微分, 我们得到

$$0 = \sum_{N_i} \left[\frac{\partial^2 \Omega}{\partial \mu_i \partial \mu_k} + \alpha\left(\frac{\partial \Omega}{\partial \mu_i} + N_i\right)\left(N_k + \frac{\partial \Omega}{\partial \mu_k}\right)\right] W^*.$$

由此得到

$$\overline{\Delta N^i \Delta N^k} = -kT \frac{\partial^2 \Omega}{\partial \mu_i \partial \mu_k}.$$

这个结果也可借助于下面形式的 (对 $V \ll \widetilde{V}$ 时所得的) 概率

$$W^* = W_0^* \exp\left[-\frac{\alpha}{2} \sum_{i,k} \frac{\partial^2 F^*}{\partial N_i \partial N_k} \Delta N_i \Delta N_k + \cdots\right],$$

并用定义

$$\overline{\Delta N_i \Delta N_k} = \int \cdots \int \mathrm{d}(\Delta N) \Delta N_i \Delta N_k W^*$$

而得到. 若用下面的引理, 这个积分很容易计算.

引理: 如果

$$f(x) \equiv \frac{1}{2} \sum_{i,k} g_{ik} x^i x^k,$$

则

$$\overline{x^i x^k} = \frac{\displaystyle\int \cdots \int \mathrm{d}x x^i x^k \exp[-\alpha f(x)]}{\displaystyle\int \cdots \int \mathrm{d}x \exp[-\alpha f(x)]} = \frac{1}{\alpha} g^{ik},$$

式中

$$\sum_{\lambda} g^{i\lambda} g_{\lambda k} = \delta_k^i.$$

这可证明如下. 首先我们证明

$$\overline{x^i \frac{\partial f}{\partial x^k}} = \frac{1}{\alpha} \delta_k^i.$$

这可由关系式

$$\exp[-\alpha f] \frac{\partial f}{\partial x^i} = -\frac{1}{\alpha} \frac{\partial}{\partial x^i} \exp[-\alpha f]$$

通过分部积分求得. 所以,

$$\overline{x^i \frac{\partial f}{\partial x^k}} = \sum_{l} g_{kl} \overline{x^i x^l} = \frac{1}{\alpha} \delta_k^i.$$

它导致

$$\overline{x^i x^l} = \frac{1}{\alpha} g^{il}. \qquad\qquad 证毕.$$

令

$$x_i = \Delta N_i, \quad g_{ik} = \frac{\partial^2 F^*}{\partial N_i \partial N_k} = \frac{\partial \mu_i}{\partial N_k}, \quad -\frac{\partial^2 \Omega}{\partial \mu_i \partial \mu_k} = \frac{\partial N_k}{\partial \mu_i} = g^{ik}$$

即得上述结果. 通过对 α 取微分, 可计算粒子和能量的组合涨落.

第三章

布朗运动

§15. 引论

唯一的可观察量是布朗粒子的位移,

$$\Delta(t) = x(t) - x(0);$$

它的速度是不可观察的. 不规则的运动通常总是这样, 位移的方均是时间的线性函数:

$$\overline{\Delta(t)^2} = 2Dt.$$

结果 Δ 本身的分布是高斯分布:

$$W(\Delta)\mathrm{d}\Delta = \frac{1}{\sqrt{4\pi Dt}} \exp\left[-\frac{\Delta^2}{4Dt}\right] \mathrm{d}\Delta.$$

同样, 可以考虑绕轴的转动:

$$\overline{\Delta(\varphi)^2} = \alpha t.$$

应当注意, 布朗运动不能用来作为第二类永动机; 这是因为所有物理装置本身都呈现这一现象.

本章将论述布朗运动的三个理论. 它们是

1. 朗之万理论 (用位力定理),

2. 洛伦兹理论,

3. 爱因斯坦理论 (与扩散比较).

考虑线性情况就够了, 因为在不同方向上的运动是相互独立的.

§16.　朗之万理论

我们把作用在一个粒子上的力分为有序部分和无序部分. 有序部分是等于 $-W\dot{x}$ 的阻力. 无序部分是由分子间的碰撞引起的, 并记为 X:

$$m\ddot{x} = -W\dot{x} + X.$$

由于是无序的, 对于固定的 x 或 $\dot{x}$, $\dot{X} = 0$.

现在,

$$m\ddot{x}x = -W\dot{x}x + xX,$$

$$m\frac{\mathrm{d}}{\mathrm{d}t}(x\dot{x}) - m\dot{x}^2 = -W\frac{1}{2}\frac{\mathrm{d}}{\mathrm{d}t}(x^2) + xX.$$

如果对许多粒子取这个方程的统计平均, 其中 $\overline{xX}$ 一项, 将是零; 这是由于在某固定位置发生的碰撞是完全无规的. 此外, 用 d/dt 表示的运算和用上横表示的运算 (统计平均) 对易:

$$m\frac{\mathrm{d}}{\mathrm{d}t}\overline{(x\dot{x})} - m\overline{\dot{x}^2} = -W\frac{\mathrm{d}}{\mathrm{d}t}\overline{\left(\frac{1}{2}x^2\right)}.$$

根据统计力学,

$$m\overline{\dot{x}^2} = 2\overline{E}_{\text{动}} = kT.$$

于是,

$$\frac{m}{2}\frac{\mathrm{d}^2}{\mathrm{d}t^2}\overline{(x^2)} + \frac{1}{2}W\frac{\mathrm{d}}{\mathrm{d}t}\overline{(x^2)} = kT.$$

我们这样选择原点, 以使 $x(0) = 0$. 则解是

$$\frac{\mathrm{d}}{\mathrm{d}t}\overline{(x^2)} = \frac{2kT}{W} + C\exp\left[-\frac{W}{m}t\right].$$

因为 $W/m \cong 10^{-8}\ \mathrm{s}^{-1}$, 所以很快就达到稳定状态, 并有

$$\overline{x^2} = \frac{2kT}{W}t.$$

§17.　洛伦兹理论

令 $v \equiv \dot{x}$; 于是

$$m\dot{v} = -Wv + X.$$

由 0 到 t 积分这一方程, 可得

$$m(v_t - v_0) = -Wv_0t + G_x,$$

式中

$$G_x = \int_0^t X \mathrm{d}t'.$$

对于足够小的 t, 利用 $-Wv$ 是无规的事实, 得

$$v_t = v_0\left(1 - \frac{W}{m}t\right) + \frac{1}{m}G_x,$$

$$v_t^2 = v_0^2\left(1 - \frac{2W}{m}t\right) + 2\frac{G_x}{m}v_0\left(1 - \frac{W}{m}t\right) + \frac{G_x^2}{m^2} + t^2(\cdots).$$

如果我们取这个方程的统计平均, 并注意到 $\overline{v_0^2}$ 必须等于 $\overline{v_t^2}$ 以及 $\overline{G_x v_0} = 0$ (如前), 则得到

$$\overline{G_x^2} = 2Wm\overline{v_0^2}t = 2WkTt.$$

这是在 (短) 时间 t 内传递给一个粒子的动量的方均.

如果定义 $\beta = 1 - Wt/m$, 则

$$v_t = \beta v_0 + \frac{1}{m}G_x.$$

考虑长为 nt 的一段时间间隔, 并令 v_k 和 G_k 是 kt 时刻的值, $k = 1, 2, \cdots, n$. 则

$$v_1 = \beta v_0 + \frac{1}{m}G_1,$$

$$v_2 = \beta v_1 + \frac{1}{m}G_2 = \beta^2 v_0 + \frac{1}{m}(\beta G_1 + G_2),$$

$$\cdots\cdots\cdots\cdots\cdots\cdots\cdots\cdots\cdots\cdots$$

$$v_n = \beta^n v_0 + \frac{1}{m}(\beta^{n-1}G_1 + \beta^{n-2}G_2 + \cdots + G_n).$$

令 $v_0 = G_0/m$, 上式可以写成

$$v_n = \frac{1}{m}\sum_{\nu=0}^{n}\beta^{n-\nu}G_\nu.$$

量 Δx 可写成下列形式:

$$\begin{aligned}
\Delta x &= t(v_0 + v_1 + \cdots + v_{n-1}) \\
&= t\frac{G_0}{m}(1 + \beta + \cdots + \beta^{n-1}) + \\
&\quad \frac{t}{m}G_1(1 + \beta + \cdots + \beta^{n-2}) + \cdots + \frac{t}{m}G_{n-1} \\
&= t\frac{G_0}{m}\frac{1 - \beta^n}{1 - \beta} + \frac{t}{m}G_1\frac{1 - \beta^{n-1}}{1 - \beta} + \cdots + \frac{t}{m}G_{n-1}\frac{1 - \beta}{1 - \beta}.
\end{aligned}$$

利用关系式

$$\overline{G_n v_0} = 0 \text{ 和 } \overline{G_n G_{n'}} = \delta_{nn'}\overline{G^2} \quad (n \neq 0),$$

Δx 的方均可写成

$$
\begin{aligned}
\overline{(\Delta x)^2} &= \frac{t^2}{m^2}\overline{G^2}\sum_{\nu=1}^{n-1}\left(\frac{1-\beta^\nu}{1-\beta}\right)^2 + \frac{t^2}{m^2}\overline{G_0^2}\left(\frac{1-\beta^n}{1-\beta}\right)^2 \\
&= \frac{t^2}{m^2}\overline{G^2}\sum_{\nu=1}^{n-1}\frac{1}{(1-\beta)^2}(1-2\beta^\nu+\beta^{2\nu}) + \frac{t^2}{m^2}\overline{G_0^2}\left(\frac{1-\beta^n}{1-\beta}\right)^2 \\
&= t^2\overline{v_0^2}\frac{(1-\beta^n)^2}{(1-\beta)^2} + \frac{t^2}{m^2}\overline{G^2}\frac{1}{(1-\beta)^2}\times \\
&\quad \left(n-1-2\beta\frac{1-\beta^{n-1}}{1-\beta}+\beta^2\frac{1-\beta^{2n-2}}{1-\beta^2}\right).
\end{aligned}
$$

我们现在假定 $n \gg 1$, 于是与 n 成正比的项最重要. 利用 $1-\beta = (W/m)t$, 那一项变为

$$
\overline{(\Delta x)^2} = \frac{t^2}{m^2}2WkTt\frac{1}{(W^2/m^2)t^2}n = \frac{2kT}{W}nt.
$$

这一结果和用朗之万理论所得的结果相同.

§18. 爱因斯坦理论

于 1905 年提出的这一理论是历史上最早的理论. 根据统计力学, 悬浮粒子产生的压强

$$
p = nkT,
$$

式中 n 是每立方厘米中的粒子数. 扩散系数 D 唯象地定义为

$$
\boldsymbol{i} = -D\mathrm{grad}\boldsymbol{n},
$$

式中 $\boldsymbol{i}$ 是扩散流密度. 在一维情况下, 这一方程是

$$
i = -D\frac{\mathrm{d}n}{\mathrm{d}x}.
$$

如果外力 K 和阻力 $-Wv$ 作用在粒子上, 则在稳定情况下,

$$
v = K/W,
$$

它导致

$$
i = nv = n\frac{K}{W}.
$$

在有由压强梯度引起的扩散流的稳定状态中, 每单位体积的力必须保持平衡:

$$
nK = -\frac{\mathrm{d}p}{\mathrm{d}x} = -kT\frac{\mathrm{d}n}{\mathrm{d}x}.
$$

所以,

$$i = -\frac{kT}{W}\frac{dn}{dx} \text{ 和 } D = \frac{kT}{W}.$$

现在, 把 $\overline{(\Delta x)^2}$ 和 D 联系起来. 由于布朗运动的结果, 一粒子在时间 τ 内经历位移 s 的概率密度是 $\varphi(s)$. 令 s 和 $s + ds$ 间的粒子数是

$$dn = n\varphi(s)ds.$$

于是

$$n(x, t + \tau)dx = dx \int_{-\infty}^{+\infty} n(x - s, t)\varphi(s)ds.$$

对小的 τ,

$$n(x, t) + \frac{\partial n}{\partial t}\tau = n(x, t) \int_{-\infty}^{+\infty} \varphi(s)ds - \frac{\partial n}{\partial x} \int_{-\infty}^{+\infty} s\varphi(s)ds +$$

$$\frac{1}{2}\frac{\partial^2 n}{\partial x^2} \int_{-\infty}^{+\infty} s^2\varphi(s)ds + \cdots.$$

如果我们假定高次项都小到 τ 的较高次项, 则

$$\frac{\partial n}{\partial t} = \frac{1}{2}\frac{\overline{s^2}}{\tau}\frac{\partial^2 n}{\partial x^2}.$$

由于

$$\partial n/\partial t + \text{div } i = 0,$$

扩散方程变为

$$\frac{\partial n}{\partial t} = D\frac{\partial^2 n}{\partial x^2}.$$

对比这两个 $\partial n/\partial t$ 的表式, 我们得到

$$D = \frac{1}{2}\frac{\overline{s^2}}{\tau}, \quad \overline{s^2} = \frac{2kT}{W}\tau.$$

布朗转动

这种转动可按完全类似的方式处理:

$$J\ddot{\varphi} = -W\dot{\varphi} + \Phi,$$
$$\frac{J}{2}\overline{\dot{\varphi}^2} = \frac{m}{2}\overline{\dot{x}^2} = \frac{1}{2}kT.$$

导致

$$\overline{\varphi_t^2} = \frac{2kT}{W}t.$$

令

$$\Gamma_t = \int_0^t \Phi \mathrm{d}t,$$

如同洛伦兹理论一样, 结果是

$$\overline{\Gamma_t^2} = 2kTWt.$$

例: 在没有电动势的闭合电路中的电流涨落.

$$L\frac{\mathrm{d}i}{\mathrm{d}t} = -Ri + X, \quad i = \frac{\mathrm{d}q}{\mathrm{d}t}.$$

令 $G_t = \int_0^t X \mathrm{d}t$, 如同在洛伦兹理论中一样进行计算:

$$\overline{G_t^2} = 2RkTt, \quad \frac{1}{2}L\overline{i^2} = \frac{1}{2}kT,$$

$$\overline{(\Delta q)_t^2} = \frac{2kT}{R}t.$$

第四章

量子统计

§19. 黑体辐射理论

纯粹在热力学的基础上, 就可能推导出下面两条定律[1]:

1. 总能密度的斯特藩-玻尔兹曼定律:

$$u = \frac{E}{V} = aT^4;$$

2. 谱能密度的维恩位移定律:

$$\rho_\nu = \nu^3 F\left(\frac{\nu}{T}\right).$$

为了计算 $F(\nu/T)$, 我们必须用统计方法, 统计方法有振子法和简正模法两种.

a. 振子法

所谓振子是指能发射和吸收确定频率的力学系统 (谐振子). 根据热力学, 平衡辐射必须与这些振子的构造细节无关. 因此, 我们可直接假定这些振子是谐振子:

$$H = \frac{p^2}{2m} + \frac{m}{2}\omega^2 q^2.$$

可以证明, 与辐射联系的振子具有平均能量

$$\overline{E_\nu} = \frac{c^3}{8\pi\nu^2}\rho_\nu.$$

此外, 按照经典统计力学, 平衡时有

$$\overline{E_\nu} = kT.$$

① 见 W. PAULI, *Lectures in Physics: Thermodynamics and the kinetic Theory of Gases* (M. I. T. Press, Cambridge, Mass., 1972). 有中译本, 高等教育出版社出版, 2014.

将其代入上式, 得

$$\rho_\nu = \frac{8\pi\nu^2}{c^3} kT,$$

这就是瑞利–金斯公式. 立刻可以看出, 这个公式是不正确的, 因为 $\int_0^\infty \rho_\nu d\nu = \infty$ (紫外灾难).

为了克服这个危机, 普朗克提出如下假说:

1. 振子能量只能取离散值:

$$E_n = E_0 + n\varepsilon(\nu).$$

同时, 辐射能量仅以小量 $n'\varepsilon$ 被吸收和发射.

2. 下列关系式成立

$$\overline{E} - E_0 = \frac{c^3}{8\pi\nu^2} \rho_\nu ①.$$

结果, 统计力学的配分函数现在是求和而不是积分:

$$Z = \sum_n g_n \exp[-E_n/kT].$$

于是, 第三个假说自然成立.

3. 态 n 的简并度是 g_n (即态 n 是 g_n 重简并的).

与这些假说相对应, 微正则系综要定义为

$$常量 \times W_n = \begin{cases} 1, & E < E_n < E + dE, \\ 0, & 在其他情况下. \end{cases}$$

而且, 如果在能量壳中 (考虑到每个态的权重) 状态总数是 U, 则熵是

$$S = k \ln U.$$

用这些新概念, 经典统计力学的其他所有公式仍然有效. 对于普朗克振子的情况, 记住态不可能是简并的 ②, 于是, 对每个振子我们得到

$$Z = \exp[-E_0/kT] \sum_n \exp[-n\varepsilon/kT]$$

$$= \exp[-E_0/kT] \frac{1}{1 - \exp[-\varepsilon/kT]},$$

---

① 英译本误为 $\overline{E} - E_0 = \frac{c^3}{8\pi\nu} \rho_\tau$.——中译者注

② 见 W. PAULI, *Lectures in Physics: Wave Mechanics* (M. I. T. Press, Cambridge, Mass., 1972). 有中译本, 即本书第二部分 (《泡利物理学讲义 (第五卷)》).

或

$$F = -kT \ln Z = E_0 + kT \ln(1 - \exp[-\varepsilon/kT]).$$

再取

$$\alpha = 1/kT,$$

我们有

$$\overline{E} = \frac{\partial}{\partial \alpha}(\alpha F) = -\frac{\partial}{\partial \alpha} \ln Z$$

或

$$\overline{E} = E_0 + \frac{\varepsilon}{\exp[\alpha \varepsilon] - 1}.$$

利用假说 2, 我们得到

$$\rho_\nu = \frac{8\pi\nu^2}{c^3} \frac{\varepsilon}{\exp[\varepsilon/kT] - 1}.$$

这只有当

$$\varepsilon = h\nu$$

时, 才具有维恩定律 (其正确性由其热力学推导加以保证) 的形式:

$$\rho_\nu = \nu^2 F\left(\frac{\nu}{T}\right),$$

式中 h 是一个新的普适常量——作用量子. 最后,

$$\rho_\nu = \frac{8\pi h}{c^3} \frac{\nu^3}{\exp[h\nu/kT] - 1},$$

这就是普朗克辐射定律, 而

$$\overline{E} = E_0 + \frac{h\nu}{\exp[h\nu/kT] - 1}.$$

注: 与经典情况对比, 量子统计力学表示式的量纲是正确的. 让我们考虑 $h\nu \ll kT$ 的极限:

$$\exp[-h\nu/kT] = 1 - \frac{h\nu}{kT} + \frac{1}{2}\left(\frac{h\nu}{kT}\right)^2 + \cdots,$$

因此,

$$F = E_0 + kT \ln\left[\frac{h\nu}{kT}\left(1 - \frac{1}{2}\frac{h\nu}{kT}\right)\right]$$
$$= E_0 + kT \ln\left(\frac{h\nu}{kT}\right) - \frac{1}{2}h\nu,$$

而

$$\overline{E} = E_0 + kT - \frac{1}{2}h\nu.$$

对经典情况, 我们得到

$$\overline{E} = kT \text{ 和 } F = kT \left(\ln \frac{\nu}{kT} + \text{常量} \right).$$

我们现在证明, 对于大的 T 渐近地有

$$Z_{\text{量子}} \sim Z_{\text{经典}}/h.$$

每个振子,

$$Z_{\text{量子}} = \sum_n \exp[-nh\nu/kT] \exp[-E_0/kT],$$

$$Z_{\text{经典}} = \int \mathrm{d}p\mathrm{d}q \exp[-H/kT].$$

首先对能量壳 $E < H < E + \mathrm{d}E$ 积分:

$$\omega \mathrm{d}E = \iint\limits_{E<H<E+\mathrm{d}E} \mathrm{d}p\mathrm{d}q = \frac{\mathrm{d}\Omega}{\mathrm{d}E}\mathrm{d}E.$$

利用

$$H = \frac{p^2}{2m} + \frac{m}{2}\omega^2 q^2 = E,$$

我们得到

$$\Omega = \pi\sqrt{2mE}\frac{1}{\omega}\sqrt{\frac{2}{m}E} = \frac{2\pi E}{\omega} = \frac{E}{\nu}.$$

所以,

$$\mathrm{d}\Omega = \omega \mathrm{d}E = \frac{\mathrm{d}E}{\nu}$$

而

$$Z_{\text{经典}} = \int \exp[-E/kT]\frac{\mathrm{d}E}{\nu};$$

$$Z_{\text{量子}} = \sum_n \exp[-nh\nu/kT] \exp[-E_0/kT]$$

$$\cong \int \exp[-xh\nu/kT]\mathrm{d}x = \int \exp[-E/kT]\frac{\mathrm{d}E}{h\nu}.$$

令 U 是能量壳中的态数, 则有

$$U = \omega\mathrm{d}E/h,$$

这说明, 对于线性谐振子, 相空间中的态密度是 $1/h$. 这是一个普遍结果: 对于 f 个自由度的系统, 相空间中的态密度, 对于大 T 渐近地是

$$\rho = \frac{1}{h^f}.$$

因此, 所有的经典配分函数必须乘以 h^{-f}.

对辐射来说零点能量 E_0 不重要; 但另一方面, 对于固体, 它却是重要的 (见 §20). 我们可以考虑两个假定: (1) $E_0 = 0$, (2) $E_0 = \frac{1}{2}h\nu$. 根据第二个假定, 出现在上述某些公式中的 $-\frac{1}{2}h\nu$ 这一项可以消掉. 量子力学要求假定 2, 而这个假定给出了实验上已验证过的同位素间蒸气压差的正确结果 (见 §20).

b. 简正模法

我们考察边长为 l 的立方空腔的简正模. 对于方向余弦为 α_i 的波, 我们有

$$\alpha_1^2 + \alpha_2^2 + \alpha_3^2 = 1 \ \text{和} \ \frac{\alpha_i}{\lambda} = \frac{s_i}{2l},$$

式中 s_1, s_2 和 s_3 是大于或等于零的整数, 而

$$\lambda = 2l \frac{1}{\sqrt{s_1^2 + s_2^2 + s_3^2}}.$$

对每一组 (λ, α_i), 辐射腔中都有两个对应于两个偏振方向的简正模. 渐近地说, 对于 $\lambda \ll l$, 波数间隔 $(1/\lambda, 1/\lambda + \mathrm{d}(1/\lambda))$ 内的简正模的个数, 可由 s 空间的第一象限球壳层中的阵点数渐近地等于壳层体积:

$$\begin{aligned} N(\lambda, \lambda + \mathrm{d}\lambda) &= p\frac{1}{8}4\pi R^2 \mathrm{d}R \\ &= p\frac{4\pi}{8}(2l)^3 \frac{1}{\lambda^2}\mathrm{d}\left(\frac{1}{\lambda}\right) \\ &= p\frac{4\pi V}{\lambda^2}\mathrm{d}\left(\frac{1}{\lambda}\right) \end{aligned}$$

加以确定, 式中 p = 偏振因子, $R^2 = \Sigma s_i^2$, $R = 2l/\lambda$, $l^3 = V$.

注意: (1) 只要 $\lambda^3 \ll V$, 这个公式对任意形式的空腔都是正确的 (与表面积成正比的效应已忽略). (2) 对任意色散定律这公式也是正确的.

作为特例, 考虑真空中的光:

$$\frac{1}{\lambda} = \frac{\nu}{c}, \quad p = 2,$$

$$N(\nu, \nu + \mathrm{d}\nu) = V\frac{8\pi\nu^2}{c^3}\mathrm{d}\nu.$$

令 $\overline{E}_\nu$ 是热平衡时简正模的平均能量. 则

$$V\rho_\nu \mathrm{d}\nu = N(\nu, \nu + \mathrm{d}\nu)\overline{E}_\nu,$$

即

$$\rho_\nu = \frac{8\pi\nu^2}{c^3}\overline{E}_\nu.$$

如果把量子理论应用于简正模, 那么我们得到

$$E_n = nh\nu,$$

它导致

$$\overline{E}_\nu = \frac{h\nu}{\exp[h\nu/kT] - 1}.$$

由此我们又得到普朗克定律,

$$\rho_\nu = \frac{\gamma\nu^3}{\exp[h\nu/kT] - 1},$$

式中

$$\gamma \equiv \frac{8\pi/h}{c^3}.$$

这个定律的某些推论是:

1. $\dfrac{h\nu}{kT} \gg 1 : \rho_\nu = \gamma\nu^3 \exp\left[-\dfrac{h\nu}{kT}\right]$ (维恩定律),

2. $\dfrac{h\nu}{kT} \ll 1 : \rho_\nu = \dfrac{8\pi\nu^2}{c^3}kT$ (瑞利–金斯公式),

3. 总能密度是

$$u = \int_0^\infty \rho_\nu \mathrm{d}\nu = \gamma\left(\frac{kT}{h}\right)^4 \int_0^\infty \frac{x^3 \mathrm{d}x}{e^x - 1}$$

$$= \gamma\left(\frac{kT}{h}\right)^4 \zeta(4)\Gamma(4)^{①} = \gamma\left(\frac{kT}{h}\right)^4 \frac{\pi^4}{90}6.$$

所以,

$$u = aT^4, a = \frac{8\pi^5 k^4}{15c^3 h^3} \quad \text{(斯特藩–玻尔兹曼定律)}.$$

由此并由普朗克公式, h 和 k 可分别确定为:

$$h = 6.62 \times 10^{-27} \text{ erg} \cdot \text{s},$$

$$k = 1.38 \times 10^{-16} \text{ erg/K}^{②}.$$

---

① $\zeta(4) = \displaystyle\sum_{n=1}^\infty \frac{1}{n^4} = \frac{\pi^2}{90}$ 是宗量为 4 的黎曼 ζ-函数; $\Gamma(4) = 3!$ 是 Γ-函数.——中译校注

② 德英两种文本均无此式, 疑有遗漏. 1 erg=10^{-7} J.——中译者注

c. 涨落

以 Σ 代替 $\int$ 并不改变统计力学的公式:

$$\overline{(\Delta E)^2} = kT^2 \left(\frac{\partial E}{\partial T} \right)_V = -k \left(\frac{\partial E}{\partial (1/T)} \right)_V = \frac{-k}{(\partial^2 S / \partial E^2)_V}.$$

就辐射情形而论还有一特殊的简化: 对于小的分体积 V 这个公式也正确, 因为粒子数并不提供新变量. 所以, 巨正则系综与正则系综相同. 此外, 公式分别对每个频率区间都有效; 这是因为涨落像能量和熵一样是独立的:

$$\overline{(\Delta E_\nu)^2} = kT^2 \left(\frac{\partial E_\nu}{\partial T} \right)_V = -k \left(\frac{\partial E_\nu}{\partial (1/T)} \right)_V = \frac{-k}{(\partial^2 S_\nu / \partial E_\nu^2)_V}.$$

由普朗克定律得

$$\frac{h\nu}{k} \frac{\partial S_\nu}{\partial E_\nu} = \frac{h\nu}{kT} = \ln \left(1 + \frac{\gamma\nu^3}{\rho_\nu} \right) = \ln \left(\frac{\rho_\nu}{\gamma\nu^3} + 1 \right) - \ln \frac{\rho_\nu}{\gamma\nu^3}.$$

令 $E_\nu = \rho_\nu \mathrm{d}\nu V$ 和 $S_\nu = s_\nu \mathrm{d}\nu V$, 我们得到

$$\frac{h\nu}{k} \frac{\partial S_\nu}{\partial E_\nu} = \frac{h\nu}{k} \frac{\partial s_\nu}{\partial \rho_\nu} = \ln \left(\frac{\rho_\nu}{\gamma\nu^3} + 1 \right) - \ln \frac{\rho_\nu}{\gamma\nu^3}$$
$$= \ln(\rho_\nu + \gamma\nu^3) - \ln \rho_\nu.$$

所以,

$$s_\nu = \frac{k}{h\nu} [(\rho_\nu + \gamma\nu^3) \ln(\rho_\nu + \gamma\nu^3) - \rho_\nu \ln \rho_\nu - \gamma\nu^3 \ln \gamma\nu^3]$$

或

$$s_\nu = \frac{k}{h\nu} \left[(\rho_\nu + \gamma\nu^3) \ln \left(\frac{\rho_\nu}{\gamma\nu^3} + 1 \right) - \rho_\nu \ln \left(\frac{\rho_\nu}{\gamma\nu^3} \right) \right].$$

我们得到涨落

$$\overline{(\Delta E_\nu)^2} = - \left[\frac{\partial (1/kT)}{\partial E_\nu} \right]^{-1} = -\mathrm{d}\nu V \left[\frac{\partial (1/kT)}{\partial \rho_\nu} \right]^{-1},$$

$$\frac{\partial (1/kT)}{\partial \rho_\nu} = \frac{1}{h\nu} \frac{\partial}{\partial \rho_\nu} [\ln(\rho_\nu + \gamma\nu^3) - \ln \rho_\nu]$$
$$= \frac{1}{h\nu} \left[\frac{1}{\rho_\nu + \gamma\nu^3} - \frac{1}{\rho_\nu} \right] = \frac{1}{h\nu} \frac{-\gamma\nu^3}{\rho_\nu(\rho_\nu + \gamma\nu^3)}.$$

所以,

$$\overline{(\Delta E_\nu)^2} = \left(\rho_\nu h\nu + \rho_\nu^2 \frac{h\nu}{\gamma\nu^3} \right) \mathrm{d}\nu V$$

或

$$\overline{(\Delta E_\nu)^2} = \left[\rho_\nu h\nu + \frac{c^3}{8\pi\nu^2} \rho_\nu^2 \right] \mathrm{d}\nu V.$$

这个公式是由爱因斯坦得到的. $h = 0$ 时 (瑞利–金斯), 只存在第二项. 它表示干涉涨落[1]. 如果我们从维恩定律出发, 或者把光看成经典理想光子气, 就只存在第一项; 在后一情况中, 我们把光看成是以光速运动的能量为 $h\nu$ 的微粒.

假使那样, 令 U 等于 ν 和 $\nu + \mathrm{d}\nu$ 间的光子数; $E_\nu = Uh\nu$. 于是根据 §7c,

$$\overline{(\Delta E_\nu)^2} = (h\nu)^2 \overline{\Delta U^2} = (h\nu)^2 U = h\nu E_\nu,$$

正是上面公式的第一项.

爱因斯坦公式的另一写法如下:

简正模的数目是

$$N = \frac{8\pi\nu^2 \mathrm{d}\nu}{c^3} V.$$

每个简正模的能量是 e_ν:

$$E_\nu = e_\nu N.$$

于是

$$\overline{(\Delta E)^2} = N e_\nu (h\nu + e_\nu).$$

d. 色散介质中的辐射

令 $n = n(\lambda)$ 是折射率, $v = c/n$ 是相速度,

$$U = \frac{\mathrm{d}\nu}{\mathrm{d}(1/\lambda)} = \frac{c}{n}\left(1 + \frac{\lambda}{n}\frac{\mathrm{d}n}{\mathrm{d}\lambda}\right)$$

是波群速度, 而 $\lambda = c/m\nu$ 是波长. 则 ν 和 $\nu + \mathrm{d}\nu$ 间的简正模数是

$$N = V\frac{8\pi}{\lambda^3}\mathrm{d}\left(\frac{1}{\lambda}\right)$$
$$= V\frac{8\pi\nu^2 \mathrm{d}\nu}{c^3}\frac{n^3}{1 + (\lambda/n)(\mathrm{d}n/\mathrm{d}\lambda)}$$
$$= V\frac{8\pi\nu^2 \mathrm{d}\nu}{v^2 U}.$$

所以,

$$\rho_\nu = (\rho_\nu)_{\text{真空}}\frac{n^3}{1 + (\lambda/n)(\mathrm{d}n/\mathrm{d}\lambda)} = (\rho_\nu)_{\text{真空}}\frac{c^3}{v^2 U}.$$

---

[1] 见 H. A. LORENTZ, *Les Théories Statistiques en Thermodynamique* (B. G. Teubner, Leipzig, 1916).

§20. 固体理论

我们用的固体模型是由 N 个质点 (原子) 耦合而成. 这样一种晶格有 $3N$ 个简正模. 可以证明, 这些振动总是具有波的形态, 因为存在着晶格结构所要求的平移群. 例如, 对于晶格常数为 d 的立方晶格, 我们有

$$u_{n_1 n_2 n_3} = A \exp\left[2\pi\mathrm{i}\left\{\frac{d}{\lambda}(n_1\alpha_1 + n_2\alpha_2 + n_3\alpha_3 - \nu t)\right\}\right].$$

类似于 §19, 对 α_i 的条件是

$$\frac{2\pi}{\lambda}a_i l = s_i.$$

这一情况中的特殊差别在于只有有限数目的简正模. 可是, 对于 $l \gg \lambda \gg d$, 系统实际上是个连续体, 它的简正模是弹性振动. 即

$$\nu = \frac{1}{\lambda}v_{t,l},$$

式中 v_t 是横波速度 $(p = 2)$, v_l 是纵波速度 $(p = 1)$. 若

$$\frac{3}{v^3} \equiv \frac{2}{v_t^3} + \frac{1}{v_l^3},$$

则频率区间 $\mathrm{d}\nu$ 中简正模的数目是

$$\mathscr{N} = V\frac{12\pi}{v^3}\nu^2\mathrm{d}\nu.$$

对于小的 λ 这些考虑是不成立的. 在那种情况下, 有依存于具体的晶格结构并满足简正模总数等于 $3N$ 的色散. 依照德拜, 一个足够的近似是保持我们的分布到某一 ν_D 并在这个频率将它截止:

$$\frac{12\pi V}{v^3}\int_0^{\nu_D}\nu^2\mathrm{d}\nu = 3N.$$

这意味着

$$\nu_D^3 = \frac{3Nv^3}{4\pi V}.$$

消去 v, 我们得到

$$\mathscr{N} = \frac{9N}{\nu_D^3}\nu^2\mathrm{d}\nu.$$

利用简正模的量子理论并由统计力学, 得

$$\overline{E}_\nu = E_{0\nu} + \frac{h\nu}{\exp[h\nu/kT] - 1}.$$

所以,

$$\sum_\nu \overline{E}_\nu\mathscr{N} = \overline{E} = \frac{9N}{\nu_D^3}\int_0^{\nu_D}\nu^2\mathrm{d}\nu\left(E_{0\nu} + \frac{h\nu}{\exp[h\nu/kT] - 1}\right).$$

a. **高温:** $h\nu_D/kT \ll 1$

让我们对任意函数 $f(\nu)$, 定义 $\widetilde{f(\nu)}$ 为

$$\widetilde{f(\nu)} \equiv \frac{3}{\nu_D^3} \int_0^{\nu_D} \nu^2 f(\nu) \mathrm{d}\nu.$$

于是,

$$\overline{E} = 3N \left(\widetilde{E}_{0\nu} + \overbrace{\frac{h\nu}{\exp[h\nu/kT] - 1}} \right).$$

对于 $h\nu_D/kT \ll 1$, 有

$$\overline{E} = 3NkT + 3N \left(\widetilde{E}_{0\nu} - \frac{h\widetilde{\nu}}{2} \right).$$

自由能是

$$F^* = \sum_\nu F_\nu \mathscr{N} = \frac{9N}{\nu_D^3} \int_0^{\nu_D} \nu^2 \mathrm{d}\nu \left\{ E_{0\nu} + kT \ln \left(1 - \exp \left[-\frac{h\nu}{kT} \right] \right) \right\}.$$

对于 $h\nu_D/kT \ll 1$, 有

$$F^* = 3NkT \ln \overbrace{\left(\frac{h\widetilde{\nu}}{kT} \right)}^{①} + 3N \left(\widetilde{E}_{0\nu} - \frac{h\widetilde{\nu}}{2} \right).$$

b. **低温:** $h\nu_D/kT \gg 1$

由于指数衰减非常快, 只有最小的 ν 值才有贡献. 所以, 我们可从 0 到 ∞ 积分:

$$\overline{E} - E_0 = 3N \frac{3}{\nu_D^3} \int_0^\infty \frac{h\nu^3 \mathrm{d}\nu}{\exp[h\nu/kT] - 1}$$
$$= \frac{9N}{\nu_D^3} \left(\frac{kT}{h} \right)^4 h \frac{\pi^4}{15},$$

式中 $E_0 = 3N\widetilde{E}_{0\nu}$.

利用 $\Theta_D \equiv \dfrac{h\nu_D}{k}$ 和 $Nk = R$, 结果是

$$\overline{E} - E_0 = \frac{3\pi^4}{5} \frac{RT^4}{\Theta_D^3}.$$

所以,

$$\frac{c_\nu}{R} = \frac{12\pi^4}{5} \left(\frac{T}{\Theta_D} \right)^3 \quad (T^3 \ \text{律}).$$

---

① 英译本有误.——中译者注

c. 一般情况

定义

$$F(x) = \frac{3}{x^3} \int_0^x \frac{\xi^2 d\xi}{e^\xi - 1}.$$

对于 x 的两种极值, 我们有

$$x \ll 1 : F(x) \simeq 1,$$
$$x \gg 1 : F(x) \simeq (3/x^3)(\pi^4/15).$$

利用 F, 我们可将 $\overline{E} - E_0$ 写成

$$\overline{E} - E_0 = 3RTF\left(\frac{\Theta_D}{T}\right).$$

没有一种极限情况是和我们任意定义的 ν_D 有关. 在低温下, 大的 ν 值无意义, 而在高温时, 我们简单地有能量均分. 正是由于这个理由, 德拜近似是一个很好的近似.

d. 自由能 (忽略零点能量)

$$F_\nu = 3NkT \ln(1 - \exp[-h\nu/kT]),^{①}$$
$$F^* = \sum_\nu F_\nu \mathscr{N}$$
$$= 3NkT \frac{3}{\nu_D^3} \int_0^{\nu_D} \ln(1 - \exp[-h\nu/kT])\nu^2 d\nu.^{②}$$

定义

$$\frac{h\nu}{kT} \equiv y \ \text{和} \ \frac{h\nu_D}{kT} \equiv x = \frac{\Theta_D}{T},$$

并分部积分, 得

$$F^* = 3NkT \frac{3}{x^3} \int_0^x \ln(1 - \exp[-y])y^2 dy = 3NkTG(x).$$

函数 $G(x)$ 定义如下:

---

① ② 德、英文本均都有误.——中译校注

$$G(x) = \frac{3}{x^3} \int_0^x \ln(1 - \exp[-y]) y^2 \mathrm{d}y$$

$$= \frac{3}{x^3} \ln(1 - \exp[-y]) \frac{y^3}{3} \Big|_0^x - \frac{3}{x^3} \int_0^x \frac{y^3}{3} \frac{\exp[-y]}{1 - \exp[-y]} \mathrm{d}y$$

$$= \ln(1 - \exp[-x]) - \frac{1}{3} \frac{3}{x^3} \int_0^x \frac{y^3}{e^y - 1} \mathrm{d}y$$

$$= \ln(1 - \exp[1 - x]) - \frac{1}{3} F(x),$$

$$xG'(x) = F(x).$$

由此得

$$F^* = 3NkTG\left(\frac{\Theta_D}{T}\right)$$

$$= 3NkT[\ln(1 - \exp[-\Theta_D/T]) - \frac{1}{3} F\left(\frac{\Theta_D}{T}\right).$$

对于 $T \ll \Theta_D$, 这意味着 $x \gg 1$,

$$G(x) \sim -\frac{1}{3} F(x) \sim -\frac{\pi^4}{15} \frac{1}{x^3}.$$

所以,

$$F^* = -\frac{\pi^4}{5} Nk \frac{T^4}{\Theta_D^3} + E_0.$$

e. 熵

在 $T \ll \Theta_D$ 的近似中,

$$S^* = \frac{4\pi^4}{5} R \left(\frac{T}{\Theta_D}\right)^3.$$

注: (1) 符号 F^* 中的星号表示 F^* 是由 $F + kT \ln N!$ (见 §14a) 定义的自由能. 就是说, 它不包括由分子交换引起的项. 根据这个理由, 在零度下的 S^* 是零, 正好对应于能斯特定理 (见 §22b).

(2) 在低温时, 固体类似于黑体, 这时代替斯特藩–玻尔兹曼常量 a 的是

$$3\pi^4 R/(5V\Theta_D^3).$$

f. 零点能量 E_0

如果我们用 h^3 除相空间中的元胞体积, 则可得到理想单原子气体的如下

结果[1]:

$$\mu_g = \frac{\partial F^*}{\partial N_g} = kT\left(\ln p_g - \frac{5}{2}\ln T - i\right),$$

$$p_g = \frac{kTN_g}{V_g},$$

$$i = \ln[(2\pi m)^{\frac{3}{2}} k^{\frac{5}{2}} h^{-3}].$$

令 $e_0 = E_0/N_{固体} =$ 固体每个振子的零点能量. 于是, 对于 $T \gg \Theta_D$,

$$\mu_{固体} = 3kT\ln\widetilde{\frac{h\nu}{kT}} - \frac{3}{2}h\widetilde{\nu} + e_0.$$

能量 e_0 包含两部分: (1) 汽化热, $-\lambda_0$, (2) 振子零点能量, $\widetilde{e}_{0\nu}$.

$$e_0 = -\lambda_0 + \widetilde{e}_{0\nu}.$$

由 $\mu_{固体} = \mu_g$ 得蒸气压强:

$$\ln p = +\frac{5}{2}\ln T + i + 3\ln\widetilde{\frac{h\nu}{k}} - \frac{\lambda_0}{kT} + \frac{1}{kT}\left(\widetilde{e}_{0\nu} - \frac{3}{2}h\widetilde{\nu}\right).$$

对于不同的同位素, ν 值不同, 但 λ_0 值一样:

$$\lambda_0' = \lambda_0, \nu_D'/\nu_D = \sqrt{M/M'}\left(因 E_{势} = \frac{1}{2}m(2\pi\nu)^2 r^2 = E_{势}'\right).$$

在高温下, 若 $\widetilde{e}_{0\nu} \neq \frac{3}{2}h\widetilde{\nu}$, 则不同的同位素将有不同的蒸气压强. 由于这与实验事实不符, 故断定对三维谐振子 [A-6]

$$e_{0\nu} = \frac{3}{2}h\nu.$$

然而, 这却与量子力学相符. 因此对于 $\Theta_D \ll T$,

$$\ln p = +\frac{5}{2}\ln T + i + 3\ln\widetilde{\frac{h\nu}{k}} - \frac{\lambda_0}{kT}.$$

对于 $\Theta_D \gg T$, 因 $\Theta_D\sqrt{M} = \Theta_D'\sqrt{M'}$, 这个结果是不正确的.

§21. 绝热不变量

就辐射腔的绝热压缩而言, 可以证明 [A-7]

$$\frac{E_\nu}{\nu} = \frac{E_{\nu'}'}{\nu'}.$$

---

[1] 见 W. PAULI, *Thermodynamics*. 有中译本, 见本书第三卷.

埃伦菲斯特 (Ehrenfest) 作了一般的假定: 系统的量子态不因绝热变化而改变. 按这个假定, 量子条件应表述为

$$nh = f(E, a_1, a_2, \cdots),$$

式中 f 是一个绝热不变量.

a. 绝热不变量的性质

令哈密顿函数是 $H(p, q; a_1, a_2, \cdots)$, 其中 a_i 是绝热可变参量;

$$\dot{p} = -\left(\frac{\partial H}{\partial q}\right)_a,$$

$$\dot{q} = +\left(\frac{\partial H}{\partial p}\right)_a.$$

(没有涉及 $\dot{a}_i$, 因为假定它们是微小的). 所以,

$$\frac{\mathrm{d}H}{\mathrm{d}t} = \frac{\mathrm{d}E}{\mathrm{d}t} = \sum_i \left(\frac{\partial H}{\partial a_i}\right)_{p,q} \cdot \dot{a}.$$

对于周期运动

$$\overline{\frac{\mathrm{d}E}{\mathrm{d}t}} = \sum_i \overline{\left(\frac{\partial H}{\partial a_i}\right)}_{p,q} \dot{a}_i.$$

既然 f 是绝热不变量,

$$\overline{\mathrm{d}f/\mathrm{d}t} = 0,$$

而

$$\frac{\mathrm{d}f}{\mathrm{d}t} = \frac{\partial f}{\partial E}\frac{\mathrm{d}E}{\mathrm{d}t} + \sum_i \frac{\partial f}{\partial a_i}\dot{a}_i;$$

所以, 绝热不变性的条件是

$$\left(\frac{\partial f}{\partial E}\right)\overline{\left(\frac{\partial H}{\partial a_i}\right)}_{p,q} + \left(\frac{\partial f}{\partial a_i}\right) = 0.$$

b. 例

1. 线性振子

$$\left.\begin{array}{l} H = \dfrac{p^2}{2m} + \dfrac{m}{2}\omega^2 q^2 \\ a_1 = \omega, a_2 = m \end{array}\right\} \frac{\partial H}{\partial \omega} = m\omega q^2 = \frac{2E_{\text{势}}}{\omega},$$

$$2\overline{E}_{\text{动}} = \overline{q\frac{\partial H}{\partial q}} = \overline{p\frac{\partial H}{\partial p}} = 2\overline{E}_{\text{势}}, \quad \overline{E}_{\text{动}} = \overline{E}_{\text{势}} = \frac{1}{2}E.$$

故

$$\overline{\frac{\partial H}{\partial \omega}} = \frac{2\overline{E}_{\text{势}}}{\omega} = \frac{E}{\omega}.$$

容易证明 $f = E/\omega$ 是绝热不变量:

$$\frac{\partial H}{\partial m} = -\frac{p^2}{2m^2} + \frac{1}{2}\omega^2 q^2 = \frac{1}{m}(-E_{\text{动}} + E_{\text{势}}) = 0.$$

2. 直线上的非相对论性粒子

$$H = p^2/2m.$$

作用在壁上的力 (图 21.1) 是

$$K = \frac{v}{2l}2mv = \frac{mv^2}{l} = \frac{2E}{l},$$

$$\delta E = -K\delta l = -\frac{2E\delta l}{l}.$$

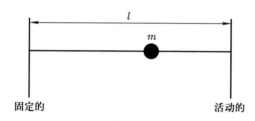

图 21.1

所以,

$$El^2 = \text{常量}.$$

若改变其质量, 得

$$\delta E = -E\delta m/m$$

或

$$Em = \text{常量}.$$

故

$$Eml^2 = \text{常量}.$$

系统的能量壳是 (见图 21.2)

$$\mathrm{d}\Omega = 2l\mathrm{d}p.$$

可是, 对于 $nh = 2l|p|$, 相空间中的态密度是 $1/h$. 所以,

$$E_n = \frac{p^2}{2m} = \frac{n^2h^2}{8ml^2}.$$

由以上考虑, 这的确是绝热不变的. 满足两个条件的最一般的方式是用 $f(n)$ 代替 n, 这里

$$\lim_{n\to\infty}\frac{f(n)}{n}=1^{①}.$$

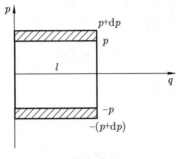

图 21.2

3. 直线上的相对论性粒子

$$K=2pv/2l,$$

$$v\delta p=\delta E=-K\delta l=-\frac{v}{2l}2p\delta l,\quad \frac{\delta p}{p}+\frac{\delta l}{l}=0.$$

所以,

$$pl=\text{常量}.$$

绝热不变性条件和关于态密度的条件仍然满足, 因为 $2l|p|=nh$. 只是能量本征值变为:

$$E_n=c\sqrt{m^2c^2+\frac{n^2h^2}{4l^2}}.$$

在 $m\to 0$ 的极限情况下, 我们有 $v=c$ 和 $E/p=c$. 所以,

$$E_n=c\frac{nh}{2l}$$

(如对辐射腔), 和

$$El=\text{常量}.$$

对于辐射,

$$\lambda=2l\frac{1}{n}\ \text{或}\ \frac{1}{\lambda}=\frac{n}{2l}.$$

---

① 英译本此处误为 $\lim\limits_{u\to\infty}$.——中译者注

与极限相对论性情况相比较,

$$p = \frac{h}{\lambda} \text{ 和 } E = \frac{hc}{\lambda} = h\nu.$$

这些方程是德布罗意的出发点.

§22. 蒸气压. 能斯特定理

对于单原子气体, 有 (见 §20)

$$\mu = kT \left\{ \ln p - \frac{5}{2} \ln T - i \right\} + E_0,$$

$$i = \ln \left(\frac{(2\pi m)^{\frac{3}{2}} k^{\frac{5}{2}}}{h^3} \right),$$

式中 E_0 是每个原子的零点能量.

对于双原子气体, 我们已不能再用经典方法计算, 因为绕对称轴的转动自由度通常必须认为是冻结的. 另一方面, 在室温下, 我们通常可以用其他两个自由度作经典的计算. 在那种情况, 对每个分子我们有:

$$Z_{\text{转动}} = \frac{1}{h^2} \int \exp \left[-\frac{1}{kT} \frac{1}{2A} (\pi_1^2 + \pi_2^2) \right] d\pi_1 d\pi_2 \sin\theta d\theta d\varphi$$

$$= \frac{8\pi^2 A kT}{h^2}.$$

对三原子或多原子气体, 我们得到

$$Z_{\text{转动}} = \frac{1}{h^3} \int \exp \left[-\frac{1}{2kT} \left(\frac{\pi_1^2}{A_1} + \frac{\pi_2^2}{A_2} + \frac{\pi_3^2}{A_3} \right) \right] d\pi_1 d\pi_2 d\pi_3 \sin\theta d\theta d\varphi d\psi$$

$$= \frac{1}{h^3} (2\pi kT)^{\frac{3}{2}} (A_1 A_2 A_3)^{\frac{1}{2}} \times 4\pi \times 2\pi.$$

对于具有两个或更多个全同原子的分子则有另一复杂问题. 为了说明这一点, 我们考虑气体中的离解平衡. 设分子的类型是 $M = (C_1)_{p_1} (C_2)_{p_2}$; 即, 设它由 p_1 个 C_1 型的原子和 p_2 个 C_2 型的原子组成. 设有 N 个 M 型的分子, N_1 个 C_1 型和 N_2 个 C_2 型的自由原子. 令 C_1 是 C_1 型的原子总数, C_2 是 C_2 型原子的总数; C_1 和 C_2 是定数:

$$N_1 + p_1 N = C_1,$$

$$N_2 + p_2 N = C_2.$$

$$\exp[-F/kT] = \exp[-F_M/kT] \exp[-F_1/kT] \exp[-F_2/kT] P.$$

因子 $1/h^f$ 认为已经合并到 $\exp[-F/kT]$ 中去了. 组合因子 P 等于 N_1、N_2 和 N 保持不变所组成的不同系统的数目:

$$P = \frac{\text{全同原子的排列数}}{\text{内部排列数}}$$
$$= \frac{C_1!C_2!}{N!N_1!N_2!\sigma^N}.$$

分母中的 σ 称为对称数. 它是由转动一个分子产生的全同原子的排列数. 换言之, 它是分子的等效取向数或是 M 的对称群的阶数. 例如

$$\mathrm{HCl}: \quad \sigma = 1,$$
$$\mathrm{H}_2: \quad \sigma = 2,$$
$$\mathrm{CH}_4: \quad \sigma = 12.$$

令 $i = 1$ 和 2, 并定义

$$\exp[-F^*/kT] \equiv \frac{1}{C_1!C_2!} \exp[-F/kT],$$
$$\exp[-F_i^*/kT] \equiv \frac{1}{N_i!} \exp[-F_i/kT],$$

和

$$\exp[-F_M^*/kT] \equiv \frac{1}{N!\sigma^N} \exp[-F_M/kT].$$

我们得到

$$\exp[-F^*/kT] = \exp[-F_M^*/kT] \exp[-F_1^*/kT] \exp[-F_2^*/kT].$$

将这应用于蒸气压强问题, 像对单原子气体那样, 对多原子气体我们得到相同的 μ, 但下面两个修改除外:

1. $\frac{5}{2} \ln T \to (c_p/R) \ln T$, 式中

$$\frac{c_p}{R} = 1 + \frac{1}{2}f \begin{cases} = \dfrac{5}{2} \text{ (单原子的)}, \\[2mm] = \dfrac{7}{2} \text{ (双原子的)}, \\[2mm] = 4 \text{ (三原子的)}. \end{cases}$$

2. 量 i 是不同的:

$$\mu = kT \left\{ \ln p - \left(1 + \frac{1}{2}f\right) \ln T - i \right\} + E_0,$$

单原子的:

$$i = \ln\left(\frac{(2\pi m)^{\frac{3}{2}} k^{\frac{5}{2}}}{h^3}\right),$$

双原子的:

$$i = \ln\left(\frac{(2\pi m)^{\frac{3}{2}} k^{\frac{5}{2}}}{h^3} \frac{8\pi Ak}{\sigma h^2}\right),$$

三原子或多原子的:

$$i = \ln\left(\frac{(2\pi m)^{\frac{3}{2}} k^{\frac{5}{2}}}{h^3} \frac{8\pi^2 (2\pi k)^{\frac{3}{2}} (A_1 A_2 A_3)^{\frac{1}{2}}}{\sigma h^3}\right).$$

$a.$ 应用

1. 固体–气体蒸气压曲线: 利用

$$\mu_{\text{固体}} = E_0 + kT \frac{9}{\nu_D^3} \int_0^{\nu_D} \nu^2 \mathrm{d}\nu \ln\left(1 - \exp\left[-\frac{h\nu}{kT}\right]\right)$$

和初始条件, 我们可以计算这条曲线.

2. 气体中的化学平衡:

$$W^*(N_1, N_2, N) = 常量 \times \exp\left[-\frac{1}{kT}[F^*(N) + F_1^*(N_1) + F_2^*(N_2)]\right].$$

对于最概然分布, 得

$\delta \ln W^* = 0$, 当 $\delta N_1 = -p_1 \delta N$ 和 $\delta N_2 = -p_2 \delta N$ 时. 于是,

$$\mu_1 \delta N_1 + \mu_2 \delta N_2 + \mu_M \delta N = 0$$

或

$$\mu_M - p_1 \mu_1 - p_2 \mu_2 = 0,$$

这和用热力学得到的结果一样. 因而, 我们现在知道了 μ 中的常数. 此外, 用这种方法也可能计算涨落.

$b.$ 量子理论和能斯特定理

能斯特定理, 即绝对零度时一切物体都有相同的熵 (可归一化为零的), 蕴含着关于相空间中量子态密度的某种性质. 我们有

$$F = -kT \ln Z \quad \text{和} \quad Z = \sum_n g_n \exp[-E_n/kT],$$

式中曾假定态 n 的简并度为 g_n. 若系统是有限的, 则只有离散的本征值. 令 E_0 是最低的本征值, 而 E_1 是次最低的本征值. 对于 $kT \ll E_1 - E_0$, 我们可作下面的计算:

$$Z = \exp[-E_0/kT]g_0\left(1 + \frac{g_1}{g_0}\exp\left[-\frac{E_1 - E_0}{kT}\right] + \cdots\right),$$

$$\ln Z = -\frac{E_0}{kT} + \ln g_0 + \frac{g_1}{g_0}\exp\left[-\frac{E_1 - E_0}{kT}\right] + \cdots,$$

$$F = E_0 - kT\ln g_0 - kT\frac{g_1}{g_0}\exp\left[-\frac{E_1 - E_0}{kT}\right],$$

$$S = -\frac{\partial F}{\partial T} = k\ln g_0 + \left(k + \frac{E_1 - E_0}{T}\right)\frac{g_1}{g_0}\exp\left[-\frac{E_1 - E_0}{kT}\right].$$

令 $T \to 0$, 得

$$S = k\ln g_0.$$

所以, 能斯特定理要求 $g_0 = 1$. 这表示

　　1. 最低态不是简并的;

　　2. 最低态是充分地与次最低态隔开的.

§23.　黑体辐射的爱因斯坦理论

振子法的缺陷是

1. $E_\nu = (c^3/8\pi\nu^2)\rho_\nu$ 是一个经典公式;

2. 分子不是振子.

我们现在取一个能量本征值为 E_1、E_2、$\cdots$ 的任意系统. 但我们既不规定选择定则也不规定简并度. 另一方面, 我们利用玻尔频率条件:

$$E_n - E_m = h\nu_{nm}.$$

爱因斯坦[1]引入了统计地描述系统行为的跃迁概率:

$$(E_n > E_m)\begin{cases} \text{自发发射} \quad n \to m : A_m^n, \\ \text{感应发射} \quad n \to m : B_m^n\rho_\nu, \\ \text{吸　　收} \quad m \to n : B_n^m\rho_\nu. \end{cases}$$

在时间间隔 $\mathrm{d}t$ 内的跃迁数由下式给出:

$$n \to m \quad (A_m^n + B_m^n\rho_\nu)N_n\mathrm{d}t = \mathrm{d}Z_{n\to m},$$

$$m \to n \quad B_n^m\rho_\nu N_m\mathrm{d}t = \mathrm{d}Z_{m\to n}.$$

[1] *Physik. Zeitschr.* **18**, 121 (1917).

假定热平衡:

$$N_n = g_n C \exp[-E_n/kT],$$

$$\mathrm{d}Z_{n \to m} = \mathrm{d}Z_{m \to n}.$$

所以,

$$g_n(A_m^n + B_m^n \rho_\nu) \exp[-E_n/kT] = g_m B_n^m \rho_\nu \exp[-E_m/kT],$$

$$A_m^n = \rho_\nu \left(-B_m^n + \frac{g_m}{g_n} B_n^m \exp[(E_n - E_m)/kT] \right).$$

将 $(E_n - E_m)/h = \nu$ 代入, 得

$$\rho_\nu = \frac{A_m^n/B_m^n}{(g_m B_n^m/g_n B_m^n)\exp[h\nu/kT] - 1}.$$

对高温情况, 如果我们要求该式约化为瑞利–金斯定律 (见 §19a), 则

(1) $$g_m B_n^m = g_n B_m^n,$$

(2) $$\frac{A_m^n}{B_m^n} = \frac{8\pi h\nu^3}{c^3}.$$

对于任意温度, 由此可立即得到普朗克定律. 分别计算 A_m^n、B_m^n 和 B_n^m 的问题只能用量子力学解决.

辐射和物质间的动量传递

我们考虑粒子在辐射场中经历的布朗运动. 根据第三章的结果, 有

$$G_x = \int_0^\tau X\mathrm{d}t, \quad \overline{G}_x = 0, \quad \overline{G}_x^2 = 2kTW\tau.$$

1. 计算作用于辐射场中缓慢运动的粒子上的阻力 W. 用 K 表示辐射的静止系统而用 K' 表示粒子的静止系统. 对于 K 中 $n \to m$ 跃迁, 在吸收时的反冲动量是

$$\frac{h\nu}{c} \cos\theta = \frac{E_n - E_m}{c} \cos\theta,$$

式中 θ 是光子与粒子动量间的夹角; 在发射时的反冲动量是

$$\frac{-h\nu}{c} = \cos\theta.$$

定义 S 为

$$S = g_n \exp[-E_n/kT] + g_m \exp[-E_m/kT] + \cdots.$$

粒子在态 n 中住留的时间分数是

$$g_n \exp[-E_n/kT]S,$$

在态 m 中住留的时间分数是

$$g_m \exp[-E_m/kT]/S.$$

立体角 $\mathrm{d}\Omega'$ 中的吸收和发射数分别是

$$\frac{1}{S} g_m \exp[-E_m/kT] B_n^m \rho'_\nu \frac{\mathrm{d}\Omega'}{4\pi}$$

和

$$\frac{1}{S} g_n \exp[-E_n/kT] B_m^n \rho'_\nu \frac{\mathrm{d}\Omega'}{4\pi}.$$

(注意, 撇是对系统 K' 说的, 而 ρ'_ν[①] 不是各向同性的). 令

$$\nu_0 = (E_n - E_m)/h.$$

于是,

$$-Wv = \frac{h\nu_0}{cS} g_n B_m^n (\exp[-E_m/kT] - \exp[-E_n/kT]) \times$$
$$\int \rho'_\nu(\theta') \cos\theta' \frac{\mathrm{d}\Omega'}{4\pi}.$$

不加证明, 我们指出下列关系式成立 [A-7]:

$$\frac{\rho'_{\nu'}}{\nu'^3} = \frac{\rho_\nu}{\nu^3}.$$

此外, 到 v/c 的一级近似, 我们有如下的多普勒频移

$$\nu = \nu' \left(1 + \frac{v}{c} \cos\theta'\right).$$

所以,

$$\rho'_{\nu'} = \left(1 + \frac{v}{c} \cos\theta'\right)^{-3} \rho[1 + (v/c) \cos\theta']_{\nu'},$$

$$\rho'_{\nu_0} \cong \left(1 - 3\frac{v}{c} \cos\theta'\right) \left[\rho_{\nu_0} + \left(\frac{\partial\rho_\nu}{\partial\nu}\right)_0 \nu_0 \frac{v}{c} \cos\theta'\right]$$

$$\cong \rho_{\nu_0} + \frac{v}{c} \cos\theta' \left[\nu_0 \left(\frac{\partial\rho_\nu}{\partial\nu}\right)_0 - 3\rho_{\nu_0}\right],$$

$$\int \rho'_{\nu_0} \cos\theta' \frac{\mathrm{d}\Omega'}{4\pi} = -\frac{v}{c} \left\{\rho_{\nu_0} - \frac{1}{3}\nu_0 \left(\frac{\partial\rho_\nu}{\partial\nu}\right)_0\right\}$$

$$= -\frac{v}{c} \left\{\left(-\frac{\nu^4}{3}\right) \frac{\partial}{\partial\nu} \left(\frac{\rho_\nu}{\nu^3}\right)\right\}_{\nu=\nu_0}.$$

---

① 英译本误为 ρ_ν.——中译者注

于是, 再以 ν 代替 ν_0, 并交换 n 和 m, 我们得到

$$W = \frac{\overline{h\nu}}{c^2} \frac{1}{S} g_m B_n^m \exp[-E_m/kT](1 - \exp[-h\nu/kT]) \left[-\frac{\nu^4}{3} \frac{\partial}{\partial \nu}\left(\frac{\rho_\nu}{\nu^3}\right)\right].$$

平衡时, 我们有普朗克公式,

$$\rho_\nu = \frac{8\pi h}{c^3} \frac{\nu^3}{\exp[h\nu/kT] - 1};$$

$$-\frac{\partial}{\partial \nu}\left(\frac{\rho_\nu}{\nu^3}\right) = \frac{8\pi h}{c^3} \frac{\exp[h\nu/kT]}{(\exp[h\nu/kT] - 1)^2} \frac{h}{kT} = \frac{1}{\nu^3} \rho_\nu \frac{h}{kT} \frac{\exp[h\nu/kT]}{\exp[h\nu/kT] - 1},$$

$$W = \frac{1}{3}\left(\frac{h\nu}{c}\right)^2 \frac{1}{kT} \frac{g_m}{S} \exp[-E_n/kT] B_n^m \rho_\nu,$$

$(g_m/S)\exp[-E_n/kT]B_n^m\rho_\nu =$ 每秒钟的吸收数 $= \frac{1}{2}Z$ ($Z =$ 每秒钟一切过程的总数). 因此

$$W = \frac{1}{3}\left(\frac{h\nu}{c}\right)^2 \frac{1}{2kT} Z.$$

2. $\overline{G^2}$ 的计算

$$\overline{G^2} = 2kTW\tau = \frac{1}{3}\left(\frac{h\nu}{c}\right)^2 Z\tau,$$

式中 $Z\tau =$ 在时间 τ 内一切跃迁 (感应发射和自发发射加上吸收) 的总数.

说明 包括自发发射在内的每一次跃迁给予原子 $h\nu/c$ 的反冲动量:

$$\overline{G^2} = \left(\frac{h\nu}{c}\right)^2 \overline{\cos^2\theta} Z\tau = \frac{1}{3}\left(\frac{h\nu}{c}\right)^2 Z\tau.$$

因此, 我们不得不把反冲作用赋予甚至是自发发射过程. 这与干涉的观测矛盾, 由这种观测可知球面波是能够相干的.

这一佯谬由注意到下述事实就能解决: 即反冲动量的测量要求精确知道粒子的动量. 根据海森伯测不准原理[①], 精确知道动量就会排斥对于干涉观测应该需要的位置的精确知识.

§24. 全同粒子的量子统计

对于辐射的情况, 只要给出每个简正模的能量 $n_s h\nu_s$, 态就完全确定. 用粒子的语言, 这表示给出 s 态中的光子数 n_s. 人们可以试图对理想气体的情况引用同样的描述. 令 "态" 这个词表示原子的态, 而用 "元胞" 表示整个系统的态. 根据我们以前的考虑 (见 §7), 对于一确定的系统 (n_s), 有

$$P = \frac{n!}{n_1! n_2! \cdots n_s! \cdots}$$

---

① 见 W. PAULI, *Wave Mechanics*. 有中译本, 见本书第五卷.

个不同的元胞.

如果我们考虑辐射, 那么, 由于辐射的波动本性, 情况是不同的. 以物质的波动本性为指导, 我们可以把对辐射使用过的作法用到气体上试一试.

对于低密度, 以致对所有 $s, n_s \to 0$ 或 1, 我们有 $P \to N!$. 于是态密度是

$$\frac{1}{N!h^{3N}} \text{ 而不是 } \frac{1}{h^{3N}}.$$

在粒子图像中, 就有粒子不再是统计独立的结果. 例如, 考虑有 A、B 两个态和两个粒子的情况.

n_A	n_B	统计权重		
		B.E.	统计独立性	F. D.
0	2	1	1	0
1	1	1	2	1
2	0	1	1	0

在这里所考虑的 "对称态的统计" 或玻色–爱因斯坦统计 (B. E.) 的情况下, 粒子有凝聚成集团的倾向.

此外, 还有 "反对称态的统计" 或费米–狄拉克统计 (F. D.), 对这个统计来说, n_s 被限定为仅有 0 和 1 两个值. 这种情况显然粒子是相互排斥的.

就辐射而论, 粒子总数是不确定的. 为了尽可能保持与辐射的类比, 我们从巨正则系综入手 (见 §14). 于是我们不必写 $N!$, 因为现在认为粒子是不可分辨的.

$$W^*(n_1, n_2, \cdots, n_s, \cdots) = \exp[\alpha\{\Omega + \mu N - E(n_1, \cdots, n_s, \cdots)\}].$$

对于辐射, 必须令这个公式中的 μ 等于零, 因为 N 不是一个独立变量.

现在我们考虑理想气体. 令 $\varepsilon_s =$ 元胞 s 中的能量. 于是,

$$E = \sum_s n_s \varepsilon_s,$$
$$N = \sum_s n_s,$$

而

$$W^* = \exp[\alpha\Omega] \prod_s \exp[\alpha(\mu - \varepsilon_s) n_s].$$

由 $\Sigma W^* = 1$ 得

B. E.: $n_s = 0, \cdots, \infty$: $\quad 1 = \exp[\alpha\Omega] \prod_s \frac{1}{1 - \exp[\alpha(\mu - \varepsilon_s)]},$

F. D.: $n_s = 0, 1$:
$$1 = \exp[\alpha\Omega] \prod_s \{1 + \exp[\alpha(\mu - \varepsilon_s)]\}.$$

所以,

B. E.:
$$\alpha\Omega = \sum_s \ln\{1 - \exp[\alpha(\mu - \varepsilon_s)]\},$$

F. D.:
$$\alpha\Omega = -\sum_s \ln\{1 + \exp[\alpha(\mu - \varepsilon_s)]\}.$$

由 $N = -\partial\Omega/\partial\mu$ 得

B. E.:
$$N = \sum_s \frac{1}{\exp[-\alpha(\mu - \varepsilon_s)] - 1},$$

F.D.:
$$N = \sum_s \frac{1}{\exp[-\alpha(\mu - \varepsilon_s)] + 1}.$$

从 $N > 0$ 的要求, 我们看到

B. E.:
$$-\infty \leqslant \alpha\mu \leqslant 0,$$

F. D.:
$$-\infty < \alpha\mu < +\infty.$$

由 $S = -(\partial\Omega/\partial T)_\mu$ 得

B.E. : $\Big\}$
F.D. : $\Big\}$
$$S = -\frac{\Omega}{T} - \frac{1}{T}\sum_s \frac{\exp[\alpha(\mu - \varepsilon_s)]}{1 \mp \exp[\alpha(\mu - \varepsilon_s)]}(\mu - \varepsilon_s),$$

B.E. : $\Big\}$
F.D. : $\Big\}$
$$S = \frac{-F + E}{T} = \frac{-\Omega - \mu N + E}{T},$$

式中
$$E = \sum_s \frac{\varepsilon_s}{\exp[-\alpha(\mu - \varepsilon_s) \mp 1]}.$$

$a.$ 过渡到积分

对于质点的理想气体, 态密度是
$$\frac{\mathrm{d}Z}{\mathrm{d}\varepsilon} = V\frac{2\pi(2m)^{\frac{3}{2}}}{h^3}\varepsilon^{\frac{1}{2}}.$$

利用
$$\frac{\varepsilon}{kT} = \alpha\varepsilon \equiv x, \quad \mathrm{d}\varepsilon = kT\mathrm{d}x, \quad A = \alpha\mu = \frac{\mu}{kT}$$

我们得到[①]
$$\Omega = \pm V(kT)^{\frac{5}{2}}\frac{2\pi(2m)^{\frac{3}{2}}}{h^3}\int_0^\infty \ln(1 \mp \exp[A - x])\sqrt{x}\mathrm{d}x.$$

用 $p = -(\partial\Omega/\partial V)_{\mu,T}$, 我们将得到 $\Omega = -pV$. 由分部积分, 得
$$\pm\int_0^\infty \ln(1 \mp \exp[A - x])\frac{2}{3}\mathrm{d}\left(x^{\frac{3}{2}}\right)$$
$$= \pm\frac{2}{3}x^{\frac{3}{2}}\ln(1 \mp \exp[A - x])\Big|_0^\infty - \frac{2}{3}\int_0^\infty x^{\frac{3}{2}}\frac{\exp[A - x]\mathrm{d}x}{1 \mp \exp[A - x]},$$

---

① 对于玻色-爱因斯坦统计取上面的符号; 对费米-狄拉克统计取下面的符号.

因此[①]

$$-\Omega = pV = V(kT)^{\frac{5}{2}} \frac{2\pi(2m)^{\frac{3}{2}}}{h^3} \frac{2}{3} \int_0^\infty \frac{x^{\frac{3}{2}}\mathrm{d}x}{\exp[-A+x] \mp 1}.$$

此外还有，

$$N = V \frac{2\pi(2m)^{\frac{3}{2}}}{h^3} (kT)^{\frac{3}{2}} \int_0^\infty \frac{\sqrt{x}\mathrm{d}x}{\exp[-A+x] \mp 1},$$

$$E = V \frac{2\pi(2m)^{\frac{3}{2}}}{h^3} (kT)^{\frac{5}{2}} \int_0^\infty \frac{x^{\frac{3}{2}}\mathrm{d}x}{\exp[-A+x] \mp 1}.$$

所以，

$$-\Omega = pV = 2E/3,$$

这是对于理想气体的结果.

利用定义

$$F_{\mp}(A) \equiv \frac{2}{\sqrt{\pi}} \int_0^\infty \frac{\sqrt{x}\mathrm{d}x}{\exp[-A+x] \mp 1}$$

和

$$G_{\mp}(A) = \frac{4}{3\sqrt{\pi}} \int_0^\infty \frac{x^{\frac{3}{2}}\mathrm{d}x}{\exp[-A+x] \mp 1},$$

我们得到

$$N = V \frac{(2m\pi kT)^{\frac{3}{2}}}{h^3} F_{\mp}(A),$$

$$E = V \frac{3}{2} \frac{(2\pi m)^{\frac{3}{2}} (kT)^{\frac{5}{2}}}{h^3} G_{\mp}(A).$$

这里，$A = \mu/kT$ 被认为是可由这两个方程消掉的参数. 由分部积分求得

$$G'_{\mp}(A) = F_{\mp}(A).$$

b. 极限情况

1. 稀薄的费米–狄拉克或玻色–爱因斯坦气体 $(A \to -\infty)$.

$$\frac{1}{\exp[-A+x] \mp 1} = \frac{\exp[-|A|-x]}{1 \mp \exp[-|A|-x]}$$

$$= \sum_{n=1}^\infty (\pm 1)^{n-1} \exp[(-|A|-x)n],$$

$$(A < 0).$$

---

① 对于玻色–爱因斯坦统计取上面的符号; 对费米–狄拉克统计取下面的符号.

用

$$\frac{2}{\sqrt{\pi}} \int_0^\infty \exp[-nx] x^{\frac{1}{2}} \mathrm{d}x = \frac{1}{n^{\frac{3}{2}}}$$

和

$$\frac{4}{3\sqrt{\pi}} \int_0^\infty \exp[-nx] x^{\frac{3}{2}} \mathrm{d}x = \frac{1}{n^{\frac{5}{2}}},$$

对玻色–爱因斯坦情况, 我们得到 $A < 0$ 时的

$$F_-(A) = \sum_1^\infty \frac{\exp[-|A|n]}{n^{\frac{3}{2}}},$$

$$G_-(A) = \sum_1^\infty \frac{\exp[-|A|n]}{n^{\frac{5}{2}}};$$

而对费米–狄拉克情况, 得

$$F_+(A) = \sum_1^\infty (-1)^{n-1} \frac{\exp[-|A|n]}{n^{\frac{3}{2}}},$$

$$G_+(A) = \sum_1^\infty (-1)^{n-1} \frac{\exp[-|A|n]}{n^{\frac{5}{2}}}.$$

对于 $|A| \gg 1$, 在总和中仅需考虑第一项:

$$N = V \frac{(2m\pi kT)^{\frac{3}{2}}}{h^3} e^A,$$

$$A = \frac{\mu}{kT} = -\ln\left[\frac{V}{N} \frac{(2m\pi kT)^{\frac{3}{2}}}{h^3}\right].$$

这是正常单原子气体的 μ. 最后, 由

$$G_- = F_-$$

得

$$E = \frac{3}{2} NkT, \quad -\Omega = pV = NkT.$$

对高级近似, 我们得到每摩尔的

$$pV = RT\left(1 \mp 2^{-\frac{5}{2}} h^3 \frac{L}{V} (2\pi mkT)^{-\frac{3}{2}} + \cdots\right).$$

2. 低温时的费米–狄拉克气体 $(A \to \infty)$. 对于 $F_+(A)$ 和 $G_+(A)$ 有下面的渐近级数:

$$F_+(A) = \frac{4}{3\sqrt{\pi}} A^{\frac{3}{2}} \left(1 + \frac{\pi^2}{8A^2} + \cdots\right),$$

$$G_+(A) = \frac{8}{15\sqrt{\pi}} A^{\frac{5}{2}} \left(1 + \frac{5\pi^2}{8A^2} + \cdots\right).$$

证明:

令

$$J = \int_0^\infty \frac{f(x)\mathrm{d}x}{\exp[-A+x]+1}, \quad x = A+y,$$

$$f(A+y) = g(y), \quad \int_{-A}^y g(y)\mathrm{d}y = G(y).$$

于是,

$$J = \int_{-A}^\infty \frac{g(y)\mathrm{d}y}{e^y+1} = \int_{-A}^\infty \frac{G'(y)\mathrm{d}y}{e^y+1} = \underbrace{\frac{G(y)}{e^y+1}\bigg|_{-A}^\infty}_{0} + \int_{-A}^\infty \frac{G(y)e^y\mathrm{d}y}{(e^y+1)^2}.$$

G 的泰勒级数 (具有余项) 是

$$G(y) = G(0) + yG'(0) + \frac{1}{2}y^2 G''(0) + \cdots.$$

因此

$$\int_{-A}^\infty \frac{G(y)e^y}{(e^y+1)^2}\mathrm{d}y \simeq G(0)\int_{-\infty}^{+\infty} \frac{e^y}{(e^y+1)^2}\mathrm{d}y$$

$$+ G'(0)\int_{-\infty}^{+\infty} \frac{ye^y\mathrm{d}y}{(e^y+1)^2} + \frac{1}{2}G''(0)\int_{-\infty}^{+\infty} \frac{y^2 e^y\mathrm{d}y}{(e^y+1)^2} + \cdots,$$

$$J = G(0) + G''(0)\frac{\pi^2}{6} + \cdots,$$

$$G(0) = \int_{-A}^0 g(y)\mathrm{d}y = \int_0^A f(x)\mathrm{d}x,$$

$$G'(0) = f(A), \quad G''(0) = f'(A), \cdots,$$

$$J = \int_0^\infty \frac{f(x)\mathrm{d}x}{\exp[-A+x]+1} = \int_0^A f(x)\mathrm{d}x + \frac{\pi^2}{6}f'(A) + \cdots.$$

由此立即得到上面的论断.

现在, 令 $f(x) = f(\varepsilon/kT) = \varphi(\varepsilon)$, 并令 $A = \mu/kT$. 于是我们有

$$\int_0^\infty \frac{\varphi(\varepsilon)\mathrm{d}\varepsilon}{\exp[(-\mu+\varepsilon)/kT]+1} \simeq \int_0^\mu \varphi(\varepsilon)\mathrm{d}\varepsilon + \frac{\pi^2}{6}(kT)^2\varphi'(\mu) + \cdots.$$

在 $T \to 0$ 的极限情况下, 左边的积分可由右边的第一项代替, 这一项是范围仅延伸到 μ 的一个积分. 函数 φ 对于 N 由 $\varphi(\varepsilon) \sim \varepsilon^{\frac{1}{2}}$ 给出, 而对 E 由 $\varphi(\varepsilon) \sim \varepsilon^{\frac{3}{2}}$ 给出.

零级近似:

$$N = V\frac{2\pi(2m)^{\frac{3}{2}}}{h^3}\frac{2}{3}\mu_0^{\frac{3}{2}}, \quad E_0 = V\frac{2\pi(2m)^{\frac{3}{2}}}{h^3}\frac{2}{5}\mu_0^{\frac{5}{2}}.$$

零点能量成为

$$E_0 = N\frac{3}{40}\left(\frac{6}{\pi}\right)^{\frac{2}{3}}\frac{h^2}{m}\left(\frac{N}{V}\right)^{\frac{2}{3}}.$$

对于一级近似, 有:

$$N = V\frac{2\pi(2m)^{\frac{3}{2}}}{h^3}\frac{2}{3}\mu^{\frac{3}{2}}\left[1 + \frac{\pi^2}{8\mu^2}(kT)^2\right],$$

$$E = V\frac{2\pi(2m)^{\frac{3}{2}}}{h^3}\frac{2}{5}\mu^{\frac{5}{2}}\left[1 + \frac{5\pi^2}{8\mu^2}(kT)^2\right]$$

$$= N\frac{3}{5}\mu\left\{1 + \frac{\pi^2}{2\mu^2}(kT)^2\right\}.$$

如果我们保持在零级近似中用过的 μ_0 的定义, 则得到

$$\mu^{\frac{3}{2}}\left[1 + \frac{\pi^2}{8\mu^2}(kT)^2\right] = \mu_0^{\frac{3}{2}}$$

或

$$\mu = \mu_0\left[1 - \frac{\pi^2}{12\mu_0^2}(kT)^2 + \cdots\right],$$

$$E = N\frac{3}{5}\mu_0\left[1 + \frac{5\pi^2}{12\mu_0^2}(kT)^2 + \cdots\right],$$

$$c_v = \left(\frac{\partial E}{\partial T}\right)_N N\frac{\pi^2}{2\mu_0}k^2T.$$

对于熵, 我们有:

$$S = \frac{E - F}{T} = \frac{E - \mu N + pV}{T} = \frac{\frac{5}{2}E - \mu N}{T}$$

$$= N\frac{\pi^2}{2\mu_0}k^2T \text{ (能斯特定理)}.$$

应用于电子气: 为了考虑电子自旋, 我们可把气体看作具有相反自旋方向的二组元气体的混合物. 在没有外力时, 每种气体含有 $N/2$ 个分子. 所以, 若以 $N/2$ 代替 N, 以 $E/2$ 代替 E, 那么上述公式都是有效的. 当 $\mu_0 \gg kT$ 时, 我们得到

$$E_0 = N\frac{3}{5}\mu_0,$$

$$N = 2V\frac{2\pi(2m)^{\frac{3}{2}}}{h^3}\frac{2}{3}\mu_0^{\frac{3}{2}}.$$

在有外磁场的情况, 有一附加能量 $\mu_{\mathrm{B}}H$, 此处 $\mu_{\mathrm{B}} = e\hbar/(2mc)$ 是玻尔磁子. 让我们用脚标 1 和 2 分别表示自旋平行于 $\boldsymbol{H}$ 和反平行于 $\boldsymbol{H}$ 的情况. 平衡条件是

$$\mu_1 - \mu_{\mathrm{B}}H = \mu_2 + \mu_{\mathrm{B}}H.$$

这个方程和方程

$$N = V\frac{2\pi(2m)^{\frac{3}{2}}}{h^3}\left(\frac{2}{3}\mu_1^{\frac{3}{2}} + \frac{2}{3}\mu_2^{\frac{3}{2}}\right)$$

一起确定 μ_1 和 μ_2. 此外, 我们有

$$\overline{M} = \mu_{\mathrm{B}}(N_1 - N_2) = \mu_{\mathrm{B}}V\frac{2\pi(2m)^{\frac{3}{2}}}{h^3}\frac{2}{3}\left(\mu_1^{\frac{3}{2}} - \mu_2^{\frac{3}{2}}\right).$$

对于 $\mu_{\mathrm{B}}H \ll \mu_0$, 我们有

$$\mu_1^{\frac{3}{2}} - \mu_2^{\frac{3}{2}} \simeq \frac{3}{2}\mu_0^{\frac{1}{2}}(\mu_1 - \mu_2).$$

于是

$$\overline{M} = 2H\mu_{\mathrm{B}}^2V\frac{2\pi(2m)^{\frac{3}{2}}}{h^3}\mu_0^{\frac{1}{2}}.$$

这是一种弱的与温度无关的顺磁性. (这个结果只是定性的, 因为忽略了电子间的力.) 叠加在这个顺磁性上的是强度为 $\overline{M}/3$ 的轨道反磁性 [A–8].

3. 玻色–爱因斯坦气体. 简并. 在第一种极限情况中给出的级数对玻色–爱因斯坦气体来说总是收敛的. 特别是对于 $A = 0$, 其值是 $F(0) = 2.615$ 和 $G(0) = 1.34$. 因此

$$N_0 = \frac{V}{h^3}(2\pi mkT)^{\frac{3}{2}} \cdot 2.615 = N_{\max},$$

$$E_0 = \frac{3}{2}N_0kT\frac{1.34}{2.615},$$

$$S_0 = \frac{5}{2}kN_0\frac{1.34}{2.615}.$$

就是说, 对于固定的 V 和 T, 有一个能在气体中存在的粒子数的极大值. 如果我们试图增加更多的粒子, 那么, 依照爱因斯坦, 就发生下面的情况: 分子进入凝聚态 ($\varepsilon = 0, s = 0, p = 0, E = 0$, 所以 $\mu = 0$), 而且在某种意义上构成与第一相平衡的第二相, 因对两者 $\mu = 0$.

人们可能反对, 因为对 $A = 0$ 用积分代替求和已不再正确. 如果计算是用求和完成的, 则得不到这个有限的 N_0, 因为对于 $\mu = 0$ 函数在 $\varepsilon = 0$ 处是奇异的:

$$\frac{\sqrt{\varepsilon}}{\exp[\varepsilon/kT] - 1} = O\left(\frac{1}{\sqrt{\varepsilon}}\right).$$

结果取决于容器的型式. 如果容器足够大, 则上述理论实质上仍然是正确的.

补充书目

第一章

L. BOLZMAN, *Vorlesungen üder Gastheorie* (Verlag von Johann Ambrosius Barth, Leipzig, 1895).

P. EHRENFEST and T. EHRENFEST, *Begriffliche Grundlagen der statistischen Auffasung in der Mechanik*, article in *Encyklopödie d. mathematischen Wissenschaften*, IV 2, II, Heft 6 (B. G. Teubner, Leipzig, 1912); 重印于 *Collected Scintific Papers* (*Interscience*, New York, 1959); 英译本: *The Conceptual Foundations of the statistical Approach in Mechanics* (Gornell University Press, Ithaca, 1959).

S. CHAPMAN and T. G. COWLING, *Mathematical Theory of Non-Uniform Gases* (University Press, Cambridge, 1952).

第二章

J. W. GIBBS, *Elementary Principles in Statistical Mechanics Developed with Especial Reference to the Rational Foundation of Thermodynamics* (Scribner, New York, 1902; 重印: Dover, New York, 1960).

A. EINSTEIN, Eine Theorie der Grundlagen der Thermodynamik, *Ann. Physik* **11**, 170 (1903).

第三章

G. L. DE HAAS and H. A. LORENTZ, *Die Brown'sche Bewegung und einige verwandlte Erscheinungen* (Vieweg, Braunschweig, 1913).

第四章

M. PLANCK, *The Theory of Heat Radiation*, 英译本 (Blakiston's, Philadelphia, 1914).

一般参考文献

R. P. FEYNMAN, *Statistical Mechanics: A Set of Lectures, (Benjamin, Reading, 1972)*[1].

R. H. FOWLER, *Statistical Mechanics* (University Press, Cambridge, 1955).

D. TER HAAR, *Elements of Statistical Mechanics (Rinehart, New York, 1954)*[2].

K. HUANG (黄克逊), *Statistical Mechanics* (Wiley, New York, 1963)[3].

---

[1] 系中译校对时添入.
[2][3] 为英译时添入.

P. JORDAN, *Statistische Mechanik auf quanten theoretischer Grundlage* (Vieweg, Braunschweig, 1933).

R. KUBO, *Statistical Mechanics* (North-Holland, Amsterdam, 1965)[1].

L. D. LANDAU 和 E. M. LIFSHITZ, *Statistical Physics*, 英译本 (Addison-Wesley, Reading, 1958).

E. SCHRÖDINGER, Statistical Thermodynamics (University Press, Cambridge, 1952)[2].

R. C. TOLMAN, *The Principles of Statistical Mechanics* (Oxford University Press, London, 1938).

---

[1][2] 系中译校对时添入.

附录　英译本编者评注

[A–1] (§4, b, §5,). 玻尔兹曼方程通常写成

$$\frac{\mathrm{d}f}{\mathrm{d}t} = \left(\frac{\partial f}{\partial t}\right)_{碰撞}$$

式中

$$\frac{\mathrm{d}f}{\mathrm{d}t} = \frac{\partial f}{\partial t} + \frac{\partial f}{\partial \boldsymbol{x}} \cdot \boldsymbol{v} + \frac{\partial f}{\partial \boldsymbol{v}} \cdot \boldsymbol{K}/m$$

是运动项,

$$\left(\frac{\partial f}{\partial t}\right)_{碰撞} = \iint \mathrm{d}^3 V \mathrm{d}^2 \lambda [f(\boldsymbol{v}')f(\boldsymbol{V}') - f(\boldsymbol{v})f(\boldsymbol{V})]wq$$

是碰撞项. 存在有两个明显不同的重要情形, 其中碰撞项可略而不计.

1. 局部平衡: $(\partial f/\partial t)_{碰撞} = 0$. 由定义, 局部平衡分布消除了碰撞项. 这意味着方程 [4.4] 必定成立. 于是这个方程以及方程 [4.4a], [4.7a], [4.7b] 不因令 f 与 $\boldsymbol{x}, t$ 有关并计入势能 $E_{势}$ 而改变. 所以, 局部平衡分布的最一般形式是

$$f_L(\boldsymbol{v}, \boldsymbol{x}, t) = A \exp\left\{-\beta(\boldsymbol{x}, t)\left[\frac{m}{2}\boldsymbol{v}^2 + E_{势}(\boldsymbol{x}, t) - m\boldsymbol{v} \cdot \boldsymbol{c}(\boldsymbol{x}, t)\right]\right\},$$

式中 A 的任何 $(\boldsymbol{x}, t)$ 的依存关系都可吸收到 $E_{势}$ 中, 因此它也可与时间有关. 函数 $\beta^{-1}(\boldsymbol{x}, t) = kT(\boldsymbol{x}, t)$ (其中 k 是玻尔兹曼常量) 定义一局部温度 $T(\boldsymbol{x}, t)$, 而 $\boldsymbol{c}(\boldsymbol{x}, t)$ 是局部漂移. 分布 f_L 是由碰撞项恰当地 (意即涉及的频率比磁撞频率小) 描述碰撞的那种条件所限制. 此外, 它必须满足玻尔兹曼方程, 现在则约化为运动学方程

$$\frac{\mathrm{d}f_L}{\mathrm{d}t} = 0.$$

稳定分布是 f_L 的一种特殊情况, 因为 $\partial f/\partial t = 0$ 意味着 $\mathrm{d}\mathcal{H}/\mathrm{d}t = 0$, 从而再一次 $(\partial f/\partial t)_{碰撞} = 0$. 可是, 现在玻尔兹曼方程为

$$\frac{\partial f}{\partial \boldsymbol{x}} \cdot \boldsymbol{v} + \frac{\partial f}{\partial \boldsymbol{v}} \cdot \boldsymbol{K}/m = 0,$$

这意味着, $E_{势}$ 与时间无关, 并且 $\beta = 2\alpha/m = $ 常量; $\boldsymbol{c} = \boldsymbol{c}^0 + \boldsymbol{\omega} \times \boldsymbol{x}$ 垂直于 $\boldsymbol{K} = -\partial E_{势}/\partial \boldsymbol{x}$, 并且 $\boldsymbol{c}^0 = $ 常量, $\boldsymbol{\omega} = $ 常量.

2. 高频极限: $|\partial f/\partial t| \gg |(\partial f/\partial t)_{碰撞}|$. 玻尔兹曼方程又简化成 $\mathrm{d}f/\mathrm{d}t = 0$. 这个方程的高频解称为无碰撞分布. 这种情况对于高密度的费米液体, 特别是电子等离子体具有重要意义. 可是, 由于粒子间的力很强, 必须把与分布有关的项 $\mathrm{d}^3 v' \varphi(\boldsymbol{v}, \boldsymbol{v}') f(\boldsymbol{v}', \boldsymbol{x}, t)$ 包括在势能内, 这一项在无碰撞玻尔兹曼方程中产生所谓弗拉索夫 (Vlasov) 项及集体模 (等离体子激元, 零声——plasmon, zero sound).

对输运过程 (见 §5) 经常用到的碰撞项的一种近似是碰撞时间近似,

$$\left(\frac{\partial f}{\partial t}\right)_{碰撞} = -(f - f_0)/\tau,$$

式中 $f_0 = A \exp[-\alpha(\boldsymbol{v} - \boldsymbol{c})^2]$ 是稳定分布. 如果 $f - f_0$ 按照 $\exp[-\mathrm{i}\omega t]$ 振荡, 并且系统被一弱外力 $\boldsymbol{K} = \boldsymbol{K}_{外}$ 所扰动, 那么到 $\boldsymbol{K}_{外}$ 的最低阶, 玻尔兹曼方程的解变为

$$f = \left\{ 1 + \frac{\tau}{1 - \mathrm{i}\omega t} \frac{2\alpha}{m} \boldsymbol{u} \cdot \boldsymbol{K}_{外} \right\} f_0,$$

式中 $\boldsymbol{u} = \boldsymbol{v} - \boldsymbol{c}$. 注意, 根据代换

$$\frac{2\alpha}{m} \boldsymbol{K}_{外} \longrightarrow \frac{m}{2} \boldsymbol{u}^2 \frac{1}{kT^2} \frac{\partial T}{\partial \boldsymbol{x}},$$

其中 $2\alpha/m = 1/(kT)$, 温度梯度可视为外力. 对于 $\omega = 0$, 上述 f 就变为 §5b 给出的表达式的特殊情况.

频率范围 $\omega\tau \ll 1$ 称为流体动力畴 (The hydrodynamics domain); $\omega\tau \gg 1$ 称为无碰撞畴 (The collisionless domain).

[A–2] (§9a). 用近代计算机已有可能计算这样的时间平均值, 从而原则上有可能 "由实验" 验证各态历经假说. 例如, 见 A. Rahman, *Phys. Rev.* **136**, A 405 (1964); L. Verlet, *Phys. Rev.* **159**, 98 (1967).

[A–3] (§9b, §11b, §13f). 不难根据牛顿方程和在 §16, §17, §18 中导出的布朗运动公式 $\overline{\boldsymbol{q}^2} = 2Dt$ 得到位力定理

$$2N\overline{E}_{动} - (V_{外} + V_{内}) = N\frac{m}{2}\frac{\mathrm{d}^2}{\mathrm{d}t^2}\overline{\boldsymbol{q}^2} = 0.$$

这里

$$V_{外} = -\sum_i \boldsymbol{q}_i \cdot \boldsymbol{F}_i{}^{外} = \oint p\boldsymbol{q} \cdot \mathrm{d}\boldsymbol{S} = 3pV$$

是由作用于壁上的力所引起的外位力. 对于有心两体力

$$\boldsymbol{F}_i{}^{\text{内}} = -\sum_{k\neq i} \frac{\boldsymbol{q}_i - \boldsymbol{q}_k}{r_{ik}} U'(r_{ik}); \quad r_{ik} = |\boldsymbol{q}_i - \boldsymbol{q}_k|,$$

故内位力是

$$V^{\text{内}} = -\sum_i \boldsymbol{q}_i \cdot \boldsymbol{F}_i{}^{\text{内}} = \frac{1}{2} \sum_{i,k\neq i} r_{ik} U'(r_{ik})$$

$$= \frac{N^2}{2} \frac{1}{V} \int_\sigma^\infty r U'(r) 4\pi r^2 \mathrm{d}r = \frac{3}{V} A(T).$$

假定 $r \to \infty$ 时, $U(r)$ 较之 r^{-3} 更快地趋于零, 则由分部积分可得每摩尔

$$\overline{A(T)} = -\frac{2\pi}{3} L^2 \sigma^3 \overline{U(\sigma)} - \frac{L^2}{2} \int_\sigma^\infty U(r) 4\pi r^2 \mathrm{d}r.$$

于是由定义 $U(\sigma) = 0$ (见图 13.3), 但对径向运动应用位力定理和均分定理 (§9b) 给出

$$\overline{U(\sigma)} = -\overline{rU'(r)} = 2\overline{E}{}^{\text{径向}}_{\text{动}} = kT.$$

同 $\overline{E}_{\text{动}} = \frac{3}{2}kT$ 一起, 立即得到 (§13f) 的表达式.

[A–4] (§14). 函数 F, F_1 和 F_2 都是相同的, 因为均匀性意味着哈密顿量是对相同的 1, 2 等粒子哈密顿量的各自的粒子数 N, N_1 和 N_2 求和.

[A–5] (§14). 在相变附近就不是这种情况, 相变处涨落的第 k 个傅里叶分量 $\overline{(\Delta N_{1k})^2}$ 的形式是

$$\overline{(\Delta N_{1k})^2} = \frac{\text{常量}}{(\xi^{-2} + k^2)^{1-\eta/2}}.$$

这里

$$\xi(T) = \frac{\text{常量}}{|T - T_c|^\nu}$$

是关联长度, 而 T_c 是转变温度. 虽然经典理论 [奥恩斯坦 (Ornstein)–策尼克 (Zernike)] 给出临界指数 $\nu = 0.5, \eta = 0$, 实验事实却倾向于这些参量的稍大的值. 详见, 例如 H. E. Stanley, *Phase Transitions and Critical Phenomena* (Oxford University Press, New York, 1971).

[A–6] (§20f). 普朗克于 1911 年有点勉强地引入的零点能量的意义, 在旧的德布罗意–索末菲量子论时代是一个讨论得很多的问题. 泡利于 20 世纪 20

年代初期在汉堡和奥托·斯特恩广泛地讨论过这个问题. 斯特恩计算过 (但从未发表) 氖的同位素 20 和 22 间的蒸气压强差. 没有零点能量, 这个压差就会大到能够容易分离同位素的地步, 但实际上并非如此.

另一方面, 泡利计算过 (但也未发表) 辐射的零点能量并得到这样的结论, 它的引力效应会是那样大, 以致宇宙的半径 "连月球都不能达到" (短波波长在经典电子半径处截止).

关于这个问题详见 C. P. Enz 和 A. Thellung, *Helv. Phys. Acta.* **33**, 839 (1960).

[A–7] (§21, §23). 令 §21 的辐射腔的绝热压缩是由以速度 v 运动的活塞产生的. 于是, 频率为 ν 的光子, 以 θ 角射到活塞上时, 将以由下列多普勒频移公式所确定的频率 ν' 被反射,

$$\nu' = \nu \left(1 + \frac{2v}{c} \cos \theta \right).$$

由辐射压强 $p = I_\nu (2/c) \cos \theta$ (I_ν 是辐射强度) 在压缩的时间间隔 δt 内所作的功. 每单位表面是

$$pv\delta t = I_\nu \frac{2v}{c} \cos \theta \delta t = (I'_{\nu'} - I_\nu)\delta t.$$

由此可得

$$I'_{\nu'} = I_\nu \left(1 + \frac{2v}{c} \cos \theta \right),$$

从而

$$\frac{I'_{\nu'}}{\nu'} = \frac{I_\nu}{\nu}.$$

但 E_ν 正比于 I_ν, 这就证明了 §21 所引的关系式.

对于 §23 的粒子来说, 由于是吸收而不是反射, 多普勒频移公式并不包含因子 2. 但在其他情况, 情形是一样的, 因为假定粒子在系统 K 中缓慢地运动, 因此转换到 K' 是绝热的, 即不诱发轫致光子. 所以 §21 的关系式 $E_\nu/\nu = E'_{\nu'}/\nu'$ 在这里也成立. 用 §19 的表达式

$$\overline{E}_\nu = \frac{c^3}{8\pi\nu^2} \rho_\nu,$$

立即得到 §23 所引的关系.

[A–8] (§24b). 对 $\overline{M}$ 导出的公式称为泡利顺磁性; 见 W. Pauli: *Z. Physik* **41**, 81 (1926). 由电子的拉莫尔进动产生的数值为 $-\frac{1}{3}\overline{M}$ 的轨道反磁性称为朗道 (Ландау) 抗磁性; 见 L. D. Landau, *Z. Physik* **64**, 629 (1930).

在实际固体中, 电子在能带中运动, 而且公式也改进了. 单能带电子的抗磁性由 R. E. 派尔斯 (Peierls) 计算过, *Z. Physik* **80**, 763 (1933). 多能带情况相当复杂. 详细评论见 C. P. Enz, 在 *Semiconductors* 中的文章. Varenna Summer School 1961, edited by R. A. Smith (Academic Press, New York and London, 1963), p. 458.

索引

(汉–英)

Ω 势   (Ω-potential), §14*b*.

三　　划

H 函数   (H-function),
    玻尔兹曼 ~   (Boltzmann), §4.
    广义 ~   (generalized), §12.
H 定理 (H-theorem),
    玻尔兹曼 ~   (Boltzmann), §4, §6, §7*d*.
    广义 ~   (generalized), §4.

四　　划

双原子分子 (哑铃)   [Diatomic molecules (dumbbells)], §13*a*
方均   (Mean square),
    位移的 ~   (of displacement), §15.
    动量的 ~   (of momentum), §17.
化学平衡   (Chemical equilibrium), §22*a*. 2.
反冲动量   (Recoil momentum),§23.
无序   (Disorder),§16.
分布   (Distribution),
    无碰撞 ~   (collisionless), [A–1]2.
    能量 ~   (energy), §7*b*,§11*a*.
    平衡 ~   (equilibrium), §7*d*.
    高斯 ~   (Gaussian), §15.
    均匀且各向同性的速度 ~   (homogeneous isotropic velocity), §1.
    局部平衡 ~   (local equilibrium), [A–1]1.

五　划

六　　划

---

①② 英译本误为 Principle.——中译者注

七　划

八　划

九　　划

十 三 划

十　四　划

十　五　划

第五卷

波动力学

洪铭熙　苑之方　译

序

令人惊讶的是，泡利只有一次在 1956—1957 年冬季学期中给出"波动力学"这一课程的完整文本. 这是由于这样一个事实: 尽管量子力学是苏黎世联邦工业大学的物理学位课程的组成部分，然而有关这一课题的正规课程却长期没有开设. 著名专著《波动力学的普遍原理》["Die allgemeinen Prinzipien der Wellenmechanik" (*Handbuch der Physik*, Band 24/1, Springer, Berlin, 1933)] 的作者于 1928 年即执教于联邦工业大学，就此而言，令人感到意外.

尽管"大全中的论文"的精神大部分反映在这一课程中，泡利还是趁机把他的大量关于由 Whittaker 和 Watson 的《近代分析教程》(*A Course of Modern Analysis*) 所代表的 19 世纪数学的广博知识增添到这一课程中，他同他的老师 A. 索末菲同样爱好《近代分析教程》. 这是本书的特色之一，在其他关于量子力学的书籍中尚未见到如此详尽和严谨的. 因而，对今日的学生来讲，它也是值得一读的课本.

但是除了这一偏重技术性的方面之外，饶有兴趣的是看一看，量子理论的创始人中最有批判性的人物是怎样讲授他的课题的. 如在学生序言中所述，他讲课主要用数学语言，带有极少的，但却是透彻的评论. 而且他在选择了这一课程的题材时，是根据它们的概念的和历史的重要性. 例子是: 量子理论的概率本性，自旋的概念，全同粒子问题，以及双原子分子转动态的统计法与核自旋的关系. 由于上述原因，并由于泡利与量子力学发展的渊源，我已在附录中试行评述其历史的一些引人入胜的最精采部分.

泡利对此课程的第二次讲授，始于 1958 年 10 月. 由于他在当年 12 月逝世，这次讲授不幸中断. 我被约请接替这一课程时，他已讲授过前 16 节以及球坐标中的氢原子. 如学生序言中所述，泡利曾打算校订他们在第一次讲授中所记的笔记; 所以他只对上述部分的讲述内容作了校订. 因此，本课程的其余部分，特别是习题部分的措辞的一些责任就落在我的肩上.

由海尔拉荷 (Herlach) 和克诺普费尔 (Knoepfel) 精心制备的笔记使得这一英译本的编辑工作能够相当顺利, 英译者们所做的工作对本讲义有很大的帮助.

查理 P. 安兹

日内瓦, 1971 年 10 月 27 日

学生序言

泡利教授亲自参与了波动力学的发展. 因此, 他能不用讲稿每周讲授本课程四小时, 而且特别胜任愉快, 堪称这一课题的硕才大师.

按泡利教授的要求, 我们在 1956 年—1957 年的冬季学期中记录下他讲授这一课程的笔记, 并整理成目前的形式. 他拟根据 1958 年—1959 年冬季学期的笔记通过讲授来修订我们的手稿. 遗憾的是, 他未能达到这一目的. 然而, 在他审核的部分 (直到氢原子) 中他只作了很少量的修订, 这促使我们出版整套笔记, 我们希望这将是我们尊敬的老师所曾希望的.

在这些讲义中, 他特别想充分地论述理论的数学基础. 这一关于波动力学的论述, 也在另一方面与通常教科书中的论述有所不同.

泡利教授喜爱用公式和简单的言词表达他的思想. 有一次他曾说过, "人们不应写得那样繁多." 在从事笔记的整理时, 我们力求保持泡利教授讲课的本来面目和他讲授中的独特风格. 我们也在本书中私自插入了他的一些独特的言论.

我们特别感谢查里 P. 安兹博士校订了本书的第二部分.

F. 海尔拉荷

H. E. 克诺普费尔

苏黎世

1958 年 12 月

引　言

　　1900 年普朗克关于作用量子的发现开创了波动力学的发展. 在开始阶段, 存在许多与理论有关的问题. 直到波动力学被表述为一个自洽的理论, 一共花费了整整 25 年. 当然, 只有扬弃了一些直观性才能取得这一成就; 特别是, 几个粒子的系统不再能用具体的波来描述. 在 1927 年德布罗意、海森伯和薛定谔的第一批论文发表后不久, 这一理论的基本原理在逻辑上就已臻完善. 自那时起, 就已证明这一理论在物理学的许多领域中是有用的, 并且已由实验反复地证实.

第一章

自由粒子的波函数[①]

§1. 波和粒子的联系

一个具有能量 E 和动量 $\boldsymbol{p}$ 的粒子能以如下方式与一个波 $A\exp[\mathrm{i}(\boldsymbol{k}\cdot\boldsymbol{x}-\omega t)]$ 相联系 $(\boldsymbol{k}=(2\pi/\lambda)\boldsymbol{n}$ 为波矢, $\boldsymbol{n}$ 为波的法线).

对于光量子

$$E = h\omega, \quad \boldsymbol{p} = h\boldsymbol{k} \tag{1.1}$$

关系式成立. 它们是相对论性不变式. 此外还有关系式

$$\left.\begin{array}{ll} |\boldsymbol{k}| \equiv k = \dfrac{\omega}{c}, & |\boldsymbol{p}| \equiv p = \dfrac{E}{c} \\[2mm] \boldsymbol{k}^2 = \dfrac{\omega^2}{c^2}, & \boldsymbol{p}^2 = \dfrac{E^2}{c^2} \end{array}\right\}. \tag{1.2}$$

根据相对论性质点力学, 我们有公式:

$$\frac{E}{c} = \sqrt{\boldsymbol{p}^2 + m^2 c^2} \quad (m = \text{静质量}), \tag{1.3}$$

$$E = \frac{mc^2}{\sqrt{1 - v^2/c^2}}, \quad \boldsymbol{p} = \frac{m\boldsymbol{v}}{\sqrt{1 - v^2/c^2}}. \tag{1.4}$$

其中, (1.3) 式是由 (1.4) 式导出的. 根据力学的普遍公式

$$\mathrm{d}E = \boldsymbol{v}\cdot\mathrm{d}\boldsymbol{p}, \text{ 或 (用分量的形式) } v_l = \frac{\partial E}{\partial p_l}, \tag{1.5}$$

---

① 1a 在本讲义中, 我们用符号 h 代表 1.05×10^{-34} J · s. 在较早期的文献中, 这个量通常用 $\hbar$ 来表示.

1b 通常将略去积分限 $-\infty$ 和 $+\infty$.

我们也能从 (1.3) 式导出 (1.4) 式:

$$\left.\begin{array}{l} v_l = \dfrac{\partial E}{\partial p_l} = c\dfrac{p_l}{\sqrt{\boldsymbol{p}^2 + m^2 c^2}} = c^2 \dfrac{p_l}{E}\ ^{①} \\[2mm] \dfrac{v^2}{c^2} = \dfrac{c^2 p^2}{E^2},\ 1 - \dfrac{v^2}{c^2} = 1 - \dfrac{c^2 p^2}{E^2} = \dfrac{m^2 c^4}{E^2} \\[2mm] \dfrac{v^2}{c^2} = \dfrac{p^2}{p^2 + m^2 c^2},\ p^2\left(1 - \dfrac{v^2}{c^2}\right) = m^2 v^2 \end{array}\right\}. \tag{1.6}$$

也可将 (1.5) 式和 (1.6) 式结合起来而给出关系式

$$(1/c^2)E\mathrm{d}E = \boldsymbol{p} \cdot \mathrm{d}\boldsymbol{p}$$

德布罗意的思想是: (1.1) 式对于实物粒子也应该是正确的, 但在实物粒子的情况中, (1.2) 式必须以下式来代替

$$\frac{\omega}{c} = \sqrt{\boldsymbol{k}^2 + \frac{m^2 c^2}{h^2}}, \quad \frac{\omega^2}{c^2} = \boldsymbol{k}^2 + \frac{m^2 c^2}{h^2}. \tag{1.7}$$

此式由 (1.1) 式和 (1.3) 式导出. 对于光 $(m = 0)$ 来说, 我们又得到 (1.2) 式.

将 (1.1) 式代入 (1.5) 式, 得

$$v_l = \frac{\partial \omega}{\partial k_l}; \tag{1.8}$$

即, 粒子的速度 = 粒子所联系的波的群速度. 从 (1.1) 式和 (1.6) 式得到 $|\boldsymbol{v}| = c^2(k/\omega)$; 因此, 对于相速度 u, 有

$$u = \frac{\omega}{k} = \frac{c^2}{v}. \tag{1.9}$$

由于 $v < c$, 所以 $u > c$.

§2.　波函数和波动方程

a. 平面波的叠加, 波包

最普遍的波包具有如下形式[②]

$$\psi(\boldsymbol{x}, t) = \iiint A(k_1, k_2, k_3) \exp[\mathrm{i}(\boldsymbol{k} \cdot \boldsymbol{x} - \omega t)]\mathrm{d}k_1 \mathrm{d}k_2 \mathrm{d}k_3, \tag{2.1}$$

① 此式原书有误, 已改正.——中译者注
② 参见 W. Pauli, *Lecture in Physics: Optics and the Theory of Electrons* (M. I. T. Press, Cambridge, Mass., 1972). [中译本: 泡利物理学讲义 (2014 年版), 第二卷, 光学和电子论, 洪铭熙译, 高等教育出版社出版.——中译者注]

式中 ω 现在由 (1.7) 式给出.

这一波函数 ψ 满足相对论性标量波动方程

$$\left(\nabla^2 - \frac{1}{c^2}\frac{\partial^2}{\partial t^2}\right)\psi(\boldsymbol{x}, t) = \frac{m^2c^2}{h^2}\psi(\boldsymbol{x}, t), \tag{2.2}$$

正如将 (2.1) 式代入 (2.2) 式会看到的那样. 由于 (1.7) 式, 于是波动方程同样被满足. 所以, 我们也能写出

$$\frac{\partial}{\partial x_l} \sim ik_l, \quad \frac{\partial}{\partial t} \sim -i\omega. \tag{2.3}$$

这些对应关系, 和 (1.1) 式一起, 给出时间和空间的微分算符与经典量 $\boldsymbol{p}$ 和 E 间的重要联系:

$$-ih\frac{\partial}{\partial x_l} \sim p_l, \quad ih\frac{\partial}{\partial t} \sim E. \tag{2.4}$$

这些关系构成经典力学量与波动力学算符间转化的关键.

b. 过渡到非相对论性近似

在力学中, 对于 $v \ll c\,(c \to \infty)$ 和 $p \ll mc$ 的情况, 我们有

$$\frac{E}{c} = \sqrt{p^2 + m^2c^2} \sim mc\left(1 + \frac{1}{2}\frac{p^2}{m^2c^2} + \cdots\right)$$
$$= \frac{1}{c}\left(mc^2 + \frac{1}{2}\frac{p^2}{m} + \cdots\right). \tag{2.5}$$

由 (1.7) 式我们也得到

$$\omega = \frac{E}{h} = \frac{mc^2}{h} + \frac{h}{2m}k^2 + \cdots \tag{2.6}$$

(式中 $E = mc^2 + E_{动}, E_{动} = p^2/2m$). 我们定义

$$\omega' = \frac{h}{2m}k^2, \tag{2.7}$$

即

$$\omega = \frac{mc^2}{h} + \omega', \tag{2.8}$$

和

$$\psi'(\boldsymbol{x}, t) = \iiint A(\boldsymbol{k})\exp[i(\boldsymbol{k} \cdot \boldsymbol{x} - \omega't)]\mathrm{d}^3k, \tag{2.9}$$

由此,

$$\psi(\boldsymbol{x}, t) = \exp\left[-\frac{imc^2}{h}t\right]\psi'(\boldsymbol{x}, t). \tag{2.10}$$

代入 (2.2) 式, 给出,

$$\nabla^2\psi' + \frac{m^2c^2}{h^2}\psi' + 2\frac{im}{h}\frac{\partial\psi'}{\partial t} - \frac{1}{c^2}\frac{\partial^2\psi'}{\partial t^2} = \frac{m^2c^2}{h^2}\psi',$$

从而导出非相对论性波动方程[①]

$$\nabla^2\psi' + i\frac{2m}{h}\frac{\partial\psi'}{\partial t} = 0 \tag{2.11}$$

除了虚系数外, 此式对应于热传导方程. 虚系数保证了时间无特殊方向; 在 $t \to -t, \psi' \to \psi'^*$ 的变换中, (2.11) 式为不变式. 因此, $\psi^*\psi$ 保持不变[②].

今后我们将总是用这里引进的带撇的量来计算; 然而, 为了简化, 将省去 "撇" 的符号. ω 和 ω' 两个量只相差一常数; 然而, 这不是一个本质的差别, 因为在波动力学中, 只有频率差才是重要的.

§3. 测不准原理

在波的运动学中, 我们不能在指明波的位置的同时指明精确的波长. 的确, 人们只能对限制于空间局部区域的波包的情况来谈论波的位置. 当波包变得更集中时, 包含在傅里叶谱中的不同的波长的数目增加. 推测形式为 $\Delta k_i \Delta x_i > $ 常数的关系是合理的, 我们现在要定量地导出这一关系. 为了简化, 我们只对一维情况进行计算; 可直接推广到三维情况.

我们考察一个在一定时刻 t 的波包 (2.1), 并令此时刻为 $t = 0$. 如在傅里叶积分变换中所要求的, 可将 (2.1) 式写成对于 x 和 k 是对称的形式:

$$\psi(x) = \frac{1}{\sqrt{2\pi}} \int A(k)\exp[ikx]dk, \tag{3.1}$$

$$A(k) = \frac{1}{\sqrt{2\pi}} \int \psi(x)\exp[-ikx]dx. \tag{3.2}$$

由于这些公式的对称性, 当进行下列诸代换时

$$\begin{cases} \psi & A & x & k & i \\ A & \psi & k & x & -i \end{cases} \tag{3.3}$$

所有的方程仍然保持其正确性. 此外, 著名的帕塞瓦尔 (Parseval) 公式成立

$$N = \int \psi^*(x)\psi(x)dx = \int A^*(k)A(k)dk. \tag{3.4}$$

---

① 此式按德文原本写出. 英译本中, 此式左端尚有一项 $-\frac{1}{c^2}\frac{\partial^2\psi'}{\partial t^2}$. 实际上, 对于非相对论性近似, c 看作 ∞, 该项应略去.——中译者注

② 以后我们将看到, 物理上可测量的量并非波函数 ψ, 而只是概率密度 $\psi^*\psi$.

a. 函数和算符的平均值. 归一化

对于一个归一化的波包, 按定义, 归一化积分 N 等于 1. 一个无限广延的平面波给出 $N = \infty$, 因此, 它不能被归一化. 我们定义函数 F 的平均值等于下列诸量:

$$\overline{F}(x) = \frac{\int F(x)\psi^*(x)\psi(x)\mathrm{d}x}{\int \psi^*(x)\psi(x)\mathrm{d}x}, \quad \overline{F}(k) = \frac{\int F(k)A^*(k)A(k)\mathrm{d}k}{\int A^*(k)A(k)\mathrm{d}k}.$$

在这些公式中, 量 $\psi^*\psi$ 和 A^*A 具有密度的意义. 后面, 将更好地证实这一诠释.

今后, 我们总是假定, $\psi(x)$ 和 $A(k)$ 是归一化的:

$$\overline{F}(x) = \int F(x)\psi^*(x)\psi(x)\mathrm{d}x, \tag{3.5}$$

$$\overline{F}(k) = \int F(k)A^*(k)A(k)\mathrm{d}k. \tag{3.6}$$

利用转化关键 (2.3) 式①, 我们由函数 $F(k)$ 得到算符 $F(-\mathrm{i}(\partial/\partial x))$. 如何构成这样一个算符的平均值, 即, 当计算平均值时, 让它作用在什么函数上, 这一问题只能通过更详尽的考虑才能决定. 其结果为

$$\overline{F}(k) = \int \psi^*(x) \left[F\left(-\mathrm{i}\frac{\partial}{\partial x}\right) \cdot \psi(x) \right] \mathrm{d}x, \tag{3.7}$$

$$\overline{F}(x) = \int A^*(k) \left[F\left(+\mathrm{i}\frac{\partial}{\partial k}\right) \cdot A(k) \right] \mathrm{d}k. \tag{3.8}$$

由于 (3.3) 式, (3.8) 式是 (3.7) 式的结果, 反之亦然. 我们对 $F = $ 多项式的情况来证明 (3.8) 式:

1. $F(x) = x$.

$$\begin{aligned}
\overline{x} &= \frac{1}{\sqrt{2\pi}} \int x\psi^*\mathrm{d}x \cdot \int A(k) \exp[\mathrm{i}kx]\mathrm{d}k \\
&= \frac{1}{\sqrt{2\pi}} \int \psi^*\mathrm{d}x \cdot \int A(k) \left[\left(-\mathrm{i}\frac{\partial}{\partial k}\cdot\right) \exp[\mathrm{i}kx] \right] \mathrm{d}k \\
&= \frac{1}{\sqrt{2\pi}} \int \mathrm{i}\frac{\partial A}{\partial k}\mathrm{d}k \cdot \int \psi^* \exp[\mathrm{i}kx]\mathrm{d}x \\
&= \int A^*(k) \left[\left(\mathrm{i}\frac{\partial}{\partial k}\right) A(k) \right] \mathrm{d}k.
\end{aligned}$$

2. $F(x) = x^n$. 此处的证明是类似的, 只是包含 n 次分部积分. 从而, 对多项式证明了 (3.8) 式. 也不难对整函数证明这一公式 (利用傅里叶积分定理).

---

① 英译本误为 (3.3) 式.——中译者注

b. 测不准关系

我们定义

$$(\delta x)^2 = (x - \bar{x})^2, \quad (\delta k)^2 = (k - \bar{k})^2. \tag{3.9}$$

为了简单起见,令

$$\bar{x} = 0 \text{ 和 } \bar{k} = 0,$$

借助于单纯的坐标平移即可达到这一要求. 利用 (3.7) 和 (3.8) 式,同时实行分部积分, 我们得到

$$\overline{x^2} = \int A^*(k) \left[\left(-\frac{\partial^2}{\partial k^2} \right) A(k) \right] dk = + \int \frac{\partial A^*}{\partial k} \cdot \frac{\partial A}{\partial k} dk, \tag{3.10}$$

$$\overline{k^2} = \int \psi^*(x) \left[\left(-\frac{\partial^2}{\partial x^2} \right) \psi(x) \right] dx = + \int \frac{\partial \psi^*}{\partial x} \cdot \frac{\partial \psi}{\partial x} dx. \tag{3.11}$$

现在我们能够定量地确定测不准关系. 为了计算 $\overline{x^2} \cdot \overline{k^2}$, 我们从下列不等式着手

$$D \equiv \left| \frac{x}{2\overline{x^2}} \psi(x) + \frac{\partial \psi}{\partial x} \right|^2 \geqslant 0;$$

$$D = \frac{x^2}{4(\overline{x^2})^2} \psi\psi^* + \frac{x}{2\overline{x^2}} \left(\psi \frac{\partial \psi^*}{\partial x} + \psi^* \frac{\partial \psi}{\partial x} \right) + \frac{\partial \psi}{\partial x} \cdot \frac{\partial \psi^*}{\partial x}$$

$$= \frac{1}{4} \left(\frac{x}{\overline{x^2}} \right)^2 \psi\psi^* + \frac{1}{2} \cdot \frac{\partial}{\partial x} \left(\frac{x}{\overline{x^2}} \psi\psi^* \right) - \frac{1}{2} \cdot \frac{1}{\overline{x^2}} \psi\psi^* + \frac{\partial \psi}{\partial x} \cdot \frac{\partial \psi^*}{\partial x}$$

$$= \frac{1}{4} \cdot \frac{1}{(\overline{x^2})^2} (x^2 - 2\overline{x^2}) \psi\psi^* + \frac{1}{2} \frac{\partial}{\partial x} \cdot \left(\frac{x}{\overline{x^2}} \psi\psi^* \right) + \frac{\partial \psi}{\partial x} \cdot \frac{\partial \psi^*}{\partial x},$$

由此, 并利用 (3.11), (3.5) 式和 $\psi(\infty) \to 0$, 得到

$$0 \leqslant \int D(x) dx = -\frac{1}{4\overline{x^2}} + \overline{k^2}.$$

于是, 得到 $\overline{k^2} \cdot \overline{x^2} \geqslant \frac{1}{4}$, 或, 更普遍地, $\overline{(\delta k)^2} \ \overline{(\delta x)^2} \geqslant \frac{1}{4}$. 利用

$$\Delta k \equiv +\sqrt{\overline{(\delta k)^2}}, \quad \Delta x \equiv +\sqrt{\overline{(\delta x)^2}}, \quad \Delta p \equiv \sqrt{\overline{(\delta p)^2}},$$

则由单纯的波动学定律得到测不准关系:

$$\Delta k \cdot \Delta x \geqslant \frac{1}{2}, \quad \Delta p \cdot \Delta x \geqslant \frac{h}{2}. \tag{3.12}$$

(3.12) 式中的等号只当 $D = 0$ 时才适用, 此时

$$\frac{\partial \psi}{\partial x} = -\frac{x}{2\overline{x^2}} \psi.$$

此微分方程的解为一高斯分布, 当被归一化时, 为

$$\psi(x) = \sqrt[4]{\frac{2a}{\pi}} \cdot \exp[-ax^2]; \quad a = \frac{1}{4\overline{x^2}}. \tag{3.13}$$

于是, 具有高斯分布的波包与最小测不准性相联系. 这样一个波包的频谱分析给出仍为高斯分布的频谱:

$$A(k) = \frac{1}{\sqrt{2\pi}} \cdot \sqrt[4]{\frac{2a}{\pi}} \int \exp[-ax^2 - ikx] \mathrm{d}x \ (\text{由 (3.2)式})$$

$$= \frac{1}{\sqrt{2\pi}} \cdot \sqrt[4]{\frac{2a}{\pi}} \int \exp\left[-a\left(x + \frac{\mathrm{i}k}{2a}\right)^2\right] \mathrm{d}x \cdot \exp\left[-\frac{k^2}{4a}\right]$$

$$= \frac{1}{\sqrt{2\pi}} \cdot \sqrt[4]{\frac{2a}{\pi}} \cdot \sqrt{\frac{\pi}{a}} \cdot \exp\left[-\frac{k^2}{4a}\right],$$

$$A(k) = \frac{1}{\sqrt[4]{2\pi a}} \cdot \exp\left[-\frac{k^2}{4a}\right]. \tag{3.14}$$

c. **波包随时间的变化** ($t \neq 0$)

我们从与时间相关形式的傅里叶积分表示着手 (在 (3.1) 式中, $kx \to (kx - \omega t)$, ω 由 (2.7) 式给出):

$$\psi(x, t) = \frac{1}{\sqrt{2\pi}} \int A(k) \exp\left[\mathrm{i}\left(kx - \frac{hk^2}{2m}t\right)\right] \mathrm{d}k$$

$$= \frac{1}{\sqrt{2\pi}} \int A(k, t) \exp[\mathrm{i}kx] \mathrm{d}k, \tag{3.15}$$

$$A(k, t) = A(k) \cdot \exp\left[-\mathrm{i}\frac{hk^2}{2m}t\right]$$

$$= \frac{1}{\sqrt{2\pi}} \int \psi(x, t) \exp[-\mathrm{i}kx] \mathrm{d}x, \tag{3.16}$$

$$|A(k, t)|^2 = |A(k)|^2 \tag{3.17}$$

现在我们选取 $A(k)$ 为高斯分布 (3.14):

$$\psi(x, t) = \frac{1}{\sqrt{2\pi}} \cdot \frac{1}{\sqrt[4]{2\pi a}} \cdot \int \exp\left[-\frac{k^2}{4a}\left(1 + \frac{2\mathrm{i}hat}{m}\right) + \mathrm{i}kx\right] \mathrm{d}k.$$

用

$$\alpha(t) = \frac{a}{1 + 2\mathrm{i}hat/m}$$

和

$$\int \exp\left[-\frac{k^2}{4\alpha} + \mathrm{i}kx\right] \mathrm{d}k = \int \exp\left[-\frac{1}{4\alpha}(k - 2\mathrm{i}x\alpha)^2\right] \mathrm{d}k \times$$

$$\exp[\alpha x^2] = 2\sqrt{\alpha\pi} \exp[-\alpha x^2],$$

得到

$$\psi(x, t) = \sqrt[4]{\frac{2a}{\pi}} \cdot \frac{1}{\sqrt{1 + 2\mathrm{i}hat/m}} \cdot \exp[-\alpha(t)x^2]. \tag{3.18}$$

(对于 $t = 0$, 我们又得到 (3.13) 式.) 于是

$$|\psi(x, t)|^2 = \sqrt{\frac{2a}{\pi}} \cdot \frac{1}{\sqrt{1 + (2aht/m)^2}} \cdot \exp[-(\alpha + \alpha^*)x^2];$$

$$\alpha + \alpha^* = \frac{2a}{1 + (2aht/m)^2} = \beta. \tag{3.19}$$

由概率论我们得知高斯分布的方差:

$$W(x) = |\psi(x)|^2 = \sqrt{\frac{\beta}{\pi}} \exp[-\beta x^2] \text{ 意味着 } \overline{x^2} = \frac{1}{2\beta}.$$

由此, 我们得到

$$(\Delta x)^2 = \overline{x^2} = \frac{1}{4a} \left[1 + \left(\frac{2aht}{m} \right)^2 \right].$$

同理, 得到 $(\Delta k)^2 = a$, 这里用到由 (3.14) 式给出的 $|A(k)|^2$. 所以,

$$(\Delta x)^2 = \frac{1}{4(\Delta k)^2} + \frac{h^2(\Delta k)^2}{m^2}t^2. \tag{3.20}$$

运动的波包的方差随时间 t 平方地增大. 这不仅对高斯分布成立, 它也是普遍正确的. 与 (3.10) 式相似, 利用 $A(k, t)$, 于是

$$\overline{x^2} = + \int \frac{\partial A^*(k, t)}{\partial k} \cdot \frac{\partial A(k, t)}{\partial k} \mathrm{d}k = \int \left| \frac{\partial A(k, t)}{\partial k} \right|^2 \mathrm{d}k, \tag{3.21}$$

由 (3.16) 式我们看到

$$\frac{\partial A(k, t)}{\partial k} = \exp\left[-\mathrm{i}\frac{hk^2}{2m}t \right] \cdot \left(\frac{\partial A(k)}{\partial k} - \mathrm{i}\frac{hk}{m}t \cdot A(k) \right). \tag{3.22}$$

所以,

$$\overline{x^2}(t) = \int \left| \frac{\partial A}{\partial k} - \mathrm{i}\frac{hk}{m}t \cdot A \right|^2 \mathrm{d}k$$

$$= \int \frac{\partial A^*}{\partial k} \cdot \frac{\partial A}{\partial k} \mathrm{d}k + \frac{\mathrm{i}ht}{m} \int k \left(A^* \frac{\partial A}{\partial k} - A \frac{\partial A^*}{\partial k} \right) \mathrm{d}k + \frac{h^2}{m^2} \overline{k^2} t^2 \tag{3.23}$$

§4. 波包和质点力学. 概率密度

我们引入动量 p 来代替波数 $k : p = hk$.

$$\left.\begin{array}{l} \varphi(p,t) = \dfrac{1}{\sqrt{h}} A(k,t) \\[2mm] \varphi(p) = \dfrac{1}{\sqrt{h}} A(k) \end{array}\right\}, \tag{4.1}$$

$$|\varphi(p,t)|^2 \mathrm{d}p = |A(k,t)|^2 \mathrm{d}k. \tag{4.2}$$

则 (3.2), (3.1) 和 (3.4) 式分别以下列诸式来代替:

$$\varphi(p) = \frac{1}{\sqrt{2\pi h}} \int \psi(x) \exp\left[-\frac{\mathrm{i}}{h} px\right] \mathrm{d}x, \tag{4.3}$$

$$\psi(x) = \frac{1}{\sqrt{2\pi h}} \int \varphi(p) \exp\left[\frac{\mathrm{i}}{h} px\right] \mathrm{d}p. \tag{4.4}$$

和

$$\int |\varphi(p)|^2 \mathrm{d}p = \int |\psi(x)|^2 \mathrm{d}x = 1. \tag{4.5}$$

我们首先注意, 波包与质点力学间的关系只能是统计性质的. 一种测量装置定义一个态. 对于一个在时刻 t 的态, 波函数 $\psi(x)$ 和 $\varphi(p)$ 是已知的. 然而, 这些并非物理上可测量的量; 我们只能测定在 x 和 $x + \mathrm{d}x$ 之间发现粒子的概率 $W(x)\mathrm{d}x$. 我们称 $W(x)$ 为概率密度; 我们可以用它来表述波动力学的基本假设:

$$W(x) = |\psi(x)|^2,$$

在 x 和 $x + \mathrm{d}x$ 之间的概率为

$$W(x)\mathrm{d}x;$$
$$W(p) = |\varphi(p)|^2, \tag{4.6}$$

在 p 和 $p + \mathrm{d}p$ 之间的概率为

$$W(p)\mathrm{d}p. \tag{4.7}$$

我们可用这些函数将期待值写成 (与 (3.5) 和 (3.6) 式对比):

$$\overline{f(x)} = \langle f(x)\rangle_a = \int f(x)W(x)\mathrm{d}x, \tag{4.8}$$

$$\overline{g(p)} = \langle g(p)\rangle_a = \int g(p)W(p)\mathrm{d}p. \tag{4.9}$$

引入不可测量的量 ψ 和 φ 的原因在于, 这些量遵从简单的数学定律, 特别是线性叠加原理: 若 $\psi_1(x)$ 和 $\psi_2(x)$ 代表可能的态, 则由 $c_1\psi_1(x) + c_2\psi_2(x)$

描述的态也是可能的. 另一方面, 概率 (正如光强度) 不是加性的 (交叉项). 它们显示出熟知的干涉效应, 而波动力学实际上是以干涉效应的观察为基础的.

特别值得注意的是理论对于 $W(x)$ 和 $W(p)$ 的完全对称; 即, 当进行下列代换时, 所有的公式仍保持正确:

$$
\begin{array}{cccc}
\uparrow & p & x & \mathrm{i} \\
\downarrow & x & p & -\mathrm{i}.
\end{array}
\tag{4.10}
$$

对称的完全性来源于这一事实: 作为实量的概率并不由于取其复共轭而改变.

"引入直观图像而破坏这一对称性的任何臆测都不用去认真对待." 爱因斯坦也有这种意见. 他相信这种统计的描述的确应该是正确的, 但并不完备. 然而, 迄今尚未发现扩充这一理论的可能性, 纵然没有给出扩充这一理论的不可能性的证据 [A–1].[①]

§5. 测量装置. 几个例子的讨论

我们若考察通过光阑上两个小孔的粒子流, 则我们发现, 在光阑后面发现粒子的概率是一个像光学中那样的典型的衍射图样 (图 5.1). 概率的干涉与强度无关, 即, 与粒子流的密度无关. 它只取决于孔的位置; 该两孔和它们关联的波函数一起为我们定义了一个 "态". 通过测定粒子的位置和动量, 我们只能决定由实验装置所确定的态的统计性质. 这一统计描述避免了波动力学和质点力学间的矛盾; 然而, 它导致了作为波动力学特征的测不准性. 例如, 我们若考察一个单个的自由原子所代表的 "态", 则我们发现, 这个态被位置或动量的每次测量所完全改变. 例如, 若我们测定粒子的位置, 则在此过程中将传递给粒子一个不可确定的动量; 这将使得我们不可能准确地预示较后时刻粒子的位置. 虽然能通过连续测量 (把经典力学定律应用于这些测量) 而愈来愈精确地确定天体轨道 (图 5.2), 然而对基本粒子的每一测量, 都使粒子脱离轨道 (图 5.3); 即, 先前位置的测量对于尔后轨道的确定是无用的.

图 5.1

---

① 注释 [A–1]—[A–5] 见附录.

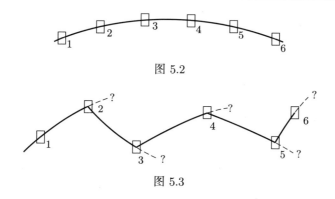

图 5.2

图 5.3

不论设想一些什么样的实验装置和测量, 总存在一个由海森伯测不准关系 (3.12) 所给出的不确定性:

$$(\Delta p)^2 \cdot (\Delta x)^2 \geqslant \frac{h^2}{4}.$$

(在 §3 中, 这一关系曾完全由波的运动学导出.) 按照玻尔的说法, 若两个量, 譬如 p 和 x, 满足一个测不准关系, 则称该二量是并协的. 例如, E 和 t 也是并协的.

现在我们要通过三个例子来表明, 实际上测不准关系是怎样起作用的. 首先, 我们能够说, 即使对一个单独过程, 能量和动量守恒定律在目前也被认为在实验上和理论上都是牢固地确立了的. 同样, 强度对干涉现象无影响也是确证无疑的.

a. 例 1: 用显微镜测定位置

从显微镜理论中我们知道, 用显微镜测定位置时必须用会聚光 (图 5.4). 这样的位置测定的精确度极限由阿贝正弦条件给出

$$\Delta x \sim \frac{\lambda}{\sin \varepsilon}.$$

这样, 只要让 λ 很小, 在原则上我们能任意精确地测定 x. 然而, 我们必须要求显微镜经典地起作用. 即, 我们必须要求有大量光子, 使得至少有一个光子必定被测量对象所散射; 于是, 我们能用宏观方法 (眼睛、照相片, 等) 观察到这个光子. 遗憾的是, 因为不拆毁显微镜我们就不能确定光子在显微镜中走哪条路程, 所以, 由于散射, 传递给测量对象一个不确定的动量. 对光子有用的区域包含在 ε 角中. 由此, 利用

$$|p| = \frac{h\nu}{c} = \frac{h}{\lambda},$$

得出动量的不确定量为

$$\Delta p_x \sim \frac{h}{\lambda} \sin \varepsilon,$$

而且, 实际上

$$\Delta p_x \cdot \Delta x \sim h$$

成立

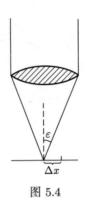

图 5.4

b. 例 2: 应用多普勒效应测定动量

我们令有限长度 L 的光波列射向欲测定其速度 v_x 的粒子 (图 5.5). 而且, 该波列将包含那样多的光子, 以致其中必定有一个光子被粒子所散射. 我们设想, 该光子沿负 x 方向接近粒子, 并沿正 x 方向被散射, 对此情况, 我们来建立碰撞前后能量和动量的平衡:

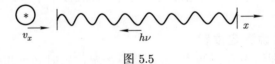

图 5.5

动量

$$-\frac{h\nu}{c} + p_x = \frac{h\nu'}{c} + p'_x, \quad p'_x = p_x - \frac{h\nu}{c} - \frac{h\nu'}{c} \tag{5.1}$$

能量

$$h\nu + E = h\nu' + E', \quad h\nu' = h\nu + E - E'. \tag{5.2}$$

应用普遍关系 (即使在相对论性理论中也成立)

$$\frac{\partial E}{\partial p_x} = v_x, \quad \frac{\partial E'}{\partial p'_x} = v'_x, \tag{5.3}$$

并将 (5.2) 式对 p_x 求导, 我们得到

$$h\frac{\partial \nu'}{\partial p_x} = v_x - v'_x \cdot \frac{\partial p'_x}{\partial p_x}. \tag{5.4}$$

由于 ν 已给定, (5.1) 式对 p_x 的导数为

$$\frac{\partial p'_x}{\partial p_x} = 1 - \frac{h}{c}\frac{\partial \nu'}{\partial p_x};$$ (5.5)

将此结果代入 (5.4) 式, 得到

$$h\frac{\partial \nu'}{\partial p_x} = v_x - v'_x\left(1 - \frac{h}{c}\frac{\partial \nu'}{\partial p_x}\right)$$

或

$$h\frac{\partial \nu'}{\partial p_x}\left(1 - \frac{v'_x}{c}\right) = v_x - v'_x.$$ (5.6)

利用

$$\Delta \nu' = (\partial \nu'/\partial p_x) \cdot \Delta p_x$$

将上式用不确定量写出, 我们得到

$$h\Delta\nu' = \frac{v_x - v'_x}{1 - v'_x/c}\Delta p_x \sim (v_x - v'_x)\Delta p_x.$$ (5.7)

该波列在一有限时间 T 内通过粒子; 由于相互作用时间的限制, 引起 ν' 的一个不确定量[1]

$$\Delta\nu' \sim \frac{1}{T}.$$

从而,

$$\Delta p_x \sim \frac{h}{(v_x - v'_x)T}.$$ (5.8)

位置的不确定量起因于: 因为不毁坏测量动量的装置, 我们就不能确定在时间间隔 T 中何时粒子改变其速度:

$$\Delta x \sim (v_x - v'_x)T.$$ (5.9)

与 (5.8) 式一起, 给出

$$\Delta x \cdot \Delta p_x \sim h.$$

这是我们曾得到过的结果.

c. 例 3: 光的相干性

我们考察光射到具有双孔的光阑上的衍射实验 (图 5.6). 为了发生干涉现象, 经典波动理论要求光的相干性. 当我们用量子力学观点考察这一过程, 并取单个发光原子作为光源时, 情况是怎样呢?

---

[1] 这一公式可根据, 例如, 所考虑的波包的傅里叶分析而得到. 而且, 它与能量的测不准关系 $\Delta E \cdot \Delta t \sim h$ 是等同的.

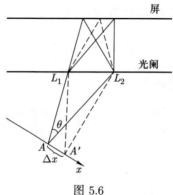

图 5.6

屏上的干涉图样是一系列的明、暗带, 它们取决于光程差

$$D = \frac{2\pi}{\lambda}(\overline{AL_2} - \overline{AL_1}).\tag{5.10}$$

我们若想确定一个发射的光量子究竟通过光阑上的哪一个孔, 那么, 例如通过测定原子的反冲动量我们就能做到这一点. 为此目的, 我们必须对原子在 x 方向上的动量了解到精确度:

$$\Delta p_x < 2\frac{h}{\lambda}\sin\frac{\theta}{2}.\tag{5.11}$$

由于原子的波性,这意味着位置的不确定性

$$\Delta x > \frac{h}{2}\cdot\frac{1}{\Delta p_x} > \frac{h}{2}\cdot\frac{\lambda}{2h\sin\theta/2} = \frac{\lambda}{4\sin\theta/2}.\tag{5.12}$$

就我们所知, 该原子也同样能处于位置 A'. 此时, 光程差为

$$D' = \frac{2\pi}{\lambda}(\overline{A'L_2} - \overline{A'L_1}),\tag{5.13}$$

而且有

$$D - D' = \frac{2\pi}{\lambda}\cdot 2\sin\frac{\theta}{2}\cdot\Delta x > \pi.\tag{5.14}$$

这意味着, 一俟我们确定了光子通过哪一个孔, 干涉图样就将消失. 测不准关系始终防止波和粒子描述间的矛盾.

§6.　经典统计学和量子统计学

在经典力学中, 我们可以说, 存在一个概率密度 $W(p,x)$, 由此, 通过积分, 我们得到

$$W(p) = \int W(p,x)\mathrm{d}x,\quad \widetilde{W}(x) = \int W(p,x)\mathrm{d}p,\tag{6.1}$$

然而, 式中 $W(p)$ 和 $\widetilde{W}(x)$ 是不同的函数. 归一化与通常的相同:

$$\iint W(p,x)\mathrm{d}p\mathrm{d}x = 1, \quad \text{或} \quad \int \widetilde{W}(x)\mathrm{d}x = 1, \int W(p)\mathrm{d}p = 1.$$

就这点来说, 测量意味着概率的约化, 即, $W(p,x)$ 分解为代表子系的几部分, 这些子系的概率是加性的:

$$W(p,x) = g_1 W_1(p,x) + g_2 W_2(p,x) \quad (0 < g < 1),$$

当然, 也有

$$W(p) = g_1 W_1(p) + g_2 W_2(p),$$
$$\widetilde{W}(x) = g_1 \widetilde{W}_1(x) + g_2 \widetilde{W}_2(x).$$

在经典力学中, 我们能继续这一分解, 直至辨认出 x,p 分别位于间隔 $(x, x+\Delta x)$ 和 $(p, p+\Delta p)$ 中为止, 在此情况中, 我们得到最简单的分布

$$\widetilde{W}(x) = 0, \quad \text{在间隔 } (x, x+\Delta x) \text{ 之外},$$
$$W(p) = 0, \quad \text{在间隔 } (p, p+\Delta p) \text{ 之外}.$$

这里, Δp 和 Δx 之间绝对没有联系 (不存在测不准关系: $h = 0$). 然而, 我们能推导一个关于概率随时间变化的公式, 例如, 对于具有统计分布的初始条件的自由质点:

$$x = x_0 + vt = x_0 + \frac{p}{m}t \qquad \left(v = \frac{p}{m}\right).$$

利用简化的假设

$$\overline{\delta x_0} = 0, \quad \overline{\delta x_0 \delta p} = 0,$$

我们从

$$\delta x = \delta x_0 + \frac{t}{m}\delta p$$

得出

$$(\Delta x)^2 = (\Delta x_0)^2 + \frac{t^2}{m^2}(\Delta p)^2.$$

这正是曾在量子理论基础上导出的公式 (3.20). 仅有的区别在于: 在经典力学中 Δp 和 Δx 之间没有联系.

经典力学与量子力学之间的具体区别为

1. 测不准关系, 和

2. 概率的干涉.

正是这两点导致概率约化的复杂化. 由 ψ 函数表征的态不能分解为概率是相加性的子系. 而在经典力学中, 测量表明概率分解为代表子系的各部分, 在量子力学中, 每一测量给出一新态, 而不是对子态的选择.

在量子力学中, 我们能区别两种情况:

纯粹情形 (图 6.1): 概率是诸 ψ 函数的二次型. 例如, 在光阑的两个孔肯定开着的情况中, 就是这样. 这时, 粒子到底通过光阑上哪个孔是不确定的.

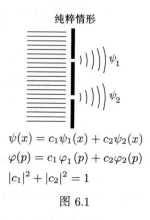

纯粹情形

$$\psi(x) = c_1\psi_1(x) + c_2\psi_2(x)$$
$$\varphi(p) = c_1\varphi_1(p) + c_2\varphi_2(p)$$
$$|c_1|^2 + |c_2|^2 = 1$$

图 6.1

现在我们安装一个光闸, 它总是遮住两孔之一, 但我们假定, 我们并不了解, 在任一给定时刻到底哪个孔被遮盖. 在此情况中, 我们说, 我们不知道粒子通过了哪一个孔. 这种情况我们称之为混合情形.

混合情形 (图 6.2): 概率是加性的; 态不能用 ψ 函数来描述. 所以分解为子系是可能的, 直至由每一子系所代表的态是纯粹情形为止; 即, 在混合情形, 概率为纯粹情形概率之和. 若我们对所有的相位求平均, 或用某种方法破坏相位间的关系, 则总是得到混合情形.

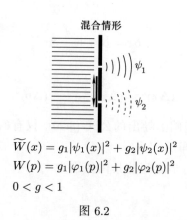

混合情形

$$\widetilde{W}(x) = g_1|\psi_1(x)|^2 + g_2|\psi_2(x)|^2$$
$$W(p) = g_1|\varphi_1(p)|^2 + g_2|\varphi_2(p)|^2$$
$$0 < g < 1$$

图 6.2

当然, 区别经典力学中的纯粹情形和混合情形在原则上也是可能的, 只不过在 p 和 x 精确地已知的意义上, 这种纯粹情形是无关重要的.

第二章

在势箱中和自由空间中粒子的描述

§7. 势箱中的单个粒子. 连续性方程

首先, 我们只限于考察一维情况 (图 7.1).

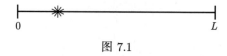

图 7.1

通过求解波动方程

$$\frac{\partial \psi}{\partial t} = \frac{\mathrm{i}h}{2m} \cdot \frac{\partial^2 \psi}{\partial x^2},\tag{7.1}$$

并用边界条件

$$\psi(0, t) = \psi(L, t) \equiv 0,\tag{7.2}$$

我们来求对应的波函数.

首先, 用驻波作为出发点,

$$\psi(x, t) = u(x) \exp\left[-\frac{\mathrm{i}}{h} E t\right], \quad E = \frac{p^2}{2m},\tag{7.3}$$

我们来确定定态的解. 于是, 概率

$$W(x) = |\psi(x, t)|^2 = |u(x)|^2$$

与时间无关. 方程式

$$E \cdot u = -\frac{h^2}{2m} \cdot \frac{\mathrm{d}^2 u}{\mathrm{d}x^2} \ \text{或} \ u(x) + \frac{h^2}{p^2} u''(x) = 0$$

的最普遍解为

$$u(x) = A \exp\left[\mathrm{i}\frac{px}{h}\right] + B \exp\left[-\mathrm{i}\frac{px}{h}\right].$$

边界条件的满足:

$$\psi(0, t) \equiv 0 : B = -A \text{ 或 } u = C \sin\frac{px}{h};$$

$$\psi(L, t) \equiv 0 : \frac{|p|L}{h} = n\pi, \text{ 或 } u_n = C \sin\left(\pi\frac{x}{L}n\right),$$

$$n = 0, 1, 2, \cdots.$$

归一化:

$$\int_0^L |u_n|^2 \mathrm{d}x = |C|^2 \cdot \frac{1}{2}L = 1, |C| = \sqrt{\frac{2}{L}},$$

$$\psi_n(x, t) = \sqrt{\frac{2}{L}} \sin\left(\pi\frac{x}{L}n\right) \exp\left[-\frac{\mathrm{i}}{h}E_n t\right],$$

$$E_n = \frac{n^2\pi^2 h^2}{2mL^2}. \tag{7.4}$$

位形空间中的概率密度:

$$W(x) = \frac{2}{L}\sin^2\left(\pi\frac{x}{L}n\right). \tag{7.5}$$

动量空间中的概率密度: 量 $|p_x| = n\pi h/L$ 已给定;
所以

$$W(p_n) = W(-p_n) = \frac{1}{2}. \tag{7.6}$$

依此, 人们不能论及处于定态的粒子的运动. 只当存在定态的一个线性叠加 (波包) 时运动才是可能的:

$$\psi(x, t) = \sqrt{\frac{2}{L}} \sum_n c_n \sin\left(\pi\frac{x}{L}n\right) \exp\left[-\frac{\mathrm{i}h\pi^2}{2mL^2}n^2 t\right]. \tag{7.7}$$

不难验证, 正交性关系

$$\int_0^L u_n^*(x)u_m(x)\mathrm{d}x = \delta_{nm} \tag{7.8}$$

成立.

在三维区域中, 我们有类似的本征值问题 (图 7.2):

$$\left.\begin{array}{l} \dfrac{\partial\psi}{\partial t} = \dfrac{\mathrm{i}h}{2m}\nabla^2\psi, \text{ 在 } S \text{ 上 } \psi = 0 \\[2mm] \psi = \sum_n c_n \exp\left[-\dfrac{\mathrm{i}}{h}E_n t\right] u_n(x) \\[2mm] \nabla^2 u_n + \lambda_n u_n = 0, \lambda_n = \dfrac{2mE_n}{h^2} \end{array}\right\}. \tag{7.9}$$

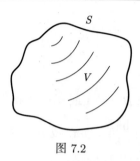

图 7.2

现在我们想来证明, 在电动力学中已知形式的连续性方程[①]是由波动方程导出的. 在这里概率流密度代替了电流密度[②]

$$\boldsymbol{i} = \frac{h}{2mi}(\psi^* \mathrm{grad}\psi - \psi \mathrm{grad}\psi^*),\tag{7.10}$$

而连续性方程为

或

$$\left.\begin{array}{c}\dfrac{\partial}{\partial t}\displaystyle\int_V \psi^*\psi \mathrm{d}V + \int_S \boldsymbol{i}\cdot\mathrm{d}\boldsymbol{S} = 0 \\[3mm] \dfrac{\partial}{\partial t}(\psi^*\psi) + \mathrm{div}\boldsymbol{i} = 0\end{array}\right\}.\tag{7.11}$$

我们若以 ψ^* 乘 ψ 的方程 (7.9), 而以 ψ 乘 ψ^* 的方程, 则它们的和为

$$\frac{\partial}{\partial t}(\psi^*\psi) + \frac{h}{2mi}(\psi^*\nabla^2\psi - \psi\nabla^2\psi^*) = 0.$$

连续性方程是从这一方程并借助于下列的格林和高斯公式而导出的:

$$\mathrm{div}(a\mathrm{grad}b) = \mathrm{grad}a \cdot \mathrm{grad}b + a\nabla^2 b.$$

在我们的边界值问题中, 在 S 上 $\boldsymbol{i} = 0$; 所以, 得出

$$\int_V \psi^*\psi \mathrm{d}V = 常数.$$

对于本征函数, 我们有正交性关系

$$\int_V u_n^* u_m \mathrm{d}V = 0, \quad \lambda_n \neq \lambda_m.\tag{7.12}$$

证明: 若我们以 u_m^* 乘 u_n 的方程 (7.9), 以 $-u_n$ 乘 u_m^* 的方程, 则其和为

$$(u_m^*\nabla^2 u_n - u_n\nabla^2 u_m^*) + (\lambda_n - \lambda_m^*)u_m^* u_n = 0.$$

---

　　① 当然, 这里的连续性方程是更普遍有效的. 它包含了作为特殊情况的电动力学的连续性方程.

　　② 由于我们只能指明在给定体积元中发现粒子的概率, 所以这一概率的 "流" 代替了粒子流.

再利用格林公式, 并应用边界条件, 我们得到

$$(\lambda_n - \lambda_m^*) \int_V u_n^* u_m \mathrm{d}V = 0;$$

$n = m$: $\lambda_n = \lambda_n^*$ 或 λ_n 为实量,

$\lambda_n \neq \lambda_m$: $\int u_n^* u_m \mathrm{d}V = 0$,

$\lambda_n = \lambda_m, n \neq m$: 这称之为态 n 和态 m 的简并性. 简并度定义为属于本征值 λ_n 的独立解的数目. 这些解不必是正交的. 然而, 通过适当地选取本征函数的基, 能使它们成为正交的.

§8. 连续谱的归一化. 狄拉克 δ-函数

若不存在壁或力场, 则不再对波函数有限制; 即, p 连续地变化. 我们能用傅里叶积分来表示 $\psi(x,t)$ (参见 (4.1) 和 (3.15) 式, 以及 $p = hk$):

$$
\begin{aligned}
\psi(x,t) &= \frac{1}{\sqrt{2\pi h}} \int \varphi(p,t) \exp\left[\frac{\mathrm{i}}{h}px\right] \mathrm{d}p \\
&= \frac{1}{\sqrt{2\pi h}} \int \varphi(p) \exp\left[-\frac{\mathrm{i}}{h}\frac{p^2}{2m}t + \frac{\mathrm{i}}{h}px\right] \mathrm{d}p.
\end{aligned}
\tag{8.1}
$$

若将此式与本征态的线性叠加 (参见 (7.7) 式)

$$\psi(x,t) = \sum_n c_n u_n(x) \exp\left[-\frac{\mathrm{i}}{h}\frac{p_n^2}{2m}t\right]$$

加以对比, 则类似于 $u_n(x)$ 引入函数 $u(p,x)$ 是一个简单的推广; 在此情况中, 我们有

$$
\left.
\begin{aligned}
\psi(x,t) &= \int \varphi(p)u(p,x) \exp\left[-\frac{\mathrm{i}}{h}\frac{p^2}{2m}t\right] \mathrm{d}p \\
&= \int \varphi(p,t)u(p,x)\mathrm{d}p \\
u(p,x) &= \frac{1}{\sqrt{2\pi h}} \exp\left[\frac{\mathrm{i}}{h}px\right]
\end{aligned}
\right\}.
\tag{8.2}
$$

我们形式地将正交性关系写为

$$\int u^*(p,x) \cdot u(p',x)\mathrm{d}x = \delta(p - p').
\tag{8.3}$$

这是一个便利的符号表示法; 符号 $\delta(p - p')$ (狄拉克 δ-函数) 具有如下的意义:

$$\int_{p_1}^{p_2} f(p)\delta(p - p')\mathrm{d}p = \begin{cases} f(p'), & \text{若 } p' \text{ 在区间 } (p_1, p_2) \text{ 之内;} \\ 0, & \text{若 } p' \text{ 在区间 } (p_1, p_2) \text{ 之外.} \end{cases}
\tag{8.4}$$

在正常的意义上 "函数" $\delta(x)$ 并不存在 [A-2], 因为它必须具有如下的性质

$$\delta(x) = \begin{cases} 0, & x \neq 0, \\ \infty, & x = 0. \end{cases}$$

宁可说, 它是以如下方式实行的极限过程的符号. 我们考察那样一个函数 $\delta_n(x)$, 它使得[1]

$$\int \delta_n(x)\mathrm{d}x = 1, \quad \lim_{n \to \infty} \delta_n(x) = \begin{cases} 0, & x \neq 0, \\ \infty, & x = 0. \end{cases}$$

例如 (图 8.1, 8.2, 8.3):

1. $\delta_n(x) = n \exp[-\pi n^2 x^2]$

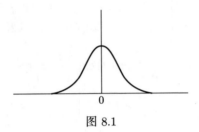

图 8.1

2. $\delta_n(x) = \dfrac{\sin nx}{\pi x}$

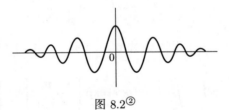

图 8.2[2]

3. $\delta_n(x) = \begin{cases} 0, & |x| > 1/2n, \\ n, & |x| < 1/2n. \end{cases}$

因此, 我们有

$$\lim_{n \to \infty} \int_{p_1}^{p_2} f(p)\delta_n(p - p')\mathrm{d}p$$

$$= \begin{cases} f(p'), & \text{若 } p' \text{ 在区间 } (p_1, p_2) \text{ 之内}, \\ 0, & \text{若 } p' \text{ 在区间 } (p_1, p_2) \text{ 之外}. \end{cases}$$

---

① 英译本有误, 漏印第二个式子.——中译者注
② 英译本增图 (德文原本无此图).——中译者注

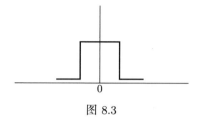

图 8.3

我们也可以说, $\delta(x)$ 能够利用常义函数 $\delta_n(x)$ 逼近; 例如, 我们可以让矩形无限地变高变窄, 而保持其面积不变. 或更普遍些

$$\delta_n(x) = \frac{1}{2\pi} \int A_n(p) \exp[\mathrm{i}px]\mathrm{d}p \text{ 以及 } \int \delta_n(x)\mathrm{d}x = 1;$$

于是

$$A_n(p) = \int \delta_n(x) \exp[-\mathrm{i}px]\mathrm{d}x, A_n(0) = 1, \lim_{n\to\infty} A_n(p) = 1,$$

因此,

$$\delta(x) \sim \frac{1}{2\pi} \int_{-\infty}^{+\infty} \exp[\mathrm{i}px]\mathrm{d}p.$$

这意味着, 代替严格的傅里叶公式

$$f(0) = \frac{1}{2\pi} \int \mathrm{d}p \int f(x) \exp[\mathrm{i}px]\mathrm{d}x,$$

人们用符号的形式写成

$$f(0) = \int f(x)\delta(x)\mathrm{d}x.$$

将 δ-函数推广到三维是简单的:

$$\delta^{(3)}(\boldsymbol{x} - \boldsymbol{x}') = \delta(x_1 - x_1') \cdot \delta(x_2 - x_2') \cdot \delta(x_3 - x_3').$$

(8.3) 式对 p 的积分给出

$$\int \mathrm{d}x \int_{p_1}^{p_2} u^*(p,x)\mathrm{d}p \cdot u(p',x)$$

$$= \begin{cases} 1, & p' \text{ 在间隔 } (p_1, p_2) \text{ 之内,} \\ 0, & p' \text{ 在间隔 } (p_1, p_2) \text{ 之外.} \end{cases} \tag{8.5}$$

这一表达式与 (8.3) 和 (8.4) 式具有相同的意义.

现在, 我们也能论证 (8.3) 式的正确性: 因为 (8.2) 式给出的 $u(p,x)$ 满足 (8.5) 式, 因而同样地满足正交性关系. 即, 利用

$$\frac{1}{\sqrt{2\pi h}} \int_{p_1}^{p_2} \exp\left[-\frac{\mathrm{i}}{h}px\right] \mathrm{d}p$$

$$= -\frac{1}{\sqrt{2\pi h}} \frac{h}{\mathrm{i}x} \left(\exp\left[-\frac{\mathrm{i}}{h}p_1 x\right] - \exp\left[-\frac{\mathrm{i}}{h}p_2 x\right]\right),$$

并且因为

$$\frac{1}{\pi}\int\frac{\sin ax}{x}\mathrm{d}x = \begin{cases} +1, & a > 0; \\ -1, & a < 0, \end{cases}$$

$$\frac{1}{\pi}\int\frac{\cos ax - \cos bx}{x}\mathrm{d}x = 0,$$

则从 (8.2) 和 (8.5) 式得出

$$\frac{1}{2\pi}\int\mathrm{d}x\frac{\exp[(i/h)(p'-p_1)x] - \exp[(i/h)(p'-p_2)x]}{ix}$$

$$= \frac{1}{2\pi}\int\frac{\sin\{(1/h)(p'-p_1)x\} - \sin\{(1/h)(p'-p_2)x\}}{x}\mathrm{d}x$$

$$= \begin{cases} 1, & p' \text{ 在间隔 } (p_1,p_2) \text{ 之内}, \\ 0, & p' \text{ 在间隔 } (p_1,p_2) \text{ 之外}. \end{cases}$$

§9.　完备性关系. 展开定理

令 $f(x)$ 是这样一个函数, 即 $\int |f(x)|^2\mathrm{d}x$ 存在. 若我们有函数 $\{u_n(x)\}$ 的一个正交归一化的全集, 即

$$\int u_n^*(x)u_m(x)\mathrm{d}x = \delta_{nm}, \tag{9.1}$$

则我们能作级数展开

$$f(x) = \sum_n a_n u_n(x), \tag{9.2}$$

式中

$$a_n = \int f(x)u_n^*(x)\mathrm{d}x. \tag{9.3}$$

我们要求级数 (9.2) 均值收敛. 这是一个削弱了的收敛要求, 因为会对可能的 "尖峰" 积分:

$$\lim_{N\to\infty}\int\left|f(x) - \sum_{n=1}^{N}a_n u_n(x)\right|^2\mathrm{d}x = 0, \tag{9.4}$$

或

$$\lim_{N\to\infty}\int |R_N(x)|^2\mathrm{d}x = 0. \tag{9.5}$$

由于 (9.1) 和 (9.3) 式, 我们有

$$\int \mathrm{d}x \left| f(x) - \sum_{n=1}^{N} a_n u_n(x) \right|^2$$

$$= \int \mathrm{d}x |f(x)|^2 - \sum_{n=1}^{N} a_n \int f^*(x) u_n(x) \mathrm{d}x - \sum_{n=1}^{N} a_n^* \int f(x) u_n^*(x) \mathrm{d}x + \sum_{n=1}^{N} a_n^* a_n$$

$$= \int |f|^2 \mathrm{d}x - \sum_{n=1}^{N} a_n^* a_n \tag{9.6}$$

因为 (9.6) 式左端肯定不是负的, 故得贝塞尔不等式:

$$\sum_{n=1}^{N} a_n^* a_n \leqslant \int |f|^2 \mathrm{d}x, \ \text{或} \ \sum_{n=1}^{\infty} |a_n|^2 \leqslant \int |f|^2 \mathrm{d}x. \tag{9.7}$$

贝塞尔不等式意味着 (9.4) 式与下式意义相同

$$\sum_{n=1}^{N} |a_n|^2 = \int |f|^2 \mathrm{d}x. \tag{9.8}$$

这一方程称为完备性关系, 因为它保证了 u_n 中没有被遗漏者, 即 u_n 的集是完备的[①].

利用代换

$$f(x) \longrightarrow c_1 f(x) + c_2 g(x),$$

$$a_n \longrightarrow c_1 a_n + c_2 b_n, \quad b_n = \int g(x) u_n^*(x) \mathrm{d}x,$$

可以简单地推广到两个或两个以上的函数. 例如, 代入 (9.8) 式, 并比较 $c_1^* c_2$ 的系数, 则得

$$\sum_{n=1}^{\infty} a_n^* b_n = \int f^*(x) g(x) \mathrm{d}x. \tag{9.9}$$

利用 δ-函数, 也能将完备性关系用符号的形式写为

$$\sum_{n} u_n^*(x) u_n(x') = \delta(x - x'). \tag{9.10}$$

这能以如下方式得到证实. 我们若将上式乘以 $f^*(x')$, 并对它积分, 则利用 (9.3) 式, 我们得到

$$\sum_{n} u_n^*(x) \int u_n(x') f^*(x') \mathrm{d}x' = f^*(x). \tag{9.11}$$

[①] 因为我们在此处理无限多个函数的集合, 所以我们不能, 例如通过计数, 来建立完备性.

以 $g(x)$ 乘这个式子, 并再次积分, 得

$$\sum_n \int g(x)u_n^*(x)\mathrm{d}x \int u_n(x')f^*(x')\mathrm{d}x'$$

$$= \int f^*(x)g(x)\mathrm{d}x, \tag{9.12}$$

这正是 (9.9) 式.

注意: 事实上, 在物理学中所出现的所有实际情况中, (9.11) 式都是正确的. 然而, 由于我们只曾要求级数是均值收敛的, 为了严谨起见, 我们必须再次积分. 即, 我们必须变换成 (9.12) 式.

§10. 初值问题和基本解

若在时刻 $t = 0$ 粒子必定处于位置 x', 即

$$\psi(x, 0) = \delta(x - x'), \tag{10.1}$$

则描述这样一个粒子的波动方程的解, 我们称之为基本解 $K(x, x', t)$.

我们首先考察势箱中的粒子. 这一情况的通解为 (参见 §7)

$$\psi(x, t) = \sum_n c_n u_n(x) \exp\left[-\frac{\mathrm{i}}{h}E_n t\right]. \tag{10.2}$$

利用完备性关系 (9.10), 我们也能即刻写出基本解

$$\psi(x, t) \equiv K(x, x', t) = \sum_n u_n(x)u_n^*(x') \exp\left[-\frac{\mathrm{i}}{h}E_n t\right], \tag{10.3}$$

或者, 对于具有任意边界的三维区域, 有

$$K(\boldsymbol{x}, \boldsymbol{x}', t) = \sum_n u_n(\boldsymbol{x})u_n^*(\boldsymbol{x}') \exp\left[-\frac{\mathrm{i}}{h}E_n t\right]. \tag{10.4}$$

鉴于只有定态的线性叠加才能作为势箱中的一个粒子的波函数 (必须在所有时刻都一定满足边界条件), 对自由空间中的粒子则无这样的限制. 在后一情况中, 我们有连续的变量 p, 而不是离散的指标 n (参见 §8), 而波函数为

$$\psi(x, t) = \int \varphi(p)u(p, x) \exp\left[-\frac{\mathrm{i}}{h}\frac{p^2}{2m}t\right]\mathrm{d}p$$

$$= \frac{1}{\sqrt{2\pi h}} \int \varphi(p) \exp\left[\frac{\mathrm{i}}{h}\left(px - \frac{p^2}{2m}t\right)\right]\mathrm{d}p \tag{10.5}$$

其归一化为

$$\int u^*(p, x)u(p', x)\mathrm{d}x = \delta(p - p'). \tag{10.6}$$

完备性关系 (9.10) 现在写成如下形式

$$\int u(p,x)u^*(p,x')\mathrm{d}p = \delta(x-x') \tag{10.7}$$

(注意 x 与 p 间的对称性!), 它又使我们能立即写出基本解:

$$\psi(x,t) = \int u(p,x)u^*(p,x')\exp\left[-\frac{\mathrm{i}}{h}\frac{p^2}{2m}t\right]\mathrm{d}p, \tag{10.8}$$

或, 与 (10.5) 式比较, 得

$$\begin{aligned}\psi(x,t) &\equiv K(x-x',t) \\ &= \frac{1}{2\pi h}\int \exp\left\{\frac{\mathrm{i}}{h}\left[p(x-x')-\frac{p^2}{2m}t\right]\right\}\mathrm{d}p.\end{aligned} \tag{10.9}$$

我们能计算这个积分:

$$K(x-x',t)=\frac{1}{2\pi h}\exp\left[\frac{\mathrm{i}}{h}\cdot\frac{m}{2}\cdot\frac{(x-x')^2}{t}\right]\cdot\int\exp\left[-\frac{\mathrm{i}}{h}\left(p-\frac{(x-x')m}{t}\right)^2\cdot\frac{t}{2m}\right]\mathrm{d}p.$$

作代换

$$p-\frac{(x-x')m}{t}=\sqrt{\frac{2mh}{t}}\cdot u$$

导致菲涅耳积分:

$$\begin{aligned}\int\exp[\mathrm{i}u^2]\mathrm{d}u &= \sqrt{\pi}\cdot\exp\left[\mathrm{i}\frac{\pi}{4}\right], \\ \int\exp[-\mathrm{i}u^2]\mathrm{d}u &= \sqrt{\pi}\cdot\exp\left[-\mathrm{i}\frac{\pi}{4}\right]=\frac{\sqrt{\pi}}{\sqrt{\mathrm{i}}}.\end{aligned} \tag{10.10}$$

现在可将解 $K(x-x',t)$ 写为

$$K(x-x',t) = \frac{1}{\sqrt{2\pi h\mathrm{i}}}\cdot\sqrt{\frac{m}{t}}\cdot\exp\left[\frac{\mathrm{i}}{h}\cdot\frac{m(x-x')^2}{2t}\right]. \tag{10.11}$$

利用 (10.10) 式, 也即刻得出

$$\int K(x-x',t)\mathrm{d}x = 1. \tag{10.12}$$

现在, 我们想不用狄拉克函数而来证明: 由 (10.11) 式定义的 $K(x-x',t)$ 具有基本解的性质. 令 $\xi \equiv x-x'$. 我们来计算

$$\lim_{t\to 0}\int_{\xi_1}^{\xi_2}K(\xi,t)\mathrm{d}\xi.$$

作代换

$$\sqrt{\frac{m}{2ht}} \cdot \xi = u,$$

我们得到

$$\int_{\xi_1}^{\xi_2} K(\xi, t) \mathrm{d}\xi = \frac{\exp[-\mathrm{i}(\pi/4)]}{\sqrt{2\pi h}} \sqrt{\frac{m}{t}} \sqrt{\frac{2ht}{m}} \int_{u_1}^{u_2} \exp[\mathrm{i}u^2] \mathrm{d}u.$$

应该考虑三种情况:

$a.$　$\xi_1 > 0, \xi_2 > 0 : u_1 > 0, \qquad u_2 > 0$

　　　　$t \to 0 : u_1 \to +\infty, \quad u_2 \to +\infty$

$b.$　$\xi_1 < 0, \xi_2 < 0 : u_1 < 0, \qquad u_2 < 0$ $\left.\right\} \lim\limits_{t \to 0} \int_{\xi_1}^{\xi_2} K\mathrm{d}\xi = 0,$

　　　　$t \to 0 : u_1 \to -\infty, \quad u_2 \to -\infty$

$c.$　$\xi_1 < 0, \xi_2 > 0 : u_1 < 0, \qquad u_2 > 0$ $\left.\right\} \lim\limits_{t \to 0} \int_{\xi_1}^{\xi_2} K\mathrm{d}\xi = 1.$

　　　　$t \to 0 : u_1 \to -\infty, \quad u_2 \to +\infty$

在计算情况 c 时已用到公式 (10.10). a, b 和 c 三种情况合在一起对应于

$$K(\xi, 0) = \delta(\xi),$$

还有待证明, $K(\xi, t)$ 满足波动方程

$$\frac{\partial K}{\partial t} = \frac{\mathrm{i}h}{2m} \cdot \frac{\partial^2 K}{\partial \xi^2} :$$

$$\frac{\partial K}{\partial t} = \frac{\sqrt{m}}{\sqrt{2\pi h\mathrm{i}}} \left(-\frac{1}{2} \frac{1}{t\sqrt{t}} - \frac{1}{\sqrt{t}} \cdot \frac{\mathrm{i}}{h} \cdot \frac{m\xi^2}{2t^2} \right) \exp\left[\frac{\mathrm{i}}{h} \frac{m\xi^2}{2t} \right],$$

$$\frac{\partial K}{\partial \xi} = \sqrt{\frac{m}{2\pi h\mathrm{i}}} \cdot \frac{1}{\sqrt{t}} \cdot \frac{\mathrm{i}m}{ht} \cdot \xi \cdot \exp\left[\frac{\mathrm{i}}{h} \frac{m\xi^2}{2t} \right],$$

$$\frac{\partial^2 K}{\partial \xi^2} = \sqrt{\frac{m}{2\pi h\mathrm{i}}} \cdot \frac{1}{\sqrt{t}} \left(\frac{\mathrm{i}m}{ht} - \frac{m^2}{h^2 t^2} \xi^2 \right) \exp\left[\frac{\mathrm{i}}{h} \frac{m\xi^2}{2t} \right]$$

$$= \frac{2m}{\mathrm{i}h} \cdot \frac{\partial K}{\partial t}.$$

证完.

值得注意的是, 从热传导理论中基本解 (10.11) 已为人们所熟知. 若我们用一个纯虚量来代替非相对论性波动方程中的质量 m, 则我们确实得到热传导方程, 而高斯分布 (10.11) 是 $t = 0$ 时刻由 δ-函数描述的热脉冲的熟知的解.

第三章

力场中的粒子

§11. 哈密顿算符

利用哈密顿函数

$$H = \sum_{k=1}^{3} \frac{p_k^2}{2m} + V(x_1, x_2, x_3, t), \tag{11.1}$$

可将经典力学的运动方程写成正则形式

$$\left. \begin{aligned} \frac{\mathrm{d}p_k}{\mathrm{d}t} &= -\frac{\partial H}{\partial x_k} = -\frac{\partial V}{\partial x_k} \\ \frac{\mathrm{d}x_k}{\mathrm{d}t} &= +\frac{\partial H}{\partial p_k} = \frac{p_k}{m} \end{aligned} \right\}. \tag{11.2}$$

引入矢势 $\boldsymbol{A}(\boldsymbol{H} = \nabla \times \boldsymbol{A})$, 我们得到在磁场 $\boldsymbol{H}$ 中具有电荷 e 的粒子所对应的方程:

$$H = \sum_{k=1}^{3} \frac{1}{2m} \left\{ p_k - \frac{e}{c} A_k(x) \right\}^2 + V(x_1, x_2, x_3), \tag{11.3}$$

$$\left. \begin{aligned} \frac{\mathrm{d}p_k}{\mathrm{d}t} &= -\frac{\partial H}{\partial x_k} = -\frac{\partial V}{\partial x_k} + \frac{1}{m} \sum_i \left(p_i - \frac{e}{c} A_i \right) \cdot \frac{e}{c} \frac{\partial A_i}{\partial x_k} \\ \frac{\mathrm{d}x_k}{\mathrm{d}t} &= +\frac{\partial H}{\partial p_k} = \frac{1}{m} \left(p_k - \frac{e}{c} A_k \right) \end{aligned} \right\}. \tag{11.4}$$

我们再次应用 (2.2) 式给出的, 作为经典力学和波动力学间的转换关键的算符形式体系:

$$p_k \to -\mathrm{i}h \frac{\partial}{\partial x_k}, \quad E \to \mathrm{i}h \frac{\partial}{\partial t}. \tag{11.5}$$

由于引入了算符, 哈密顿函数变成所谓哈密顿算符:

$$H(p_i, x_i) \rightarrow \underline{H}\left(\frac{\partial}{\partial x_i}, x_i\right). \tag{11.6}$$

一般地, 将一算符 $\underline{A}$ 理解为一个计算规则[1], 它把一函数 u 和另一函数 $\underline{A}u$ 联系起来.

在不受力作用的情况 ($V \equiv 0$) 中, 我们也能用算符 (11.5) 和 (11.6) 写出波动方程 (2.11):

$$\underline{H}\psi = \underline{E}\psi. \tag{11.7}$$

对于力场中的粒子 ($V \neq 0$), 这一方程也给出正确的结果. 于是, 将这一方程全部写出, 即为

$$-\frac{h^2}{2m}\nabla^2\psi + V(\boldsymbol{x})\psi = \mathrm{i}h\frac{\partial\psi}{\partial t}; \tag{11.8}$$

这一形式首先是由薛定谔提出的[2].

恰巧方程 (11.7) 在更复杂的情况下也是正确的, 例如, 在磁场中的带电粒子的情况. 然而, 当以哈密顿算符代替经典哈密顿函数时, 有时会引起含混. 这是由于乘积中因数的次序对经典量来讲是无关紧要的,

$$p_i x_k = x_k p_i,$$

而对于算符来说, 次序却是非常重要的. 例如, 后面我们将会求得

$$\underline{p_i}\ \underline{x_k} - \underline{x_k}\ \underline{p_i} = \frac{h}{\mathrm{i}}\delta_{ik}.$$

因此, 从一个给定的哈密顿函数也许能导出几个不同的算符[3]. 这些不同的可能性中的哪一个是正确的, 只能由实验来判断; 即, 由方程 (11.7) 的解所求得的期待值必须遵循经典轨道.

§12. 厄米算符

波动方程 (11.7) 的解必须满足归一化守恒的重要条件:

$$\frac{\partial}{\partial t}\int \psi^*\psi\,\mathrm{d}^3 x = 0. \tag{12.1}$$

(想到 $\psi^*\psi$ 诠释为概率密度, 便不难从物理意义上理解这个条件.)

---

[1] 这种计算规则不一定是微分运算. 例如, 算符 $\underline{x}$ 定义为用 x 相乘.

[2] E. Schrödinger, *Ann. Physik.* **81**, 109 (1926).

[3] 例如, 在非笛卡儿坐标中出现像 $p_i x_k$ 这种引起含混的交叉项.

对 (12.1) 式求导, 并利用下面两个方程

$$-\frac{h}{\mathrm{i}} \cdot \frac{\partial \psi}{\partial t} = \underline{H}\psi \ \text{和} \ +\frac{h}{\mathrm{i}}\frac{\partial \psi^*}{\partial t} = (\underline{H}\psi)^*, \tag{12.2}$$

则得

$$\int [\psi^*(\underline{H}\psi) - \psi(\underline{H}\psi)^*]\mathrm{d}^3x = 0. \tag{12.3}$$

这是关于 $\underline{H}$ 的一个条件. 任何满足这一关系的算符称为厄米的.

因为, 对于波, 叠加原理应该成立, 所以我们必须要求

$$\left.\begin{array}{l} \underline{H}(c\psi) = c\underline{H}\psi \\ \underline{H}(\psi_1 + \psi_2) = \underline{H}\psi_1 + \underline{H}\psi_2 \end{array}\right\}. \tag{12.4}$$

具有这种性质的算符称为线性的.

若将

$$\psi = \psi_1 + \psi_2$$

代入 (12.3) 式, 则对于一个线性厄米算符 $\underline{H}$ 我们得到

$$\int [\psi_1^*(\underline{H}\psi_2) - \psi_2(\underline{H}\psi_1)^*]\mathrm{d}^3x = 0. \tag{12.5}$$

若 $\underline{F}$ 和 $\underline{G}$ 为线性厄米算符, 而 a 和 b 为实数, 则我们有

$$a\underline{F} + b\underline{G} \qquad \text{厄米的}, \tag{12.6}$$

$$\underline{F}\,\underline{G} + \underline{G}\,\underline{F} \qquad \text{厄米的}, \tag{12.7}$$

$$\mathrm{i}(\underline{F}\,\underline{G} - \underline{G}\,\underline{F}) \qquad \text{厄米的}, \tag{12.8}$$

但 $\underline{F}\,\underline{G}$ 一般不是厄米的.

(12.7) 式的证明: 由 (12.5) 式我们有

$$\int \{(\underline{H}_1\psi_1)^*\underline{H}_2\psi_2 - \psi_2(\underline{H}_2\underline{H}_1\psi_1)^*\}\mathrm{d}^3x = 0, \qquad [a]$$

$$\int \{(\underline{H}_2\psi_2)^*\underline{H}_1\psi_1 - \psi_1(\underline{H}_1\underline{H}_2\psi_2)^*\}\mathrm{d}^3x = 0,$$

$$\int \{\underline{H}_2\psi_2(\underline{H}_1\psi_1)^* - \psi_1^*\underline{H}_1\underline{H}_2\psi_2\}\mathrm{d}^3x = 0 \qquad [b]$$

[a]—[b]:

$$\int \{\psi_1^*\underline{H}_1\underline{H}_2\psi_2 - \psi_2(\underline{H}_2\underline{H}_1\psi_1)^*\}\mathrm{d}^3x = 0. \qquad [c]$$

将 $\underline{H}_1 = \underline{F}, \underline{H}_2 = \underline{G}$ 代入 [c] 式; 再将 $\underline{H}_1 = G, \underline{H}_2 = F_2$ 代入 [c] 式, 然后相加:

$$\int \{\psi_1^*(\underline{F}\,\underline{G} + \underline{G}\,\underline{F})\psi_2 - \psi_2[(\underline{G}\,\underline{F} + \underline{F}\,\underline{G})\psi_1]^*\}\mathrm{d}^3x = 0.$$

证完.

厄米算符的例子: 算符

$$p = -\mathrm{i}h(\partial/\partial x)$$

是厄米的, 这可通过分部积分看出:

$$\int \psi^* \frac{h}{\mathrm{i}} \frac{\partial \psi}{\partial x} \mathrm{d}x = -\frac{h}{\mathrm{i}} \int \frac{\partial \psi^*}{\partial x} \psi \mathrm{d}x = \int \left(\frac{h}{\mathrm{i}} \frac{\partial \psi}{\partial x} \right)^* \psi \mathrm{d}x.$$

另一方面, $\mathrm{i}p$ 不是厄米的. 算符 $p^2 = -h^2(\partial^2/\partial x^2)$ 也是厄米的, 因为

$$\int \left(\psi^* \frac{\partial^2 \psi}{\partial x^2} - \frac{\partial^2 \psi^*}{\partial x^2} \psi \right) \mathrm{d}x = 0 \text{ (格林公式)}.$$

任何规定为以 x 的实函数相乘的算符显然是厄米的. 因此, 势 $V(x)$ 是厄米的, 这意味着我们的哈密顿算符

$$H\psi = \left(\frac{p^2}{2m} + V(\boldsymbol{x}) \right) \psi = -\frac{h^2}{2m} \nabla^2 \psi + V(\boldsymbol{x})\psi, \tag{12.9}$$

也是厄米的.

甚至在磁场的情况中 H 仍然是厄米的. 当我们写出对应于 (11.3) 式的哈密顿算符时, 我们只须注意各因子的次序: 不能写成

$$\left(p_k - \frac{e}{c} A_k \right)^2 = p_k^2 - 2\frac{e}{c} p_k A_k + \frac{e^2}{c^2} A_k^2,$$

而必须写成

$$\left(p_k - \frac{e}{c} A_k \right)^2 = p_k^2 - \frac{e}{c} p_k A_k - \frac{e}{c} A_k p_k + \frac{e^2}{c^2} A_k^2.$$

为了证明以这种方式从 (11.3) 式导出的哈密顿算符的厄米性, 我们只需证明:

$$p_k \, A_k + A_k \, p_k$$

是厄米的 (公式 (12.7) 的特殊情况). 这一结果是用分部积分得到的:

$$\int \psi^* \left\{ \frac{h}{\mathrm{i}} \frac{\partial}{\partial x_k} (A_k \psi) + A_k \frac{h}{\mathrm{i}} \frac{\partial \psi}{\partial x_k} \right\} \mathrm{d}^3 x$$

$$= -\int \left\{ \frac{h}{\mathrm{i}} \frac{\partial \psi^*}{\partial x_k} (A_k \psi) + \frac{h}{\mathrm{i}} \frac{\partial}{\partial x_k} (\psi^* A_k) \psi \right\} \mathrm{d}^3 x$$

$$= \int \psi \left\{ \frac{h}{\mathrm{i}} \frac{\partial \psi}{\partial x_k} A_k + \frac{h}{\mathrm{i}} \frac{\partial}{\partial x_k} (\psi A_k) \right\}^* \mathrm{d}^3 x.$$

§13.　期待值和经典运动方程. 对易关系 (对易子)

　　迄今我们已学会用波函数来计算可观察量的概率分布. 若经典力学应该作为极限情况包含在波动力学中, 则这些量的期待值必须遵从经典运动方程. 现在我们来验证确实如此.

　　首先我们来计算 $\langle \underline{x}_k \rangle$ 的时间导数 (参见 (3.5) 以及 (12.2) 和 (12.5) 式):

$$\langle \underline{x}_k \rangle = \int \psi^* \underline{x}_k \psi \mathrm{d}^3 x;$$

$$\frac{\mathrm{d}}{\mathrm{d}t}\langle \underline{x}_k \rangle = \frac{\mathrm{i}}{h} \int [(\underline{H}\psi)^* x_k \psi - \psi^* \underline{x}_k(\underline{H}\psi)]\mathrm{d}^3 x$$

$$= \frac{\mathrm{i}}{h} \int [\psi^*(\underline{H}\ \underline{x}_k \psi) - \psi^* \underline{x}_k \underline{H}\psi]\mathrm{d}^3 x$$

$$= \frac{\mathrm{i}}{h} \int \psi^*(\underline{H}\ \underline{x}_k - \underline{x}_k \underline{H})\psi \mathrm{d}^3 x,$$

$$\frac{\mathrm{d}}{\mathrm{d}t}\langle \underline{x}_k \rangle = \frac{\mathrm{i}}{h}\langle \underline{H}\ \underline{x}_k - \underline{x}_k \underline{H} \rangle. \tag{13.1}$$

同理, 我们能导出

$$\frac{\mathrm{d}}{\mathrm{d}t}\langle \underline{p}_k \rangle = \frac{\mathrm{i}}{h}\langle \underline{H}\underline{p}_k - \underline{p}_k \underline{H} \rangle. \tag{13.2}$$

现在, 我们必须计算 (13.1) 和 (13.2) 两式等式右端之值. 一般地, 形式如

$$\underline{F}_1 \underline{F}_2 - \underline{F}_2 \underline{F}_1 \equiv [\underline{F}_1, \underline{F}_2] \tag{13.3}$$

的表达式称为对易子. 由定义 (13.3) 式立即得到如下的关系

$$[\underline{F}_1 \underline{F}_2, \underline{F}_3] \equiv \underline{F}_1[\underline{F}_2, \underline{F}_3] + [\underline{F}_1, \underline{F}_3]\underline{F}_2 \tag{13.4}$$

和

$$[c_1 \underline{F}_1 + c_2 \underline{F}_2, \underline{F}_3] \equiv c_1[\underline{F}_1, \underline{F}_3] + c_2[\underline{F}_2, \underline{F}_3]. \tag{13.5}$$

　　为了与傅里叶变换公式 (4.3) 和 (4.4) 一致, 现在我们定义与 (12.9) 式类似的, 关于动量和坐标的算符:

$$\underline{p}_k \psi(\boldsymbol{x}) = \frac{h}{\mathrm{i}} \cdot \frac{\partial}{\partial x_k}\psi, \quad \underline{x}_k \psi(x) = x_k \psi, \tag{13.6}$$

$$\underline{p}_k \varphi(\boldsymbol{p}) = p_k \varphi, \quad x_k \varphi(\boldsymbol{p}) = -\frac{h}{\mathrm{i}} \cdot \frac{\partial}{\partial p_k}\varphi. \tag{13.7}$$

根据这些定义, 我们可立即导出基本对易关系:

$$\left.\begin{array}{l} \underline{p}_k \underline{x}_l - \underline{x}_l \underline{p}_k = \delta_{ik} \cdot \dfrac{h}{\mathrm{i}} \\[4pt] \underline{p}_k \underline{p}_l - \underline{p}_l \underline{p}_k = 0 \\[4pt] \underline{x}_k \underline{x}_l - \underline{x}_l \underline{x}_k = 0 \end{array}\right\}. \tag{13.8}$$

例如:

$$p_k \underline{x_l} \psi = \frac{h}{\mathrm{i}} \frac{\partial}{\partial x_k}(x_l \psi), \underline{x_l p_k} \psi = x_l \frac{h}{\mathrm{i}} \cdot \frac{\partial}{\partial x_k} \psi;$$

$$(\underline{p_k x_l} - \underline{x_l p_k})\psi = \frac{h}{\mathrm{i}} \left(\frac{\partial}{\partial x_k}(x_l \psi) - x_l \frac{\partial}{\partial x_k} \psi \right) = \delta_{kl} \frac{h}{\mathrm{i}} \psi,$$

$$\text{等等}^{①}.$$

利用 (13.4) 和 (13.8) 式, 我们得到

$$\sum_i (\underline{p_i^2 x_k} - \underline{x_k p_i^2}) = \sum_i \{\underline{p_i}(\underline{p_i x_k} - \underline{x_k p_i}) + (\underline{p_i x_k} - \underline{x_k p_i})\underline{p_i}\}$$

$$= 2\frac{h}{\mathrm{i}}\underline{p_k} = \frac{h}{\mathrm{i}} \frac{\partial}{\partial \underline{p_k}} \sum_i \underline{p_i^2}.$$

这里我们引入了关于算符的函数对算符的微分的新运算. 我们定义: 这一微分法必须完全以通常的方式, 即函数相对于寻常的变量作微分

对于由 $\underline{p_k}$ 的多项式, 或在极限情况下由 $\underline{p_k}$ 的收敛幂级数(即, $\underline{p_k}$ 的解析函数) 给出的算符 $\underline{F}$, 重复应用这种运算步骤, 我们得到

$$\underline{F}(\boldsymbol{p})\underline{x_k} - \underline{x_k}\underline{F}(\boldsymbol{p}) = \frac{h}{\mathrm{i}} \frac{\partial \underline{F}}{\partial \underline{p_k}}. \tag{13.9}$$

当然, 关系式

$$\underline{F}(\boldsymbol{p})\underline{p_k} - \underline{p_k}\underline{F}(\boldsymbol{p}) = 0 \tag{13.10}$$

也成立. 以类似的方法, 利用 (4.3) 和 (4.4) 式, 我们得到

$$\underline{G}(\boldsymbol{x})\underline{p_k} - \underline{p_k}\underline{G}(\boldsymbol{x}) = -\frac{h}{\mathrm{i}} \frac{\partial G}{\partial x_k}, \tag{13.11}$$

$$\underline{G}(\boldsymbol{x})\underline{x_k} - \underline{x_k}\underline{G}(\boldsymbol{x}) = 0. \tag{13.12}$$

对最后的四个关系式求和, 给出

$$\underline{H}\underline{p_k} - \underline{p_k}\underline{H} = -\frac{h}{\mathrm{i}} \cdot \frac{\partial \underline{H}}{\partial \underline{x_k}}, \tag{13.13}$$

$$\underline{H}\,\underline{x_k} - \underline{x_k}\underline{H} = \frac{h}{\mathrm{i}} \cdot \frac{\partial \underline{H}}{\partial \underline{p_k}}, \tag{13.14}$$

式中 $\underline{H}$ 为如下形式的算符

$$\underline{H}(\boldsymbol{p}, \underline{x}) = \underline{F}(\boldsymbol{p}) + \underline{G}(\underline{x}). \tag{13.15}$$

① "等等" 两字系按德文原本补入.——中译者注

因此, 这一结果适用于具有势的哈密顿算符. 易证, (13.13) 和 (13.14) 两式对于下列算符也成立:

$$H(\underline{p}, \underline{x}) = \underline{F}(\underline{p}) + \underline{G}(\underline{x}) + \sum_k \{\underline{A}_k(\underline{x})\underline{p}_k + \underline{p}_k\underline{A}_k(\underline{x})\} \tag{13.16}$$

(具有磁场的哈密顿算符). 若将 (13.13) 和 (13.14) 两式代入 (13.1) 和 (13.2) 两式, 则得到关于 x_k 和 p_x 的平均值的经典正则运动方程:

$$\frac{\mathrm{d}}{\mathrm{d}t}\langle x_k \rangle = \left\langle \frac{\partial \underline{H}}{\partial \underline{p}_k} \right\rangle, \qquad \frac{\mathrm{d}}{\mathrm{d}t}\langle \underline{p}_k \rangle = -\left\langle \frac{\partial \underline{H}}{\partial \underline{x}_k} \right\rangle. \tag{13.17}$$

(这并非纯属偶然; 相反, 理论是如此建立起来的, 使得它总会得到 (13.17) 式. 总应要求: 合理的理论把经典力学作为极限情况包括在内.)

作为推广, 我们着手考察算符 $\underline{F}$ 显含时间的情况 (例如, 与时间有关的力). 由

$$\langle \underline{F} \rangle = \int \psi^*(\underline{F}\psi)\mathrm{d}^3 x$$

和波动方程 (12.2) 得到

$$\begin{aligned}
\frac{\mathrm{d}}{\mathrm{d}t}\langle \underline{F} \rangle &= \frac{\mathrm{i}}{h}\int \{(\underline{H}\psi)^*(\underline{F}\psi) - \psi^*\underline{F}(\underline{H}\psi)\}\mathrm{d}^3 x + \int \psi^*\frac{\partial \underline{F}}{\partial t}\psi\mathrm{d}^3 x \\
&= \int \psi^*\left\{\frac{\mathrm{i}}{h}(\underline{H}\,\underline{F} - \underline{F}\,\underline{H}) + \frac{\partial \underline{F}}{\partial t}\right\}\psi\mathrm{d}^3 x, (\text{参见 } (12.5)\ \text{式}) \\
\frac{\mathrm{d}}{\mathrm{d}t}\langle \underline{F} \rangle &= \left\langle \frac{\mathrm{i}}{h}[\underline{H}, \underline{F}] + \frac{\partial \underline{F}}{\partial t} \right\rangle.
\end{aligned} \tag{13.18}$$

对 $\underline{F} = \underline{H}$ 的情况, 我们得到

$$\frac{\mathrm{d}}{\mathrm{d}t}\langle \underline{H} \rangle = \left\langle \frac{\partial \underline{H}}{\partial t} \right\rangle. \tag{13.19}$$

若 $\partial \underline{H}/\partial t = 0$, 则得到 $\langle \underline{H} \rangle =$ 常数; 这是能量守恒定律的表述.

作为一个例子, 让我们专门讨论磁场的情况:

$$\begin{aligned}
\underline{H} &= \frac{1}{2m}\sum_k \left(\underline{p}_k - \frac{e}{c}\underline{A}_k(\boldsymbol{x}, t)\right)^2 + \underline{V}(x, t) \\
&= \frac{1}{2m}\sum_k \left(\underline{p}_k^2 - \frac{e}{c}(\underline{p}_k\underline{A}_k + \underline{A}_k\underline{p}_k) + \frac{e^2}{c^2}\underline{A}_k^2\right) + \underline{V}.
\end{aligned} \tag{13.20}$$

应用 (13.17) 式, 我们得到

$$\frac{\mathrm{d}}{\mathrm{d}t}\langle \underline{x}_k\rangle = \frac{1}{m}\langle \underline{p}_k - \frac{e}{c}\underline{A}_k\rangle, \tag{13.21}$$

$$\frac{\mathrm{d}}{\mathrm{d}t}\langle \underline{p}_k\rangle = \left\langle \frac{1}{2m}\frac{e}{c}\sum_i \left\{ \left(\underline{p}_i\frac{\partial \underline{A}_i}{\partial \underline{x}_k} + \frac{\partial \underline{A}_i}{\partial \underline{x}_k}\underline{p}_i \right) - \frac{e}{c}\left(\frac{\partial \underline{A}_i}{\partial \underline{x}_k}\underline{A}_i + \underline{A}_i\frac{\partial \underline{A}_i}{\partial \underline{x}_k} \right) \right\} - \frac{\partial \underline{V}}{\partial \underline{x}_k} \right\rangle$$

$$= \left\langle \frac{1}{2m}\frac{e}{c}\sum_i \left\{ \left(\underline{p}_i - \frac{e}{c}\underline{A}_i \right)\frac{\partial \underline{A}_i}{\partial \underline{x}_k} + \frac{\partial \underline{A}_i}{\partial \underline{x}_k}\left(\underline{p}_i - \frac{e}{c}\underline{A}_i \right) \right\} - \frac{\partial \underline{V}}{\partial \underline{x}_k} \right\rangle. \tag{13.22}$$

注意这个对称化, 为保持厄米性这是必需的.

不用正则形式, 我们也能更简单地写出运动方程:

$$\langle m\underline{\ddot{x}}_k\rangle = \left\langle \underline{\dot{p}}_k - \frac{e}{c}\underline{\dot{A}}_k(\boldsymbol{x}) \right\rangle, \qquad \langle m\underline{\ddot{x}}_k\rangle = \langle \underline{K}_k\rangle, \tag{13.23}$$

这里已用到定义

$$\underline{\dot{F}} = \frac{\mathrm{i}}{h}[\underline{H}, \underline{F}] + \frac{\partial \underline{F}}{\partial t},$$

而且 (13.23) 式中

$$\underline{K}_k = -\frac{\partial \underline{V}}{\partial \underline{x}_k} + e\underline{E}_k + \frac{e}{2c}\sum_i (\underline{H}_{ki}\underline{\dot{x}}_i + \underline{\dot{x}}_i\underline{H}_{ki}), \tag{13.24}$$

其中

$$\underline{H}_{ki} = \frac{\partial \underline{A}_i}{\partial \underline{x}_k} - \frac{\partial \underline{A}_k}{\partial \underline{x}_i} \tag{13.25}$$

为磁场 (写成反对称张量), 而

$$\underline{E}_k = -\frac{1}{c}\frac{\partial A_k}{\partial t} \tag{13.26}$$

为感生电场[①]. 方程 (12.22) 不难从 (13.23) 和 (13.24) 两式导出.

若存在磁场, 我们也有连续性方程 (参见 (7.11) 式):

$$\frac{\partial}{\partial t}(\psi^*\psi) + \mathrm{div}\,\boldsymbol{i} = 0, \tag{13.27}$$

式中概率流密度 $\boldsymbol{i}$ 由下式给出

$$i_k = \frac{1}{2m}\left\{ \psi^*\left(\underline{p}_k - \frac{e}{c}\underline{A}_k \right)\psi - \psi\left(\underline{p}_k + \frac{e}{c}\underline{A}_k \right)\psi^* \right\} \tag{13.28}$$

---

① 原书 (13.26) 式为 $\underline{E}_k = -\frac{1}{c}\frac{\partial \underline{A}_k}{\partial t} - \frac{\partial \underline{V}}{\partial \underline{x}_k}$, 我们认为有误. 已改正. 参见 W. Pauli: *Die Allgemeinen Prinzipien der Wellenmechanik* (*Handbuch der Physik*, Band V, Teil I, S. 27, Springer Berlin, 1958).——中译者注

或

$$i_k = \frac{h}{2mi}\left(\psi^*\frac{\partial \psi}{\partial x_k} - \psi\frac{\partial \psi^*}{\partial x_k}\right) - \frac{e}{mc}A_k\psi^*\psi. \tag{13.29}$$

规范不变性

如我们从电动力学[①] 中所已知, 可给矢势 A 加上一函数的梯度而并不改变磁场:

$$A_k \to A_k + \frac{\partial f(\boldsymbol{x}, t)}{\partial x_k}. \tag{13.30}$$

然而, 由于 (13.24) 式[②], 也必须给势 (能) V 加上一附加项:

$$V \to V - \frac{e}{c}\frac{\partial f}{\partial t}; \tag{13.31}$$

这意味着, 哈密顿算符的形式改变了. 然而, 根据波动方程 (12.2) 可知, ψ 仅有的改变是它乘以如下的相因子:

$$\psi \to \psi \cdot \exp\left[\frac{i}{h} \cdot \frac{e}{c} \cdot f\right]. \tag{13.32}$$

由 (13.30), (13.31) 和 (13.32) 三式所定义的变换群称为规范群. 相应地, 在这些变换中保持不变的那些量称为规范不变量. 概率密度 $\psi^*\psi$ 和概率流密度 i 都是这类量的例子.

作为其他例子, 我们考察位力定理[③]. 量子理论的表达式

$$\left\langle \frac{m}{2}\frac{\mathrm{d}^2}{\mathrm{d}t^2}(x_i x_k)\right\rangle = \left\langle \frac{1}{2}(K_i x_k + x_i K_k) + \frac{m}{2}(\dot{x}_i\dot{x}_k + \dot{x}_i\dot{x}_k)\right\rangle \tag{13.33}$$

是根据下列两关系式

$$\frac{\mathrm{d}}{\mathrm{d}t}(x_i x_k) = \dot{x}_i x_k + x_i \dot{x}_k \tag{13.34}$$

和

$$\frac{\mathrm{d}^2}{\mathrm{d}t^2}(x_i x_k) = \ddot{x}_i x_k + x_i\ddot{x}_k + \dot{x}_i\dot{x}_k + \dot{x}_i\dot{x}_k \tag{13.35}$$

导出来的; 对于 $i = k$, 该表达式简化为

$$\left\langle \frac{m}{2}\frac{\mathrm{d}^2}{\mathrm{d}t^2}(x_k^2)\right\rangle = \langle K_k x_k + m\dot{x}_k^2\rangle. \tag{13.36}$$

[①] 参见 W. Pauli, *Lectures in Physics: Electrodynamics* (M. I. T. Press, Cambridge, Mass. 1972). [中译本: 泡利物理学讲义 (2014 年版), 第一卷, 电动力学, 洪铭熙等译, 高等教育出版社.——中译者注]

[②] 这里中译者对原文有改动, 参见本页注 ①.——中译者注

[③] 参见 W. Pauli, *Lectures in Physics: Thermodynamics and Statistical Mechanics* (M. I. T. Press, Cambridge, Mass., 1972). [或参见中译本: 泡利物理学讲义 (2014 年版), 第三卷, 热力学和气体分子运动论, 苑之方译, 高等教育出版社.——中译者注]

公式 (13.33) 和 (13.36) 对经典力学也成立; 只不过量子力学要求 K_k ((13.24) 式) 的对称化形式.

从

$$\delta x_i = x_i - \langle x_i \rangle, \tag{13.37}$$

如所周知, 得到

$$\langle (\delta x_i)^2 \rangle = \langle x_i^2 \rangle - (\langle x_i \rangle)^2 \tag{13.38}$$

和

$$\langle \delta x_i \delta x_k \rangle = \langle x_i x_k \rangle - \langle x_i \rangle \langle x_k \rangle. \tag{13.39}$$

利用这些关系, 我们能导出更普遍的表达式

$$\left\langle \frac{m}{2} \frac{\mathrm{d}^2}{\mathrm{d}t^2} (\delta x_i \delta x_k) \right\rangle = \left\langle \frac{1}{2} (K_i \delta x_k + \delta x_i K_k) + \frac{m}{2} (\delta \dot{x}_i \delta \dot{x}_k + \delta \dot{x}_i \delta \dot{x}_k) \right\rangle \tag{13.40}$$

和

$$\left\langle \frac{m}{2} \frac{\mathrm{d}^2}{\mathrm{d}t^2} (\delta x_k)^2 \right\rangle = \langle K_k \delta x_k + m(\delta \dot{x}_k)^2 \rangle. \tag{13.41}$$

在不受力的情况中 $(A_k = V = 0, m\dot{x}_k = p_k)$, 我们又得到类似于 (3.20) 式的公式:

$$\left\langle \frac{m^2}{2} \frac{\mathrm{d}^2}{\mathrm{d}t^2} (\delta x_k)^2 \right\rangle = \langle (\delta p_k)^2 \rangle. \tag{13.42}$$

第四章

多粒子问题

§14. 多粒子问题

当存在两个以上粒子时, 问题的新特色是粒子间的相互作用. 根据相对论, 我们应考虑这些力作用的有限传播速率 c. 于是, 在相对论性量子理论中也将考虑到传播的有限速率. 在我们的非相对论近似中, 为了简单起见, 我们令 $c = \infty$; 即, 力的作用瞬时地传播到所有的粒子. 因此, 我们能够用单一的时间坐标 t, 这意味着, 不把时间和 $3N$ 个空间坐标同等看待. 我们将假定粒子数 N 为一常数; 因此, 将不考虑辐射离解过程[①].

此后, 我们用 $q_1, \cdots, q_f (f = 3N)$ 来表示空间坐标:

$$\{x_1^{(1)}, x_2^{(1)}, x_3^{(1)}, x_1^{(2)}, x_2^{(2)}, \cdots, x_3^{(N)}\} = \{q_1, q_2, q_3, q_4, q_5, \cdots, q_f\}.$$

同样地, 我们用

$$\{p_1, \cdots, p_f\}$$

来表示动量坐标, 并定义

$$\mathrm{d}^f q = \mathrm{d}q_1 \cdot \mathrm{d}q_2 \cdot \cdots \cdot \mathrm{d}q_f; \quad \mathrm{d}^f p = \mathrm{d}p_1 \cdot \mathrm{d}p_2 \cdot \cdots \cdot \mathrm{d}p_f.$$

此外, 我们引入两个广义波函数 $\psi(q_1, \cdots, q_f, t)$ 和 $\varphi(p_1, \cdots, p_f, t)$, 它们是这样定义的, 使得

$$W(q_1, \cdots, q_f, t)\mathrm{d}^f q = \psi^* \psi \mathrm{d}^f q, \tag{14.1}$$

$$W(p_1, \cdots, p_f, t)\mathrm{d}^f p = \varphi^* \varphi \mathrm{d}^f p. \tag{14.2}$$

[①] 参见 W. Pauli, *Lectures in Physics: Selected Topics in Field Quantization* (M. I. T. Press, Cambridge, Mass., 1972). (中译本见本书第六卷)

这些是发现第 n 个粒子的坐标和动量分别在 q_i 与 $q_i + \mathrm{d}q_i$ 和 p_i 与 $p_i + \mathrm{d}p_i$ 之间的概率 $(i = 3n-2, 3n-1, 3n; n = 1, \cdots, N)$.

与 (4.3) 和 (4.4) 式相似, 我们有下列诸关系:

$$
\begin{aligned}
\psi(q_1, \cdots, q_f, t) &= \frac{1}{(2\pi h)^{f/2}} \int \varphi(p_1, \cdots, p_f, t) \times \\
&\quad \exp\left[+\frac{\mathrm{i}}{h}(p_1 q_1 + p_2 q_2 + \cdots + p_f q_f) \right] \mathrm{d}^f p,
\end{aligned}
\tag{14.3}
$$

$$
\begin{aligned}
\varphi(p_1, \cdots, p_f, t) &= \frac{1}{(2\pi h)^{f/2}} \int \psi(q_1, \cdots, q_f, t) \times \\
&\quad \exp\left[-\frac{\mathrm{i}}{h}(p_1 q_1 + p_2 q_2 + \cdots + p_f q_f) \right] \mathrm{d}^f q.
\end{aligned}
\tag{14.4}
$$

波函数 ψ 应满足波动方程

$$
-\frac{h}{\mathrm{i}}\frac{\partial \psi}{\partial t} = \underline{H}\psi,
\tag{14.5}
$$

式中 H 还是一个线性、厄米算符:

$$
\int \psi_1^* \underline{H}\psi_2 \mathrm{d}^f q = \int \psi_2(\underline{H}\psi_1)^* \mathrm{d}^f q.
\tag{14.6}
$$

推广到 $3N$ 个坐标, 在此情况下, 下列各关系式也成立:

$$
\Delta p_k \cdot \Delta q_k \geqslant \frac{h}{2},
\tag{14.7}
$$

$$
p_k \psi \to \frac{h}{\mathrm{i}} \cdot \frac{\partial}{\partial q_k}\psi, \text{ 和 } q_k \varphi \to -\frac{h}{\mathrm{i}} \cdot \frac{\partial}{\partial p_k}\varphi.
\tag{14.8}
$$

现在我们考察粒子间不存在相互作用的特殊情况, 这意味着, 哈密顿算符简化为各独立项之和:

$$
\underline{H} = \underline{H}^{(1)} + \underline{H}^{(2)} + \cdots + \underline{H}^{(N)}.
\tag{14.9}
$$

式中 $\underline{H}^{(i)}$ 只应作用于第 i 个粒子. 若

$$
\psi^{(1)}(q_1, q_2, q_3), \cdots, \psi^{(N)}(q_{N-2}, q_{N-1}, q_N)
\tag{14.10}
$$

是各孤立系的波动方程

$$
-\frac{h}{\mathrm{i}}\frac{\partial \psi^{(\alpha)}}{\partial t} = \underline{H}^{(\alpha)}\psi^{(\alpha)} \quad (\alpha = 1, 2, \cdots, N)
\tag{14.11}
$$

的解, 则

$$
\psi = \psi^{(1)}\psi^{(2)} \cdots \psi^{(N)}
\tag{14.12}
$$

是方程

$$-\frac{h}{i}\frac{\partial \psi}{\partial t} = \underline{H}\psi = [\underline{H}^{(1)} + \underline{H}^{(2)} + \cdots + \underline{H}^{(N)}]\psi \qquad (14.13)$$

的一个特解. 通解为乘积 (14.12) 的线性组合.

因此, 哈密顿算符按 (14.9) 式分解为各独立项, 对应于波函数简化为各独立因子的乘积 (14.12), 这与下述事实是一致的, 即, 当各粒子统计地来说是独立的, 则概率简化为一个乘积:

$$\left.\begin{aligned} W(q_1,\cdots,q_f,t) &= W_1(\boldsymbol{x}_1^{(1)},t)\cdots W_N(\boldsymbol{x}^{(N)},t) \\ W(p_1,\cdots,p_f,t) &= W_1(\boldsymbol{p}^{(1)},t)\cdots W_N(\boldsymbol{p}^{(N)},t) \end{aligned}\right\}. \qquad (14.14)$$

所以, 我们知道, 在外力场中无耦合的粒子的哈密顿算符为 (参见 (11.3) 和 (13.20) 式):

$$\underline{H}_0 = \sum_{\alpha=1}^{N} \underline{H}^{(\alpha)}; \qquad (14.15)$$

$$\underline{H}^{(\alpha)} = -\frac{h^2}{2m^{(\alpha)}} \sum_{k=1}^{3} \left(\frac{\partial}{\partial x_k^{(\alpha)}} - \frac{i}{h}\frac{e^{(\alpha)}}{c}A_k^{(\alpha)}(\boldsymbol{x}^{(\alpha)})\right)^2 + V^{(\alpha)}(\boldsymbol{x}^{(\alpha)}). \quad (14.16)$$

若粒子间的力能由势 $V(q)$ 导出, 例如, 在库仑相互作用的情况,

$$V(q_1,\cdots,q_f) = \sum_{a<b} \frac{e_a e_b}{r_{ab}}, \qquad (14.17)$$

式中 $r_{ab} = |\boldsymbol{x}^{(a)} - \boldsymbol{x}^{(b)}|$, 则写成下式是适当的:

$$\underline{H} = \underline{H}_0 + \underline{V}(q_1,\cdots,q_f). \qquad (14.18)$$

在多粒子情况中, 对易关系 (13.8) 以及公式 (13.13) 和 (13.14) 也都成立; 唯一需要更改的是, 指标 i 和 k 遍历从 1 至 f 的全部值.

第五章

本征值问题. 数学物理函数

在 §7 中我们已经求解过特殊本征值问题, 即势箱中的粒子问题. 现在我们有了必要的工具用来探讨在更复杂的力场中粒子的更普遍的本征值问题了.

因为我们寻求本征值问题的稳定解 (驻波), 我们用

$$\psi(\boldsymbol{x}, t) = u(\boldsymbol{x}) \exp\left[-\frac{\mathrm{i}}{h} E t\right]$$

作为试解, 在这种情况下, 波动方程 (11.7) 或 (11.8) 过渡到定态薛定谔方程[①]

$$\underline{H} u = E u. \tag{I}$$

现在我们在某些简单情况下求解这个方程.

§15. 线性谐振子. 厄米多项式

对于线性谐振子, 有熟知的关系

$$\underline{H} = \frac{p^2}{2m} + \frac{m}{2} \omega_0^2 q^2 = E, \tag{15.1}$$

$$\left.\begin{aligned}
\dot{p} &= -\frac{\partial H}{\partial q} = -m\omega_0^2 q \\
\dot{q} &= \frac{\partial H}{\partial p} = \frac{p}{m}
\end{aligned}\right\} \rightarrow \ddot{q} + \omega_0^2 q = 0. \tag{15.2}$$

[①] 从历史观点来说, 应该指出, 得到定态薛定谔方程早于含时薛定谔方程式: E. 薛定谔, *Ann. Physik.* **79**, 361 (1926).

从对应于 (I) 式的 (15.1) 式, 我们得到一维谐振子的定态薛定谔方程:

$$-\frac{h^2}{2m} \cdot \frac{\mathrm{d}^2 u}{\mathrm{d}q^2} + \frac{m}{2}\omega_0^2 q^2 u = Eu. \tag{15.3}$$

实施坐标变换

$$x = \sqrt{\frac{m\omega_0}{h}} \cdot q, \quad p_x = \sqrt{\frac{1}{m\omega_0 h}} \cdot p \sim \frac{1}{\mathrm{i}} \cdot \frac{\partial}{\partial x}, \tag{15.4}$$

并令

$$\lambda \equiv \frac{2E}{h\omega_0}, \tag{15.5}$$

则 (15.1) 和 (15.3) 式简化为

$$H = \frac{1}{2}(p_x^2 + x^2)h\omega_0, \tag{15.6}$$

$$-\frac{\mathrm{d}^2 u}{\mathrm{d}x^2} + x^2 u = \lambda u, \tag{15.7}$$

而且对易关系 (13.8) 就变成

$$\underline{p}_x \underline{x} - \underline{x}\underline{p}_x = \frac{1}{\mathrm{i}}. \tag{15.8}$$

作进一步代换

$$u = y \exp\left[-\frac{x^2}{2}\right], \tag{15.9}$$

则 (15.7) 式变成微分方程

$$y'' - 2xy' + (\lambda - 1)y = 0, \tag{15.10}$$

用厄米多项式求解它. n 次厄米多项式由

$$H_n(x) = (-1)^n \cdot \exp[x^2] \cdot \frac{\mathrm{d}^n}{\mathrm{d}x^n} \exp[-x^2] \tag{15.11}$$

给出定义

$$\chi = \frac{\mathrm{d}^n}{\mathrm{d}x^n} \exp[-x^2], \tag{15.12}$$

于是, 用多项式微分法则我们得到

$$\frac{\mathrm{d}\chi}{\mathrm{d}x} = \frac{\mathrm{d}^n}{\mathrm{d}x^n}(-2x \exp[-x^2])$$

$$= -2x\frac{\mathrm{d}^n}{\mathrm{d}x^n}\exp[-x^2] - 2n\frac{\mathrm{d}^{n-1}}{\mathrm{d}x^{n-1}}\exp[-x^2], \tag{15.13}$$

$$\frac{\mathrm{d}^2\chi}{\mathrm{d}x^2} = -2x\frac{\mathrm{d}\chi}{\mathrm{d}x} - 2(n+1)\chi, \tag{15.14}$$

$$\chi'' + 2x\chi' + 2(n+1)\chi = 0. \tag{15.15}$$

由

$$y = \exp[x^2]\chi, \quad \chi = \exp[-x^2]y,$$
$$\chi' = \exp[-x^2](y' - 2xy),$$
$$\chi'' = \exp[-x^2]\{y'' - 4xy' + (4x^2 - 2)y\} \tag{15.16}$$

得到

$$y'' - 2xy' + 2ny = 0, \tag{15.17}$$

如果选取

$$\lambda = 2n + 1, \tag{15.18}$$

那么这方程式和 (15.10) 式等同. 用这个结果, 可以把 (15.7) 式的解写成

$$h_n(x) = c_n \exp\left[-\frac{x^2}{2}\right] H_n(x), \tag{15.19}$$

式中 c_n 是常数, 而本征值为 (参看 (15.5) 式)

$$E_n = h\omega_0 \left(n + \frac{1}{2}\right). \tag{15.20}$$

甚至在 $n = 0$ 的情况下, 也存在不等于零的能量 $E_0 = h\omega_0/2$ (零点能!). 现在, 我们证明本征函数 $h_n(x)$ 是正交的; 即它们满足 (7.12) 式. 按照 (15.7) 和 (15.8) 式, 得

$$h_n'' + (2n + 1 - x^2)h_n = 0,$$
$$h_m'' + (2m + 1 - x^2)h_m = 0.$$

用 h_m 乘第一式, $-h_m$ 乘第二式后相加并积分, 再用关系式

$$h_m h_n'' - h_n h_m'' = (h_m h_n' - h_n h_m')',$$

我们得到, 对 $n \neq m$ 有

$$2(n - m) \int h_n h_m \mathrm{d}x = (h_m h_n' - h_n h_m') \Big|_{-\infty}^{+\infty} = 0, \tag{15.21}$$

这就证明了正交性关系的有效性.

在把解归一化之前, 必须推导出稍多一些厄米多项式的性质. 厄米多项式 (15.11) 交替地是偶次和奇次的:

$$\left.\begin{array}{l} H_0(x) = 1, \qquad H_1(x) = 2x \\ H_2(x) = 4x^2 - 2, H_3(x) = 8x^3 - 12x \\ H_4(x) = 16x^4 - 48x^2 + 12, \cdots\cdots \end{array}\right\} \tag{15.22}$$

它们的母函数是

$$f(x,t) = \sum_{n=0}^{\infty} \frac{H_n(x)}{n!} t^n$$

$$= \exp[x^2] \sum_{n=0}^{\infty} \frac{(-t)^n}{n!} \frac{\mathrm{d}^n}{\mathrm{d}x^n} \exp[-x^2]$$

$$= \exp[x^2]\exp[-(x-t)^2] = \exp[-t^2 + 2tx]. \tag{15.23}$$

由此, 立即得到

$$\frac{\partial f}{\partial x} = 2tf. \tag{15.24}$$

并由比较各系数, 得

$$H_n'(x) = 2nH_{n-1}(x). \tag{15.25}$$

由

$$\frac{\partial f}{\partial t} + 2(t-x)f = 0, \tag{15.26}$$

类似地我们得到

$$xH_n(x) = \frac{1}{2} \cdot H_{n+1}(x) + n \cdot H_{n-1}(x). \tag{15.27}$$

当然, 这些关系 ((15.25) 和 (15.27) 式) 也能从定义 (15.11) 直接推导出来. 由 (15.25) 得到第 n 阶导数

$$\frac{\mathrm{d}^n}{\mathrm{d}x^n} H_n(x) = 2n \cdot 2(n-1) \cdot \cdots \cdot 2 \cdot 1 \cdot H_0(x) = 2^n n!. \tag{15.28}$$

通过归一化

$$\int h_n^2(x)\mathrm{d}x = c_n^2 \int \exp[-x^2] H_n^2(x)\mathrm{d}x = 1, \tag{15.29}$$

现在我们可以确定 (15.19) 式中的常数 c_n. 用 (15.11) 和 (15.28) 式我们得到

$$c_n^{-2} = (-1)^n \int H_n(x) \frac{\mathrm{d}^n}{\mathrm{d}x^n} \exp[-x^2]\mathrm{d}x$$

$$= \int \frac{\mathrm{d}^n H_n(x)}{\mathrm{d}x^n} \exp[-x^2]\mathrm{d}x = 2^n n! \sqrt{\pi}. \tag{15.30}$$

通过分部积分 n 次把微分算符往左移, 最后, 用到由 (15.29) 和 (15.30) 式算出的 c_n, 解 (15.19) 为

$$h_n(x) = \frac{1}{\sqrt{\sqrt{\pi} \cdot 2^n n!}} \cdot \exp\left[-\frac{x^2}{2}\right] H_n(x); \tag{15.31}$$

这个解的相因子仍然是能任意选取的. 由 (15.27) 和 (15.31) 式, 我们立即得到

$$xh_n(x) = h_{n+1}(x)\sqrt{\frac{n+1}{2}} + h_{n-1}(x)\sqrt{\frac{n}{2}}; \tag{15.32}$$

并由 (15.25), (15.31) 和 (15.32) 式, 我们得到

$$h'_n(x) = \sqrt{2n}h_{n-1}(x) - xh_n(x)$$
$$= -h_{n+1}(x)\sqrt{\frac{n+1}{2}} + h_{n-1}(x)\sqrt{\frac{n}{2}}. \tag{15.33}$$

厄米多项式的完备性

现在我们要证明函数系 $h_n(x)$ 是完备的; 就是说, 我们要证明方程式 (15.10)

$$y'' - 2xy' + (\lambda - 1)y = 0, \tag{15.34}$$

除 $h_n(x)$ 外没有正则解 (即除 $\lambda = 2n + 1$ 并且 n 为整数外, 没有正则解). 为此, 我们寻求 (15.34) 的普遍解, 并且证明仅当 $\lambda = 2n + 1$ 时, 解才是正则的. 我们取幂级数

$$y = \sum_p a_p x^p \tag{15.35}$$

作为试解. 因为在 $x = 0$ 处是正则点, 所以在 (15.35) 式中不存在负指数.

这里, 我们需要表述一个对波动方程 $\underline{H\psi = E\psi}$ 有用的普遍定理: 当相互作用势是偶函数 $(V(x) = V(-x))$ 时, 如果像正常情况那样, H 是 p 和 x 的偶函数, 那么波动方程的每一个解都是一个偶解和一个奇解之和 (借助于波动方程是容易看出的).

特别是哈密顿函数 (15.6) 是偶的, 并因为 $u = e^{-x^2/2}y$, 这定理也适用于 (15.34) 式的解, 即 (15.35) 能写成具有

$$p = 0, 2, 4, \cdots \tag{15.36}$$

和

$$p = 1, 3, 5, \cdots \tag{15.37}$$

的两个幂级数之和. 把 (15.35) 式代入 (15.34) 式, 并比较 x^{p-2} 的系数, 我们得到二项递推公式

$$a_p \cdot p(p-1) + a_{p-2}\{-2(p-2) + \lambda - 1\} = 0. \tag{15.38}$$

令 p_0 是最小的指数; 那么, 按 (15.38) 式, 有

$$p_0(p_0 - 1) = 0: \quad \underbrace{p_0 = 0}_{\text{偶解}} \text{ 或 } \underbrace{p_0 = 1}_{\text{奇解}}$$

这就证明 (15.36) 和 (15.37) 式的初始值是正确的. 现在我们要研究幂级数 (15.35) 何时终止. $p_{\max}$ 值必定是幂级数中的最大的指数:

$$a_p = 0, \quad p > p_{\max} = n; \quad a_n \neq 0. \tag{15.39}$$

那么, 在 (15.38) 式中用 $p = n + 2$, 得

$$0 = -2n + \lambda - 1. \tag{15.40}$$

即幂级数仅当

$$\lambda = 2n + 1 \tag{15.41}$$

时才终止; 对于一个给定的 λ 奇数值, 是偶解收尾还是奇解收尾则取决于 n 是偶数还是奇数. 这样, 的确存在一个多项式; 对于任何其他的 λ, 两个解都不是有尽的. 我们现在要阐明无穷级数的收敛性质. 由 (15.38) 式,

$$a_p = a_{p-2} \cdot \frac{2p - 3 - \lambda}{p(p-1)}, \tag{15.42}$$

对偶数 p 得

$$a_p = a_0 \frac{(1-\lambda)(5-\lambda)(9-\lambda)\cdots\cdots(2p-3-\lambda)}{p!}, \tag{15.43}$$

并且对奇数 p 得

$$a_p = a_1 \frac{(3-\lambda)(7-\lambda)\cdots\cdots(2p-3-\lambda)}{p!}. \tag{15.44}$$

对足够大的 p_M, 必定有

$$p_M \geqslant \frac{\lambda + 3}{2}; \tag{15.45}$$

于是, 对 $p \geqslant p_M$, 系数 (15.43) 和 (15.44) 不再变号, 并且可以选取 $a_p \geqslant 0$. 此外, 由 (15.42) 式得

$$\lim_{p \to \infty} p \cdot \frac{a_p}{a_{p-2}} = 2. \tag{15.46}$$

为简单计, 我们引进

$$p = 2q \text{ 或 } p = 2q + 1 \quad (q = 0, 1, \cdots); \tag{15.47}$$

于是级数 (15.35) 变为

$$y = \sum_q a_{2q} x^{2q} \text{ 或 } y = x \sum_q a_{2q+1} x^{2q}. \tag{15.48}$$

我们不再关心 x 因子以及公式右边的 a_{2q+1} 和 a_q 之间的差别. 从 (15.46) 式,

$$\lim_{q \to \infty} q \cdot \frac{a_{2q}}{q_{2q-2}} = 1,$$

对于给定的 $\delta < 1$ 和足够大的 q, 我们有

$$q \cdot \frac{a_{2q}}{a_{2q-2}} \geqslant \delta \text{ 或 } a_{2q} \geqslant \frac{a_{2q-2} \cdot \delta}{q} \tag{15.49}$$

重复应用这些表达式, 我们得到

$$a_{2q} \geqslant \frac{c \cdot \delta^q}{q!}; \tag{15.50}$$

把这个关系用于 (15.48), 我们能写出

$$y = \sum_q a_{2q} x^{2q} \geqslant c \cdot \sum_q \frac{(\delta \cdot x^2)^q}{q!} = c \cdot \exp[+\delta x^2] \tag{15.51}$$

和

$$u = \exp\left[-\frac{x^2}{2}\right] y \geqslant c \cdot \exp\left[\left(\delta - \frac{1}{2}\right) x^2\right]. \tag{15.52}$$

因为 δ 可以选得任意地接近 1, 这样肯定大于 $1/2$, u 的归一化积分就不存在了; 即无穷幂级数不给出 (15.7) 式的可正交归一化的解. $h_n(x)$ 是 (15.7) 式的唯一正则解, 这就完成了完备性的证明.

§16.　用线性谐振子来阐明矩阵演算

如果有一完备、正交归一的函数集 $\{u_n\}$,

$$\int u_k^* u_l \mathrm{d}x = \delta_{kl}, \tag{16.1}$$

那么, 我们定义算符 $\underline{F}$ 关于 u_n 的矩阵元为

$$(k|\underline{F}|n) = \int u_k^* \underline{F} u_n \mathrm{d}x. \tag{16.2}$$

量 $(k|\underline{F}|n)$ 是 $\underline{F}$ 的第 k 行, 第 n 列的矩阵元; 也标示为 $F_{k,n}$. 这样, 我们已把算符 $\underline{F}$ 和也用 $\underline{F}$ 表示的矩阵联系起来. 下面将通过矩阵和算符的等效性来证明这种记法是正当的.

用 (16.2) 式可将算符的厄米性条件 (12.5) 式写成

$$(k|\underline{F}|n) = (n|\underline{F}|k)^*. \tag{16.3}$$

类推, 我们称满足这条件的矩阵是厄米的.

由于 (16.1) 和 (16.2) 式, 我们可以作下列展开:

$$\underline{F} u_n(x) = \sum_k u_k(x)(k|\underline{F}|n). \tag{16.4}$$

例如, 对算符 $\underline{x}$, 我们有

$$\underline{x}u_n(x) = \sum_k u_k(x)(k|\underline{x}|n), \quad (k|\underline{x}|n) = (n|\underline{x}|k)^*; \tag{16.5}$$

并且对算符 $\underline{p}_x$, 我们有

$$-\mathrm{i}\frac{\mathrm{d}u_n}{\mathrm{d}x} = \sum_k u_k(x)(k|\underline{p}_x|n), \quad (k|\underline{p}_x|n) = (n|\underline{p}_x|k)^*. \tag{16.6}$$

算符的乘法对应于它所关联的矩阵的乘法;

$$\begin{aligned}
\underline{p}_x\{\underline{x}u_n(x)\} &= \sum_k -\mathrm{i}\frac{\mathrm{d}u_k}{\mathrm{d}x}(k|\underline{x}|n) \\
&= \sum_l u_l(x)\sum_k (l|\underline{p}_x|k)(k|\underline{x}|n) \\
&= \sum_l u_l(x)(l|\underline{p}_x\underline{x}|n)
\end{aligned} \tag{16.7}$$

是一个例子. 这和矩阵乘积通常的定义完全一致:

$$(l|\underline{A}\,\underline{B}|n) \equiv \sum_k (l|\underline{A}|k)(k|\underline{B}|n). \tag{16.8}$$

当然, 关系

$$\underline{x}(\underline{p}_x u_n(x)) = \sum_l u_l(x)(l|\underline{x}\underline{p}_x|n) \tag{16.9}$$

仍然成立, 这意味着对易关系 (15.8) 式在矩阵表象中取

$$\underline{p}_x\underline{x} - \underline{x}\underline{p}_x = (-\mathrm{i})I \tag{16.10}$$

的形式 (I 是单位矩阵, $(k|I|l) = \delta_{kl}$).

把 (15.32) 式和展开式 (16.5) 比较, 我们看到, 如果按本征函数 $h_n(x)$ 展开, $\underline{x}$ 算符只有两个矩阵元不为零:

$$(n+1|\underline{x}|n) = \sqrt{\frac{n+1}{2}}, \tag{16.11}$$

$$(n-1|\underline{x}|n) = \sqrt{\frac{n}{2}}. \tag{16.12}$$

由于 $\underline{x}$ 的厄米性, 由 (16.11) 式得出 (16.12) 式, 由 (16.12) 式也能得出 (16.11) 式:

$$(n|\underline{x}|n+1) = (n+1|\underline{x}|n)^* = \sqrt{\frac{n+1}{2}}. \tag{16.13}$$

用代换 $n \to n-1$, 由此得出关系式 (16.12). 由 (15.33) 式我们得到 $\underline{p}_x$ 的矩阵元:

$$\underline{p}_x h_n(x) = (-\mathrm{i})\frac{\mathrm{d}h_n(x)}{\mathrm{d}x} = \mathrm{i}\sqrt{\frac{n+1}{2}}h_{n+1}(x)$$

$$-\mathrm{i}\sqrt{\frac{n}{2}}h_{n-1}(x) = \sum_k h_k(x)(k|\underline{p}_k|n); \tag{16.14}$$

于是

$$(n+1|\underline{p}_x|n) = \mathrm{i}\sqrt{\frac{n+1}{2}}, \tag{16.15}$$

$$(n-1|\underline{p}_x|n) = -\mathrm{i}\sqrt{\frac{n}{2}}. \tag{16.16}$$

全部写出, 矩阵为

$$\underline{x} = \frac{1}{\sqrt{2}}\left\|\begin{array}{cccc} 0 & \sqrt{1} & 0 & 0 \\ \sqrt{1} & 0 & \sqrt{2} & 0 \\ 0 & \sqrt{2} & 0 & \sqrt{3} \\ 0 & 0 & \sqrt{3} & 0 \\ \cdots\cdots\cdots\cdots\cdots\cdots\cdots \end{array}\right\|$$

$$\left.\underline{p}_x = \frac{1}{\mathrm{i}\sqrt{2}}\left\|\begin{array}{cccc} 0 & \sqrt{1} & 0 & 0 \\ -\sqrt{1} & 0 & \sqrt{2} & 0 \\ 0 & -\sqrt{2} & 0 & \sqrt{3} \\ 0 & 0 & -\sqrt{3} & 0 \\ \cdots\cdots\cdots\cdots\cdots\cdots\cdots \end{array}\right\|\right\}. \tag{16.17}$$

注意指标是从零开始的. 用

$$\underline{x}^2 = \frac{1}{2}\left\|\begin{array}{ccccc} 1 & 0 & \sqrt{2} & 0 & 0 \\ 0 & 3 & 0 & \sqrt{6} & 0 \\ \sqrt{2} & 0 & 5 & 0 & \sqrt{12} \\ 0 & \sqrt{6} & 0 & 7 & 0 \\ 0 & 0 & \sqrt{12} & 0 & 9 \\ \cdots\cdots\cdots\cdots\cdots\cdots\cdots\cdots\cdots \end{array}\right\|$$

$$\left.\underline{p}_x^2 = \frac{1}{2}\left\|\begin{array}{ccccc} 1 & 0 & -\sqrt{2} & 0 & 0 \\ 0 & 3 & 0 & -\sqrt{6} & 0 \\ -\sqrt{2} & 0 & 5 & 0 & -\sqrt{12} \\ 0 & -\sqrt{6} & 0 & 7 & 0 \\ 0 & 0 & -\sqrt{12} & 0 & 9 \\ \cdots\cdots\cdots\cdots\cdots\cdots\cdots\cdots\cdots \end{array}\right\|\right\}, \tag{16.18}$$

我们得到哈密顿矩阵 (本节的剩余部分, 令 $h\omega_0 = 1$)[①]

$$H = \frac{1}{2}(\underline{x}^2 + \underline{p}_x^2) = \left\|\begin{matrix} \frac{1}{2} & 0 & 0 & 0 & \vdots \\ 0 & \frac{3}{2} & 0 & 0 & \vdots \\ 0 & 0 & \frac{5}{2} & 0 & \vdots \\ 0 & 0 & 0 & \frac{7}{2} & \vdots \\ & \cdots\cdots\cdots\cdots & \end{matrix}\right\|. \tag{16.19}$$

按本征函数展开的结果, 哈密顿矩阵是对角的, 而且对角元素是能量的本征值. 以后我们将看到, 这不仅在上述例子中是正确的, 而且更普遍地成立.

为了某些应用, 引进下列矩阵也是有用的:

$$\underline{A} = \frac{1}{\sqrt{2}}(\underline{x} + \mathrm{i}\underline{p}_x) = \frac{1}{\sqrt{2}}\left(x + \frac{\mathrm{d}}{\mathrm{d}x}\right)$$

$$= \left\|\begin{matrix} 0 & \sqrt{1} & 0 & 0 & \vdots \\ 0 & 0 & \sqrt{2} & 0 & \vdots \\ 0 & 0 & 0 & \sqrt{3} & \vdots \\ & \cdots\cdots\cdots\cdots & & \vdots \end{matrix}\right\|,$$

$$\underline{A}^* = \frac{1}{\sqrt{2}}(\underline{x} - \mathrm{i}\underline{p}_x) = \frac{1}{\sqrt{2}}\left(x - \frac{\mathrm{d}}{\mathrm{d}x}\right)$$

$$= \left\|\begin{matrix} 0 & 0 & 0 & 0 & \vdots \\ \sqrt{1} & 0 & 0 & 0 & \vdots \\ 0 & \sqrt{2} & 0 & 0 & \vdots \\ 0 & 0 & \sqrt{3} & 0 & \vdots \\ & \cdots\cdots\cdots\cdots & \end{matrix}\right\|.$$

那么关系

$$(k|\underline{A}^*|n) = (n|\underline{A}|k)^*$$

成立. 并由对易关系 (16.10) 得到

$$[\underline{A}, \underline{A}^*] \equiv \underline{A}\,\underline{A}^* - \underline{A}^*\underline{A} = I.$$

[①] 我们把英译本中 (16.24) 式前这句话提到这里来, 这样在 H 前就没有 $(h\omega_0)^{-1}$ 因子了, 因而和德文原本一致.——中译者注

a. 薛定谔方程与希尔伯特空间中方程组的等效性

按照 (9.2) 式, 我们可以按完备正交归一化函数集 $u_n(x)$ 展开一个任意平方可积函数 $\psi(x)$:

$$\psi(x) = \sum u_n(x)\psi_n, \quad \psi_n = \int \psi(x)u_n^*(x)\mathrm{d}x. \tag{16.20}$$

这样, 在无限维希尔伯特空间中具有分量 ψ_n 的一个矢量与每个函数 $\psi(x)$ 对应. 在这种情况下, 完备性关系是

$$\int |\psi(x)|^2 \mathrm{d}x = \sum_k |\psi_k|^2, \tag{16.21}$$

由此得出 $\sum_k |\psi_k|^2$ 的存在. 所以, 还是应用矩阵乘法规则计算希尔伯特空间的矢量代替计算波函数为好.

如果我们把展开式 (16.20) 代入薛定谔方程, 乘以 $u_n^*(x)$, 并积分, 于是得到

$$\int \mathrm{d}x u_k^*(x) \sum_n \underline{H}u_n(x) \cdot \psi_n = \int \mathrm{d}x u_k^*(x) \sum_n E_n u_n(x) \cdot \psi_n. \tag{16.22}$$

与 (16.2) 和 (16.4) 式结合起来, 得到

$$\sum_n \{(k|\underline{H}|n) - E_n(k|I|n)\}\psi_n = 0. \tag{16.23}$$

未知量 ψ_n 的无限多个方程式的线性齐次方程组, 是完全等价于薛定谔方程的, 并给出相同的结果.

b. 例: 有附加势的线性谐振子

我们想从下面的考虑来为微扰理论作准备, 如果把附加势 $V(x)$ 加到线性谐振子的哈密顿函数 H_0 上,

$$\underline{H} = \frac{1}{2}(\underline{x}^2 + \underline{p}_x^2) + \underline{V}(x) = \underline{H}_0 + \underline{V}(x), \tag{16.24}$$

于是对应的薛定谔方程,

$$\underline{H}\psi = E\psi,$$

或其矩阵形式

$$(\underline{H} - E \cdot I)\psi = 0,$$

通常不再是可精确地求解的了. 如果附加势是微小的 ("微扰"), 那么, 能求得一个在矩阵表象中特别容易计算的近似解.

因为 $h_n(x)$ 是完备的和正交归一化的, 我们能作下列展开:

$$\psi(x) = \sum_n h_n(x)\psi_n, \quad \psi_n = \int \psi(x)h_n^*(x)\mathrm{d}x, \tag{16.25}$$

$$\left.\begin{array}{l} V(x)h_n(x) = \sum h_k(x)(k|\underline{V}|n) \\[2mm] (k|\underline{V}|n) = \int h_k^*(x)V(x)h_n(x)\mathrm{d}x \end{array}\right\}, \tag{16.26}$$

并且存在关系式

$$\int h_k^*(x)h_n(x)\mathrm{d}x = (k|I|n). \tag{16.27}$$

像我们处理 (16.22) 式那样, 把这展开式代入薛定谔方程, 乘以 $h_k^*(x)$, 并积分:

$$\int \mathrm{d}x h_k^*(x) \sum_n \{(\underline{H}_0 - E)h_n(x) + \underline{V}(x)h_n(x)\}\psi_n = 0.$$

于是我们得到

$$\sum_n \left\{ \left(n + \frac{1}{2} - E\right)(k|I|n) + (k|\underline{V}|n) \right\}\psi_n = 0. \tag{16.28}$$

这又是等效于薛定谔方程的未知量 ψ_n 的无限多个方程式的方程组. 以后当我们考虑微扰论时, 将求解这个方程组.

c. 用矩阵法确定线性谐振子的本征值

刚才我们已由波动方程导出量子力学的矩阵表象, 并已证明, 这两种表象是完全等效的. 然而, 历史上矩阵力学在波动力学[①]之前就发展起来了, 并且最初全然没有注意到这两种理论的同一性.

作为毫不依赖于波动方程的矩阵力学计算的例子, 我们再来论述线性谐振子. 这样, 在线性谐振子的哈密顿矩阵

$$\underline{H} = \frac{1}{2}(\underline{p}_x^2 + \underline{x}^2) \tag{16.29}$$

中, 例如, $\underline{x}^2$ 代表矩阵

$$(n|\underline{x}|^2 n') = \sum_k (n|\underline{x}|k)(k|\underline{x}|n'),$$

[①] W. 海森伯 (*Z. Physik* **33**, 879 (1925)) 引进矩阵元作为经典力学的傅里叶振幅的量子力学类似量. 正如经典力学量由其傅里叶振幅所确定那样, 那么, 对应的量子力学量也应由对应的矩阵元素集给出来. (虽然对应于傅里叶积分的形式, 对于矩阵元是不可能的.) 然而, 海森伯在他的第一篇论文中尚没有用 "矩阵元" 这个术语. 玻恩和约旦 (*Z. Physik* **34**, 858 (1925)) 是首先看出海森伯给出的量子力学的乘法规则和矩阵乘法规律是完全相同的. 用矩阵演算还能更好地建立和发展全部理论 (M. Born, W. Heisenberg and P. Jordan, *Z. Physik* **35**, 557 (1926)).

我们必须用厄米矩阵代替 $\underline{x}$ 和 $\underline{p}_x$ 使得 $\underline{H}$ 成为对角的. 此外, $\underline{x}$ 和 $\underline{p}_x$ 必须服从对易关系 (13.13) 和 (13.14) 式, 当然这些关系能够在矩阵力学的结构中推导出来. 在我们的特殊坐标 (15.4) 式中, 对易关系是

$$\underline{H}\underline{p}_x - \underline{p}_x\underline{H} = i\frac{\partial \underline{H}}{\partial \underline{x}} = +i\underline{x}, \tag{16.30}$$

$$\underline{H}\underline{x} - \underline{x}\underline{H} = -i\frac{\partial \underline{H}}{\partial \underline{p}_x} = -i\underline{p}_x. \tag{16.31}$$

如果我们现在假设, 作为 $\underline{x}$ 和 $\underline{p}_x$ 正确选取的结果, $\underline{H} = \underline{E}$ 已经是对角的, 那么, 这样的对易子就变为

$$(n'|\underline{H}\ \underline{F} - \underline{F}\ \underline{H}|n'') = (E_{n'} - E_{n''})(n'|\underline{F}|n'').$$

(泡利: "…… 算算它!"), 用 (16.30) 和 (16.31) 式, 上式给出

$$(E_{n'} - E_{n''})(n'|\underline{p}_x|n'') = i(n'|\underline{x}|n''),$$

$$(E_{n'} - E_{n''})(n'|\underline{x}|n'') = -i(n'|\underline{p}_x|n'').$$

所以, 要么 $(n'|\underline{p}_x|n'')$ 和 $(n'|x|n'')$ 两者都等于零, 要么都不等于零; 后一种情况中, 由于

$$(E_{n'} - E_{n''})^2(n'|\underline{x}|n'') = (n'|\underline{x}|n''),$$

我们有

$$(E_{n'} - E_{n''})^2 = 1, \quad \text{或} \quad E_{n'} - E_{n''} = \pm 1. \tag{16.32}$$

因为线性谐振子的本征值是非简并的, 在矩阵力学的结构中也不难看出, 由 (16.32) 式得到选择定则[①]

$$n' - n'' = \pm 1; \tag{16.33}$$

同时我们已经固定了本征值编号的顺序:

$$E_n = n + \text{常数}. \tag{16.34}$$

用这编号, 只有矩阵元

$$(n|\underline{x}|n+1), (n|\underline{x}|n-1), (n|\underline{p}_x|n+1), (n|\underline{p}_x|n-1).$$

---

① 只有那些指标服从 "选择定则" 的矩阵元才不等于零. 我们以后将看到, 光发射的强度是正比于与发射跃迁相关联的矩阵元的平方. 这样, 选择定则指出哪些态之间的跃迁是可能的.

不为零; 其他全部都等于零. 由上面的关系, 现在得到

$$(n|\underline{p}_x|n \mp 1) = \pm i(n|\underline{x}|n \mp 1). \tag{16.35}$$

我们尚未完全证明 (16.34) 式的写法是正确的. 我们必须首先证明, 由 E_n 形成的序列是没有空缺的; 就是说, 我们必须证明, 紧接着每个 E_n 的下一个较大的能量是 $E_{n+1} = E_n + 1$. 为此, 我们考虑对易子 (16.10) 的对角元素,

$$i(n|\underline{p}_x\underline{x} - \underline{x}\underline{p}_x|n) = 2\{(n|\underline{x}|n+1)(n+1|\underline{x}|n)$$
$$-(n|\underline{x}|n-1)(n-1|\underline{x}|n)\} = 1; \tag{16.36}$$

在得到这对易子的表达式时我们已用到了 (16.35) 式. 由于 $\underline{x}$ 的厄米性, 由 (16.36) 我们得到

$$|(n|\underline{x}|n+1)|^2 - |(n|\underline{x}|n-1)|^2 = \frac{1}{2}, \tag{16.37}$$

就是说, 有

$$|(n|\underline{x}|n-1)|^2 = \frac{n}{2} + 常数, \tag{16.38}$$

因为这意味着

$$|(n|\underline{x}|n+1)|^2 = |(n+1|\underline{x}|n)|^2 = \frac{n+1}{2} + 常数.$$

于是便导致 (16.37) 式. 用公式 (16.35) 和 $\underline{x}$ 及 $\underline{p}_x$ 的厄米性, 我们也得到

$$(n|\underline{p}_x^2|n) = (n|\underline{x}^2|n) = |(n|\underline{x}|n-1)|^2 + |(n|\underline{x}|n+1)|^2, \tag{16.39}$$

用它, 于是由 (16.29) 式得到

$$E_n = |(n|\underline{x}|n-1)|^2 + |(n|\underline{x}|n+1)|^2 = n + 常数. \tag{16.40}$$

这方程式的左端又是正的. 所以, 必定存在一个最小的 $n = n_0$ 致使 $n < n_0$ 时 $E_n \equiv 0$. 因为直到现在我们仅规定了编号的顺序, 我们可以取 $n_0 = 0$. 于是, 我们有 $E_{-1} = 0$, 这意味着

$$(-1|\underline{x}|0) = 0;$$

和 (16.37) 式一起给出

$$E_0 = \frac{1}{2} \quad 和 \quad E_n = n + \frac{1}{2}. \tag{16.41}$$

E_0 是著名的零点能, 我们现在也已用矩阵方法把它正确地推导出来了 (参看 (15.20)).

§17.　平面中的谐振子. 简并性

平面中的各向同性谐振子有势

$$V(q_1, q_2) = \frac{m}{2}\omega_0^2(q_1^2 + q_2^2), \tag{17.1}$$

它导致薛定谔方程

$$\frac{\mathrm{d}^2 u}{\mathrm{d}x_1^2} + \frac{\mathrm{d}^2 u}{\mathrm{d}x_2^2} + (\lambda - x_1^2 - x_2^2)u = 0, \tag{17.2}$$

其中

$$\lambda = 2E/h\omega_0 \ \text{和} \ \dot{x}_i = \sqrt{m\omega_0/h} \cdot q_i.$$

$$(\text{参看 (15.4) 和 (15.5) 式.})$$

方程式 (17.2) 是 x_1 和 x_2 的两个方程式之和. 所以, 解变为乘积

$$u = h_{n_1}(x_1) \cdot h_{n_2}(x_2), \tag{17.3}$$

以及本征值为

$$\lambda = \lambda_1 + \lambda_2 = 2n_1 + 1 + 2n_2 + 1$$
$$= 2(n_1 + n_2 + 1) = 2(n + 1). \tag{17.4}$$

(如果解是这种形式的乘积, 我们说方程式是可分离的) 这里, 有几个不同的态对应于同一个本征值的情况, 称为简并. 如果 n 个态属于同一个本征值, 称为 n 重简并. 在我们的情况中, 简并度是 $(n+1)$ 重的:

$$\begin{array}{ccccccc} n_1: & 0, & 1, & 2, & \cdots, & n, \\ n_2: & n, & n-1, & n-2, & \cdots, & 0, \\ n = n_1 + n_2^{①}: & n, & n, & n, & \cdots, & n. \end{array}$$

如果对势加以适当的更换, 例如, 变成各向异性谐振子:

$$V(q_1, q_2) = \frac{m}{2}(\omega_1^2 q_1^2 + \omega_2^2 q_2^2), \tag{17.5}$$

我们就能消除这简并性. 方程式仍然是可分离的, 而且其解是

$$u = h_{n_1}\left(\sqrt{\frac{m\omega_1}{h}}q_1\right) \cdot h_{n_2}\left(\sqrt{\frac{m\omega_2}{h}}q_2\right), \tag{17.6}$$

---

① 德文原本有这一行.——中译者注

并且

$$E = h \left\{ \omega_1 \left(n_1 + \frac{1}{2} \right) + \omega_2 \left(n_2 + \frac{1}{2} \right) \right\}. \tag{17.7}$$

如果 ω_1/ω_2 是无理数 (ω_1 和 ω_2 是不可通约的), 于是, 简并消除了.

通过极限过渡 $\omega_1/\omega_2 \to 1$, 我们又得到各向同性的谐振子了. 一般说来, 可以想象从各种可分离的非简并系, 通常作为极限情况而得到一个简并系; 就是说, 在各种坐标系中, 简并系都是可分离的.

a. 极坐标中平面谐振子的解

例如, 在极坐标中各向同性的谐振子也是可分离的:

$$x_1 = r \cos \varphi, \quad x_2 = r \sin \varphi, \quad \mathrm{d}x_1 \mathrm{d}x_2 = r \mathrm{d}r \mathrm{d}\varphi, \tag{17.8}$$

$$
\left(\frac{\partial^2}{\partial x_1^2} + \frac{\partial^2}{\partial x_2^2} \right) u = \frac{1}{r} \frac{\partial}{\partial r} \left(r \frac{\partial u}{\partial r} \right) + \frac{1}{r^2} \frac{\partial^2 u}{\partial \varphi^2}
$$
$$
= \frac{\partial^2 u}{\partial r^2} + \frac{1}{r} \frac{\partial u}{\partial r} + \frac{1}{r^2} \frac{\partial^2 u}{\partial \varphi^2}. \tag{17.9}
$$

于是薛定谔方程为

$$\frac{\partial^2 u}{\partial r^2} + \frac{1}{r} \frac{\partial u}{\partial r} + \frac{1}{r^2} \frac{\partial^2 u}{\partial \varphi^2} + (\lambda - r^2)u = 0. \tag{17.10}$$

其解可分离为

$$u = v_m(r) \mathrm{e}^{\mathrm{i}m\varphi} \tag{17.11}$$

形式的乘积, 其中 m 是正的或负的整数; 于是 $v_m(r)$ 的微分方程是

$$\frac{\mathrm{d}^2 v_m}{\mathrm{d}r^2} + \frac{1}{r} \frac{\mathrm{d}v_m}{\mathrm{d}r} - \frac{m^2}{r^2} v_m + (\lambda - r^2)v_m = 0. \tag{17.12}$$

因为坐标变换不改变一个系统的能量值, 简并度必定和 (17.4) 式一样; 另一方面, 本征函数是不同的. 的确, 甚至在一个坐标系中也可以取其线性组合而使它们变成很不相同. 也可以通过过渡到各向同性非谐振子消除简并:

$$V(r)^{①} = \frac{1}{2}r^2 + \varepsilon \overline{V}(r). \tag{17.13}$$

ε 应是不与 r^2 成比例的小数. 可分离性 (17.11) 并未改变, 并且类似于 (17.12) 式, 我们得到

$$\frac{\mathrm{d}^2 v_m}{\mathrm{d}r^2} + \frac{1}{r} \frac{\mathrm{d}v_m}{\mathrm{d}r} - \frac{m^2}{r^2} v_m + (\lambda - r^2 - 2\varepsilon \overline{V}(r))v_m = 0. \tag{17.14}$$

---

① 英文译本是 $(h\omega_0)^{-1}V(r) = (1/2)r^2 + \varepsilon \overline{V}(r)$. 如果从 §16 中 (16.19) 式起, 令 $h\omega_0 = 1$, 那么 (17.13) 式应写成 $V(r) = (1/2)r^2 + \varepsilon \overline{V}(r)$, 因而与德文原本一致. ——中译者注

这方程式的本征值对 $\pm m$ 还是二重简并的, 为了消除这一简并, 我们必须引进磁场.

现在, 我们要求解方程式 (17.12). 因为 r 在物理上的容许范围是 $0 \leqslant r \leqslant \infty$. 通过坐极变换

$$r^2 = x, \quad r = \sqrt{x}, \quad r\frac{\partial}{\partial r} = 2x\frac{\partial}{\partial x}; \tag{17.15}$$

我们可以简化 (17.12) 式, 于是得到

$$\frac{1}{r}\frac{\partial}{\partial r}\left(r\frac{\partial u}{\partial r}\right) = 2\frac{\partial}{\partial x}\left(2x\frac{\partial u}{\partial x}\right) = 4\left(x\frac{\partial^2 u}{\partial x^2} + \frac{\partial u}{\partial x}\right),$$

$$x\frac{\mathrm{d}^2 v_m}{\mathrm{d}x^2} + \frac{\mathrm{d}v_m}{\mathrm{d}x} - \frac{m^2}{4x}v_m + \frac{\lambda - x}{4}v_m = 0. \tag{17.16}$$

用 $\mathrm{d}y/\mathrm{d}x = y'$ 和下列诸代换

$$v_m = x^{|m|/2}e^{-x/2}y, \tag{17.17}$$

$$v_m' = e^{-x/2}x^{|m|/2}\left\{y' + y\left(\frac{m}{2x} - \frac{1}{2}\right)\right\},$$

$$v_m'' = e^{-x/2}x^{|m|/2}\left\{y'' + 2\left(\frac{m}{2x} - \frac{1}{2}\right)y' - \frac{m}{2x^2}y + \left(\frac{m}{2x} - \frac{1}{2}\right)^2 y\right\},$$

我们可以把 (17.16) 式写成

$$y'' + \left(\frac{m+1}{x} - 1\right)y' + \frac{1}{2x}\left(\frac{\lambda}{2} - m - 1\right)y = 0 \tag{17.18}$$

或

$$xy'' + (m + 1 - x)y' + ky = 0, \tag{17.19}$$

其中

$$k = \frac{1}{2}\left(\frac{\lambda}{2} - m - 1\right).$$

由于关系式 (17.4), 我们也有

$$n = 2k + m.$$

我们来探讨 m 和 k 是整数但不是负的情况. 对一般微分方程 (17.19) 的论述只有 $k = 0, 1, 2, \cdots$ 时才得出物理上有用的解.

下面我们要讨论求解方程式 (17.19) 要用到的某些函数.

b. 拉盖尔多项式

拉盖尔多项式定义为

$$L_k(x) = \mathrm{e}^x \frac{\mathrm{d}^k}{\mathrm{d}x^k}(x^k \mathrm{e}^{-x}) = \sum_{n=0}^{k}(-1)^n \binom{k}{n} k(k-1)\cdot \cdots \cdot (n+1) \cdot x^n, \quad (17.20)$$

并且它们满足 $m = 0$ 的微分方程 (17.19)

$$xL_k'' + (1-x)L_k' + kL_k = 0. \tag{17.21}$$

例如, 这可以用拉盖尔多项式的母函数

$$f(x,z) = \sum_{k=0}^{\infty} \frac{L_k(x)}{k!} z^k = \frac{\exp[-xz/(1-z)]}{1-z}$$

来证明. 在 (17.35) 式中我们将全面地推导出这个母函数. 对 x 和 z 微分, 并比较其系数, 得出

$$L_k' - kL_{k-1}' = -kL_{k-1}, \tag{17.22}$$

$$L_{k+1} = (2k+1-x)L_k - k^2 L_{k-1}. \tag{17.23}$$

由此立即得到微分方程 (17.21) (把 (17.23) 式中的 L_{k-1} 代入 (17.22) 式, 并用关系式 $L_{k+1}' - (k+1)L_k' = -(k+1)L_k$ 消去 L_{k+1}).

用定义

$$L_k^m \equiv \frac{\mathrm{d}^m}{\mathrm{d}x^m} L_k, \tag{17.24}$$

通过微分 (17.21) 式 m 次, 我们得到

$$x(L_k^m)'' + (m+1-x)(L_k^m)' + (k-m)L_k^m = 0. \tag{17.25}$$

如果在这个方程式中用 $k+m$ 代换 k, 那么我们正好得到微分方程 (17.19), 这就证明

$$L_{k+m}^m \equiv \frac{\mathrm{d}^m}{\mathrm{d}x^m} L_{k+m} \tag{17.26}$$

满足 $m \geqslant 0$ 的 (17.19) 式了.

所以, 方程 (17.16) (以及我们用以入手的对应方程 (17.12)) 的解是

$$v_{k,m} = 常数 \times \mathrm{e}^{m/2} \mathrm{e}^{-x/2} L_{k+m}^m(x). \tag{17.27}$$

我们将在 (17.38) 式中归一化这个解. 并且在 (17.57)[①] 式中把它推广到超几何函数中去.

---

① 英译本误为 (17.37).——中译者注

L_{k+m}^m 是正交函数集; 即, 它们满足

$$\int L_{k+m}^m L_{k'+m}^m \mathrm{d}x = 0, \quad k \neq k', \tag{17.28}$$

无论何人通过运算都能确信这一点.

把从函数论得来的著名公式

$$f^{(k)}(x) = \frac{k!}{2\pi i} \oint_C \frac{f(t)}{(t-x)^{k+1}} \mathrm{d}t, \tag{17.29}$$

应用于 $f(x) = x^k \mathrm{e}^{-x}$, 式中 $k \geqslant 0$, C 是一个围绕 x 的圆, 并用 (17.20), 我们得到

$$L_k(x) = \mathrm{e}^x k! \frac{1}{2\pi i} \oint_C \frac{\mathrm{e}^{-t} t^k}{(t-x)^{k+1}} \mathrm{d}t. \tag{17.30}$$

用 $-t+x$ 代换 t, 上式可以写成

$$L_k(x) = \frac{k!}{2\pi i} \oint_C \mathrm{e}^t (t-x)^k t^{-(k+1)} \mathrm{d}t. \tag{17.31}$$

用 $k+m$ 代换 k, 并且对 x 微分 m 次, 我们也得到 L_{k+m}^m 类似的表达式:

$$L_{k+m}^m = \frac{\mathrm{d}^m}{\mathrm{d}x^m} L_{k+m} = (-1)^m \frac{[(k+m)!]^2}{k!}$$
$$\times \frac{1}{2\pi i} \oint_C \mathrm{e}^t (t-x)^k t^{-(k+m+1)} \mathrm{d}t. \tag{17.32}$$

我们要用这个实用的积分表示来推导拉盖尔多项式的母函数:

$$f(x, z) = \sum_{k=0}^{\infty} \frac{L_k(x)}{k!} z^k = \frac{1}{2\pi i} \oint_C \mathrm{e}^t \sum_{k=0}^{\infty} \left(\frac{t-x}{t} z\right)^k \frac{\mathrm{d}t}{t}. \tag{17.33}$$

我们可假设 $|z| < 1$; 在这种情况下, 保证级数在 t 充分大时收敛:

$$\left|\frac{t-x}{t}\right| \cdot |z| < 1.$$

计算得出

$$f(x, z) = \frac{1}{2\pi i} \oint \mathrm{e}^t \frac{1}{\left(1 - \dfrac{t-x}{t} z\right)} \cdot \frac{\mathrm{d}t}{t} = \frac{1}{2\pi i} \oint \mathrm{e}^t \frac{\mathrm{d}t}{t - (t-x)z}$$
$$= \frac{1}{1-z} \cdot \frac{1}{2\pi i} \oint \mathrm{e}^t \frac{\mathrm{d}t}{t + \dfrac{xz}{1-z}}. \tag{17.34}$$

被积函数在 $t = -(xz)/(1-z)$ 处有一个单极点. 所以积分等于留数的 $2\pi i$ 倍, 或

$$2\pi i \exp\left[-\frac{xz}{1-z}\right],$$

而且最后的结果是

$$f(x,z) = \sum_{k=0}^{\infty} \frac{L_k(x)}{k!} z^k = \frac{\exp[-xz/(1-z)]}{1-z}. \tag{17.35}$$

只要把上式对 x 微分 m 次便得到 L_{k+m}^m 的母函数:

$$\sum_{k=m}^{\infty} \frac{L_k^m(x)}{k!} z^k = (-1)^m z^m \frac{\exp[-xz/(1-z)]}{(1-z)^{m+1}}.$$

用 $k+m$ 代换 k, 于是得出

$$\sum_{k=0}^{\infty} \frac{L_{k+m}^m(x)}{(k+m)!} z^k = (-1)^m \frac{\exp[-xz/(1-z)]}{(1-z)^{m+1}}. \tag{17.36}$$

c. 解 (17.27) 的归一化

现在, 我们要归一化由 (17.27) 给出的方程式 (17.16) 的解

$$v_{k,m}(x) = 常数 \times x^{\frac{m}{2}} e^{-\frac{x}{2}} L_{k+m}^m(x), \tag{17.37}$$

并且同时证明它的正交性. 我们用薛定谔的优美的方法计算归一化积分,

$$\int_0^{\infty} v_{k,m} v_{k',m} \mathrm{d}x = \int_0^{\infty} x^m e^{-x} L_{k+m}^m(x) L_{k'+m}^m(x) \mathrm{d}x = N_{km} \delta_{kk'}, \tag{17.38}$$

(像刚才推导出的母函数那样) 这种方法完全可以普遍地应用. 为此, 我们用如下形式的 (17.36) 式

$$\sum_{k'=0}^{\infty} \frac{L_{k'+m}^m(x)}{(k'+m)!} t^{k'} = (-1)^m \frac{\exp[-xt/(1-t)]}{(1-t)^{m+1}}, \tag{17.39}$$

并把 (17.36), (17.39) 式和 $e^m e^{-x}$ 三者的乘积对 x 积分:

$$\sum_{k=0}^{\infty} \sum_{k'=0}^{\infty} \frac{z^k t^{k'}}{(k+m)!(k'+m)!} \int_0^{\infty} x^m \exp[-x] L_{k+m}^m(x) L_{k'+m}^m(x) \mathrm{d}x$$

$$= \frac{1}{(1-z)^{m+1}} \cdot \frac{1}{(1-t)^{m+1}} \int_0^{\infty} x^m \exp\{-x(1-zt)/[(1-t)(1-z)]\} \mathrm{d}x$$

$$= \frac{1}{(1-zt)^{m+1}} \int_0^{\infty} y^m \exp[-y] \mathrm{d}y = \frac{m!}{(1-zt)^{m+1}}$$

$$= m! \sum_{k=0}^{\infty} \binom{-m-1}{k} (-1)^k (zt)^k = \sum_{k=0}^{\infty} \frac{(k+m)!}{k!} (zt)^k. \tag{17.40}$$

为了这个计算, 我们用了下列关系

$$y = x\frac{1 - zt}{(1 - z)(1 - t)}, \qquad \int_0^\infty y^m e^{-y}\mathrm{d}y = m!,$$

$$(-1)^k \begin{pmatrix} -m & -1 \\ k \end{pmatrix} = \frac{(m+1)(m+2)\cdots\cdots(m+k)}{k!} = \frac{(m+k)!}{k!m!}. \tag{17.41}$$

比较 (17.40) 式的系数, 我们发现公式 (17.38) 为

$$N_{k,m} = \frac{[(k+m)!]^3}{k!} \tag{17.42}$$

所满足. 的确, 等式右端 $k \neq k'$ 的 $z^k t^{k'}$ 各项的系数皆为零; 由此得出正交性.

注: 对于非整数的 α, 我们也定义

$$\begin{pmatrix} \alpha \\ n \end{pmatrix} \equiv \frac{\alpha(\alpha-1)\cdots\cdots(\alpha-n+1)}{n!}. \tag{17.43}$$

在这种意义下, 公式 (17.41) 是正确的:

$$\begin{pmatrix} -\alpha \\ n \end{pmatrix}(-1)^n = \frac{\alpha(\alpha+1)\cdots\cdots(\alpha+n-1)}{n!} = \frac{\Gamma(\alpha+n)}{\Gamma(\alpha)\cdot n!}. \tag{17.44}$$

d. Γ 函数的一些性质

这里我们把今后需要的 Γ 函数的一些性质收集在一起. Γ 函数满足著名的函数方程:

$$\Gamma(z+1) = z\Gamma(z), \tag{17.45}$$

$$\Gamma(z)\cdot\Gamma(1-z) = \frac{\pi}{\sin\pi z}. \tag{17.46}$$

如果 $z = n(n = 0, 1, 2, \cdots)$, 由于 $\Gamma(1) = 1$, 第一个方程式变为

$$\Gamma(n+1) = n!. \tag{17.47}$$

$\Gamma(z)$ 在 $z = 0, -1, -2, \cdots$ 处有单极点, 而在其他各处是正则的; $1/\Gamma(z)$ 是一个解析超越函数 (超越整函数). Γ 函数具有欧拉积分表示

$$\Gamma(z+1) = \int_0^\infty \mathrm{e}^{-t}t^z\mathrm{d}t, \quad 对 \operatorname{Re}(z) > -1. \tag{17.48}$$

此外, 还有一个简单、有用而优美的汉克尔关系,

$$\frac{1}{\Gamma(z)} = \frac{1}{2\pi\mathrm{i}}\int_C \mathrm{e}^t t^{-z}\mathrm{d}t \quad 对全部 \ z, \tag{17.49}$$

其中, 积分路径 C 绕过原点且在 $-\infty$ 处向实轴会聚, 如图 17.1 所示. 两个积分表示中任一个可以用 (17.46) 式变换成另一个. 由于 (17.45) 式, 关系式

$$\frac{\Gamma(\gamma)}{\Gamma(\gamma+n)} = \frac{1}{\gamma(\gamma+1)\cdot\cdots\cdot(\gamma+n-1)} \tag{17.50}$$

也成立.

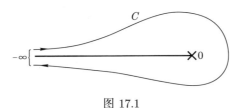

图 17.1

e. 合流超几何函数

一般的微分方程 (参看 (17.19) 式, $m+1 \to \gamma$, $k \to -\alpha$)

$$xy'' + (\gamma - x)y' - \alpha y = 0, \tag{17.51}$$

(其中 α, γ, 和 x 可以是任意实量或复量,) 导致合流超几何函数 $F(\alpha, \gamma, x)$, 它是一般的超几何函数 $F(\alpha, \beta, \gamma, x)$[①]的一种极限情况:

$$F(\alpha, \gamma, x) = \lim_{\beta \to \infty} F\left(\alpha, \beta, \gamma, \frac{x}{\beta}\right).$$

首先, 我们要推导一种超几何函数的积分表示, 然后考察其渐近行为. 我们用级数

$$y = \sum_{n=0}^{\infty} a_n x^n \tag{17.52}$$

作为试解来求解 (17.51) 式. 比较 x^n 的系数, 我们得到递推公式

$$(n+1)na_{n+1} + \gamma(n+1)a_{n+1} - na_n - \alpha a_n = 0,$$
$$a_{n+1} = \frac{\alpha+n}{\gamma+n} \cdot \frac{1}{n+1} \cdot a_n. \tag{17.53}$$

---

① 用超几何级数

$$F(a, b, c, z) = 1 + \frac{ab}{1!c}z + \frac{a(a+1)b(b+1)}{2!c(c+1)}z^2 + \cdots,$$

定义一般超几何函数, 其中全部量可以是复量. 对 $|z| < 1$ 级数是绝对收敛的, 但对 $|z| > 1$ 是发散的; 如果 $\mathrm{Re}(a+b-c) < 0$, 则对 $|z| = 1$, 它也是绝对收敛的. 超几何函数满足方程式

$$z(1-z)\frac{\mathrm{d}^2u}{\mathrm{d}z^2} + \{c - (a+b+1)z\}\frac{\mathrm{d}u}{\mathrm{d}z} - abu = 0.$$

为了使这解不恒等于零, 我们必须假设 $a_0 \neq 0$. 由 (17.53) 也容易看出, 对 $\gamma = 0$ 和负整数, 不存在 (17.52) 形式的解. 如果设 $a_0 = 1$ 那么解为

$$F(\alpha, \gamma, x) = 1 + \frac{\alpha}{1!\gamma}x + \frac{\alpha(\alpha+1)}{2!\gamma(\gamma+1)}x^2 + \cdots$$
$$+ \frac{\alpha(\alpha+1)\cdots(\alpha+n-1)}{n!\gamma(\gamma+1)\cdots(\gamma+n-1)}x^n + \cdots. \tag{17.54}$$

对于 $\alpha = 0, -1, -2, \cdots, -k, \cdots$, 级数中断, 这意味着 $F(-k, \gamma, x)$ 是一个多项式; 我们立即看出, 对 $\gamma = m+1$, 事实上这些就是拉盖尔多项式.

用 (17.44) 和 (17.49) 式可以把这个解变换成一个积分:

$$F(\alpha, \gamma, x) = \Gamma(\gamma) \sum_{n=0}^{\infty} \binom{-\alpha}{n} \frac{(-x)^n}{\Gamma(\gamma+n)}$$
$$= \Gamma(\gamma) \frac{1}{2\pi i} \int_C e^t \sum_{n=0}^{\infty} \binom{-\alpha}{n} t^{-\gamma} \left(\frac{-x}{t}\right)^n dt.$$

为了使级数收敛, 必须要求

$$\left|\frac{x}{t}\right| < 1, \tag{17.55}$$

这意味着积分路径 C (参看公式 (17.49)) 必须包围 x 点和原点 (图 17.2).

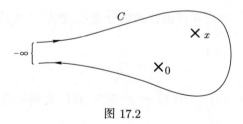

图 17.2

用二项式定理,

$$\sum_{n=0}^{\infty} \binom{-\alpha}{n} \left(\frac{-x}{t}\right)^n = \left(1 - \frac{x}{t}\right)^{-\alpha},$$

我们得到

$$F(\alpha, \gamma, x) = \frac{\Gamma(\gamma)}{2\pi i} \int_C e^t t^{\alpha-\gamma}(t-x)^{-\alpha} dt. \tag{17.56}$$

把

$$\gamma = m+1, \qquad \alpha = -k$$

代入这公式 (在这种情况下, (17.51) 式变为 (17.19) 式), 我们又得到 (17.32) 式的拉盖尔多项式; 唯一的差别是它们的归一化不同:

$$L_{k+m}^{m}{}^{①}(x) = \frac{[(k+m)!]^2 (-1)^m}{k!} \frac{1}{2\pi i} \int_C e^t t^{-(k+m+1)} (t-x)^k dt$$

$$= (-1)^m \binom{k+m}{m} (k+m)! F(-k, m+1, x). \tag{17.57}$$

现在我们要核对导出的解 (17.56), 实际上满足合流超几何函数的微分方程 (17.51). 为此, 我们写出恒等式

$$xF'' + (\gamma - x)F' - \alpha F$$
$$\equiv \frac{\Gamma(\gamma)}{2\pi i}(-\alpha) \int_C \frac{d}{dt}[e^t t^{\alpha-\gamma+1}(t-x)^{-\alpha-1}]dt, \tag{17.58}$$

借助于 (17.56) 式和关系式

$$e^t t^{\alpha-\gamma}(t-x)^{-\alpha} \left\{ \frac{(-\alpha)(-\alpha-1)}{(t-x)^2} x + (\gamma-x)\frac{\alpha}{t-x} - \alpha \right\}$$

$$= e^t t^{\alpha-\gamma}(t-x)^{-\alpha-1}(-\alpha) \left\{ (-\alpha-1)\frac{t}{t-x} + (\alpha+1-\gamma) + t \right\}$$

$$= \frac{d}{dt}\{e^t t^{\alpha-\gamma+1}(1-x)^{-\alpha-1}\}.$$

可以立即把它推导出来. 我们知道, 积分路径 C (参看图 17.1) 从 $-\infty$, 绕过原点, 又回到 $-\infty$. 然而, 在端点 $-\infty$ 处, 积分为零. 所以恒等式的右端等于零. 这便证明满足这方程式了.

如图 17.3 所示, 如果把积分路径 C 拆开, 那么, 我们有

$$\int_C = \int_{C_1} + \int_{C_2},$$
$$\downarrow \qquad \downarrow \qquad \downarrow$$
$$F = F_1 \quad +F_2$$

其中

$$F_{\frac{1}{2}} = \frac{\Gamma(\gamma)}{2\pi i} \int_{\substack{C_1 \\ C_2}} e^t t^{\alpha-\gamma}(t-x)^{-\alpha}dt. \tag{17.59}$$

根据 (17.58) 式, 因为积分的端点全部是在 $-\infty$ 处, 因此 F_1 和 F_2 都是微分方程 (17.51) 的解. 这样, 我们已把 (17.56) 式给出的解分解为两个独立的解 F_1 和 F_2. 如果 $-\alpha = k = 0, 1, 2, \cdots$, 那么, 原点处最多有一个极点, 并且

$$F_1 = 0, \quad F = F_2;$$

---

① 英译本误为 L_{k+1}^m. ——中译者注

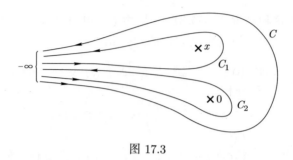

图 17.3

对于 $\gamma = m + 1 > -k$, 这又给出拉盖尔多项式. 另一方面, 如果原点是正则点, 意思是 $\alpha - \gamma$ 是整数并且是非负数, 那么, 我们得到

$$F_2 = 0, \qquad F = F_1.$$

f. 合流超几何函数的渐近行为

借助于刚才引进的积分, 我们研究 $F(\alpha, \gamma, x)$ 在大 $|x|$ 处的行为.

首先, 我们计算 F_2. 对于大 $|x|$, 我们可以用展开式

$$
\begin{aligned}
(t-x)^{-\alpha} &= (-x)^{-\alpha}\left(1 - \frac{t}{x}\right)^{-\alpha} \\
&= (-x)^{-\alpha}\left(1 + \alpha\frac{t}{x} + \cdots\right).
\end{aligned}
\tag{17.60}
$$

由 (17.49) 式

$$\frac{1}{2\pi \mathrm{i}}\int_C \mathrm{e}^t t^{\alpha-\gamma}\mathrm{d}t = \frac{1}{\Gamma(\gamma-\alpha)}, \tag{17.61}$$

并利用 (17.45)

$$\frac{1}{\Gamma(\gamma-\alpha-1)} = \frac{1}{\Gamma(\gamma-\alpha)}(\gamma-\alpha-1),$$

我们得到

$$F_2 = \frac{\Gamma(\gamma)}{\Gamma(\gamma-\alpha)}(-x)^{-\alpha}\left\{1 - \frac{\alpha(\alpha-\gamma+1)}{x} + \cdots\right\}. \tag{17.62}$$

然而, 在这个推导中的某一点上我们 "被骗" 了, 因为仅在积分路径 (参看图 17.3) 的一部分上满足展开式 (17.60) 的收敛条件 $|t/x| < 1$. 所以我们这里不得不涉及所谓渐近级数[①]. 我们在这种级数中一定不要取太多项; 否则近似程度反而又变差了. 对于 $\gamma - \alpha$ 是负整数, 由渐近公式 (17.62) 也能得到 $F_2 = 0$.

F_1 的展开式是完全类似的. 我们只需作代换

$$t - x = \tau,$$

---

① 关于这个论题更详细的资料, 参看, 例如 E. T. Whittaker 和 G. N. Waston, *A Course of Modern Analysis* (Cambridge University Press, New York, 1920).

便得到

$$F_1(\alpha, \gamma, x) = \frac{\Gamma(\gamma)}{2\pi i} e^x \int_{C_2} e^{\tau} (x + \tau)^{\alpha - \gamma} \tau^{-\alpha} d\tau. \tag{17.63}$$

如果在被积函数中用 $(\alpha - \gamma)$ 代换 $-\alpha$, 和 $-x$ 代换 $+x$. 这积分在形式上和 (17.59) 式中的一个积分相同. 用这些代换, 由 (17.62) 式我们可以立即写下这个解

$$F_1(\alpha, \gamma, x) = \frac{\Gamma(\gamma)}{\Gamma(\alpha)} e^x x^{\alpha - \gamma} \left\{ 1 + \frac{(1 - \alpha)(\gamma - \alpha)}{x} + \cdots \right\}. \tag{17.64}$$

当然, 这也只是一个渐近级数. 对拉盖尔多项式的情况 $-\alpha = k = 0, 1, 2, \cdots$ 又得到 $F_1 = 0$.

用渐近公式

$$F(\alpha, \gamma, x) = F_1 + F_2 = \frac{\Gamma(\gamma)}{\Gamma(\gamma - \alpha)} (-x)^{-\alpha} + \frac{\Gamma(\gamma)}{\Gamma(\alpha)} e^x x^{\alpha - \gamma} + \cdots, \tag{17.65}$$

并用

$$\gamma = m + 1, \quad -\alpha = k, \tag{17.66}$$

我们就可以写出平面谐振子的解 (17.27),

$$v_{k,m} = x^{\frac{m}{2}} e^{-\frac{x}{2}} F(-k, m + 1, x). \tag{17.67}$$

对于大的 x,

$$v_{k,m} \cong e^{+i\pi k} \frac{m!}{\Gamma(m + 1 + k)} x^{m/2+k} e^{-x/2}$$
$$+ \frac{m!}{\Gamma(-k)} x^{-(m/2+k+1)} e^{+x/2}. \tag{17.68}$$

在解 (17.67) 中, x 是实量 (参看 (17.15)); 由此得到 (17.68) 式中第二项对大 x 是发散的. 由于这种原因, 物理上可能的解 (即, 正交的和可归一化的) 中唯一容许的本征值是 $k = 0, 1, 2, \cdots$. 于是平面谐振子的渐近解是

$$v_{k,m} \cong e^{+i\pi k} \frac{m!}{\Gamma(m + 1 + k)} x^{m/2+k} e^{-x/2}. \tag{17.69}$$

§18. 氢原子

a. 球坐标波动方程的分离变量

现在我们考虑具有势 $V(r)$ 的有心力场的薛定谔方程

$$-\frac{h^2}{2m} \nabla^2 u + V(r) \cdot u = E \cdot u, \tag{18.1}$$

用球坐标 r, ϑ, φ 写出, 用众所周知的公式

$$\left.\begin{array}{l} x = r\sin\vartheta\cos\varphi \\ y = r\sin\vartheta\sin\varphi \\ z = r\cos\vartheta \end{array}\right\}, \tag{18.2}$$

把它们和笛卡儿坐标 x, y, z (图 18.1) 联系起来. 那么, 拉普拉斯算符取如下形式

$$\nabla^2 u = \frac{1}{r}\frac{\partial^2(ru)}{\partial r^2} + \frac{1}{r^2}\left\{\frac{1}{\sin\vartheta}\frac{\partial}{\partial\vartheta}\left(\sin\vartheta\frac{\partial u}{\partial\vartheta}\right) + \frac{1}{\sin^2\vartheta}\frac{\partial^2 u}{\partial\varphi^2}\right\} \tag{18.3}$$

或

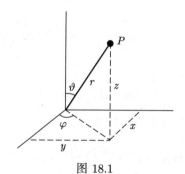

图 18.1

$$\nabla^2 u = \frac{1}{r^2}\frac{\partial}{\partial r}\left(r^2\frac{\partial u}{\partial r}\right) + \frac{1}{r^2}\{\cdots\}.$$

假设取

$$u = v(r)\cdot \mathrm{Y}(\vartheta, \varphi) \tag{18.4}$$

的形式, 方程式 (18.1) 分离为径向部分和与角有关的部分:

$$\frac{1}{v}\frac{\mathrm{d}}{\mathrm{d}r}\left(r^2\frac{\mathrm{d}v}{\mathrm{d}r}\right) + \frac{2mr^2}{h^2}\{E - V(r)\}$$

$$= -\frac{1}{\mathrm{Y}}\left\{\frac{1}{\sin\vartheta}\frac{\partial}{\partial\vartheta}\left(\sin\vartheta\frac{\partial \mathrm{Y}}{\partial\vartheta}\right) + \frac{1}{\sin^2\vartheta}\frac{\partial^2\mathrm{Y}}{\partial\varphi^2}\right\}. \tag{18.5}$$

因为这个方程式的左端仅和 r 有关, 而右端却仅与 ϑ 和 φ 有关, 所以可以使两边等于常数 λ 并且分离成:

$$\frac{1}{r^2}\frac{\mathrm{d}}{\mathrm{d}r}\left(r^2\frac{\mathrm{d}v}{\mathrm{d}r}\right) + \left\{\frac{2m}{h^2}[E - V(r)] - \frac{\lambda}{r^2}\right\}v = 0, \tag{18.6}$$

$$\frac{1}{\sin\vartheta}\frac{\partial}{\partial\vartheta}\left(\sin\vartheta\frac{\partial \mathrm{Y}}{\partial\vartheta}\right) + \frac{1}{\sin^2\vartheta}\frac{\partial^2\mathrm{Y}}{\partial\varphi^2} + \lambda\mathrm{Y} = 0. \tag{18.7}$$

方程式 (18.7) 唯一物理上有用的解是

$$\lambda = l(l+1), \quad l = 0, 1, 2, \cdots ; \tag{18.8}$$

它们是**球谐函数** $Y_l(\vartheta, \varphi)$. 这里我们只写出这些函数的最重要的性质, 而准备在练习 (参看 §43) 中更详细地涉及它们.

b. **球谐函数**

我们现在用条件 (18.8) 写出和角有关的微分方程为

$$\frac{1}{\sin\vartheta}\frac{\partial}{\partial\vartheta}\left(\sin\vartheta\frac{\partial Y}{\partial\vartheta}\right) + \frac{1}{\sin^2\vartheta}\frac{\partial^2 Y}{\partial\varphi^2} + l(l+1)Y = 0. \tag{18.9}$$

这个方程是根据有心力场的要求而得到的; 然而, 它是和势 $V(r)$ 的具体形式无关的. 我们用试解

$$Y(\vartheta, \varphi) = \theta(\vartheta)e^{im\varphi} \tag{18.10}$$

求解这个方程, 其中单值性的要求导致 m 是整数值. 这样, 我们得到微分方程

$$\frac{1}{\sin\vartheta}\frac{d}{d\vartheta}\left(\sin\vartheta\frac{d\theta}{d\vartheta}\right) + \left\{l(l+1) - \frac{m^2}{\sin^2\vartheta}\right\}\theta = 0. \tag{18.11}$$

用代换

$$\left.\begin{array}{c} x = \cos\vartheta \\ \theta(\vartheta) = y(x) \end{array}\right\}, \text{由此}$$

$$\left.\begin{array}{c} \sin\vartheta d\vartheta = -dx \\ \sin\vartheta\dfrac{d\theta}{d\vartheta} = -(1-x^2)y' \end{array}\right\}, \tag{18.12}$$

方程式变换为

$$(1-x^2)y'' - 2xy' + \left\{l(l+1) - \frac{m^2}{1-x^2}\right\}y = 0. \tag{18.13}$$

这个方程式的解可以写成如下形式

$$P_l^m(x) = (1-x^2)^{m/2}\frac{1}{2^l l!}\frac{d^{l+m}}{dx^{l+m}}(x^2-1)^l, \tag{18.14}$$

其中整数 m 必须满足的条件是

$$-l \leqslant m \leqslant +l. \tag{18.15}$$

把公式这样归一化, 使得

$$P_l^0(1) = 1. \tag{18.16}$$

把公式 (18.14) 应用到正的以及负的 m 去, 我们得到

$$P_l^m = c_{lm}P_l^{-m}, \quad c_{lm} = (-1)^m \frac{(l+m)!}{(l-m)!} \tag{18.17}$$

关系. 所以, 原始的微分方程 (18.9) 的解是

$$Y_{l,m}(\vartheta, \varphi) = P_l^m(\cos\vartheta)e^{im\varphi}. \tag{18.18}$$

函数 $Y_{l,m}$ (或单独 P_l^m) 称为田形谐函数或球谐函数, 它们的实部和虚部的节线把球面分成不同号的、为纬圈和子午圈所分开的四边形 (田形) 区域. 函数 $Y_{l,0} = P_l^0$, 简写作 Y_l 和 P_l, 称为带谐函数, 因为它们用其节线把球划分为不同号的纬带. 由于归一化 (18.16) 式, $P_l(x)$ 是勒让德多项式:

$$P_0 = 1, P_1 = x, P_2 = \frac{3}{2}x^2 - \frac{1}{2}, P_3 = \frac{5}{2}x^3 - \frac{3}{2}x,$$

$$P_4 = \frac{35}{8}x^4 - \frac{15}{4}x^2 + \frac{3}{8}, \cdots.$$

球谐函数 $Y_l(\vartheta, \varphi)$ 是 $1/r^l$ 乘以 x, y, z 的 l 次多项式, 它满足拉普拉斯方程:

$$Y_l(\vartheta, \varphi) = \frac{H_l(x, y, z)}{r^l}, \quad \nabla^2 H_l = 0. \tag{18.19}$$

$Y_l(\vartheta, \varphi)$ 能用线性无关且正交的函数 $Y_{l,m}(\vartheta, \varphi)$ 展开:

$$Y_l(\vartheta, \varphi) = \sum_{m=-l}^{+l} b_m Y_{l,m}(\vartheta, \varphi). \tag{18.20}$$

归一化积分的值是

$$N_l^m = \int_{-1}^{+1} \{P_l^m(x)\}^2 dx = \frac{(l+m)!}{(l-m)!} \cdot \frac{2}{2l+1}. \tag{18.21}$$

用这个值我们得到归一化的球谐函数

$$\overline{Y}_{l,m}(\vartheta, \varphi) = \frac{P_l^m(\cos\vartheta)}{\sqrt{N_l^m}} \cdot \frac{\exp[im\varphi]}{\sqrt{2\pi}}. \tag{18.22}$$

c. 径向微分方程的解

由于条件 (18.8), 方程式 (18.6) 变为

$$\frac{d^2}{dr^2}(rv) + \frac{2m}{h^2}\left\{E - V(r) - \frac{l(l+1)h^2}{2mr^2}\right\}rv = 0. \tag{18.23}$$

本征函数 v 满足正交性关系

$$\int_0^\infty v_{E'}^* v_E r^2 dr = 0 \quad \text{对} \ E' \neq E, l' = l.$$

从微分方程看出, 对于在有心力场的径向运动, 形式上存在一个附加势

$$l(l+1)h^2/2mr^2.$$

如果设

$$P^2 = l(l+1)h^2,$$

则这个表述式是类似于经典离心力的势,

$$\overline{V}(r) = \frac{P^2}{2mr^2}. \quad (P = \text{角动量})$$

这给出粒子的量子数 l 和角动量 $|P|$ 间的一个重要关系.

为了求解径向微分方程 (18.23), 必须明显地给出势 $V(x)$. 我们选取库仑势为例:

$$V(r) = \frac{e_1 e_2}{r}, \tag{18.24}$$

其中 $e_1 = +Ze$ (Z = 原子序数),

$e_2 = -e$ (e = 基本电荷的量值),

并得到

$$\frac{\mathrm{d}^2}{\mathrm{d}r^2}(rv) + \frac{2m}{h^2}\left(E + \frac{Ze^2}{r}\right)(rv) - \frac{l(l+1)}{r^2}(rv) = 0. \tag{18.25}$$

我们的目的是用波动力学描述由一个电子加上原子核构成的系统, 为此, 我们应该用与两个粒子的六个坐标 $x_1, y_1, z_1, x_2, y_2, z_2$ 对应的薛定谔方程. 因为势仅和相对坐标有关, $V = V(x_1 - x_2, y_1 - y_2, z_1 - z_2)$, 这一薛定谔方程 (类似于经典力学) 能分离成一个描述质心运动的方程, 加上一个确定两个粒子相对运动的方程式. 后一个方程在形式上和质量为 m 的粒子在势 V 中运动的运动方程一样, 其中 m 是约化质量,

$$\frac{1}{m} = \frac{1}{m_{\text{电子}}} + \frac{1}{m_{\text{核}}}. \tag{18.26}$$

把约化质量 m (在这种情况下, 它实际上等于 $m_{\text{电子}}$) 代入 (18.25) 式并求解这个方程式, 便能确定电子和核作相对运动时的能量本征值和本征函数.

为此目的, 我们引进无量纲的量 ρ 和 ε:

$$r = \rho a_0, \quad E = \varepsilon E_0, \tag{18.27}$$

$$\left.\begin{array}{l} a_0 = \dfrac{h^2}{Ze^2 m} \qquad \text{(玻尔半径)} \\[3mm] E_0 = \dfrac{Z^2 e^4 m}{2h^2} = \dfrac{h^2}{2ma_0^2} \quad \text{(对应于 a_0 的能量)} \end{array}\right\}. \tag{18.28}$$

用这些量我们得到

$$\frac{\mathrm{d}^2}{\mathrm{d}\rho^2}(\rho v) + \left(\varepsilon + \frac{2}{\rho} - \frac{l(l+1)}{\rho^2}\right)\rho v = 0. \tag{18.29}$$

对于小的 ρ, 我们可以立即验证这些解

$$v \sim \rho^l, \quad v \sim \rho^{-l-1}; \tag{18.30}$$

对于大的 ρ, 舍弃 $1/\rho$ 和 $1/\rho^2$ 阶各项, 得到

$$v \sim \frac{\exp[\pm\rho\sqrt{-\varepsilon}]}{\rho}. \tag{18.31}$$

求解微分方程 (18.29) 的一种方法是用幂级数作为试解; 然而, 我们想利用我们的超几何函数的知识. 考虑到部分解 (18.30) 和 (18.31) 式, 我们令

$$v = \rho^l \exp[\pm\rho\sqrt{-\varepsilon}] \cdot \omega(\rho) \tag{18.32}$$

作为试解, 其中对于 $\rho \to 0, \omega(\rho)$ 应该保持有限. 如果我们把 ω 的微分方程 (先用 -4ε 除)

$$\frac{\mathrm{d}^2\omega}{\mathrm{d}\rho^2} + \left(\pm 2\sqrt{-\varepsilon} + \frac{2(l+1)}{\rho}\right)\frac{\mathrm{d}\omega}{\mathrm{d}\rho} + \frac{2 \pm 2(l+1)\sqrt{-\varepsilon}}{\rho}\omega = 0, \tag{18.33}$$

和超几何函数 $F(\alpha, \gamma, x)$ 的方程式 (参看 (17.51))

$$\frac{\mathrm{d}^2 F}{\mathrm{d}x^2} + \left(\frac{\gamma}{x} - 1\right)\frac{\mathrm{d}F}{\mathrm{d}x} - \frac{\alpha}{x}F = 0 \tag{18.34}$$

比较, 如果令

$$\alpha = \pm\frac{1}{\sqrt{-\varepsilon}} + l + 1, \tag{18.35}$$

$$\gamma = 2(l+1), \tag{18.36}$$

$$x = \mp 2\rho\sqrt{-\varepsilon}; \tag{18.37}$$

我们看出它们是完全相同的. 这样, ω 由

$$\omega = 常数 \times F\left(\pm\frac{1}{\sqrt{-\varepsilon}} + l + 1, 2(l+1), \mp 2\rho\sqrt{-\varepsilon}\right) \tag{18.38}$$

给出. 如在 (18.30) 式中我们猜想的那样, 由幂级数展开式 (17.54)

$$F(\alpha, \gamma, x) = 1 + \frac{\alpha}{\gamma}x + \cdots,$$

得知 (对于小的 ρ) 解 (18.32) 的确是从 ρ^l 开始的.

　　为了进一步讨论, 我们必须把 $\varepsilon < 0$ 和 $\varepsilon > 0$, 即 $\sqrt{-\varepsilon}$ 是实数和虚数两种情况区别开来.

d. 第一种情况: $\varepsilon < 0$. 离散能谱

我们始终取 $\pm\sqrt{-\varepsilon}$ 的下端的符号; 这意味着在 (18.32) 式中取负号. 上端的符号不能导致物理上可能接受的解, 因为归一化积分是发散的.

用 (18.35), (18.36), (18.37) 式, 和径量子数 n_r,

$$n_r = -\alpha = \frac{1}{\sqrt{-\varepsilon}} - l - 1, \tag{18.39}$$

那么, 对于大的 ρ, 我们可以把 $F(\alpha, \gamma, x)$ 的渐近公式 (17.65) 写成

$$F \sim \Gamma(2l+2)\left\{ \frac{1}{\Gamma[(1/\sqrt{-\varepsilon}) + l + 1]}(-2\rho\sqrt{-\varepsilon})^{n_r} + \right.$$
$$\left. \frac{1}{\Gamma(-n_r)}\exp[2\rho\sqrt{-\varepsilon}](+2\rho\sqrt{-\varepsilon})^{-(1/\sqrt{-\varepsilon})-l-1}\right\}. \tag{18.40}$$

由于第二项, 对于 $\rho \to \infty$ 这个解是指数地趋于无限大; 这种行为是和问题的物理过程不相容的. 我们必须要求这项等于零. 这意味着必须要求

$$n_r = 0, 1, 2, \cdots. \tag{18.41}$$

于是我们得到解 (18.32) 的渐近表达式

$$v \sim \exp[-\rho\sqrt{-\varepsilon}] \cdot \rho^{(1/\sqrt{-\varepsilon})-1} \tag{18.42}$$

按照公式 (17.57), 条件 (18.41) 使得超几何函数 $F(\alpha, \gamma, x)$ 变为较简单的缔合拉盖尔多项式,

$$L^m_{m+k} = 常数 \times F(-k, m+1, x). \tag{18.43}$$

所以, 按照试解 (18.32), 径向微分方程 (18.29) 的本征函数是

$$v = 常数 \times \rho^l \exp\left[-\frac{\rho}{n_r + l + 1}\right] L^{2l+1}_{2l+1+n_r}\left(\frac{2}{n_r + l + 1}\rho\right).$$

可以用类似于平面谐振子的本征函数的归一化方法进行归一化,

1. 量子数. 能量的本征值和简并度. 用

$$n = \frac{1}{\sqrt{-\varepsilon}} = n_r + l + 1. \tag{18.44}$$

定义主量子数 n. 它的值由条件 (18.41) 确定:

$$n = l + 1, l + 2, \cdots. \tag{18.45}$$

这些关系也意味着, 对给定的 n, 角动量量子数 l 只能取如下的值

$$l = 0, 1, \cdots, n - 1. \tag{18.46}$$

从 (18.44) 和 (18.28) 式得到能量的本征值:

$$E_n = \varepsilon E_0 = -\frac{1}{n^2}\frac{Z^2 e^4 m}{2h^2}.$$ (18.47)

用这些结果我们可以写出著名的巴耳末公式:

$$h\nu = E' - E'', \quad \text{或} \quad \nu = R\left(\frac{1}{n''^2} - \frac{1}{n'^2}\right), \quad R = \frac{Z^2 e^4 m}{2h^3}.$$

值得指出的是, 本征值 E_n 和角动量量子数 l 完全无关. 对一个固定的 l, 我们已经看到, 存在 $2l+1$ 个不同的球谐函数, 或薛定谔方程 (18.1) 的本征函数. 对于在一个完全任意的有心力场 $V(r)$ 中出现的 $(2l+1)$ 重简并度, 必须增添和库仑场有关的 n 重简并度 (18.46). 这样, 我们得到一个具有主量子数 n 的态的全部简并度 g_n,

$$g_n = \sum_{l=0}^{n-1}(2l+1) = \sum_{l=0}^{n-1}\{(l+1)^2 - l^2\} = n^2.$$ (18.48)

在以前已求解的各种情况中, 无论在哪种情况我们都未发现过这简并度.

我们注意, 基态 $(n=1, l=0)$ 是非简并的. 此外, 因为 $\varepsilon = -1$, 在这种情况下, 解变为

$$u = \text{常数} \times e^{-\rho}.$$ (18.49)

2. 消除简并的例子. 一个碱金属原子的价电子在有心力场中运动, 然而这有心力场和库仑场不完全一样. 结果消除了库仑场引起的 n 重简并, 并且价电子的第 n 个类氢能级分裂为 n 个能级. 如果存在外磁场, 我们得到另一个例子. 磁场完全改变了原来有心力场的特性, 结果第 n 个能级分裂成 n^2 个能级.

e. 第二种情况: $\varepsilon > 0$. 连续能谱

我们来描述 "自由" 粒子的情况. 用 (18.38) 式和下面假设

$$\sqrt{-\varepsilon} = +\mathrm{i}\sqrt{\varepsilon} \text{ (正根!)},$$ (18.50)

我们可以把解 (18.32) 写成

$$v(\rho) = \text{常数} \times \rho^l \exp[-\mathrm{i}\sqrt{\varepsilon}\rho]F\left(\frac{\mathrm{i}}{\sqrt{\varepsilon}} + l + 1, 2l + 2, 2\mathrm{i}\rho\sqrt{\varepsilon}\right),$$ (18.51)

其中我们再次限定用 $\pm\sqrt{\varepsilon}$ 的下端的符号, 引进自由粒子的波数 k,

$$kh = \sqrt{2mE},$$ (18.52)

导致关系式 (参看 (18.27))

$$ka_0 = \sqrt{\varepsilon} = \sqrt{\frac{E}{E_0}} \left.\begin{array}{c} \\ \\ \end{array}\right\}, \qquad (18.53)$$
$$\sqrt{\varepsilon}\rho = \frac{\sqrt{\varepsilon}}{a_0}r = kr \quad \left(a_0 = \frac{h^2}{Ze^2m}\right)$$

因此可以把解 (18.51) 写成较清晰些的形式.

$$v(r) = 常数 \times (kr)^l \mathrm{e}^{-\mathrm{i}kr} F\left(\frac{\mathrm{i}}{ka_0} + l + 1, 2l + 2, 2\mathrm{i}kr\right). \qquad (18.54)$$

事实上, 这个解实际上是实的. 为证明这点, 我们把 F 分为两部分

$$F = F_1 + F_2, \qquad (18.55)$$

并对 F_2^1 用积分表示 (17.59)

$$F_2^1 = \frac{\Gamma(2l+2)}{2\pi\mathrm{i}} \times \int_{\substack{C_1 \\ C_2}} \mathrm{e}^t t^{(\mathrm{i}/ka_0)-l-1}(t - 2\mathrm{i}kr)^{-(\mathrm{i}/ka_0)-l-1}\mathrm{d}t, \qquad (18.56)$$

例如, 如果在 F_2 的表达式中用代换

$$t \to t' - 2\mathrm{i}kr \qquad (18.57)$$

那么, 积分路径 C_2 和 C_1 相同, 由此立即得到

$$\mathrm{e}^{-\mathrm{i}kr}F_2 = (\mathrm{e}^{-\mathrm{i}kr}F_1)^*. \qquad (18.58)$$

这样, 我们可以写出

$$\mathrm{e}^{\mathrm{i}kr}F = \mathrm{e}^{-\mathrm{i}kr}F_1 + (\mathrm{e}^{-\mathrm{i}kr}F_1)^*,$$

这便证明了上述的断言.

现在, 我们要研究解 (18.54) 的渐近行为. 用 (18.58) 式, F_1 的渐近公式 (17.64) 式, 以及 (18.35) 到 (18.37) 式和 (18.53) 式等关系, 大 r 的解可以写成

$$v(r) = 常数 \times (kr)^l \mathrm{e}^{-\mathrm{i}kr} F \sim 常数$$
$$\times \frac{\Gamma(2l+2)}{\Gamma[(i/ka_0)+l+1]}(kr)^l \mathrm{e}^{+\mathrm{i}kr}(2\mathrm{i}kr)^{(\mathrm{i}/ka_0)-l-1} + 复数共轭. \qquad (18.59)$$

用

$$2\mathrm{i}kr = \exp\left[\ln(2kr) + \mathrm{i}\frac{\pi}{2}\right]$$

和

$$(2\mathrm{i}kr)^{(\mathrm{i}/ka_0)-l-1} = 2^{-l-1}(kr)^{-l-1}\exp\left[\frac{\mathrm{i}}{ka_0}\ln(2kr)\right] \times \exp\left[+\mathrm{i}\frac{\pi}{2}\left(\frac{\mathrm{i}}{ka_0} - l - 1\right)\right],$$

我们也可以把这个表达式写成

$$v(r) = \text{常数} \times \frac{(2l+1)!}{\Gamma[(\mathrm{i}/ka_0) + l + 1]} \times$$

$$\frac{1}{kr} \exp\left[\mathrm{i}kr + \frac{\mathrm{i}}{ka_0} \ln(2kr) - \mathrm{i}\frac{\pi}{2}(l+1)\right] \times$$

$$\frac{1}{2^{l+1}} \exp\left[-\frac{\pi}{2ka_0}\right] + \text{复数共轭}. \tag{18.60}$$

用 Γ 函数的关系

$$\Gamma\left(\frac{\mathrm{i}}{ka_0} + l + 1\right) = |\Gamma| \exp[\mathrm{i}\sigma(l, ka_0)] \tag{18.61}$$

(其中 σ 是 Γ 函数的相), 最后, 对于 $kr \gg 1$, 我们得到

$$v_l(r) = \text{常数} \times \frac{(2l+1)!}{2^l} \frac{\exp[-\pi/2ka_0]}{|\Gamma[(\mathrm{i}/ka_0) + l + 1]|} \frac{1}{kr} \times$$

$$\cos\left\{kr + \frac{1}{ka_0}\ln(2kr) - \frac{\pi}{2}(l+1) - \sigma(l, ka_0)\right\}. \tag{18.62}$$

实质上, 这给出一个球面波的解, 然而, 它包含相位的一个对数修正项. 修正项的作用是使波函数在大 r 处的相位比 kr 变化得更快. 这种库仑场的典型性的修正在经典理论上也能证明是正确的.

对于 $Z = 0$, 即对于 $1/a_0 = 0$ (参看 (18.28)), 由 (18.62) 式 (也参看 (21.10)) 得到自由粒子的解.

我们将在练习 (参看 §46) 中证明, 按照

$$\int_0^\infty v_{l,k} v_{l,k'} r^2 \mathrm{d}r = \delta(k' - k) \tag{18.63}$$

的归一化便导致归一化渐近公式

$$v_{l,k}(r) = \sqrt{\frac{2}{\pi}} \frac{1}{r} \sin\left\{kr + \frac{1}{ka_0}\ln(2kr) - \frac{\pi}{2}l - \sigma(l, ka_0)\right\}. \tag{18.64}$$

注: 从上面的公式很明显地看出, 正能态 ($\varepsilon > 0$) 是无限地简并的. 这是因为对于 k 的一个给定值, 量子数 l 能独立地取从 0 到 ∞ 间的一切值.

f. 波动方程在抛物线坐标中的解

氢原子的波动方程也可以在抛物线坐标中分离和求解[①]. 我们要求这个解, 并证明 (正如在物理基础上所预期那样) 将得到和球坐标中同样的能量本

[①] 参看: A. 索末菲, 论电子的衍射和制动 (Über die Beugung und Bremsung von Elektronen), *Ann. Physik*, **11**, 268 (1931).

征值和同样的简并度. 此外, 我们也将用这个解来处理散射问题, 并且推导出对应于公式 (18.62) 而特征更明显的解来.

抛物线坐标 $\lambda_1, \lambda_2, \varphi$ 和球极坐标 (图 18.2) 的联系由下式给出

$$\left.\begin{array}{l} \lambda_1 = r + z = r(1 + \cos\theta) \\ \lambda_2 = r - z = r(1 - \cos\theta) \\ \varphi = \varphi \end{array}\right\}. \tag{18.65}$$

另外, 我们有

$$\left.\begin{array}{l} r = \dfrac{1}{2}(\lambda_1 + \lambda_2) \\[2mm] z = \dfrac{1}{2}(\lambda_1 - \lambda_2) \\[2mm] \sigma^2 = r^2 - z^2 = \lambda_1\lambda_2 \end{array}\right\}. \tag{18.66}$$

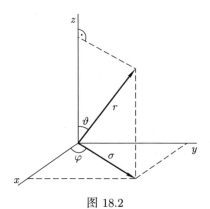

图 18.2

这时用 (18.27) 式给出的无量纲坐标 $\varepsilon = E/E_0$ 和 $\rho = r/a_0$, 我们立即写出具有库仑势 (18.24) 的波动方程 (18.1):

$$\nabla_u^2 + \left(\varepsilon + \frac{2}{\rho}\right)u = 0. \tag{18.67}$$

下面, 直至论述连续谱为止, 我们还是用无量纲的抛物线坐标. 作代换 $r \to r/a_0, Z \to Z/a_0$, 由公式 (18.65) 和 (18.66) 得到这些结果. 为简单起见, 我们也称这些无量纲量为 λ_1 和 λ_2.

g. 波动方程 (18.67) 在抛物线坐标中的分离

在这种情况下, 长度元的平方是 (无量纲量!)

$$\begin{aligned} \mathrm{d}s^2 &= \mathrm{d}\sigma^2 + \mathrm{d}z^2 + \sigma^2\mathrm{d}\varphi^2 \\ &= \frac{1}{4\lambda_1\lambda_2}(\lambda_1\mathrm{d}\lambda_2 + \lambda_2\mathrm{d}\lambda_1)^2 + \frac{1}{4}(\mathrm{d}\lambda_1 - \mathrm{d}\lambda_2)^2 + \lambda_1\lambda_2\mathrm{d}\varphi^2 \\ &= \frac{\lambda_1 + \lambda_2}{4}\left\{\frac{\mathrm{d}\lambda_1^2}{\lambda_1} + \frac{\mathrm{d}\lambda_2^2}{\lambda_2} + 4\left(\frac{1}{\lambda_1} + \frac{1}{\lambda_2}\right)^{-1}\mathrm{d}\varphi^2\right\}. \end{aligned} \tag{18.68}$$

实际上对于正交坐标, 不存在混合项. 可以证明[①], 在正交曲线坐标 x_1, x_2, x_3 中的拉普拉斯算符的普遍形式是

$$\nabla^2 u = \frac{1}{e_1 e_2 e_3} \frac{\partial}{\partial x_1} \left(\frac{e_2 e_3}{e_1} \frac{\partial u}{\partial x_1} \right) + \frac{1}{e_1 e_2 e_3} \frac{\partial}{\partial x_2} \left(\frac{e_3 e_1}{e_2} \frac{\partial u}{\partial x_2} \right) +$$
$$\frac{1}{e_1 e_2 e_3} \frac{\partial}{\partial x_3} \left(\frac{e_1 e_2}{e_3} \frac{\partial u}{\partial x_3} \right), \tag{18.69}$$

并有

$$ds^2 = \sum_{k=1}^3 e_k^2 dx_k^2, \quad dV = e_1 e_2 e_3 dx_1 dx_2 dx_3. \tag{18.70}$$

在我们的情况下, 这导致

$$\nabla^2 u = \frac{4}{\lambda_1 + \lambda_2} \left\{ \frac{\partial}{\partial \lambda_1} \left(\lambda_1 \frac{\partial u}{\partial \lambda_1} \right) + \frac{\partial}{\partial \lambda_2} \left(\lambda_2 \frac{\partial u}{\partial \lambda_2} \right) +$$
$$\frac{1}{4} \left(\frac{1}{\lambda_1} + \frac{1}{\lambda_2} \right) \frac{\partial^2 u}{\partial \varphi^2} \right\}. \tag{18.71}$$

用这一结果, 我们可以把抛物线坐标中的波动方程 (18.67) 写成

$$\frac{\partial}{\partial \lambda_1} \left(\lambda_1 \frac{\partial u}{\partial \lambda_1} \right) + \frac{\partial}{\partial \lambda_2} \left(\lambda_2 \frac{\partial u}{\partial \lambda_2} \right) + \frac{1}{4} \left(\frac{1}{\lambda_1} + \frac{1}{\lambda_2} \right) \frac{\partial^2 u}{\partial \varphi^2} +$$
$$\left\{ \frac{\varepsilon}{4} (\lambda_1 + \lambda_2) + 1 \right\} u = 0. \tag{18.72}$$

用试解

$$u = f_1(\lambda_1) \cdot f_2(\lambda_2) \cdot e^{\pm im\varphi}, \tag{18.73}$$

可以把这方程式分离; 结果是

$$\frac{d}{d\lambda_1} \left(\lambda_1 \frac{df_1}{d\lambda_1} \right) + \left(-\frac{1}{4} \frac{m^2}{\lambda_1} + \frac{\varepsilon}{4} \lambda_1 + \frac{1+\beta}{2} \right) f_1 = 0, \tag{18.74}$$

$$\frac{d}{d\lambda_2} \left(\lambda_2 \frac{df_2}{d\lambda_2} \right) + \left(-\frac{1}{4} \frac{m^2}{\lambda_2} + \frac{\varepsilon}{4} \lambda_2 + \frac{1-\beta}{2} \right) f_2 = 0, \tag{18.75}$$

其中参数 β 是任意分离常数. 这两个方程式具有平面谐振子 (17.16) 式的形式, 现在把它写成

$$(xf')' + \left\{ -\frac{x}{4} + \left(n_i + \frac{m+1}{2} \right) - \frac{m^2}{4x} \right\} f = 0, i = 1, 2, \tag{18.76}$$

---

①参看: W. 泡利, 泡利物理学讲义: 电动力学 (M. I. T. Press, Cambridge, Mass., 1972). 有中译本, 即本书第二卷.

$(\lambda/4 \to n_i + (m+1)/2, k \to n_i.)$ 我们求得

$$f = 常数 \times x^{m/2} e^{-x/2} L_{m+ni}^m(x)$$
$$= 常数 \times x^{m/2} e^{-x/2} F(-n_i, m+1, x) \tag{18.77}$$

是这个方程式唯一有用的解 (参看 (17.27) 式). 数 n_1, n_2 和 m 是对应于抛物线坐标 λ_1, λ_2 和 φ 的量子数.

h. **离散能谱** $(\varepsilon < 0)$

令

$$x = \lambda_i \sqrt{-\varepsilon} \quad (\sqrt{-\varepsilon} > 0) \tag{18.78}$$

并且这样选取 β, 使得

$$\left. \begin{array}{l} \dfrac{1}{2}(1+\beta) = \sqrt{-\varepsilon}\left(n_1 + \dfrac{m+1}{2}\right) \\[2mm] \dfrac{1}{2}(1-\beta) = \sqrt{-\varepsilon}\left(n_2 + \dfrac{m+1}{2}\right) \ (n_i = 0, 1, 2, \cdots) \end{array} \right\}. \tag{18.79}$$

可以使 (18.76) 式与 (18.74) 和 (18.75) 两式一致. 由此, 立即得到

$$1 = \sqrt{-\varepsilon}(n_1 + n_2 + m + 1). \tag{18.80}$$

用

$$n = n_1 + n_2 + m + 1 \quad (n = 1, 2, \cdots) \tag{18.81}$$

也可以写成

$$\varepsilon = -\frac{1}{n^2} \tag{18.82}$$

的形式, 它对应于已得到的能量本征值的表达式 (18.47). 此外, 我们得到

$$\beta = \sqrt{-\varepsilon}(n_1 - n_2) = \frac{n_1 - n_2}{n}. \tag{18.83}$$

现在可以把解 (18.73) 详细写出 $(x \to \lambda_i/n)$:

$$u = 常数 \times \exp\left[-\frac{\lambda_1 + \lambda_2}{2n}\right] \left(\frac{\lambda_1 \lambda_2}{n^2}\right)^{m/2} L_{m+n_1}^m\left(\frac{\lambda_1}{n}\right) \times$$
$$L_{m+n_2}^m\left(\frac{\lambda_2}{n}\right) e^{\pm im\varphi}. \tag{18.84}$$

注: 当存在外场 F 时, 抛物线坐标中的波动方程也是可能分离的, 这时 (18.1) 式中的势 V 加上一项

$$常数 \times (F \cdot z).$$

其唯一后果是, 已分离的方程式 (18.74) 和 (18.75) 分别得到附加项

$$+ 常数 \times \lambda_1^2 f_1 F \ 和 \ - 常数 \times \lambda_2^2 f_2 F.$$

如果 F 是微小的, 可以用玻恩近似法近似地求解这些方程式 (参看 §24). 一个有趣的结果是, 在第一级近似中, 能量本征值为

$$\varepsilon = -\frac{1}{n^2} + 常数 \times (n_1 - n_2) n F.$$

(第一级斯塔克效应)[①]

i. 连续谱 ($\varepsilon > 0$)

现在我们恢复通常的单位; 即用 λ_i 代替 $a_0 \lambda_i'$ (其中 λ_i' 为无量纲的量). 像 (18.52) 式, 我们引进波数 k, 并借助于 (18.53) 式,

$$\sqrt{-\varepsilon} = \mp i\sqrt{\varepsilon} = \mp ika_0 \tag{18.85}$$

(对于指标 1, 用上端的符号), 把条件 (18.79) 写成

$$\left. \begin{array}{l} \dfrac{1}{2}(1 + \beta) = -ika_0 \left(v_1 + \dfrac{m+1}{2} \right) \\[3mm] \dfrac{1}{2}(1 - \beta) = ika_0 \left(v_2 + \dfrac{m+1}{2} \right) \end{array} \right\}. \tag{18.86}$$

两式相加得出

$$v_1 - v_2 = \frac{i}{ka_0}, \tag{18.87}$$

其中 (和 n_i 不同) v_i 不是整数. 用这种记号, 微分方程 (18.72) 为

$$\frac{\partial}{\partial \lambda_1} \left(\lambda_1 \frac{\partial u}{\partial \lambda_1} \right) + \frac{\partial}{\partial \lambda_2} \left(\lambda_2 \frac{\partial u}{\partial \lambda_2} \right) - \frac{m^2}{4} \left(\frac{1}{\lambda_1} + \frac{1}{\lambda_2} \right) u +$$
$$\left\{ \frac{k^2}{4}(\lambda_1 + \lambda_2) + \frac{1}{a_0} \right\} u = 0, \tag{18.88}$$

并且它的解是 ($x \to \mp ik\lambda_i$)

$$u = 常数 \times \exp \left[ik \frac{\lambda_1 - \lambda_2}{2} \right] (k^2 \lambda_1 \lambda_2)^{m/2} F(\alpha, m+1, -ik\lambda_1) \times$$
$$F \left(\alpha + \frac{i}{ka_0}, m+1, ik\lambda_2 \right) e^{\pm im_\varphi}. \tag{18.89}$$

在这公式中, 我们已用 $-\alpha$ 代替尚未确定的 v_1.

注: 我们的所有公式和表达式都是对正 a_0 写出的. 就是说, 对吸引力来说的. 在斥力的情况下, (只有 $\varepsilon > 0$ 才有意义) 必须作 $a_0 \to -a_0$ 代换.

---

① 参看: 例如, A. 索末菲,《原子结构和光谱线》第二卷 (A. Sommerfeld, *Atombau und Spektrallinien*, vol. 2.)

第六章

碰撞过程

这里我们涉及不考虑自旋相互作用的粒子被粒子的散射. 由上一章连续能谱 $(\varepsilon > 0)$ 情况中得到的公式便得出这问题的解了.

现在考虑的出发点是解 (18.89). 用沿正 z 方向传播的平面波代表入射粒子流; 当然, 波是对称于 z 轴的, 所以我们能局限于 $m = 0$ 的情况, 对 $\alpha = 0$ 的特殊情况, 我们将证明, 解 (18.89)

$$u = 常数 \times \exp\left[\frac{\mathrm{i}k}{2}(\lambda_1 - \lambda_2)\right] F\left(\frac{\mathrm{i}}{ka_0}, 1, \mathrm{i}k\lambda_2\right), \tag{I}$$

可以渐近地写成入射平面波加上散射波. 对于 $\alpha \neq 0$ 的一般情况, 这个解包含沿负 z 方向传播的平面波和入射球面波; 这由超几何函数 F 的渐近公式 (17.65) 立即得到. 因此, 如前所述这种情况是和物理问题不相容的.

注: 在相对论性的情况下, 分离抛物线坐标的波动方程是不可能的. 特别是, 渐近解的这种简单分解法也是无效的.

§19. 散射问题的渐近解

超几何函数 $F(\mathrm{i}/ka_0, 1, \mathrm{i}k\lambda_2)$ 的渐近公式 (17.65) 是

$$F = \frac{1}{\Gamma(1 - \mathrm{i}/ka_0)}(-\mathrm{i}k\lambda_2)^{-\mathrm{i}/ka_0}\left\{1 + \frac{1}{\mathrm{i}k\lambda_2(ka_0)^2}\right\} + \frac{1}{\Gamma(\mathrm{i}/ka_0)}\exp[\mathrm{i}k\lambda_2](\mathrm{i}k\lambda_2)^{-1+\mathrm{i}/ka_0}; \tag{19.1}$$

在这表达式中, 我们已用到 (17.62) 式给出的第一级近似. 用 (18.65) 和 (18.66)

式, 我们再次引进球面坐标 r 和 ϑ:

$$
\left.
\begin{aligned}
\lambda_1 &= r + z \\
\lambda_2 &= r - z = r(1 - \cos\vartheta) = 2r\sin^2\frac{1}{2}\vartheta \\
\lambda_1 - \lambda_2 &= 2z
\end{aligned}
\right\} .
\tag{19.2}
$$

如果详细地写出, 则解 (I) 为

$$
\begin{aligned}
u = c\frac{\exp[-\pi/2ka_0]}{\Gamma(1 - \mathrm{i}/ka_0)}\Bigg\{ &\exp\left[\mathrm{i}\left(kz - \frac{1}{ka_0}\ln\left(2kr\sin^2\frac{1}{2}\vartheta\right)\right)\right] \times \\
&\left(1 - \frac{\mathrm{i}}{2kr(ka_0)^2\sin^2\frac{1}{2}\vartheta}\right) - \mathrm{i}\frac{\Gamma(1 - \mathrm{i}/ka_0)}{\Gamma(\mathrm{i}/ka_0)} \times \\
&\frac{\exp\left[\mathrm{i}\left(kr + k^{-1}a_0^{-1}\ln\left(2kr\sin^2\frac{1}{2}\vartheta\right)\right)\right]}{2kr\sin^2\frac{1}{2}\vartheta}\Bigg\} .
\end{aligned}
\tag{19.3}
$$

求这个表达式时已用到

$$
\left.
\begin{aligned}
(-\mathrm{i})^{-\mathrm{i}/ka_0} &= \exp\left[-\frac{\pi}{2ka_0}\right] \\
(k\lambda_2)^{-\mathrm{i}/ka_0} &= \exp\left[-\frac{\mathrm{i}}{ka_0}\ln(2kr\sin^2\vartheta/2)\right]
\end{aligned}
\right\} .
\tag{19.4}
$$

为了进一步简化这表达式, 我们使用公式

$$
\begin{aligned}
\frac{\Gamma(1 - \mathrm{i}/ka_0)}{\mathrm{i}\Gamma(\mathrm{i}/ka_0)} &= \frac{1}{ka_0}\frac{\Gamma(1 - \mathrm{i}/ka_0)}{\Gamma(1 + \mathrm{i}/ka_0)} \\
&= \frac{1}{ka_0}\exp[-2\mathrm{i}\sigma(0, ka_0)],
\end{aligned}
\tag{19.5}
$$

从函数方程

$$
\Gamma\left(1 + \frac{\mathrm{i}}{ka_0}\right) = \frac{\mathrm{i}}{ka_0}\Gamma\left(\frac{\mathrm{i}}{ka_0}\right)
\tag{19.6}
$$

和 (18.61) 中 $\sigma(l, ka_0)$ 的定义直截了当地得到它. 用归一化

$$
c \cdot \frac{\exp[-\pi/2ka_0]}{\Gamma(1 - \mathrm{i}/ka_0)} = 1,
\tag{19.7}
$$

渐近解 (19.3) 就可以写成

$$u = \exp\left[\mathrm{i}\left(kz - \frac{1}{ka_0}\ln\left(2kr\sin^2\frac{1}{2}\vartheta\right)\right)\right]\left(1 - \frac{\mathrm{i}}{2k^3a_0^2\sin^2\frac{1}{2}\vartheta}\right) +$$

$$\frac{\exp\left\{\mathrm{i}\left[kr + k^{-1}a_0^{-1}\ln\left(2kr\sin^2\frac{1}{2}\vartheta\right) - 2\sigma(0, ka_0)\right]\right\}}{2k^2a_0r\sin^2\frac{1}{2}\vartheta} \tag{19.8}$$

的形式. 按照假设, 这公式只对

$$k\lambda_2 = 2kr\sin^2\frac{1}{2}\vartheta \gg 1 \tag{19.9}$$

有效. 就是说, 除了由 (19.9) 式定义的抛物线区域 (图 19.1) 外, 在全部空间都有效.

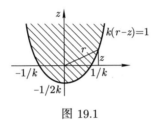

图 19.1

解 (19.8) 的最低阶近似为

$$u \sim \exp[\mathrm{i}kz] + f(\vartheta)\frac{\exp[\mathrm{i}kr]}{r} \tag{19.10}$$

的形式; 就是说, $u \sim$ 入射平面波 + 出射球面波. 在迄今已用它计算过的库仑场情况下, 对相位必须作下列代换:

$$\left.\begin{aligned} kz &\to kz - \frac{1}{ka_0}\ln\left(2kr\sin^2\frac{1}{2}\vartheta\right) \\ kr &\to kr + \frac{1}{ka_0}\ln\left(2kr\sin^2\frac{1}{2}\vartheta\right) \end{aligned}\right\}. \tag{19.11}$$

若势更快地衰减

$$\lim_{r\to\infty} V(r)\cdot r = 0,$$

则这个对数相位修正不会出现. 在一个练习中 (参看 §46) 我们将指出, 对这样一种势, 属于 l 的一个确定值的波函数的另一渐近表示可能是

$$u \sim \frac{常数}{r} \times \sin\left(kr - l\frac{\pi}{2} + \delta_l\right). \tag{19.12}$$

在公式 (18.64) 中, 我们已导出库仑势的类似渐近表达式, 而它是用代换 (19.11) 从 (19.12) 式求得的.

§20. 散射截面. 卢瑟福散射公式

用 (19.8) 和 (19.10) 式给出的解, 我们能计算微分散射截面 $\mathrm{d}Q$. $\mathrm{d}Q$ 的定义是

$$\mathrm{d}Q = \frac{i_s}{i_0} = \frac{(\text{单位时间散射进立体角 } \mathrm{d}\Omega \text{ 内的粒子数})}{(\text{单位时间单位面积上的入射粒子数})}. \tag{20.1}$$

如果散射问题的解是 (19.10) 式的形式, 那么我们有

$$\mathrm{d}Q = |f(\vartheta)|^2 \mathrm{d}\Omega. \tag{20.2}$$

我们通过计算散射粒子流和入射粒子流之比来证明这个公式. 从粒子流密度的普遍公式 (7.10)

$$\boldsymbol{i} = \frac{h}{2mi}(\psi^* \mathrm{grad}\psi - \psi \mathrm{grad}\psi^*),$$

对 (入射)平面波我们得到

$$i_0 = \frac{hk}{m}; \tag{20.3}$$

对散射进立体角 $\mathrm{d}\Omega$ 内的波, 我们立即得到

$$i_s = \frac{hk}{mr^2}|f(\vartheta)|^2 r^2 \mathrm{d}\Omega. \tag{20.4}$$

(记着 $kr \gg 1$ 和 $\mathrm{grad} \sim \dfrac{\mathrm{d}}{\mathrm{d}r}$.) 这样, 就证明了公式 (20.2).

由 (20.2) 式我们得到 (19.8) 的解

$$\mathrm{d}Q = \frac{1}{4k^4 a_0^2 \sin^4 \frac{1}{2}\vartheta} \mathrm{d}\Omega. \tag{20.5}$$

由于

$$k^2 a_0 = \left(\frac{mv}{h}\right)^2 a_0 = \frac{2mE}{h^2} \cdot \frac{h^2}{Ze^2 m} = \frac{2E}{Ze^2}, \tag{20.6}$$

便得出著名的卢瑟福散射公式

$$\mathrm{d}Q = \frac{Z^2 e^4}{16E^2 \sin^4 \frac{1}{2}\vartheta} \mathrm{d}\Omega = \frac{Z^2 e^4}{4m^2 v^4 \sin^4 \frac{1}{2}\vartheta} \mathrm{d}\Omega. \tag{20.7}$$

这表达式以及公式 (19.8) 也都可以从经典物理推导出来;[1] 它是特殊的库仑势的结果. 对于其他势,一般说来经典的和波动力学 [2] 的结果是不可能相同的.

---

[1] W. Gordon, *Z. Physik* **48**, 188 (1928).
[2] Th. Sexl, *Z. Physik* **67**, 766 (1931).

§21. 自由粒子波动方程的解

现在我们要尝试直接求解散射问题, 而不涉及普遍的渐近公式 (17.65). 从而我们将较好地理解这个问题. 朝着这个目标, 我们首先在球坐标中求解自由粒子的波动方程

$$\nabla^2 u + k^2 u = 0. \tag{21.1}$$

用通常的试解 (18.4)

$$u = v_l(r) \mathrm{Y}_l(\vartheta, \varphi),$$

我们把这个微分方程分离为一个和角有关的部分以及一个只和 r 有关的部分. 和 r 有关部分是 (参看 (18.6), $V = 0$)

$$\frac{1}{r} \frac{\mathrm{d}^2}{\mathrm{d}r^2}(rv_l) + \left(k^2 - \frac{l(l+1)}{r^2}\right) v_l = 0, \tag{21.2}$$

或用无量纲坐标 $\rho = kr$ 写成

$$\frac{1}{\rho} \frac{\mathrm{d}^2}{\mathrm{d}\rho^2}(\rho v_l) + \left(1 - \frac{l(l+1)}{\rho^2}\right) v_l = 0. \tag{21.3}$$

用归纳法 $(l \to l+1)$ 我们得到

$$v_{l+1} = -\rho^l \frac{\mathrm{d}}{\mathrm{d}\rho}(\rho^{-1} v_l) = -\frac{\mathrm{d}v_l}{\mathrm{d}\rho} + \frac{l}{\rho} v_l. \tag{21.4}$$

于是, 我们可以把 (21.3) 式的解写成

$$v_l = \rho^l (-1)^l \left(\frac{\mathrm{d}}{\rho \mathrm{d}\rho}\right)^l v_{l=0} \tag{21.5}$$

的形式. 由 (21.3) 式我们立即得到 $v_{l=0}$ 的两个独立解:

$$\left.\begin{array}{ll} \xi_0^{(1)} = \dfrac{\exp[\mathrm{i}\rho]}{\mathrm{i}\rho} & \text{出射球面波} \\[2mm] \xi_0^{(2)} = -\dfrac{\exp[-\mathrm{i}\rho]}{\mathrm{i}\rho} & \text{入射球面波} \end{array}\right\}. \tag{21.6}$$

由此, 例如, 我们得到解

$$\psi_0 = \frac{1}{2}(\xi_0^{(1)} + \xi_0^{(2)}) = \frac{\sin\rho}{\rho}, \tag{21.7}$$

它是在 $\rho = 0$ 处唯一的正则解. 由于 (21.5) 式我们现在可以写出

$$\xi_l^{(1)} = \rho^l (-1)^l \left(\frac{\mathrm{d}}{\rho \mathrm{d}\rho}\right)^l \xi_0^{(1)}, \tag{21.8}$$

$$\left.\begin{aligned} \psi_l &= \frac{1}{2}(\xi_l^{(1)} + \xi_l^{(2)}) \\ &= \rho^l (-1)^l \left(\frac{\mathrm{d}}{\rho \mathrm{d}\rho}\right)^l \psi_0 \\ \chi_l &= (\xi_l^{(1)} - \xi_l^{(2)})/2i \end{aligned}\right\}. \tag{21.9}$$

我们现在要对两个特殊情况 $\rho \gg 1$ 和 $\rho \ll 1$ 写出稍为简单形式的解. 对于 $\rho \gg 1$, 在 (21.8) 式中需要微分的只有 $e^{i\rho}$, 因为其他各项都是 $1/\rho$ 的高次项:

$$\xi_l^{(1)} = (-1)^l (+i)^l \frac{\exp[i\rho]}{i\rho} = (-i)^l \frac{\exp[i\rho]}{i\rho}$$

$$= \frac{\exp\{i[\rho - l(\pi/2)]\}}{i\rho}.$$

于是我们立即得到

$$\psi_1 = \frac{\sin(\rho - l\pi/2)}{\rho}. \tag{21.10}$$

另一方面, 对于 $\rho \ll 1$, 在 (21.8) 式中需要微分的只有 $1/\rho$. 结果是

$$\left.\begin{aligned} \psi_l &\sim \frac{\rho^l}{1 \times 3 \times 5 \times \cdots \times (2l+1)} \\ \chi_l &\sim -\frac{1 \times 3 \times 5 \times \cdots \times (2l-1)}{\rho^{l+1}} \end{aligned}\right\}. \tag{21.11}$$

和柱函数的关系

解 $\xi_l^{(1)}$ 和 ψ_l 与柱函数存在下列关系:

$$\xi_l^{(1)} = \sqrt{\frac{\pi}{2\rho}} H_{l+\frac{1}{2}}^{(1)}(\rho), \tag{21.12}$$

$$\psi_l = \sqrt{\frac{\pi}{2\rho}} I_{\rho+\frac{1}{2}}(\rho). \tag{21.13}$$

函数 $H_{l+\frac{1}{2}}^{(1)}$ 是第一和第二类汉克尔函数, 而 $I_{l+\frac{1}{2}}$ 是贝塞尔函数, 众所周知, 这些函数有下列积分表示 (参看图 21.1):

$$I_n(\rho) = \frac{1}{2\pi} \int_{\omega_0} \exp[i\rho \cos\omega] \exp\left[in\left(\omega - \frac{\pi}{2}\right)\right] \mathrm{d}\omega,$$

$$H_n^{(1)}(\rho) = \frac{1}{2\pi} \int_{\omega_2}^{\omega_1} \exp[i\rho \cos\omega] \exp\left[in\left(\omega - \frac{\pi}{2}\right)\right] \mathrm{d}\omega.$$

把 (21.12) 或 (21.13) 式代入 (21.3) 式, 的确导致柱函数微分方程:

$$\frac{\mathrm{d}^2 Z_n}{\mathrm{d}\rho^2} + \frac{1}{\rho}\frac{\mathrm{d}Z_n}{\mathrm{d}\rho} + \left(1 - \frac{n^2}{\rho^2}\right)Z_n = 0. \tag{21.14}$$

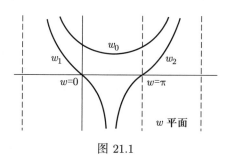

图 21.1

§22.　平面波按勒让德多项式的展开

我们要把平面波 $\mathrm{e}^{\mathrm{i}kz}$ 按勒让德多项式展开 $(x \equiv \cos\vartheta)$:

$$\mathrm{e}^{\mathrm{i}kz} = \exp[\mathrm{i}kr\cos\vartheta] = \mathrm{e}^{\mathrm{i}\rho x} = \sum_l f_l(\rho)\mathrm{P}_l(x). \tag{22.1}$$

系数 $f_l(\rho)$ 是待定的. 为此我们需要积分表示

$$S_l = \frac{1}{l!}\left(\frac{\rho}{2}\right)^l\frac{1}{2}\int_{-1}^{+1}\mathrm{e}^{\mathrm{i}\rho x}(1-x^2)^l\mathrm{d}x = \psi_l(\rho), \tag{22.2}$$

我们要通过推导类似于 (21.4) 式的递推公式来证明它. 我们有

$$S_0 = \frac{1}{2}\int_{-1}^{+1}\mathrm{e}^{\mathrm{i}\rho x}\mathrm{d}x = \frac{\mathrm{e}^{\mathrm{i}\rho} - \mathrm{e}^{-\mathrm{i}\rho}}{2i\rho} = \frac{\sin\rho}{\rho} = \psi_0(\rho).$$

我们可以用 S_l 写出 S_{l+1}.

$$
\begin{aligned}
S_{l+1} &= \frac{1}{(l+1)!}\left(\frac{\rho}{2}\right)^{l+1}\frac{1}{2}\int_{-1}^{+1}\mathrm{e}^{\mathrm{i}\rho x}(1-x^2)^{l+1}\mathrm{d}x \\
&= -\frac{1}{(l+1)!}\left(\frac{\rho}{2}\right)^{l+1}\frac{1}{2}\int_{-1}^{+1}\frac{\mathrm{e}^{\mathrm{i}\rho x}}{\mathrm{i}\rho}(1-x^2)^l(l+1)(-2x)\mathrm{d}x \\
&= -\frac{1}{l!}\left(\frac{\rho}{2}\right)^l\frac{\mathrm{d}}{\mathrm{d}\rho}\frac{1}{2}\int_{-1}^{+1}\mathrm{e}^{\mathrm{i}\rho x}(1-x^2)^l\mathrm{d}x \\
&= -\rho^l\frac{\mathrm{d}}{\mathrm{d}\rho}(\rho^{-1}S_l) = -\frac{\mathrm{d}}{\mathrm{d}\rho}S_l + S_l\frac{l}{\rho}.
\end{aligned}
$$

因此, 由于这个式子和递推公式 (21.4) 式相同, 所以 ψ_l 的确等于积分 S_l.

我们需要下列勒让德多项式的著名关系 (参看 (18.14), (18.16), (18.21)):

$$P_l(x) = \frac{(-1)^l}{2^l l!} \left(\frac{\mathrm{d}}{\mathrm{d}x}\right)^l (1-x^2)^l,$$

$$\int_{-1}^{+1} P_l(x) P_{l'}(x) \mathrm{d}x = \delta_{ll'} \frac{2}{2l+1}, \quad P_l(1) = 1.$$

用这些关系, 由 (22.1) 式我们立即得到

$$\frac{2}{2l+1} f_l(\rho) = \int_{-1}^{+1} \mathrm{e}^{\mathrm{i}\rho x} P_l(x) \mathrm{d}x$$

$$= \frac{1}{2^l l!} (\mathrm{i}\rho)^l \int_{-1}^{+1} \mathrm{e}^{\mathrm{i}\rho x} (1-x^2)^l \mathrm{d}x;$$

最后的表达式是 n 次分部积分的结果. 和 (22.2) 式比较, 我们得出

$$\mathrm{i}^l 2\psi_l(\rho) = \frac{2}{2l+1} f_l(\rho),$$

并且由此得到所求的展开式:

$$\exp[\mathrm{i}\rho\cos\vartheta] = \sum_l (2l+1)\mathrm{i}^l \psi_l(\rho) P_l(\cos\vartheta). \tag{22.3}$$

§23.　具有任意有心力势的薛定谔方程的解

在波动方程

$$\nabla^2 u + k^2 u - \frac{2m}{h^2} V(r) u = 0 \tag{23.1}$$

中, 我们不再用具有特殊性质的库仑势了; 而仅仅要求

$$\lim_{r\to\infty} r V(r) = 0. \tag{23.2}$$

就是说, 势 $V(r)$ 比库仑势衰减得快. 用通常的分离法,

$$u = v_l(\rho) Y_{l,m}(\vartheta, \varphi), \tag{23.3}$$

并用缩写

$$kr = \rho, \quad \frac{2m}{h^2} V(r) = U(r), \tag{23.4}$$

由 (23.1) 式得到方程式

$$\frac{1}{\rho} \frac{\mathrm{d}^2}{\mathrm{d}\rho^2} (\rho v_l) + \left\{1 - \frac{l(l+1)}{\rho^2}\right\} v_l - \frac{U(r)}{k^2} v_l = 0. \tag{23.5}$$

a. **分波法**

我们知道 (23.5) 式的解的两个特殊情况:

$$\rho \ll 1 : \text{如果 } U(0) \text{ 是有限的}, \ v_l(\rho) \sim \rho^l \tag{23.6}$$

(例如, 可以用幂级数试解验证 (参看 (18.30)));

$$\rho \gg 1 : \ v_l(\rho) \sim \frac{c}{\rho} \sin\left(\rho - l\frac{\pi}{2} + \delta_l(k)\right) \tag{23.7}$$

(例如, 参看 (19.12) 式). 后者的渐近表示将在一个练习 (参看 §46) 中引进, 其中, 对 $U = 0$, δ_l 定义为零. 下面, 这公式中 v_l 的归一化是这样选择的, 使得 $c = 1$ (这个归一化和 §46 中的不同, 后者 c 等于 $k\sqrt{2\pi}$). 这里我们要建立一种对散射问题更实用的不同的表示.[①] 类似于公式 (19.10), 我们取

$$u = \exp[\mathrm{i}\rho\cos\vartheta] + f(\vartheta)\frac{\exp[\mathrm{i}\rho]}{r}. \tag{23.8}$$

这个试解满足两个条件: 解不包含入射的球面波, 并且在远离散射中心处, 它仅由入射平面波组成. 为了确定 $f(\vartheta)$, 我们现在要求, 在远距离处渐近公式 (23.8) 和微分方程 (23.1) 的普遍解一致. 于是我们把这个解写成

$$u = \sum_l a_l v_l(\rho) \mathrm{P}_l(\cos\vartheta) \tag{23.9}$$

的形式 (因为问题是轴对称的, 所以不出现 φ). 把 (23.8) 式中的平面波按 (22.3) 式展开, 并且在 (23.9) 式中, 用归一化为 $c = 1$ 的 $v_l(\rho)$ 的渐近表示 (23.7) 式, 使两解相等, 我们得到

$$\sum_l (2l+1)\mathrm{i}^l \sin\left(\rho - l\frac{\pi}{2}\right) \mathrm{P}_l(\cos\vartheta) + kf(\vartheta)\mathrm{e}^{\mathrm{i}\rho}$$
$$= \sum_l a_l \sin\left(\rho - l\frac{\pi}{2} + \delta_l(k)\right) \mathrm{P}_l(\cos\vartheta). \tag{23.10}$$

这里, 我们也已用到 (21.10) 式. 现在, 用不同的形式写出这个方程式.

$$\sum_l (2l+1)\mathrm{i}^l \frac{1}{2\mathrm{i}} \left\{\mathrm{e}^{\mathrm{i}\rho}(-\mathrm{i})^l - \mathrm{e}^{-\mathrm{i}\rho}\mathrm{i}^l\right\} \mathrm{P}_l(\cos\vartheta) + kf(\vartheta)\mathrm{e}^{\mathrm{i}\rho}$$
$$= \sum_l a_l \frac{1}{2\mathrm{i}} \left\{\mathrm{e}^{\mathrm{i}\rho}\mathrm{e}^{\mathrm{i}\delta_l}(-\mathrm{i})^l - \mathrm{e}^{-\mathrm{i}\rho}\mathrm{e}^{-\mathrm{i}\delta_l}\mathrm{i}^l\right\} \mathrm{P}_l(\cos\vartheta). \tag{23.11}$$

[①] 这里, 这个有点任意的归一化是没有意义的, 因为它只是改变了 (23.9) 式中的系数.

令 $e^{-i\rho}$ 和 $e^{i\rho}$ 的系数等于零, 我们得到

$$a_l = (2l+1)i^l \exp[+i\delta_l], \tag{23.12}$$

$$f(\vartheta) = \frac{1}{2ik} \sum_l (2l+1)(\exp[2i\delta_l] - 1)P_l(\cos\vartheta)$$

$$= \frac{1}{k} \sum_l (2l+1)\sin\delta_l \exp[i\delta_l]P_l(\cos\vartheta). \tag{23.13}$$

b. 微分散射截面和总散射截面

微分截面 (20.2) 式现在可以写成

$$dQ = |f(\vartheta)|^2 d\Omega$$

$$= \frac{1}{k^2} \left| \sum_l (2l+1)\sin\delta_l \exp[i\delta_l]P_l(\cos\vartheta) \right|^2 d\Omega. \tag{23.14}$$

通过遍及立体角 $(d\Omega = \sin\vartheta d\vartheta d\varphi)$ 的积分, 我们得到总截面:

$$Q = \int dQ = 2\pi \int_0^\pi |f(\vartheta)|^2 \sin\vartheta d\vartheta.$$

由于勒让德多项式的正交性, 全部交叉项都等于零. 这样, 用归一化积分 $\int_{-1}^{+1} P_l^2(x)dx = 2/(2l+1)$, 我们可以立即写出

$$Q = \frac{4\pi}{k^2} \sum_l (2l+1)\sin^2\delta_l(k). \tag{23.15}$$

c. 相移 $\delta_l(k)$ 的计算

我们现在要计算未受扰波函数 (21.10), 和受势扰的波函数 (23.7) 间的相移 $\delta_l(k)$. 用 $-r^2 v_l$ 乘微分方程

$$\frac{1}{r}\frac{d^2}{dr^2}(r\psi_l) + \left(k^2 - \frac{l(l+1)}{r^2}\right)\psi_l = 0, \tag{23.16}$$

并和乘以 $\rho^2\psi_l$ 的方程式 (23.5) 相加:

$$\frac{d}{dr}\left\{(r\psi_l)\frac{d}{dr}(rv_l) - (rv_l)\frac{d}{dr}(r\psi_l)\right\} = U(r)r^2\psi_l v_l,$$

$$\left\{(r\psi_l)\frac{d}{dr}(rv_l) - (rv_l)\frac{d}{dr}(r\psi_l)\right\}_{r=R} - 0 = \int_0^R U(r)r^2\psi_l v_l dr. \tag{23.17}$$

利用三角恒等式

$$\sin a \cdot \cos(a+\delta) - \sin(a+\delta)\cos a = -\sin\delta,$$

我们得到精确公式

$$\sin \delta_l(k) = -k \int_0^\infty U(r) r^2 \psi_l(kr) v_l(kr) \mathrm{d}r, \tag{23.18}$$

遗憾的是, 我们不了解其中的 v_l. 在某些情况下, 作为第一级近似, 用 ψ_l 代替 v_l 便能避免这种困难:

$$\sin \delta_l(k) = -k \int_0^\infty U(r) r^2 \psi_l^2 \mathrm{d}r. \tag{23.19}$$

§24. 玻恩近似法

我们再令方程式 (23.1)

$$\nabla^2 u + k^2 u = U(r) \cdot u, \quad U(r) = \frac{2m}{h^2} V(r), \tag{24.1}$$

其解具有

$$u = \exp[\mathrm{i}kr \cos \vartheta] + u_1 + \cdots \tag{24.2}$$

的形式, 其中代表散射波的微扰 u_1 与入射平面波相比必须是微小的. 代入方程, 在一级近似中我们得到

$$\nabla^2 u_1 + k^2 u_1 = U(r) \exp[\mathrm{i}kr \cos \vartheta]; \tag{24.3}$$

已略去 $U(r) u_1$ 项. 当然, 我们可以继续运用这种方法并写出

$$\nabla^2 u_2 + k^2 u_2 = U(r) \cdot u_1, \text{等等}$$

然而, 已证明仅当一级近似就够了时, 玻恩近似才是实用的.

在赫兹振子 (图 24.1) 的理论[①] 中已算出方程式 (24.3) 的解了, 它是

$$u_1(x) = -\frac{1}{4\pi} \int \frac{U(r') \exp[\mathrm{i}kr' \cos \vartheta']}{r''} \exp[\mathrm{i}kr''] \mathrm{d}V'. \tag{24.4}$$

它包含这里也需要的辐射边界条件. 一般我们不用这个解. 我们局限于两种特殊情况.

我们首先考察当 $P \to 0$ 时出现什么情况:

$$u_1(0) = -\frac{1}{4\pi} \int \frac{U(r') \exp[\mathrm{i}kr'(\cos \vartheta' + 1)]}{r'} \mathrm{d}V'. \tag{24.5}$$

如果我们遍及立体角 $(\mathrm{d}V' = r'^2 \sin \vartheta' \mathrm{d}r' \mathrm{d}\vartheta' \mathrm{d}\varphi')$ 积分并略去撇号, 我们得到

$$u_1(0) = -\frac{1}{k} \int U(r) \sin kr \exp[\mathrm{i}kr] \mathrm{d}r. \tag{24.6}$$

[①] 参看: W. 泡利, 泡利物理学讲义: 电动力学 (本书第一卷).

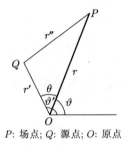

P: 场点; Q: 源点; O: 原点

图 24.1

这个表达式代表在原点处的散射波. 按照假设, 它的振幅是远小于 1 的 (我们已把入射波归一化为 1), 如果

$$\frac{1}{k} \int |U(r)| \mathrm{d}r \ll 1, \tag{24.7}$$

这无疑是正确的. 这是可应用微扰论的充分条件.[1]

现在, 让我们来考察在远距离处解 (24.4) 的行为:

$$r \gg \mathrm{d} = 势的有效范围. \tag{24.8}$$

由于

$$r'' = r - r' \cos \theta, \tag{24.9}$$

我们得到

$$u_1 = -\frac{\exp[\mathrm{i}kr]}{r} \frac{1}{4\pi} \int U(r') \exp[\mathrm{i}kr'(\cos \vartheta' - \cos \theta)] \mathrm{d}V',$$

或者, 按照 (22.3) 式把平面波展开为勒让德多项式

$$u_1 = -\frac{\exp[\mathrm{i}kr]}{r} \frac{1}{4\pi} \int U(r') r'^2 \mathrm{d}r' \sum_{l,l'} \mathrm{i}^l (2l+1) \psi_l(kr') (-\mathrm{i})^{l'} \times$$

$$(2l'+1) \psi_{l'}(kr') \int \mathrm{P}_l(\cos \vartheta') \mathrm{P}_{l'}(\cos \theta) \mathrm{d}\Omega'. \tag{24.10}$$

由于勒让德多项式的正交性 (也由于图 24.1 中的 ϑ', θ 角), 仅有 $l = l'$ 的项不为零:

$$u_1 = -\frac{\exp[\mathrm{i}kr]}{r} \int U(r') r'^2 \mathrm{d}r' \sum_l (2l+1)^2 \times$$

$$\{\psi_l(kr')\}^2 \int \frac{\mathrm{d}\Omega'}{4\pi} \mathrm{P}_l(\cos \vartheta') \mathrm{P}_l(\cos \theta). \tag{24.11}$$

---

[1] 所以, 如果入射粒子的动能大于相互作用能, 就可以使用玻恩近似法. 这样, 它补充了分波法, 后者在低能量时是有效的.

用关系

$$P_l(\cos\vartheta) = (2l+1)\int P_l(\cos\theta)P_l(\cos\vartheta')\frac{d\Omega'}{4\pi} \tag{24.12}$$

它适用于图 24.1 中的角, 于是我们有

$$u_1 = -\frac{\exp[\mathrm{i}kr]}{r}\sum_l (2l+1)P_l(\cos\vartheta) \times$$

$$\int_0^\infty U(r')r'^2\{\psi_l(kr')\}^2 dr'. \tag{24.13}$$

除了由于 δ_l 很小这里已略去因子 $e^{\mathrm{i}\delta_l}$ 外, 这结果和我们已得到的结果相当. (参看 (23.8), (23.13), 和 (23.19) 式).

§25. 低能粒子的散射

结束关于碰撞理论论述时, 我们简短地考虑一种计算方法, 它用到下列两个假设: (1) 对 $r \gg a$, $U(r) \sim 0$ (a 无需精确地定义); (2) $ka \ll 1$, 就是说, 入射粒子的能量是很小的. 对于 $r \gg a$, 微分方程

$$\frac{1}{r}\frac{d^2}{dr^2}(rv_l) + \left(k^2 - \frac{l(l+1)}{r^2}\right)v_l = U(r)v_l \tag{25.1}$$

中的 $U(r)v_l$ 项可以略去, 于是我们得到自由粒子方程的两个独立解 ((21.5)—(21.9)),

$$\psi_l = \frac{\xi^{(1)} + \xi^{(2)}}{2} \tag{25.2}$$

和

$$\chi_l = \frac{\xi^{(1)} - \xi^{(2)}}{2\mathrm{i}}. \tag{25.3}$$

对于 $kr \gg 1$, 这些解的渐近形式是

$$\psi_l \sim \frac{1}{kr}\sin\left(kr - l\frac{\pi}{2}\right), \tag{25.4}$$

$$\chi_l \sim -\frac{1}{kr}\cos\left(kr - l\frac{\pi}{2}\right). \tag{25.5}$$

(25.1) 式的普遍解为

$$v_l = A\psi_l(kr) + B\chi_l(kr). \tag{25.6}$$

和渐近公式 (23.7)

$$v_l \sim \frac{1}{kr}\sin\left(kr - l\frac{\pi}{2} + \delta_l\right) \tag{25.7}$$

比较得出

$$A = \cos\delta, \quad B = -\sin\delta. \tag{25.8}$$

和前面 $(r \gg a, kr \gg l)$ 对比, 我们现在假设 $ka \ll kr \ll 1$. 由于 $k \ll \dfrac{1}{r}$, (25.1) 式进一步简化为

$$\frac{\mathrm{d}^2}{\mathrm{d}r^2}(rv_l) - \frac{l(l+1)}{r^2}(rv_l) = 0. \tag{25.9}$$

这个微分方程的解为

$$v_l = c_1\left(\frac{r}{a}\right)^l + c_2\left(\frac{r}{a}\right)^{-l-1} \quad (c_1/c_2 \text{ 与 } k \text{ 无关}). \tag{25.10}$$

另一方面, 有 (常数!) 系数 (25.8) 的普遍解 (25.6) 仍然有效; 因为 $kr \ll 1$, 我们只好把 (21.11) 式近似值代入. 于是我们得到

$$v_l = \cos \delta_l \cdot \psi_l(kr) - \sin \delta_l \cdot \chi_l(kr) = \cos \delta_l \frac{(kr)^l}{1 \times 3 \times \cdots \times (2l+1)} +$$
$$1 \times 3 \times \cdots \times (2l-1) \sin \delta_l \cdot (kr)^{-l-1}. \tag{25.11}$$

比较两个解得出

$$1 \times 3 \times \cdots \times (2l-1) \times 1 \times 3 \times \cdots \times (2l+1)(ka)^{-2l-1} \tan \delta_l$$
$$= \frac{c_2}{c_1} = \lambda(\text{自由参量, 与 } k \text{ 无关}),$$

或

$$\tan \delta_l = \lambda \frac{(ka)^{2l+1}}{\{1 \times 3 \times \cdots \times (2l-1)\}^2(2l+1)}; \tag{25.12}$$

因为 δ_l 很小, 我们可以写成

$$\frac{\sin \delta_l}{k} \sim a \cdot \lambda \frac{(ka)^{2l}}{\{1 \times 3 \times \cdots \times (2l-1)\}^2(2l+1)}. \tag{25.13}$$

这些关系表明, 在 (23.13) 式中第 l 个分波的振幅是 $(ka)^{2l}$ 的数量级. 如果把这表达式代入总截面公式 (23.15)

$$Q = 4\pi \sum_l (2l+1)\frac{\sin^2 \delta_l}{k^2},$$

那么, 例如, 我们看出, 在低能的情况下, 散射的各向同性部分 ($l = 0, s$ 波) 是和入射粒子的能量无关的.

第七章

解波动方程的近似方法

§26. 均匀场中粒子的本征值问题

a. 艾里函数

设想一个粒子在均匀场中:

$$E_{\text{势}} = -F \cdot q. \tag{26.1}$$

一维波动方程

$$\frac{\mathrm{d}^2 u}{\mathrm{d}q^2} + \frac{2m}{h^2}(Fq + E)u = 0, \tag{26.2}$$

可以用新变量

$$x = \sqrt[3]{\frac{2mF}{h^2}}(q + q_0), \quad E = Fq_0, \tag{26.3}$$

写成较简单的形式

$$\frac{\mathrm{d}^2 u}{\mathrm{d}x^2} + xu = 0. \tag{26.4}$$

用试解

$$u = \int_C \mathrm{e}^{xt} f(t)\mathrm{d}t, \tag{26.5}$$

来求解这个从衍射理论熟知的方程式. 用

$$u'' = \int_C \mathrm{e}^{xt} t^2 f \mathrm{d}t,$$

$$xu = \int_C \left(\frac{\mathrm{d}}{\mathrm{d}t}\mathrm{e}^{xt}\right) f \mathrm{d}t = \int_C \frac{\mathrm{d}}{\mathrm{d}t}(\mathrm{e}^{xt} f)\mathrm{d}t - \int_C \mathrm{e}^{xt} f' \mathrm{d}t$$

和 (26.4) 式, 只要我们这样选取积分路径 C 使得

$$\int_C \frac{\mathrm{d}}{\mathrm{d}t}(\mathrm{e}^{xt} f)\mathrm{d}t = 0, \tag{26.6}$$

我们便得到

$$t^2 f - f' = 0, \quad \frac{f'}{f} = t^2, \quad f = 常数 \times \exp\left[\frac{t^3}{3}\right]. \tag{26.7}$$

现在, 用通常的归一化, 这个解可以写成

$$u_k = -\frac{\mathrm{i}}{\pi} \int_{C_k} \exp\left[xt + \frac{t^3}{3}\right] \mathrm{d}t. \tag{26.8}$$

如果对 $|t| \to \infty$, 我们要求

$$\cos 3\varphi < 0 \qquad (t = |t|\mathrm{e}^{\mathrm{i}\varphi}),$$

即

$$2\pi n + \frac{\pi}{2} \leqslant 3\varphi \leqslant \frac{3\pi}{2} + 2\pi n.$$

则条件 (26.7) 是满足的, 并且保证解的收敛性. 例如, 合适的区间是

$$\left(\frac{\pi}{6}, \frac{\pi}{2}\right), \quad \left(\frac{5\pi}{6}, \frac{7\pi}{6}\right), \quad \left(\frac{9\pi}{6}, \frac{11\pi}{6}\right).$$

图 26.1 中阴影部分是对应于这些区间的区域.

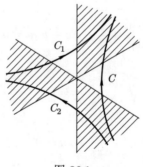

图 26.1

很明显,

$$\int_C = \int_{C_1} + \int_{C_2},$$

就是说, 存在两个独立的特殊积分. 解 u_k 称为艾里函数, 并用 $A^{(k)}$ 来表示. 从衍射理论[1] 我们已熟知它们了. 如果 x 是实的, 那么 $A^{(1)}$ 和 $A^{(2)}$ 是复共轭. 以后, 我们也将用到其平均值

$$A = \frac{1}{2}(A^{(1)} + A^{(2)}). \tag{26.9}$$

---

[1] 参看: W. 泡利, 泡利物理学讲义: 光学和电子论 (本书第二卷).

最后, 注意到艾里函数和柱函数有关:

$$A^{(k)} = C^{(k)} \sqrt{x} \cdot \mathrm{H}_{\frac{1}{2}}^{(k)} \left(\frac{2}{3} x^{\frac{3}{2}} \right), \quad C^{(1)} = \frac{\exp[\mathrm{i}\pi/6]}{\sqrt{3}} = C^{(2)*}.$$

用鞍点法, 现在我们将从积分 (26.8) 推导出渐近表达式.

b. 鞍点法

为了求积分

$$\int_C \exp[f(t)]\mathrm{d}t \tag{26.10}$$

的值, 我们首先在由

$$f'(t_0) = 0$$

定义的 "鞍点" t_0 附近展开 $f(t)$: 我们用的表达式是

$$f(t) = f(t_0) + \frac{(t - t_0)^2}{2} f''(t_0) + \cdots . \tag{26.11}$$

为了使 $\mathrm{Re}(f)$ 尽可能快地下降, 我们选取通过 t_0 的积分路径 (按照柯西和黎曼的最速下降法); 那么, 我们有 $\mathrm{Im}(f) = $ 常数. 设

$$f''(t_0) = |f''(t_0)|\mathrm{e}^{\mathrm{i}\alpha}. \tag{26.12}$$

因为虚部是常数, 那么我们有

$$(t - t_0)^2 = -\rho^2 \mathrm{e}^{\mathrm{i}\alpha}$$
$$t - t_0 = \rho \exp\left[\mathrm{i}\frac{\pi - \alpha}{2}\right]$$
$$\mathrm{d}t = \mathrm{d}\rho \exp\left[\mathrm{i}\frac{\pi - \alpha}{2}\right],$$

因此,

$$f(t) = f(t_0) - \frac{1}{2}|f''(t_0)|\rho^2. \tag{26.13}$$

当我们求积分 (26.10) 的值时, 我们大胆略去展开式 (26.11) 的高次项. 在这种近似下, 我们得到

$$\int_C \exp[f(t)]\mathrm{d}t = \exp[f(t_0)] \exp\left[\mathrm{i}\frac{\pi - \alpha}{2}\right] \times$$
$$\int \exp\left[-\frac{1}{2}|f''(t_0)|\rho^2\right] \mathrm{d}\rho$$
$$= \exp[f(t_0)] \exp\left[\mathrm{i}\frac{\pi - \alpha}{2}\right] \sqrt{\frac{2\pi}{|f''(t_0)|}},$$

最后,

$$\int_C \exp[f(t)]\mathrm{d}t = \exp[f(t_0)]\sqrt{\frac{2\pi}{-f''(t_0)}}, \tag{26.14}$$

其中 t_0 由 $f'(t_0) = 0$ 确定. 按照 (26.12) 式, 还必须选取适当的平方根符号. 关于上述计算的严格论证, 例如, 参看, 柯朗和希尔伯特著《数学物理方法》(Courant and Hilbert, *Methods of Mathematical Physics*).

c. 均匀场中粒子的近似解

首先, 我们必须确定 t_0:

$$f(t) = xt + \frac{t^3}{3}, \quad f'(t_0) = x + t_0^2 = 0, \quad f''(t_0) = 2t_0, \quad t_0^2 = -x;$$

$$t_0 = \pm \mathrm{i}\sqrt{x}, \quad \text{对于 } x > 0, \tag{26.15}$$

$$t_0 = \pm\sqrt{|x|}, \quad \text{对于 } x < 0. \tag{26.16}$$

对于 $x < 0$ 的情形, 由于

$$f(t_0) = -\frac{2}{3}t_0^3 = \pm\frac{2}{3}|x|^{\frac{3}{2}},$$

在解 (26.8) 中有两项:

$$A^{(1)} = -\frac{\mathrm{i}}{\sqrt{\pi}}|x|^{-\frac{1}{4}}\exp\left[+\frac{2}{3}|x|^{\frac{3}{2}}\right] +$$
$$\frac{1}{2}\frac{1}{\sqrt{\pi}}|x|^{-\frac{1}{4}}\exp\left[-\frac{2}{3}|x|^{\frac{3}{2}}\right], \tag{26.17}$$

$$A^{(2)} = +\frac{\mathrm{i}}{\sqrt{\pi}}|x|^{-\frac{1}{4}}\exp\left[+\frac{2}{3}|x|^{\frac{3}{2}}\right] +$$
$$\frac{1}{2}\frac{1}{\sqrt{\pi}}|x|^{-\frac{1}{4}}\exp\left[-\frac{2}{3}|x|^{\frac{3}{2}}\right]. \tag{26.18}$$

如图 26.2 所示, 这是因为积分路径绕过两个鞍点. 当然, 右边的鞍点只被覆盖了一半, 因此, 对解的贡献只是其值的一半.

在 $x > 0$ 的情况下, 在每条积分路径 C_1 和 C_2 上只有一个鞍点 (参看图 26.3). 其解 (用著名的 $\exp[\mathrm{i}(\pi/4)]$) 是:

$$A^{(1)} = \frac{1}{\sqrt{\pi}}x^{-\frac{1}{4}}\exp\left[\mathrm{i}\left(\frac{2}{3}x^{\frac{3}{2}} - \frac{1}{4}\pi\right)\right], \tag{26.19}$$

$$A^{(2)} = \frac{1}{\sqrt{\pi}}\mathrm{e}^{-\frac{1}{4}}\exp\left[-\mathrm{i}\left(\frac{2}{3}x^{\frac{3}{2}} - \frac{1}{4}\pi\right)\right]. \tag{26.20}$$

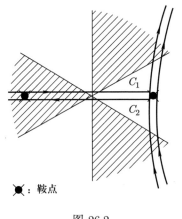

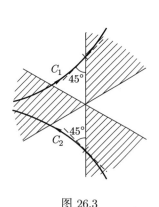

● ：鞍点

图 26.2　　　　　　　　　　　图 26.3

所以, 两个函数的平均值 (26.9) 是

$$x < 0: \quad A = \frac{1}{2}\frac{1}{\sqrt{\pi}}|x|^{-\frac{1}{4}}\exp\left[-\frac{2}{3}|x|^{\frac{3}{2}}\right], \tag{26.21}$$

$$x > 0: \quad A = \frac{1}{\sqrt{\pi}}x^{-\frac{1}{4}}\cos\left(\frac{2}{3}x^{\frac{3}{2}} - \frac{1}{4}\pi\right). \tag{26.22}$$

必须再次强调, 这个解表示一个近似. 虽然积分 (26.8) 从负无限大伸展到正无限大, 但泰勒展开式 (26.11) 只适用于鞍点的邻域. 当然, 对积分的主要贡献确实是来自鞍部区域. 我们进一步指出, 因为误差具有表达式本身的数量级, 所以 (26.17) 和 (21.18) 式中 $A^{(1)}$ 和 $A^{(2)}$ 的第一项是靠不住的. 然而, 这些项在 (26.21) 和 (26.22)式[1]中抵消了.

§27.　温-克-布 (WKB) 三氏法

　　G. 温采尔和 L. 布里渊已给出一种能获得波动方程 (如果它是可以分离成个别的独立变量的方程) 近似解的方法[2]. H. A. 克拉默斯和他的学生提出这种方法的数学基础并把它扩充了[3]. 求解的方式类似于在光学中由

---

　　[1] 英译本中漏译 "和 (26.22) 式" 这几个字.——中译者注

　　[2] L. Brillouin, *Compt. Rend.* **183**, 24(1926); *J. de. Physique* **7**, 353 (1926); G. Wentzel; *Z. Physik* **38**, 518 (1926); 也可参看 H. Jeffreys, *Proc. London Math. Soc.* (2) **23**, 428 (1923).

　　[3] H. A. Kramers, *Z. Physik* **39**, 828 (1926).

普遍波动方程过渡到程函方程的方法[①].

　　我们来解一维定态波动方程,

$$u'' + \frac{2m}{h^2}[E - V(x)]u = 0, \quad \text{其中 } E - V(x) > 0, \tag{27.1}$$

并采用试解

$$u = \exp\left[\frac{\mathrm{i}}{h}S\right]. \tag{27.2}$$

在这种方法中, 从 u 的一次二阶微分方程 (27.1), 我们得到一个 $\mathrm{d}S/\mathrm{d}x = S'$ 的二次一阶微分方程 (里卡蒂 [Riccati] 微分方程):

$$S'^2 = 2m[E - V(x)] + \mathrm{i}hS''. \tag{27.3}$$

为了求解这一个方程, 我们把 S 按 h/i 的幂展开 (这个幂级数是渐近型的):

$$S = S_0 + \frac{h}{\mathrm{i}}S_1 + \cdots. \tag{27.4}$$

把 (27.4) 式代入 (27.3) 式, 于是得出

$$S_0' = \sqrt{2m[E - V(x)]}, \tag{27.5}$$

并导出解

$$S_0 = \int_{x_1}^{x} \sqrt{2m[E - V(x)]}\mathrm{d}x. \tag{27.6}$$

如果我们令

$$p = S_0',$$

那么, 在零级近似 $(h = 0)$, 我们得到在经典力学中所熟悉的关系

$$p(x) = \sqrt{2m[E - V(x)]}. \tag{27.7}$$

　　[①] 在光学 (参看参考书 1. 第 127 页) 中我们用试解

$$\psi = \exp[\mathrm{i}k_0 S],$$

求解定态波动方程

$$\frac{\partial^2 \psi}{\partial x^2} + n^2 k_0^2 \psi = 0.$$

我们假设 S 是缓变量; 即在表达式

$$\frac{\partial^2 \psi}{\partial x^2} = \left\{-k_0^2 \left(\frac{\partial S}{\partial x}\right)^2 + \mathrm{i}k_0 \frac{\partial^2 S}{\partial x^2}\right\}\psi$$

中只用到 k_0 的最高次幂. 由此得到表示光线光学特征的程函微分方程

$$\left(\frac{\partial S}{\partial x}\right)^2 = n^2.$$

在 $E - V(x) \geqslant 0$ 的区间 (x_1, x_2) 中, 粒子的轨道是经典的. 也可能存在很多这样的区间; 然而, 暂时我们假设只有一个 (图 27.1).

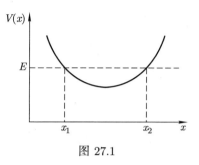

图 27.1

由 (27.3) 式得到下一级近似是

$$2S_1' S_0' + S_0'' = 0,$$
$$S_1 = -\frac{1}{2} \ln S_0' + 常数.$$

我们现在得到波动方程 (27.1) 的解

$$u_{\pm} = \frac{常数}{\sqrt{p(x)}} \times \exp\left[\frac{\mathrm{i}}{h} \cdot \int_{x_1}^{x} p(x)\mathrm{d}x\right]; \tag{27.8}$$

$$E - V > 0: \text{振动的 (经典上可达到的)},$$
$$E - V < 0: \text{阻尼的 (经典上不可达到的)}.$$

符号 $\pm$ 提醒我们, 涉及的是对应于平方根 (27.7) 的两种符号的两个线性独立的解. 在

$$p(x) \equiv \sqrt{2m[E - V(x)]} = 0 \tag{27.9}$$

的邻近, 这个解是不能用的; 就是说, 它在经典的转折点 (在那里, 的确 $E = V(x)$) 邻域无效.

在这区域中, 我们可以把它与我们已了解的艾里函数联系起来. 为此, 必须把展开式

$$\frac{p^2(x)}{2m} = E - V(x) = (x - x_1)F_1 + \cdots, \quad F_1 \equiv -V'(x_1) > 0, \tag{27.10}$$

代入方程式 (27.1):

$$u'' + \frac{2mF_1}{h^2}(x - x_1)u = 0. \tag{27.11}$$

这个方程式的解是变数

$$\xi = (x - x_1) \cdot \sqrt[3]{\frac{2mF_1}{h^2}} \tag{27.12}$$

的艾里函数. 为了寻求 $A^{(1)}$ 和 $A^{(2)}$ 正确的组合, 我们首先考虑 $x < x_1$ 的区域, 在此区域中 u 必须是阻尼的 (经典地不可达到的). 用 $p = -\mathrm{i}|p|$, (27.8) 式为

$$u = \frac{\text{常数}}{\sqrt{|p|}} \exp\left[-\frac{1}{h}\int_x^{x_1}|p|\mathrm{d}x\right], \quad x < x_1. \tag{27.13}$$

由 (27.10) 和 (27.12) 式, 我们得到

$$\frac{1}{h}\int_x^{x_1}|p|\mathrm{d}x = \sqrt{\frac{2mF_1}{h^2}}\int_x^{x_1}|x-x_1|^{\frac{1}{2}}\mathrm{d}x = \frac{2}{3}|\xi|^{\frac{3}{2}}.$$

于是, 按照 (26.21) 式, 对于 $x < x_1$, 我们得

$$u = \text{常数} \times |\xi|^{-\frac{1}{4}}\exp\left[-\frac{2}{3}|\xi|^{\frac{3}{2}}\right] = \text{常数} \times A(\xi),$$

而关于 $x > x_1$ 的解由 (26.22) 式给出

$$\begin{aligned}
u &= \text{常数} \times \xi^{-\frac{1}{4}}\cos\left(\frac{2}{3}\xi^{\frac{3}{2}} - \frac{1}{4}\pi\right)\\
&= \frac{\text{常数}}{\sqrt{p}}\times\cos\left(\frac{1}{h}\int_{x_1}^x p\mathrm{d}x - \frac{1}{4}\pi\right).
\end{aligned} \tag{27.14}$$

类似的公式适用于第二个转折点, x_2. 用

$$\frac{p^2(x)}{2m} = E - V(x) = -(x-x_2)F_2 + \cdots,$$

$$F_2 \equiv +V'(x_2) > 0, \quad \eta = \sqrt[3]{\frac{2mF_2}{h^2}}(x_2 - x),$$

在区域 $x > x_2$ 中, 我们得到

$$\begin{aligned}
u &= \frac{\text{常数}}{\sqrt{|p|}}\times\exp\left[-\frac{1}{h}\int_{x_2}^x|p|\mathrm{d}x\right]\\
&= \text{常数} \times |\eta|^{-\frac{1}{4}}\exp\left[-\frac{2}{3}|\eta|^{\frac{3}{2}}\right] = \text{常数} \times A(\eta)
\end{aligned} \tag{27.15}$$

而在区域 $x < x_2$, 那么我们有

$$\begin{aligned}
u &= \text{常数} \times \eta^{-\frac{1}{4}}\cos\left(\frac{2}{3}\eta^{\frac{3}{2}} - \frac{1}{4}\pi\right)\\
&= \frac{\text{常数}}{\sqrt{p}}\times\cos\left(\frac{1}{h}\int_x^{x_2} p\mathrm{d}x - \frac{1}{4}\pi\right).
\end{aligned} \tag{27.16}$$

这些表达式代表在 $-\infty$ 到 $+\infty$ 区域中的波函数. 在这些边界处波函数指数地趋近于零. 在两个经典转折点 x_1 和 x_2 处, 基本上改变了它的结构. 关于这些

解的行为的更详细的讨论, 应该参考克拉默斯和他的合作者的原文. 为了得到两对解 ((27.13), (27.14), 和 (27.15), (27.16)) 的一个唯一的描述, 我们还必须要求在公共区间 (x_1, x_2) 中,

$$\cos\left(\frac{1}{h}\int_{x_1}^x p(x)\mathrm{d}x - \frac{1}{4}\pi\right) = \pm\cos\left(\frac{1}{h}\int_x^{x_2} p(x)\mathrm{d}x - \frac{1}{4}\pi\right), \qquad (27.17)$$

$$\frac{1}{h}\int_{x_1}^{x_2} p(x)\mathrm{d}x - \frac{\pi}{2} = n\pi. \qquad (27.18)$$

如果我们用

$$J = \oint p_x \mathrm{d}x = 2\int_{x_1}^{x_2}\sqrt{2m(E - V(x))}\mathrm{d}x,$$

表示著名的相积分, 我们不再得到旧玻尔量子条件,

$$J = n \cdot 2\pi h; \qquad (27.19)$$

而是, 得到精确的条件

$$J = \left(n + \frac{1}{2}\right) \cdot 2\pi h \quad (n = 0, 1, 2, \cdots). \qquad (27.20)$$

当然, 由于我们的推导, 甚至这个表达式也是一个近似, 随着 n 的增加, 它会变得好一些. 误差是 $1/n$ 的数量级; 然而, 常数却是正确的. 在某些情况中, 例如, 谐振子 (参看 (15.20) 式) 对任意的 n 都精确地遵从量子条件 (27.20). 这是和势的特殊形式有关[①].

直到现在, 我们总是只假设一个 $E - V(x) > 0$ 的区间; 这是我们进行推导的一个重要假设. 如果存在两个以上这样的区间, 由于波函数在经典地不可达到的中介区域里不为零 (参看 (27.13) 和 (27.15) 式), 那么便出现新的效应. 所以, 波函数可能从一个区域 (x_1, x_2) "漏" 到另一个区域 (x_3, x_4) 去, 尽管它们被经典地不可超越的势垒所分开 (图 27.2). 这种典型的波动力学现象称为隧道效应; 在量子论的很多应用中, 它起着很大的作用. 我们将在一个练习中 (参看 §41) 论及这个效应.

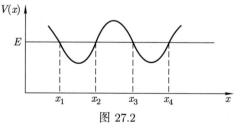

图 27.2

[①] 参看, 例如, E. C. Kemble, *The Fundamental Principles of Quantum Mechanics.* pp.574 ff.

第八章

矩阵和算符. 微扰理论

§28. 矩阵和算符间的普遍关系. 变换理论

我们回顾 §16 的讨论, 并且重复那里给出的矩阵元的定义. 令

$$u_1(q), \cdots, u_n(q), \cdots$$

为一完备正交归一函数集. 于是我们能写出

$$\underline{F}u_n = \sum_k u_k(k|\underline{F}|n), \tag{28.1}$$

其中

$$(k|\underline{F}|n) = \int u_k^*(\underline{F}u_n)\mathrm{d}q \tag{28.2}$$

代表算符 $\underline{F}$ 关于 u_n 的矩阵元.

按照 (28.2) 式, 厄米性条件 (12.5) 式

$$\int (\underline{F}u_k)^* u_n \mathrm{d}q = \int u_k^*(\underline{F}u_n)\mathrm{d}q, \tag{28.3}$$

对矩阵来说意味着

$$(k|\underline{F}|n) = (n|\underline{F}|k)^*. \tag{28.4}$$

类似地定义另外一个矩阵,

$$\underline{G}u_n = \sum_m u_m(m|\underline{G}|k), \quad (k|\underline{G}|m) = \int u_k^*(\underline{G}u_m)\mathrm{d}q, \tag{28.5}$$

我们计算算符 $\underline{G}\ \underline{F}$ 的矩阵:

$$(\underline{G}\ \underline{F})u = \underline{G}(\underline{F}u), \tag{28.6}$$

$$\underline{G}(\underline{F}u_n) = \sum_k (\underline{G}u_k)(k|\underline{F}|n)$$

$$= \sum_m u_m \sum_k (m|\underline{G}|k)(k|\underline{F}|n) \equiv \sum_m u_m(m|\underline{G}\ \underline{F}|n). \tag{28.7}$$

用通常意义下的矩阵乘法进行 (28.7) 式的最后一步

$$(m|\underline{G}\ \underline{F}|n) \equiv \sum_k (m|\underline{G}|k)(k|\underline{F}|n), \tag{28.8}$$

它表明算符的乘法对应于它所关联的矩阵乘法.

我们现在要研究, 如果我们从 u_n 过渡到另一完备正交函数集 v_A, 矩阵怎样改变. 我们可以按 u_n 把 v_A 展开:

$$v_A = \sum_n u_n(n|\underline{S}|A) \equiv \underline{S}u_A, \tag{28.9}$$

其中

$$(n|\underline{S}|A) = \int v_A u_n^* \mathrm{d}q. \tag{28.10}$$

(28.9) 式定义的算符 $\underline{S}$, 使得每一个函数 $f = a_1 u_1 + a_2 u_2 + \cdots$, 和具有相同展开系数的函数 $g = a_1 v_1 + a_2 v_2 + \cdots$ 联系起来. 我们把 $\underline{S}$ 叫做变换算符; 它和迄今考察过的厄米算符根本不同.

a. 幺正变换

由于完备性关系 (9.9), 我们得到

$$\int v_A^* v_B \mathrm{d}q = \sum_n (n|\underline{S}|A)^*(n|\underline{S}|B). \tag{28.11}$$

用这个关系, v_A 的正交性和归一化条件变为

$$\left. \begin{array}{c} \sum_n (n|\underline{S}|A)^*(n|\underline{S}|B) = (A|\underline{S}^+\underline{S}|B) = \delta_{AB} \\[2mm] \underline{S}^+\underline{S} = 1 \end{array} \right\}, \tag{28.12}$$

或

其中 $\underline{S}^+$ 表示从 $\underline{S}$ 得到的厄米共轭矩阵:

$$(A|\underline{S}^+|n) \equiv (n|\underline{S}|A)^*. \tag{28.13}$$

厄米共轭矩阵的一条规则是

$$(\underline{F}\ \underline{G}\ \underline{H}\cdots)^+ = \cdots\underline{H}^+\underline{G}^+\underline{F}^+. \tag{28.14}$$

作为 v_A 的完备性条件, 我们可以要求每一个 u_n 是能按 v_A 展开的:

$$u_n = \sum_A v_A(A|\underline{S}^+|n), \quad (A|\underline{S}^+|n) = \int u_n v_A^* \mathrm{d}q. \tag{28.15}$$

如果约定 v_A 是完备的, 那么类似于 (28.12) 式的条件必须成立:

$$(n|\underline{S}\ \underline{S}^+|m) = \delta_{nm}, \quad \underline{S}\ \underline{S}^+ = 1; \tag{28.16}$$

这表示存在 $\underline{S}$ 的逆算符, $\underline{S}^{-1}$. 对有限秩的方阵总是这种情况; 就是说, 由 (28.12) 式总可以得出 (28.16) 式, 反过来也是这样. 然而, 矩形矩阵就不是这样了, 所以, 无限秩的矩阵也不是这样, 因为那时说方阵就不再有意义了.

一个满足 (28.12) 和 (28.16) 式的矩阵称为幺正的, 并且对应的变换称为幺正变换, 幺正变换保持正交性、归一化和完备性.

我们现在要研究, 当我们从 u_n 过渡到 v_A 时, (28.2) 式定义的矩阵 $\underline{F}$ 是怎样变换的. 用 (28.9) 式, 并类似于

$$(k|\underline{F}|l) = \int u_k^*(\underline{F}u_l)\mathrm{d}q, \tag{28.17}$$

我们写出

$$\begin{aligned}
(A|\underline{F}'|B) &= \int v_A^*(\underline{F}v_B)\mathrm{d}q \\
&= \int \sum_n \sum_m (A|\underline{S}^+|u)u_n^*(\underline{F}u_m)(m|\underline{S}|B)\mathrm{d}q \\
&= \sum_n \sum_m (A|\underline{S}^+|n)(n|\underline{F}|m)(m|\underline{S}|B) \\
&= (A|\underline{S}^+\underline{F}\ \underline{S}|B). \tag{28.18}
\end{aligned}$$

这样,

$$\underline{F}' = \underline{S}^+\underline{F}\ \underline{S} \text{ (相似变换)}. \tag{28.19}$$

并且, 因为对幺正变换 $\underline{S}^+ = \underline{S}^{-1}$, 因此

$$\underline{F}' = \underline{S}^{-1}\underline{F}\ \underline{S}. \tag{28.20}$$

容易证明, 这变换保持 $\underline{F}$ 的厄米性; 就是说, 如果 $\underline{F}$ 是厄米的, $\underline{F}'$ 也是厄米的.

b. 本征值问题的表述

如果我们写出哈密顿算符关于波动方程

$$\underline{H}u = Eu$$

的本征函数的矩阵元

$$(n|\underline{H}|m) = \int u_n^*(\underline{H}u_m)\mathrm{d}q. \tag{28.21}$$

我们得到

$$(n|\underline{H}|m) = E_m \int u_n^* u_m \mathrm{d}q = E_m \delta_{nm}; \tag{28.22}$$

就是说, 在这个系统中定义的哈密顿矩阵元是对角的, 并且它的对角元是波动方程的能量本征值 E_n. 这样, 求波动方程的解也对应于哈密顿矩阵 (相对于某一正交归一化函数集写出的) 对角化; 就是说, 利用一个按照 (28.19) 式必须满足

$$(n|\underline{S}^+ \underline{H} \, \underline{S}|m) = E_n \delta_{nm} \tag{28.23}$$

的幺正变换矩阵 $\underline{S}$, 作一个主轴变换. 用 $\underline{S} \, \underline{S}^+ = 1$, 我们也可以写出

$$(n|\underline{H} \, \underline{S}|m) = (n|\underline{S} \, \underline{E}|m), \tag{28.24}$$

或

$$\sum_k (n|\underline{H}|k)(k|\underline{S}|m) = (n|\underline{S}|m)E_m. \tag{28.25}$$

用这种方式, 原则上不但可能计算能量的本征值, 而且也可以计算波动方程的对应本征函数 u_n; 不过, 能进行计算的只有少数几种情况, 例如, 谐振子和微扰论.

c. 把矩阵方法扩展到连续谱

矩阵演算的运算可以推广到以连续变量代替离散指标的情况中, 例如, 如果我们考虑矩阵积 $\underline{F} \cdot \underline{G}$

$$\sum_k (n|\underline{F}|k)(k|\underline{G}|m), \tag{28.26}$$

并假设 k 是连续变量, 那么我们只需用积分代替求和:

$$\sum_k \longrightarrow \int \rho(k_1, \cdots, k_f)\mathrm{d}^f k. \tag{28.27}$$

代替克罗内克 (Kronecker) δ, 我们得到狄拉克函数:

$$\delta_{kk'} \longrightarrow \rho^{-1}(k)\delta^f(k - k'). \tag{28.28}$$

这样, 例如, 我们可以把条件 (28.12) 和 (28.16) 式重新写为:

$$\underline{S}^+\underline{S} = 1, \sum_n (A|\underline{S}^+|n)(n|\underline{S}|B) = \rho^{-1}(A)\delta(A - B); \tag{28.29}$$

$$\underline{S} \, \underline{S}^+ = 1, \int (n|\underline{S}|A)\rho(A)\mathrm{d}A(A|\underline{S}^+|m) = \delta_{nm}. \tag{28.30}$$

因为 "密度函数" ρ 也能有离散谱, 所以甚至可能兼有离散谱和连续谱.

§29.　矩阵表象中微扰论的普遍形式体系

我们回顾在 §16 中具有微扰势的线性谐振子的例子, 并作更一般的断言:
如果哈密顿矩阵有

$$\underline{H} = \underline{H}^{(0)} + \underline{V} \tag{29.1}$$

的形式, 其中 $\underline{H}^{(0)}$ 是对角的, 而 V 不是对角的, 但与 $\underline{H}$ 相比, 它微小到满足下列判据

$$|(m|\underline{V}|n)| \ll |(m|\underline{H}|m) - (n|\underline{H}|n)| \ (m \neq n). \tag{29.2}$$

那么, 我们就可以进行微扰计算. 用 (28.25) 式我们可以写出

$$E_n^{(0)}(n|\underline{S}|m) + \sum_k (n|\underline{V}|k)(k|\underline{S}|m) = (n|\underline{S}|m)E_m, \tag{29.3}$$

其中 $E_n^{(0)}$ 是 $\underline{H}^{(0)}$ 的本征值. 这个关系仍然是正确的, 然而, 现在由于 (29.2) 式, 我们作一个展开式[①]:

$$E_n = E_n^{(0)} + E_n^{(1)} + E_n^{(2)} + \cdots, \tag{29.4}$$

$$\underline{S} = \underline{S}^{(0)} + \underline{S}^{(1)} + \underline{S}^{(2)} + \cdots, \quad \underline{S}^{(0)} = 1. \tag{29.5}$$

(我们已避免引进参量 ε. 我们约定, 在展开式中 $E_n^{(i)}$ 和 $\underline{S}^{(i)}$ 分别是比 $E_n^{(i-1)}$ 和 $\underline{S}^{(i-1)}$ 小一个数量级, 而不再写成

$$\underline{S} = 1 + \varepsilon\underline{S}^{(1)} + \varepsilon^2\underline{S}^{(2)} + \varepsilon^3\underline{S}^{(3)} + \cdots.)$$

---

① 由于 (29.2) 式, 我们可以首先令 (29.3) 式的 $(n|\underline{V}|k)$ 对于 $k \neq n$ 近似地等于零:

$$\{E_n^{(0)} + (n|\underline{V}|n) - E_m\}(n|\underline{S}|m) \simeq 0.$$

我们可以给 $\underline{H}$ 的本征函数这样编号, 使得

$$E_n \simeq E_n^{(0)} + (n|\underline{V}|n) \quad (m = n)$$

和

$$(n|\underline{S}|m) \simeq 0 \quad (m \neq n)$$

这样, 由于 $\underline{S}\,\underline{S}^+ = \underline{S}^+\underline{S} = 1$, 我们得到

$$(n|\underline{S}|n) \simeq 1.$$

这就证明了展开式 (29.4) 和 (29.5) 是正确的.

a. 第一级近似

代入 (29.3) 式, 得出第一级近似

$$E_n^{(0)}\delta_{nm} + E_n^{(0)}(n|\underline{S}^{(1)}|m) + (n|\underline{V}|m)$$
$$= E_n^{(0)}\delta_{nm} + E_n^{(1)}\delta_{nm} + (n|\underline{S}^{(1)}|m)E_m^{(0)},$$
$$E_n^{(0)}(n|\underline{S}^{(1)}|m) + (n|\underline{V}|m)$$
$$= E_n^{(1)}\delta_{nm} + (n|\underline{S}^{(1)}|m)E_m^{(0)}. \tag{29.6}$$

在求解这个方程中, 我们要区别两种情况:

1. $n \neq m$:

$$(E_n^{(0)} - E_m^{(0)})(n|\underline{S}^{(1)}|m) = -(n|\underline{V}|m). \tag{29.7}$$

在 $\underline{H}^{(0)}$ 是简并的情况下, 只有

$$(n|\underline{V}|m) = 0 \text{ 对于 } E_n^{(0)} = E_m^{(0)}, \quad n \neq m, \tag{29.8}$$

满足上列方程; 这样, 如果存在简并, 为了可能进行微扰计算, 就必须满足这个条件. 如果本征值是十分靠近在一起的, 近似也将是很差的; 由于这种原因, $\underline{V}$ 必须满足条件 (29.2). 由 (29.7) 式我们得到

$$(n|\underline{S}^{(1)}|m) = -\frac{(n|\underline{V}|m)}{E_n^{(0)} - E_m^{(0)}}. \tag{29.9}$$

2. $m = n$:

$$E_n^{(1)} = (n|\underline{V}|n). \tag{29.10}$$

这样, 在第一级近似中, 能量本征值改变了等于微扰的对角矩阵元的量值.

因为变换矩阵 $\underline{S}$ 必须是幺正的,

$$\underline{S}^+\underline{S} = I,$$

在第一级近似中我们有

$$\underline{S}^{(1)} + \underline{S}^{(1)+} = 0, \tag{29.11}$$

这意味着 $(n|\underline{S}^{(1)}|n)$ 是纯虚的, 但其他方面是完全任意的, 这对应于我们总是可以作相变换这一事实.

b. 第二级近似

在第二级近似中, (29.3)、(29.4) 和 (29.5) 式给出

$$E_n^{(0)}\delta_{nm} + E_n^{(0)}(n|\underline{S}^{(1)}|m) + E_n^{(0)}(n|\underline{S}^{(2)}|m) + (n|\underline{V}|m) +$$
$$\sum_k (n|\underline{V}|k)(k|\underline{S}^{(1)}|m) = E_n^{(0)}\delta_{nm} + E_n^{(1)}\delta_{nm} + E_n^{(2)}\delta_{nm} +$$
$$(n|\underline{S}^{(1)}|m)E_m^{(0)} + (n|\underline{S}^{(1)}|m)E_m^{(1)} + (n|\underline{S}^{(2)}|m)E_m^{(0)};$$

用 (29.6) 式, 这个式子变成

$$(E_n^{(0)} - E_m^{(0)})(n|\underline{S}^{(2)}|m) + \sum_k (n|\underline{V}|k)(k|\underline{S}^{(1)}|m)$$

$$= \delta_{nm}E_n^{(2)} + (n|\underline{S}^{(1)}|m)E_m^{(1)}. \tag{29.12}$$

我们再次区分两种情况:

1. $n \neq m$:

$$(n|\underline{S}^{(2)}|m) = \frac{\{(n|\underline{V}|n) - (m|\underline{V}|m)\}(n|\underline{V}|m)}{(E_n^{(0)} - E_m^{(0)})^2}$$

$$+ \sum_{\substack{k \\ k \neq n \\ k \neq m}} \frac{(n|\underline{V}|k)(k|\underline{V}|m)}{(E_k^{(0)} - E_m^{(0)})(E_n^{(0)} - E_m^{(0)})}. \tag{29.13}$$

2. $n = m$:

$$E_n^{(2)} = -\sum_{\substack{k \\ k \neq n}} \frac{(n|\underline{V}|k)(k|\underline{V}|n)}{E_k^{(0)} - E_n^{(0)}} = -\sum_{\substack{k \\ k \neq n}} \frac{|(n|\underline{V}|k)|^2}{E_k^{(0)} - E_n^{(0)}} \tag{29.14}$$

(最低本征值总是负的).

c. $\underline{H}^{(0)}$ 的简并性

在 $\underline{H}^{(0)}$ 是简并的情况下, 我们已经看到, $\underline{V}$ 必须满足条件 (29.8) 我们才能进行微扰计算, 为了使 g 重简并度 $(E_1^{(0)} = E_2^{(0)} = \cdots = E_g^{(0)} = E_0)$ 达到这个要求, 我们必须选取对应的 g 维子空间, 并且在这个子空间中精确地求解方程 (28.25)

$$\sum_{k=1}^{g} (n|\underline{H}|k)(k|\underline{S}|A) = E_A(n|\underline{S}|A) \tag{29.15}$$

$$n, A = 1, 2, \cdots, g,$$

在这种情况下满足 (29.8) 式. 方程式 (29.15) 代表 g 个方程组 (用指标 A 标记), 每个方程组包含 g 个未知量 $(n|\underline{S}|A)$ 的 g 个线性齐次方程式 (用指标 n 标记). 每个方程组的系数矩阵是

$$\underline{H} - E_A \cdot I$$

$$= \left\| \begin{matrix} E_0 + V_{11} - E_A & V_{12}\cdots & \cdots & \cdots V_{1g} \\ V_{21} & E_0 + V_{22} - E_A & & \vdots \\ \vdots & & \ddots & \\ & & & \ddots & \vdots \\ \vdots & & & \ddots & \\ V_{g1}\cdots & \cdots & \cdots & \cdots & E_0 + V_{gg} - E_A \end{matrix} \right\|, \tag{29.16}$$

众所周知, 只有在条件

$$\det \| \underline{H} - E_A \cdot I \| = 0 \tag{29.17}$$

下才存在非零解. 这是一个 E_A 的 g 次代数方程, 它的解确定能量的本征值. 一旦解出这个方程式, 求解 (29.15) 式就不存在更多的障碍了.

在结束时, 我们注意到这一本征值问题不过是一个著名的 $g \times g$ 矩阵 $\underline{H}$ 的主轴变换, 其厄米性要求全部本征值都是实的. 方程式 (29.17) 称为久期方程, 因为它首次出现是和行星轨道的长期微扰计算有关.

§30. 与时间有关的微扰

如果我们有一个与时间有关的微扰, 那么, 当然我们只关心与时间有关的波动方程

$$ih \frac{\partial \psi}{\partial t} = \underline{H}_0 \psi + \underline{V}(t) \psi \tag{30.1}$$

的解. 我们用通常的方法 (参看, 例如, (7.7) 式) 把这个方程的解展开, 在这种情况下, (如狄拉克所建议的那样) 按未受扰的本征函数 u_n 展开:

$$\psi = \sum_n a_n(t) u_n \exp \left[-\frac{i}{h} E_n^{(0)} t \right], \tag{30.2}$$

其中

$$\underline{H}_0 u_n = E_n^{(0)} u_n. \tag{30.3}$$

把 (30.2) 式代入 (30.1) 式, 并记住 (30.3) 式, 我们得到

$$ih \sum_m \frac{da_m}{dt} u_m \exp \left[-\frac{i}{h} E_m^{(0)} t \right]$$
$$= \sum_m a_m(t) \underline{V} u_m \exp \left[-\frac{i}{h} E_m^{(0)} t \right]. \tag{30.4}$$

我们用 u_n^* 乘这个方程式并对 dq 积分:

$$ih \frac{da_n}{dt} \exp \left[-\frac{i}{h} E_n^{(0)} t \right]$$
$$= \sum_m a_m(t) (n|\underline{V}|m) \exp \left[-\frac{i}{h} E_m^{(0)} t \right] \tag{30.5}$$

或

$$ih \frac{da_m}{dt} = \sum_m a_m(t) (n|\underline{V}|m) \exp \left[+\frac{i}{h} (E_n^{(0)} - E_m^{(0)}) t \right]. \tag{30.6}$$

我们求一个给定初值,

$$a_n(0) = a_n^{(0)}$$

的解. 我们也把这个解展开为:

$$a_n(t) = a_n^{(0)} + a_n^{(1)}(t) + a_n^{(2)}(t) + \cdots . \tag{30.7}$$

那么, 初始条件是

$$a_n^{(1)}(0) = a_n^{(2)}(0) = \cdots = 0. \tag{30.8}$$

为简洁计, 我们引进

$$(n|\Omega|m) \equiv (n|\underline{V}|m) \exp\left[\frac{\mathrm{i}}{h}(E_n^{(0)} - E_m^{(0)})t\right], \tag{30.9}$$

并通过 (30.6) 式对 t 积分, 我们得到

$$a_n^{(1)}(t) = -\frac{\mathrm{i}}{h} \sum_m a_m^{(0)} \int_0^t (n|\Omega|m)\mathrm{d}t, \tag{30.10}$$

$$a_n^{(2)}(t) = -\frac{\mathrm{i}}{h} \sum_l \int_0^t (n|\Omega|l) a_l^{(1)}(t)\mathrm{d}t$$

$$= -\frac{1}{h^2} \sum_m a_m^{(0)} \sum_l \int_0^t (n|\Omega|l)(\tau)\mathrm{d}\tau \int_0^\tau (l|\Omega|m)(\tau')\mathrm{d}\tau'. \tag{30.11}$$

这些公式适用于与时间有关的 $\underline{V}$[①] 和与时间无关的 $\underline{V}$[②]. 然而, 如果 $\underline{V}$ 对时间是常数, 我们能够算出这些积分的值:

$$a_n^{(1)}(t) = -\sum_m a_m^{(0)}(n|V|m)\frac{\exp[(\mathrm{i}/h)(E_n^{(0)} - E_m^{(0)})t] - 1}{E_n^{(0)} - E_m^{(0)}}, \tag{30.12}$$

$$a_n^{(2)}(t) = \sum_m a_m^{(0)} \sum_l (n|V|l)(l|V|m) \times$$

$$\left[\frac{\exp[(\mathrm{i}/h)(E_n^{(0)} - E_m^{(0)})t] - 1}{(E_n^{(0)} - E_m^{(0)})(E_l^{(0)} - E_m^{(0)})} - \right.$$

$$\left. \frac{\exp[(\mathrm{i}/h)(E_n^{(0)} - E_l^{(0)})t] - 1}{(E_n^{(0)} - E_l^{(0)})(E_l^{(0)} - E_m^{(0)})}\right]. \tag{30.13}$$

如果 $E_n^{(0)} = E_m^{(0)}$ (共振分母), 这一近似并不一定差. 因为, 由于我们已从 0 到 t 积分, 于是分子也等于零. 所以, 在 (30.12) 式中包含共振分母的项是

$$-a_m^{(0)}(n|V|m)\frac{\mathrm{i}}{h}t,$$

---

① 例如, 它们可以用来计算光的受激发射和吸收. 在这种情况下, 由入射辐射场给出微扰算符 $\underline{V}$.

② 因为我们仅从 0 积分. 我们也可以假设, 例如, 通过系统到激发态的跃迁, 在 $t = 0$ 时 "引入" 一个恒定的微扰 $\underline{V}$.

并且这一近似可适用于这样的时刻, 即

$$|(n|V|m)t| \ll h.$$

另一方面, 只有通过精确地探讨简并子空间才能得到一个适用于较长时间的解.

我们现在来探讨重要的特殊情况, 其中两个能量值中之一, $E^{(0)}$, 处于连续谱中. 例如, 如果一个原子从一个激发态跃迁到基态, 在这过程中不是发射一个 γ 量子而是从一个较外壳层抛出一个电子[①], 就是这种情况; 这个自由电子有个连续能谱 (或, 在远隔的两壁情况下, 相邻能量的本征值分布十分稠密——准连续能谱). 我们在 (30.12) 式中所用的初始值是

$$a_n^{(0)} = 0, \text{ 对 } n \neq m, \quad a_n^{(0)} = 1 \text{ 对 } n = m; \tag{30.14}$$

就是说, 我们考虑一个已知是来自态 m 的电子的抛出. 在连续谱中, 我们用 k 作为变量, 因此得到

$$a^{(1)}(k,t) = -(k|V|m) \frac{\exp\{(i/h)[E^{(0)}(k) - E_m^0]t\} - 1}{E^{(0)}(k) - E_m^{(0)}}. \tag{30.15}$$

我们现在计算在 0 到 t 的时间间隔中, 从态 m 到任意态 k 的跃迁概率, 其中

$$E_m^{(0)} - \frac{1}{2}\Delta E < E^{(0)}(k) < E_m^{(0)} + \frac{1}{2}\Delta E. \tag{30.16}$$

结果是

$$W(k,t) = \int |a^{(1)}(k,t)|^2 \mathrm{d}k$$

$$\sim |(k|V|m)|^2 \cdot \int \mathrm{d}k \frac{4\sin^2(t/2h)[E^{(0)}(k) - E_m^{(0)}]}{[E^{(0)}(k) - E_m^{(0)}]^2}. \tag{30.17}$$

设 $P(E)$ 是在能量壳层

$$\mathrm{d}k = P(E)\mathrm{d}E \tag{30.18}$$

上态的数目. 用缩写

$$x = \frac{t}{2h}[E^{(0)}(k) - E_m^{(0)}], \tag{30.19}$$

于是我们得到

$$W(k,t) = P(E)|(k|V|m)|^2 4\frac{t}{2h} \int_{-\infty}^{+\infty} \frac{\sin^2 x}{x^2}\mathrm{d}x. \tag{30.20}$$

[①] 如果原子的激发是由于去掉一个内层电子, 这种无辐射跃迁称为俄歇效应. 例如, 在 E. H. S. Burhop, *The Auger Effect and Other Radiationless Transitions.* 一书中可以找到详细的论述.

由条件

$$\frac{\Delta E \cdot t}{h} \gg 1,$$ (30.21)

我们证明积分限从 $-\infty$ 到 $+\infty$ 是正确的, 此积分等于 π; 所以

$$W(k,t) = P(E)|(k|V|m)|^2 \frac{2\pi t}{h}.$$ (30.22)

这个公式特别重要, 因为它给出两个完全任意态之间的跃迁概率. 由于公式的重要性, 费米称它为 "黄金律".

第九章

角动量和自旋

§31. 一般对易关系

角动量的本征值问题及其对应的变换在波动力学中占有重要的地位. 在讨论对称陀螺的本征值问题的习题 (参见 §47) 中我们已部分地涉及这些问题. 在此我们只局限于最本质的要点. 如欲深入此问题, 可参阅详细论述这些问题的著作 (例如, P. A. M. 狄拉克, 量子力学).

对于具有如下角动量的粒子

$$\left. \begin{aligned} & \boldsymbol{P} \equiv (P_1, P_2, P_3) = \frac{1}{h}(\boldsymbol{x} \times \boldsymbol{p}) \ (\text{以 } h \text{ 为量度单位}) \\ & P_1 = \frac{1}{h}(\underline{x}_2\underline{p}_3 - \underline{x}_3\underline{p}_2) = \frac{1}{\mathrm{i}}\left(\underline{x}_2\frac{\partial}{\partial \underline{x}_3} - \underline{x}_3\frac{\partial}{\partial \underline{x}_2}\right), \cdots \end{aligned} \right\}, \tag{31.1}$$

(循环交换指标)

我们有对易关系

$$[\underline{P}_1, \underline{P}_2] = \underline{P}_1\underline{P}_2 - \underline{P}_2\underline{P}_1 = \mathrm{i}\underline{P}_3, \cdots \tag{31.2}$$

(循环交换指标).

对于任意数目的粒子, 这些对易关系也都成立, 此处

$$\begin{aligned} \underline{P}_1 &= \frac{1}{\mathrm{i}}\sum_r \left(\underline{x}_2^{(r)}\frac{\partial}{\partial \underline{x}_3^{(r)}} - \underline{x}_3^{(r)}\frac{\partial}{\partial \underline{x}_2^{(r)}}\right) \\ &= \frac{1}{h}\sum_r (\underline{x}_2^{(r)}\underline{p}_3^{(r)} - \underline{x}_3^{(r)}\underline{p}_2^{(r)}), \cdots \end{aligned} \tag{31.3}$$

角动量算符是为了描述波函数在坐标系转动下的变换性质, 而纯形式地引入波动力学中的. 根据转动群的运动学性质, 能给出下列与 $\boldsymbol{P}$ 的具体形式

(31.3) 无关的更普遍的对易关系:

$$[\underline{P}_k, \underline{C}] = 0 \quad (k = 1, 2, 3), \tag{31.4}$$

$$\left.\begin{array}{l}[\underline{P}_1, \underline{A}_1] = 0, \cdots \\ [\underline{P}_1, \underline{A}_2] = -[\underline{P}_2, \underline{A}_1] = i\underline{A}_3, \cdots\end{array}\right\} \tag{31.5}$$

式中 $\underline{C}$ 为 $\boldsymbol{P}^{(r)}$ 和 $\boldsymbol{x}^{(r)}$ 的标量函数, 而 $\underline{A}_k$ 为矢量 $\boldsymbol{A}(\boldsymbol{P}^{(r)}, \boldsymbol{x}^{(r)})$ 的第 k 个分量. 例如, 我们可以取 $\underline{C} = \underline{H}$ (哈密顿算符), $\underline{C} = |\boldsymbol{P}|^2$, $\boldsymbol{A} = \boldsymbol{x}^{(r)}$. 根据这些关系, 用纯代数运算便能导出一般算符 $\boldsymbol{P}$ 的本征值和矩阵元[①].

当然, 我们也能通过用球极坐标表示微分算符 (31.1) 而解析地处理 (参见关于本论题的习题, §45). 我们看到, 本征值方程

$$\underline{P}^2 Y = \lambda Y \tag{31.6}$$

与球函数 $Y_l(\theta, \varphi)$ 所满足的方程 (18.9) 相同. 因此, $\underline{P}^2$ 具有本征值

$$\lambda = l(l+1) \quad (l = 0, 1, 2, \cdots). \tag{31.7}$$

若我们进一步来选取 $2l + 1$ 个线性独立的 Y_l, 使得它们同时是 $\underline{P}_3$ 的本征函数 (这是可能的, 因为, 根据 (31.4) 式, $\underline{P}^2$ 与 $\underline{P}_k$ 对易)

$$\underline{P}_3 Y_l = -i\frac{\partial}{\partial\varphi} Y_l = \mu Y_l,$$

于是, 我们得到球谐函数 $Y_{l,m}$ (参见 (18.18) 式), 以及本征值

$$\mu = m; \ m = -l, -l+m, \cdots, +l. \tag{31.8}$$

§32. 角动量的矩阵元

在此, 我们给出角动量算符的矩阵元的概要. 如我们曾经强调过的, 这些可以根据对易关系 (31.5) 用纯代数方法导出.

我们现在用 j 来表示量子数 l. 这样做, 意味着容许 j 取半整数值的可能性, 这与特殊形式 (31.1) 形成对照, 按照 (31.6) 和 (31.7) 式, 后者只允许 l 取整数值.

这里, 我们将具有固定 j 值的矩阵元写成如下形式

$$(j, m'| \quad |j, m),$$

---

① 例如, 参见 M. Born and P. Jordan, *Elementare Quantenmechanik*; P. A. M. Dirac, *Quantum Mechanics*. [中译本: 狄拉克 P A M. 量子力学原理. 陈咸亨译. 北京: 科学出版社, 1959.——中译者注]

式中标记矩阵元的 m 遵从条件 $-j \leqslant m \leqslant +j$. 于是, 矩阵具有下列形式[1]:

$$
\begin{array}{c}
\begin{array}{cccc}
\quad m=j & m=j-1 & \cdots & m=-j
\end{array} \\
\begin{array}{c}
m=j \\
m=j-1 \\
m=j-2 \\
\vdots \\
m=-j
\end{array}
\left\|
\begin{array}{cccc}
(j,j|\ \ |j,j) & (j,j|\ \ |j,j-1) & \cdots & \cdots \\
(j,j-1|\ \ |j,j) & (j,j-1|\ \ |j,j-1) & \cdots & \cdots \\
(j,j-2|\ \ |j,j) & \cdots & & \\
\vdots & \vdots & & \\
(j,-j|\ \ |j,j) & \cdots & &
\end{array}
\right\| .
\end{array}
$$

在 $\underline{P}^2$ 和 $\underline{P}_3$ 是对角的表象中 (如已熟知的, 对易算符可以同时对角化), 我们得到

$$(j,m'|\underline{P}^2|j,m) = j(j+1)\delta_{mm'}, \tag{32.1}$$

$$(j,m'|\underline{P}_3|j,m) = m\delta_{mm'}, \tag{32.2}$$

而对于非厄米矩阵

$$\underline{P}_1 \pm i\underline{P}_2,$$

我们进一步得到

$$
\begin{aligned}
(j,m+1|\underline{P}_1+i\underline{P}_2|j,m) &= (j,m|\underline{P}_1-i\underline{P}_2|j,m+1) \\
&= \sqrt{(j-m)(j+1+m)}.
\end{aligned} \tag{32.3}
$$

所有其他矩阵元等于零.

对于每一矢量 $\underline{A}$ (特别是, 对于坐标矩阵) 我们可以从对易关系 (31.5) 导

---

[1] 这种表示法意味着, 例如, 对于 $j=1/2$ 有下列矩阵:

$$
\underline{P}_1+i\underline{P}_2 = \left\|\begin{array}{cc} 0 & 1 \\ 0 & 0 \end{array}\right\|, \quad
\underline{P}_1-i\underline{P}_2 = \left\|\begin{array}{cc} 0 & 0 \\ 1 & 0 \end{array}\right\|, \quad
\underline{P}_3 = \frac{1}{2}\left\|\begin{array}{cc} 1 & 0 \\ 0 & -1 \end{array}\right\|.
$$

对应于这些矩阵, 有下列矩阵

$$
\underline{P}_1 = \frac{1}{2}\left\|\begin{array}{cc} 0 & 1 \\ 1 & 0 \end{array}\right\|, \quad
\underline{P}_2 = \frac{1}{2}\left\|\begin{array}{cc} 0 & -i \\ i & 0 \end{array}\right\|.
$$

出下列普遍表达式

$$
\left.
\begin{aligned}
&(j+1, m\pm 1|\underline{A}_1 \pm \mathrm{i}\underline{A}_2|j,m) \\
&\quad = \mp(j+1|\underline{A}|j)\sqrt{(j\pm m+2)(j\pm m+1)} \\
&(j+1, m|\underline{A}_3|j,m) = (j+1|\underline{A}|j)\sqrt{(j+m+1)(j-m+1)} \\
&(j, m\pm 1|\underline{A}_1 \pm \mathrm{i}\underline{A}_2|j,m) = (j|\underline{A}|j)\sqrt{(j\mp m)(j\pm m+1)} \\
&(j, m|\underline{A}_3|j,m) = (j|\underline{A}|j)m \\
&(j-1, m\pm 1|\underline{A}_1 \pm \mathrm{i}\underline{A}_2|j,m) \\
&\quad = \pm(j-1|\underline{A}|j)\sqrt{(j\mp m)(j\mp m-1)} \\
&(j-1, m|\underline{A}_3|j,m) = (j-1|\underline{A}|j)\sqrt{(j+m)(j-m)}
\end{aligned}
\right\} . \tag{32.4}
$$

对于初态和终态中的所有其他各对 j, m 值, 矩阵元都等于零. 表达式 $(j'|\underline{A}|j'')$ 是与 m 无关的一些数.

§33.　自旋

　　为了说明实验的观察结果 (首先关于反常塞曼分裂) 给自由电子加上了自旋 [A–3][1]. 利用角动量的一般表象 (32.1), (32.2) 和 (32.3) 式, 可以将上述事实包括在理论中. 这一表象的确并不以特殊定义 (31.3) 式为根据 ((31.3) 式不能应用于自旋) 而是仅仅以关系式 (31.5) 为基础. 基于此, 可能以纯形式的方法将自旋引进理论中[2]. 在电子的相对论性论述中 (狄拉克方程), 证明了本节所讨论的自旋形式体系已被包含在方程式中, 而且在小速度的极限情况变得明显了[3].

　　现在我们想要考虑具有自旋的粒子的普遍化的描述. 关于粒子的自旋 s, 我们总是指始终具有固定大小 (与其分量相反) 的角动量而言. 我们用 $\underline{s}_k$ 表示自旋算符. 于是, 例如, 与 (31.5) 式相似的对易关系成立:

$$
\underline{s}_1\underline{s}_2 - \underline{s}_2\underline{s}_1 = \mathrm{i}\underline{s}_3, \cdots \tag{33.1}
$$

(循环交换指标).

由于我们认为 $|s|^2$ 是一固定数, 根据 (32.1) 式, 它必定具有如下形式

$$
|\underline{s}|^2 = \underline{s}_1^2 + \underline{s}_2^2 + \underline{s}_3^2 = s(s+1),
$$

式中 s 为半整数或整数, 我们可以将分量之一 s_k, 例如 s_3, 作为新的独立变量引进波函数中: $\psi = \psi(q, s_3, t)$. 然而, 由于 s_3 只能取 $-s, \cdots, +s$ 等值 (参见

[1] G. E. Uhlenbeck and S. Goudsmit, *Naturwiss.* **13**, 953 (1925); *Nature* **117**, 264 (1926).
[2] W. Pauli, *Z. Physik* **43**, 601 (1927)
[3] P. A. M. Dirac, *Proc. Roy. Soc. (London)* **A117**, 610 (1928); **A 188**, 351 (1928).

(32.2) 式), 因此我们也能写成

$$\psi(q, s_3, t) = \sum_\mu C_\mu(s_3) \psi_\mu(q, t) \quad (-s \leqslant \mu \leqslant s), \tag{33.2}$$

例如, 式中 $C_\mu(s_3)$ 由下式定义

$$C_\mu(s_3) = \begin{cases} 1, & s_3 = \mu, \\ 0, & s_3 \neq \mu, \end{cases} \tag{33.3}$$

并满足正交性关系

$$\sum_{s_3=-s}^{+s} C_\mu^*(s_3) \cdot C_{\mu'}(s_3) = \begin{cases} 1, & \mu = \mu' \\ 0, & \mu \neq \mu'. \end{cases} \tag{33.4}$$

算符 $\underline{s}_k$ 对波函数的作用在矩阵表示法

$$\underline{s}_k \cdot \psi_\mu(q, t) = \sum_{\mu'} \psi_{\mu'} (\mu'|\underline{s}_k|\mu) \tag{33.5}$$

中最易看出, 式中矩阵元由下式给出 (参见 (32.3) 式)

$$\left.\begin{aligned} (\mu \pm 1|\underline{s}_1 \pm \underline{s}_2|\mu) &= \sqrt{(s \mp \mu)(s + 1 \pm \mu)} \\ (\mu|\underline{s}_3|\mu) &= \mu \end{aligned}\right\}. \tag{33.6}$$

因此, 例如, 我们有

$$\begin{aligned} \underline{s}_3 \cdot \psi_\mu &= \psi_\mu \cdot \mu, \\ \underline{s}_1 \cdot \psi_\mu &= \frac{1}{2}(\underline{s}_1 + \mathrm{i}\underline{s}_2)\psi_\mu + \frac{1}{2}(\underline{s}_1 - \mathrm{i}\underline{s}_2)\psi_\mu \\ &= \frac{1}{2}\psi_{\mu-1}\sqrt{(s+\mu)(s+1-\mu)} + \\ &\quad \frac{1}{2}\psi_{\mu+1}\sqrt{(s-\mu)(s+1+\mu)}, \end{aligned}$$

式中对于 $\mu = -s$, 第一项等于零, 对于 $\mu = s$, 第二项等于零.

这一形式体系的最重要和最基本的应用是对电子的自旋. 由于

$$s = \frac{1}{2}, \text{ 这意味着 } \mu = -\frac{1}{2}, +\frac{1}{2}, \tag{33.7}$$

因此一切都特别简单:

$$|\underline{s}|^2 = \underline{s}_1^2 + \underline{s}_2^2 + \underline{s}_3^2 = s(s+1) = \frac{3}{4},$$

$$\underline{s}_1 + \mathrm{i}\underline{s}_2 = \left\| \begin{matrix} 0 & 1 \\ 0 & 0 \end{matrix} \right\|, \quad \underline{s}_1 - \mathrm{i}\underline{s}_2 = \left\| \begin{matrix} 0 & 0 \\ 1 & 0 \end{matrix} \right\|, \quad \underline{s}_3 = \left\| \begin{matrix} \dfrac{1}{2} & 0 \\ 0 & -\dfrac{1}{2} \end{matrix} \right\|.$$

采用由下式定义的新算符

$$\boldsymbol{\sigma} = 2\underline{\boldsymbol{s}}, \tag{33.8}$$

我们得到[①]

$$\sigma_1^2 = \sigma_2^2 = \sigma_3^2 = I = \left\| \begin{matrix} 1 & 0 \\ 0 & 1 \end{matrix} \right\|, \tag{33.9}$$

$$\sigma_1 = \left\| \begin{matrix} 0 & 1 \\ 1 & 0 \end{matrix} \right\|, \quad \sigma_2 = \left\| \begin{matrix} 0 & -\mathrm{i} \\ \mathrm{i} & 0 \end{matrix} \right\|, \quad \sigma_3 = \left\| \begin{matrix} 1 & 0 \\ 0 & -1 \end{matrix} \right\|. \tag{33.10}$$

这些算符遵从对易关系

$$[\sigma_1, \sigma_2] = \sigma_1\sigma_2 - \sigma_2\sigma_1 = 2\mathrm{i}\sigma_3, \cdots \tag{33.11}$$
$$\text{(循环交换指标.)}$$

此外, 它们还满足下列诸关系

$$\sigma_1\sigma_2 = -\sigma_2\sigma_1 = \mathrm{i}\sigma_3, \cdots$$
$$\text{(循环交换指标)}$$

或

$$\sigma_1\sigma_2 + \sigma_2\sigma_1 \equiv [\sigma_1, \sigma_2]_+ \equiv 0, \cdots \tag{33.12}$$
$$\text{(循环交换指标).}$$

由于最后这些关系, σ_k 称为反对易的.

现在, 除位置坐标和时间外, 电子的波函数也要包含离散的自旋变量 s_3; 自旋变量代表自旋电子 (spinning electron) 的附加自由度. 对应于两个本征值 $s_3 = +1/2$ 和 $-1/2$, 像在 (33.2) 式中那样, 我们将 ψ 分成两项 ψ_1 和 ψ_2, 并写成

$$\psi(q, s_3; t) = \left\| \begin{matrix} \psi_1(q; t) \\ \psi_2(q; t) \end{matrix} \right\|. \tag{33.13}$$

归一化条件为

$$\int \psi^*\psi \mathrm{d}V = \int |\psi_1|^2 \mathrm{d}V + \int |\psi_2|^2 \mathrm{d}V = 1,$$

式中 $|\psi_1|^2\mathrm{d}V$ 和 $|\psi_2|^2\mathrm{d}V$ 可想象为电子分别具有平行于或反平行于正 z 方向的自旋的概率.

_____

[①] 矩阵 σ_1, σ_2 和 σ_3 称为泡利矩阵 [学生注].

显然, 这一形式体系能够直接应用于波动力学的通常计算方法 (变换理论, 微扰理论, 等等.) 一般地, 除 p 和 q 以外, 哈密顿函数也要包含 $\underline{s}_k$; 例如, 若存在磁场 $\boldsymbol{H}$, 哈密顿算符将包括一附加项, 它等于常数乘

$$\underline{s}_1 H_1 + \underline{s}_2 H_2 + \underline{s}_3 H_3.$$

可以直接将这一形式体系推广到 N 个具有自旋的粒子的系统. 此时波函数也包含 N 个粒子的每一个自旋变量 $s_3^{(a)}(a = 1, \cdots, N)$, 这里 $s_3^{(a)}$ 取 $-s^{(a)}, \cdots, +s^{(a)}$ 诸值之一. 对于一个电子, 我们只有 $s_3^{(a)} = \pm 1/2$, 可以定义总角动量为

$$\boldsymbol{J} = \sum_{a=1}^{N} \{(\underline{x}^a \times \underline{p}^{(a)}) + h\underline{s}^{(a)}\},$$

它遵从通常的对易关系式 (31.5)

§34. 旋量和空间转动

这里我们要来研究, 已给出的自旋形式体系相对于空间转动如何表现.

为此目的, 我们考察一个 2×2 幺正矩阵 $\underline{S}$, 对此我们特别要求

$$\det \underline{S} = 1,$$

(根据幺正性, $\underline{SS}^+ = 1$, 只能导出 $|\det \underline{S}|^2 = 1$; 即, 在 $\det \underline{S} = \mathrm{e}^{\mathrm{i}\alpha}$ 中有一个未定的、无关重要的相因数, 其中 α 是实数.)

$$\underline{S} = \left\| \begin{matrix} S_{11} & S_{12} \\ S_{21} & S_{22} \end{matrix} \right\|, \quad \det \underline{S} = S_{11}S_{22} - S_{12}S_{21} = 1. \tag{34.1}$$

根据条件

$$\underline{S}^{-1} = \underline{S}^+, \text{ 以及 } \underline{S}^{-1} = \left\| \begin{matrix} S_{22} & -S_{12} \\ -S_{21} & S_{11} \end{matrix} \right\|, \tag{34.2}$$

于是我们得到

$$S_{22} = S_{11}^*, \quad S_{21} = -S_{12}^*; \quad |S_{11}|^2 + |S_{12}|^2 = 1.$$

我们可以用这些结果写出

$$\underline{S} = \left\| \begin{matrix} S_{11} & S_{12} \\ -S_{12}^* & S_{11}^* \end{matrix} \right\|. \tag{34.3}$$

我们将证明, 由矩阵 $\underline{S}$ 表示的变换为一转动. 空间转动的这一表示在量子力学之前就已为人所知[1]. 例如, 矩阵 $\underline{S}$ 可写成三个欧拉角 (图 34.1) 的函数:

$$\left.\begin{aligned} S_{11} &= \cos\frac{\vartheta}{2}\exp\left[\frac{\mathrm{i}}{2}(\varphi+\chi)\right] \\ S_{12} &= \mathrm{i}\sin\frac{\vartheta}{2}\exp\left[\frac{\mathrm{i}}{2}(\varphi-\chi)\right] \end{aligned}\right\}. \tag{34.4}$$

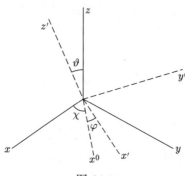

图 34.1

现在我们引入一个二分量数学型

$$\xi = \|\xi_1, \xi_2\|, \tag{34.5}$$

埃伦菲斯特称之为旋量, 它被 $\underline{S}$ 变换如下:

$$\xi' = \xi \cdot \underline{S}, \quad \left.\begin{aligned} \xi_1' &= \xi_1 S_{11} + \xi_2 S_{21} = \xi_1 S_{11} - \xi_2 S_{12}^* \\ \xi_2' &= \xi_1 S_{12} + \xi_2 S_{22} = \xi_1 S_{12} + \xi_2 S_{11}^* \end{aligned}\right\}. \tag{34.6}$$

我们看到, 我们的二分量波函数 (33.13)

$$\psi = \left\|\begin{matrix} \psi_1 \\ \psi_2 \end{matrix}\right\| \tag{34.7}$$

相对于空间转动对 ξ 反步地变换[2]:

$$\psi' = \underline{S}^{-1}\cdot\psi, \quad \left.\begin{aligned} \psi_1' &= S_{22}\psi_1 - S_{12}\psi_2 = S_{11}^*\psi_1 - S_{12}\psi_2 \\ \psi_2' &= -S_{21}\psi_1 + S_{11}\psi_2 = S_{12}^*\psi_1 + S_{11}\psi_2 \end{aligned}\right\}. \tag{34.8}$$

我们注意, $\|\xi_1^*, \xi_2^*\|$ 像 $\|\xi_2, -\xi_1\|$ 那样变换, 而且

$$\left\|\begin{matrix} \psi_1^* \\ \psi_2^* \end{matrix}\right\| \text{ 像 } \left\|\begin{matrix} \psi_2 \\ -\psi_1 \end{matrix}\right\| \text{ 那样变换;}$$

---

[1] 参见: F. Klein and A. Sommerfeld, *Über die Theorie des kreisels*.
[2] ψ 相对于 ξ 的反步本性由型 $(\xi\psi)$ 的不变性所表征.

即, 若作如下代换:

$$\left.\begin{array}{ll} \xi_1^* \to \xi_2 & \psi_1^* \to \psi_2 \\ \xi_2^* \to -\xi_1 & \psi_2^* \to \psi_1 \end{array}\right\}, \tag{34.9}$$

上述公式仍然成立.

现在, 我们进行一个重要的考察: 每一幺正变换 (包括我们的 S), 保持型

$$N = (\xi\xi^*) = \xi_1\xi_1^* + \xi_2\xi_2^* \tag{34.10}$$

或

$$\rho = (\psi^*\psi) = \psi_1^*\psi_1 + \psi_2^*\psi_2 \tag{34.11}$$

不变. 这可通过代换 $\xi' = \xi S$ 和 $\xi'^* = S^+\xi^*$ 直接验证. 反之, 可以说, 基于理论的物理意义的这一要求, 同单模性 ($\det S = 1$) 和线性的要求一起, 决定我们的特殊变换矩阵 S 的型.

现在, 我们要来证明: 变换 S 实际上表示一个转动. 我们引入两个矢量 $\boldsymbol{x}$ 和 $\boldsymbol{d}$ ($\boldsymbol{d}$ 称为自旋密度) 与矢量 $\boldsymbol{\sigma} = (\sigma_1, \sigma_2, \sigma_3)$ (参见 (33.10) 式) 相联系:

$$\boldsymbol{x} = (\xi\boldsymbol{\sigma}\xi^*), \boldsymbol{d} = (\psi^*\boldsymbol{\sigma}\psi). \tag{34.12}$$

这一表示法表明, 例如,

$$\boldsymbol{x} = \sum_{\alpha=1,2} \sum_{\beta=1,2} \xi_\alpha \boldsymbol{\sigma}_{\alpha\beta} \xi_\beta^*.$$

利用

$$\sigma_1 + i\sigma_2 = 2 \left\| \begin{array}{cc} 0 & 1 \\ 0 & 0 \end{array} \right\|, \quad \sigma_1 - i\sigma_2 = 2 \left\| \begin{array}{cc} 0 & 0 \\ 1 & 0 \end{array} \right\|,$$

我们得到

$$\left.\begin{array}{ll} x_1 + ix_2 = 2\xi_1\xi_2^* & d_1 + id_2 = 2\psi_1^*\psi_2 \\ x - ix_2 = 2\xi_2\xi_1^* & d_1 - id_2 = 2\psi_2^*\psi_1 \\ x_3 = \xi_1\xi_1^* - \xi_2\xi_2^* & d_3 = \psi_1^*\psi_1 - \psi_2^*\psi_2 \end{array}\right\}. \tag{34.13}$$

现在我们问: 当我们用 S 变换 ξ 和 ψ 时, $\boldsymbol{x}$ 和 $\boldsymbol{d}$ 如何变换. 为了回答这个问题, 我们计算下面的表达式

$$x_1^2 + x_2^2 + x_3^2 = (x_1 + ix_2)(x_1 - ix_2) + x_3^2.$$

利用 (34.13) 和 (34.10) 两式, 我们立即得到

$$x_1^2 + x_2^2 + x_3^2 = N^2 = 常数. \tag{34.14}$$

同理, 我们得到

$$d_1^2 + d_2^2 + d_3^2 = \rho^2 = 常数. \tag{34.15}$$

于是, 由于 $\underline{S}$ 保持型 $|\boldsymbol{x}|^2$ 和 $|\boldsymbol{d}|^2$ 不变, 所以我们已证明: 当 $\underline{S}$ 作用于 ξ 和 ψ 时, 它将引起一个转动. 在两种情况中, 我们得到完全相同的转动. 由于这种转动的线性变换性质, 我们也能写成

$$x_i' = \sum_k x_k A_{ki}, \quad d_i' = \sum_k d_k A_{ki}. \tag{34.16}$$

利用 (34.6), (34.8) 和 (34.12) 三式, 我们立刻得到

$$\underline{S}\sigma_i\underline{S}^{-1} = \sum_k \sigma_k A_{ki}. \tag{34.17}$$

借助于 (34.17) 式, 把按照 (34.4) 式由三个实参数表征的 $\underline{S}$ 变换与转动 $\underline{A}$ 联系起来

$$\underline{S} \to \underline{A}. \tag{34.18}$$

由 (34.17) 式的形式可见, 相反的联系是双值的:

$$\underline{A} \to \underline{S},$$
$$\underline{A} \to -\underline{S}.$$

例如, 若 ξ_1 和 ξ_2 都改变符号 (即, $\underline{S} = -1$), 则 $\boldsymbol{x}$ 和 $\boldsymbol{d}$ 不变:

$$\xi' = -\xi, \quad \boldsymbol{x}' = \boldsymbol{x}; \quad \psi' = -\psi, \quad \boldsymbol{d}' = \boldsymbol{d}.$$

若

$$\underline{S}_{\mathrm{I}} \to \underline{A}, \quad \underline{S}_{\mathrm{II}} \to \underline{B},$$

则在矩阵乘法的意义上,

$$\underline{S}_{\mathrm{I}}\underline{S}_{\mathrm{II}} \to \underline{A}\,\underline{B}.$$

我们借助于 (34.17) 式来证明这一点:

$$\underline{S}_{\mathrm{I}}\sigma_i\underline{S}_1^{-1} = \sum_k \sigma_k A_{ki},$$
$$\underline{S}_{\mathrm{II}}\sigma_i\underline{S}_{\mathrm{II}}^{-1} = \sum_k \sigma_k B_{ki},$$
$$\underline{S}_{\mathrm{I}}(\underline{S}_{\mathrm{II}}\sigma_i\underline{S}_{\mathrm{II}}^{-1})\underline{S}_{\mathrm{I}}^{-1} = \sum_k \underline{S}_1\sigma_k\underline{S}_1^{-1}B_{ki} = \sum_l \sigma_l(\underline{A}\,\underline{B})_{li}$$

此外, 我们回顾下列规则

$$(\underline{S}_{\mathrm{I}}\underline{S}_{\mathrm{II}})^{+} = \underline{S}_{\mathrm{II}}^{+}\underline{S}_{\mathrm{I}}^{+}, \quad (\underline{S}_{\mathrm{I}}\underline{S}_{\mathrm{II}})^{+}\underline{S}_{\mathrm{I}}\underline{S}_{\mathrm{II}} = 1.$$

这节的内容与群论非常密切地联系着, 我们在此不能对后者加以介绍. 有一些详细论述波动力学与群论的关系的教科书[①]; 为了较深入地学习这一课题, 必须参考这些书籍.

注: 去掉 S 是幺正的限制 (但保留 $\det \underline{S} = 1$ 的要求), 则上述见解可推广到洛伦兹群[②]; 用这种方法我们得到相对论性自旋理论.

———————

[①] B. L. van der Waerden, *Die Gruppentheoretische Methode in der Quantenmechanik*; H. Weyl, *Group Theory and Quautum Mechanics*; E. P. Wigner, *Group Theory and its Application to the Quantum Mechanics of Atomic Spectra*; W. Pauli, *Continuous Groups in Quantum Mechanics*, CERN, 1956.

[②] 这是洛伦兹变换群, 熟知它由型

$$x^2 + y^2 + z^2 - c^2 t^2$$

的不变性所表征.

第十章

具有自旋的全同粒子

§35. 对称性的类别

我们首先考虑用上标 (1) 和 (2) 标记的两个全同粒子. 因为粒子是全同的, 所以它们的哈密顿算符必定是对称的 (即, 在粒子交换下不变). 例如, 对于在核的库仑场和附加的磁场中的两个电子, 我们有

$$\underline{H} = \frac{\boldsymbol{p}^{(1)2}}{2m} + \frac{\boldsymbol{p}^{(2)2}}{2m} - \frac{Ze^2}{r^{(1)}} - \frac{Ze^2}{r^{(2)}} + \frac{e^2}{r_{12}} +$$
$$\mu_0 \boldsymbol{H}(\boldsymbol{\sigma}^{(1)} + \boldsymbol{\sigma}^{(2)}); \quad \mu_0 = \frac{eh}{2mc}. \tag{35.1}$$

令

$$\psi_{\mathrm{I}} = \psi(\boldsymbol{x}^{(1)}, s_3^{(1)}; \boldsymbol{x}^{(2)}, s_3^{(2)}) \tag{35.2}$$

为这一哈密顿算符的波动方程的一个解. 根据哈密顿算符的对称性, 直接得到另一解

$$\psi_{\mathrm{II}} = \psi(\boldsymbol{x}^{(2)}, s_3^{(2)}; \boldsymbol{x}^{(1)}, s_3^{(1)}) = P_{12}\psi_{\mathrm{I}}, \tag{35.3}$$

式中 P_{12} 为交换两个粒子的算符 (交换算符). 线性组合

$$\left.\begin{aligned} \psi_s &= \psi_{\mathrm{I}} + \psi_{\mathrm{II}} \\ P_{12}\psi_s &= \psi_s \end{aligned}\right\} \quad \text{(对称解)}, \tag{35.4}$$

$$\left.\begin{aligned} \psi_a &= \psi_{\mathrm{I}} - \psi_{\mathrm{II}} \\ P_{12}\psi_a &= -\psi_a \end{aligned}\right\} \quad \text{(反对称解)}, \tag{35.5}$$

具有重要的性质: 对称解和反对称解之间的矩阵元

$$(a|\underline{H}|s) = \iint \sum_{s_3^{(1)}, s_3^{(2)}} \psi_a^* \underline{H} \psi_s \mathrm{d}^3 x^{(1)} \mathrm{d}^3 x^{(2)} \tag{35.6}$$

总是严格地等于零. 我们若交换方程中的粒子, 则左端并不改变 (H 的对称性!), 而右端改变符号; 因此, 我们必定有

$$(a|\underline{H}|s) = 0. \qquad (35.7)$$

所以, 一个对称解绝不会变成一个反对称解, 反之亦然, 这就是说, 有两类不同的粒子, 对于任一相互作用, 两类粒子之间的转变都是不可能的[1]:

$$\left.\begin{array}{ll} \text{对称粒子} & \text{玻色子, 整数自旋} \\ \text{反对称粒子} & \text{费米子, 半整数自旋} \end{array}\right\} . \qquad (35.8)$$

若有两个以上的粒子 ($N > 2$), 则能用群论的表示方法证明, 存在一类对所有的粒子是对称的解, 和一类对所有的粒子是反对称的解:

$$P\psi_s(\boldsymbol{x}^{(1)}, s_3^{(1)}; \cdots; \boldsymbol{x}^{(N)}, s_3^{(N)})$$
$$= \psi_s(\boldsymbol{x}^{(1)}, s_3^{(1)}; \cdots; \boldsymbol{x}^{(N)}, s_3^{(N)}), \qquad (35.9)$$
$$P\psi_a(\boldsymbol{x}^{(1)}, s_3^{(1)}; \cdots; \boldsymbol{x}^{(N)}, s_3^{(N)})$$
$$= \varepsilon_P \psi_a(\boldsymbol{x}^{(1)}, s_3^{(1)}; \cdots; \boldsymbol{x}^{(N)}, s_3^{(N)}), \qquad (35.10)$$

式中 P 为一任意交换, 以及

$$\varepsilon_P = +1, P \text{ 为偶数次},$$

$$\varepsilon_P = -1, P \text{ 为奇数次 (例如, 对于两粒子的一次交换).}$$

此外, 还有与以上所述不同的其他类对称性, 在这些对称性中, 不能将它们从 N 扩充到 $N+1$. 当然, 若一个另外的粒子与原已存在的那些粒子 (例如, 在原子中) 碰撞, 则两类粒子间的转变是可能的. 所以, 或者只能存在所有各类的混合, 或者只能存在对称的和 (或) 反对称的类别. 实验表明, 自然界奇怪地不利用第一种可能性: 迄今仅发现玻色子和费米子.

§36. 不相容原理

现在我们要比较精确地研究玻色子和费米子的性质. 为此, 我们考察在一级近似下是孤立的粒子; 即, 我们略去粒子间的相互作用.

让我们再从处于态 n_1 和 n_2 的两个无耦合的粒子着手, 并把它们所属的本征函数写成

$$u_{n_1}(\boldsymbol{x}^{(1)}, s_3^{(1)}) \text{ 和 } u_{n_2}(\boldsymbol{x}^{(2)}, s_3^{(2)}).$$

---

[1] 费米子和玻色子的名称与下述事实相关: 具有半整数自旋的粒子遵从费米统计, 而具有整数自旋的粒子遵从玻色统计. 参见 W. Pauli, *Phys. Rev*, **58**, 716 (1940).

我们知道, 无耦合的粒子的波函数是个别波函数的积.

$$u_s = \{u_{n_1}(\boldsymbol{x}^{(1)}, s_3^{(1)}) \cdot u_{n_2}(\boldsymbol{x}^{(2)}, s_3^{(2)}) +$$
$$u_{n_2}(\boldsymbol{x}^{(1)}, s_3^{(1)}) \cdot u_{n_1}(\boldsymbol{x}^{(2)}, s_3^{(2)})\} \cdot C_{n_1 n_2}, \tag{36.1}$$

$$u_a = \{u_{n_1}(\boldsymbol{x}^{(1)}, s_3^{(1)}) \cdot u_{n_2}(\boldsymbol{x}^{(2)}, s_3^{(2)}) -$$
$$u_{n_2}(\boldsymbol{x}^{(1)}, s_3^{(1)}) \cdot u_{n_1}(\boldsymbol{x}^{(2)}, s_3^{(2)})\} \cdot C_{n_1 n_2}, \tag{36.2}$$

$$C_{n_1 n_2} = \begin{cases} 1/2, & n_1 = n_2, \\ 1/\sqrt{2} & n_1 \neq n_2. \end{cases} \tag{36.3}$$

若两函数是全同的, 我们由此得到

$$u_s = u_{n_1}(\boldsymbol{x}^{(1)}, s_3^{(1)}) \cdot u_{n_2}(\boldsymbol{x}^{(2)}, s_3^{(2)}), \tag{36.4}$$

$$u_a \equiv 0. \tag{36.5}$$

对于费米子来说, 两个粒子都处于同一个态的状态绝不存在! 这正是不相容原理的预见, 甚至在波动力学创建之前就已对电子提出这个原理了[1]. 现在我们知道, 它对所有其他费米子 (例如, 质子和中子) 也都成立.

从对不相容原理的肤浅考虑, 可能会认为, 正在提出一种超距作用, 由于这种超距作用, 使得甚至遥远分开的粒子也彼此了解 ("订了契约"). 然而, 并非如此, 因为只当两个粒子的波包重叠 (图 36.1) 时不相容原理才有效. 若波包不重叠, 则在空间各处我们都得到

$$u_{n_1}(\boldsymbol{x}^{(1)}, s_3^{(1)}) \cdot u_{n_2}(\boldsymbol{x}^{(1)}, s_3^{(1)}) \equiv 0, \tag{36.6}$$

或, 对非定态,

$$u(\boldsymbol{x}^{(1)}, s_3^{(1)}, t) \cdot v(\boldsymbol{x}^{(1)}, s_3^{(1)}, t) = 0. \tag{36.7}$$

在那种情况中, 由于根据 (36.6) 式, 只当 $u_{n_1} = 0$ 时我们才能有 $u_{n_1} = u_{n_2}$, 所以上面的对称化是不重要的.

推广到多粒子时只需组合地计算. 在对称化时, 我们必须对所有 $N!$ 个排

---

[1] W. Pauli, *Z. Physik* **31**, 765 (1925).

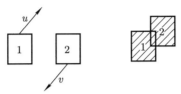

分离的波包.　　　　　　　　重叠的波包.
可个别追踪的粒子.　　　　　不能个别追踪的粒子.
不相容原理无效.　　　　　　不相容原理有效.

图 36.1

列求和:

$$u_s = c \cdot \sum_P P\{u_{n_i}(\boldsymbol{x}^{(j)}, s_3^{(j)})\}, \quad i, j = 1, 2, \cdots, N, \tag{36.8}$$

$$u_a = c \cdot \sum_P \varepsilon_P P\{u_{n_i}(\boldsymbol{x}^{(j)}, s_3^{(j)})\}$$

$$= c \cdot \begin{vmatrix} u_{n_1}(\boldsymbol{x}^{(1)}, s_3^{(1)}) & u_{n_1}(\boldsymbol{x}^{(2)}, s_3^{(2)}) & \cdots & u_{n_1}(\boldsymbol{x}^{(N)}, s_3^{(N)}) \\ u_{n_2}(\boldsymbol{x}^{(1)}, s_3^{(1)}) & \cdots & \cdots & \vdots \\ \vdots & & & \\ u_{n_N}(\boldsymbol{x}^{(1)}, s_3^{(1)}) & \cdots & \cdots & u_{n_N}(\boldsymbol{x}^{(N)}, s_3^{(N)}) \end{vmatrix}. \tag{36.9}$$

若函数 u_{n_i} 中的任何两个函数相等, 则这一行列式恒等于零. 这又正好是波函数重叠的任意多个费米子的不相容原理的内容.

§37. 氦原子

我们获得与下述假设极其接近的氦光谱: 哈密顿算符是两项之和, 一项对空间坐标是对称的, 另一项对自旋坐标是对称的. 自旋–轨道相互作用小于库仑相互作用的这种情况也称为拉塞尔–桑德斯耦合.

让我们首先单独考虑两个电子的自旋. 我们取自旋波函数(参见(33.3)式)

$$C_+(s_3) = \begin{cases} 1, & s_3 = +\dfrac{1}{2} \\[2mm] 0, & s_3 = -\dfrac{1}{2} \end{cases} \Bigg\}.$$

$$C_-(s_3) = \begin{cases} 0, & s_3 = +\dfrac{1}{2} \\[2mm] 1, & s_3 = -\dfrac{1}{2} \end{cases} \Bigg\} \tag{37.1}$$

由这些波函数我们只能构成一个反对称组合:

$$C^a(s_3^{(1)}, s_3^{(2)}) = \frac{1}{\sqrt{2}}(C_+(s_3^{(1)}) \cdot C_-(s_3^{(2)}) - C_-(s_3^{(1)}) \cdot C_+(s_3^{(2)})). \tag{37.2}$$

利用 (33.5) 和 (33.8) 式不难证明

$$(\sigma_k^{(1)} + \sigma_k^{(2)}) \cdot C^a(s_3^{(1)}, s_3^{(2)}) \equiv 0. \tag{37.3}$$

于是, 我们只得到一个本征值 (即 0); 反对称态为单态.

另一方面, 对于构成对称组合, 我们有三种可能性:

$$\left. \begin{aligned} C_1^s(s_3^{(1)}, s_3^{(2)}) &= C_+(s_3^{(1)}) \cdot C_+(s_3^{(2)}) \\ C_0^s(s_3^{(1)}, s_3^{(2)}) &= \frac{1}{\sqrt{2}}[C_+(s_3^{(1)}) \cdot C_-(s_3^{(2)}) + C_-(s_3^{(1)}) \cdot C_+(s_3^{(2)})] \\ C_{-1}^s(s_3^{(1)}, s_3^{(2)}) &= C_-(s_3^{(1)}) \cdot C_-(s_3^{(2)}) \end{aligned} \right\} . \tag{37.4}$$

对于这些组合, 下列关系式成立:

$$\left. \begin{aligned} \frac{1}{2}(\sigma_3^{(1)} + \sigma_3^{(2)})C_1^s &= 1 \cdot C_1^s, & m_s &= 1 \\ \frac{1}{2}(\sigma_3^{(1)} + \sigma_3^{(2)})C_0^s &= 0, & m_s &= 0 \\ \frac{1}{2}(\sigma_3^{(1)} + \sigma_3^{(2)})C_{-1}^s &= (-1) \cdot C_{-1}^s; & m_s &= -1 \end{aligned} \right\} . \tag{37.5}$$

即, 对称态是三重态. 我们已用总自旋的 s_3 分量的量子数 m_s 来表征三个三重态. 我们也得到

$$\left\{ \frac{1}{2}(\boldsymbol{\sigma}^{(1)} + \boldsymbol{\sigma}^{(2)}) \right\}^2 C_{m_s}^s = \frac{1}{2}\{3 + \boldsymbol{\sigma}^{(1)} \cdot \boldsymbol{\sigma}^{(2)}\}C_{m_s}^s = 2C_{m_s}^s. \tag{37.6}$$

现在, 我们必须将自旋本征函数的对称性的类别与空间函数的对称性的类别

$$u^s = \frac{1}{\sqrt{2}}\{u(\boldsymbol{x}^{(1)}) \cdot v(\boldsymbol{x}^{(2)}) + u(\boldsymbol{x}^{(2)}) \cdot v(\boldsymbol{x}^{(1)})\}, \tag{37.7}$$

$$u^a = \frac{1}{\sqrt{2}}\{u(\boldsymbol{x}^{(1)}) \cdot v(\boldsymbol{x}^{(2)}) - u(\boldsymbol{x}^{(2)}) \cdot v(\boldsymbol{x}^{(1)})\} \tag{37.8}$$

正确地组合起来. 电子 (费米子!) 的总波函数必须是反对称的 (相对于空间和自旋的同时交换). 为了做到这点, 有两种可能性:

$$\left. \begin{aligned} U^a(\boldsymbol{x}^{(1)}, s_3^{(1)}; \boldsymbol{x}^{(2)}, s_3^{(2)}) = u^s(\boldsymbol{x}^{(1)}, \boldsymbol{x}^{(2)}) \cdot C^a(s_3^{(1)}, s_3^{(2)}) \\ 单态 \end{aligned} \right\}, \tag{37.9}$$

$$\left. \begin{aligned} V^a(\boldsymbol{x}^{(1)}, s_3^{(1)}; \boldsymbol{x}^{(2)}, s_3^{(2)}) = u^a(\boldsymbol{x}^{(1)}, \boldsymbol{x}^{(2)}) \cdot C_{m_s}^s(s_3^{(1)}, s_3^{(2)}) \\ 三重态 \\ m_s = +1, 0, -1 \end{aligned} \right\} . \tag{37.10}$$

因此, 氦原子的态分成两类:

单态: 仲氦,

三重态: 正氦.

在基态,

$$u = v, \text{ 所以 } u^a = 0, \text{ 或 } V^a = 0, \tag{37.11}$$

这意味着, 只有一个单态项.

在这里所考虑的近似中, 哈密顿算符只对空间坐标是对称的, 由 (35.7) 式得知, 正态和仲态不能组合. 这是波动力学的典型结果, 是先前所不能理解的.

为了确定能量的本征值, 我们将两电子间的库仑相互作用

$$V(\boldsymbol{x}^{(1)}, \boldsymbol{x}^{(2)}) = V(\boldsymbol{x}^{(2)}, \boldsymbol{x}^{(1)}) = \frac{e^2}{r_{12}} \tag{37.12}$$

看作微扰 (精确解尚未求得). 利用库仑积分

$$J_0 = \int |u(\boldsymbol{x}^{(1)})|^2 |v(\boldsymbol{x}^{(2)})|^2 V(\boldsymbol{x}^{(1)}, \boldsymbol{x}^{(2)}) \mathrm{d}^3 x^{(1)} \mathrm{d}^3 x^{(2)} \tag{37.13}$$

和交换积分[1]

---

[1] 电子交换的频率与交换积分的联系如下:

我们若考虑态

$$u(\boldsymbol{x}^{(1)}, \boldsymbol{x}^{(2)}, t=0) = \frac{1}{\sqrt{2}} (u^s(\boldsymbol{x}^{(1)}, \boldsymbol{x}^{(2)}) + u^a(\boldsymbol{x}^{(1)}, \boldsymbol{x}^{(2)})),$$

在时刻 t 我们有

$$\begin{aligned} u(\boldsymbol{x}^{(1)}, \boldsymbol{x}^{(2)}, t) = \frac{1}{\sqrt{2}} \Big\{ &u^s(\boldsymbol{x}^{(1)}, \boldsymbol{x}^{(2)}) \exp\left[-\frac{\mathrm{i}}{h} E^s \cdot t\right] \\ &+ u^a(\boldsymbol{x}^{(1)}, \boldsymbol{x}^{(2)}) \exp\left[-\frac{\mathrm{i}}{h} E^a \cdot t\right] \Big\}. \end{aligned}$$

利用

$$E^s = E^a + 2J_1$$

我们得到

$$\begin{aligned} u(\boldsymbol{x}^{(1)}, \boldsymbol{x}^{(2)}, t) = \frac{1}{\sqrt{2}} \Big\{ &u^s(\boldsymbol{x}^{(1)}, \boldsymbol{x}^{(2)}) \exp\left[-\frac{2\mathrm{i}}{h} J_1 t\right] \\ &+ u^a(\boldsymbol{x}^{(1)}, \boldsymbol{x}^{(2)}) \Big\} \exp\left[-\frac{\mathrm{i}}{h} E^a \cdot t\right], \end{aligned}$$

由此导出

$$\left| u\left(\boldsymbol{x}^{(1)}, \boldsymbol{x}^{(2)}, t = \frac{\pi h}{2J_1}\right) \right| = \frac{1}{\sqrt{2}} |u^s - u^a| = |u(\boldsymbol{x}^{(2)}, \boldsymbol{x}^{(1)}, t=0)|.$$

电子在时刻 $t = \pi h/2J_1$ 已交换了它们的位置; 对应的角频率为

$$\omega = \frac{2J_1}{h}.$$

$$J_1 = \int u^*(\boldsymbol{x}^{(1)}) \cdot u(\boldsymbol{x}^{(2)}) \cdot v(\boldsymbol{x}^{(1)}) \cdot v^*(\boldsymbol{x}^{(2)}) \cdot$$
$$V(\boldsymbol{x}^{(1)}, \boldsymbol{x}^{(2)})\mathrm{d}^3 x^{(1)}\mathrm{d}^3 x^{(2)}, \tag{37.14}$$

我们用 (29.10) 式求得能量本征值有下列移动:

$$\Delta E_{\text{单}} = J_0 + J_1, \tag{37.15}$$
$$\Delta E_{\equiv} = J_0 - J_1. \tag{37.16}$$

三重态和单态两项间的差 $2J_1$ 大于自旋–轨道耦合 (三重态的分裂); 它具有静电能的数量级.

在关于氦光谱的最早期论文中已经可以找到较好的近似[1].

§38. 两个全同粒子的碰撞: 莫特理论[2]

我们来讨论两个全同费米子 (电荷 e, 自旋 $1/2$) 的碰撞 (图 38.1). 令 $\boldsymbol{x}$ 为两粒子的相对间距:

$$\boldsymbol{x} = \boldsymbol{x}^{(1)} - \boldsymbol{x}^{(2)}. \tag{38.1}$$

先前我们计算了被库仑势散射的波函数 (例如, 参见 (19.8) 式和 §18 末尾的注). 所以, 在此我们能写出

$$u(\boldsymbol{x}) = P + S \cdot f(\theta) \tag{38.2}$$
$$P = \exp[\mathrm{i}kz + \mathrm{i}\gamma \ln k(r - z)], \tag{38.3}$$
$$S = \frac{1}{r}\exp[\mathrm{i}kr - \mathrm{i}\gamma \ln kr], \tag{38.4}$$
$$\gamma = \frac{1}{ka_0} = \frac{e^2}{hv}, \tag{38.5}$$
$$f(\theta) = -\frac{e^2}{2mv^2 \sin^2 \frac{1}{2}\theta} \cdot \exp[-\mathrm{i}\gamma \ln(1 - \cos\theta) - 2\mathrm{i}\sigma(0, -1/\gamma)] \tag{38.6}$$

(m = 约化质量). 因为粒子是全同的, 我们不能区别 θ 和 $\pi - \theta$ 或 $\boldsymbol{x}$ 和 $-\boldsymbol{x}$. 在经典力学中, 我们要将在 θ 角和 $\pi - \theta$ 角处的强度相加; 然而, 在波动力学中, 对于非极化的粒子, 我们必须写成

$$W(\boldsymbol{x}) = \frac{1}{4}\{3|u(\boldsymbol{x}) - u(-\boldsymbol{x})|^2 + 1|u(\boldsymbol{x}) + u(-\boldsymbol{x})|^2\} \tag{38.7}$$

三重态 单态

---

[1] W. Heisenberg. *Z. Physik* **38**, 411 (1926) 和 **39**, 499 (1927).
[2] N. F. Mott, *Proc. Roy. Soc.* (*London*) **A 126**, 259 (1930).

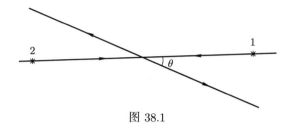

图 38.1

权重因数 3 起源于对终态电子自旋取向 ($m_s = -1, 0, +1$) 的取和. (38.7)式包含一个波动力学的典型干涉项:

$$W(\boldsymbol{x}) = |u(\boldsymbol{x})|^2 + |u(-\boldsymbol{x})|^2$$
$$- \frac{1}{2}\{u(\boldsymbol{x})u^*(-\boldsymbol{x}) + u^*(\boldsymbol{x})u(-\boldsymbol{x})\}.$$

具有反平行自旋取向的粒子碰撞后仍然是可以区别的 [A–4].

根据单态和三重态的散射振幅

$$|f(\theta) \pm f(\pi - \theta)|^2 = |f(\theta)|^2 + |f(\pi - \theta)|^2$$
$$\pm \underbrace{(f(\theta)f^*(\pi - \theta) + f^*(\theta)f(\pi - \theta))}_{\text{干涉项}}, \tag{38.8}$$

我们求得微分截面为

$$\left.\begin{aligned}
\mathrm{d}Q &= \frac{1}{4}\{3|f(\theta) - f(\pi - \theta)|^2 + |f(\theta) + f(\pi - \theta)|^2\}\mathrm{d}\Omega \\
&= \frac{e^4}{4m^2v^4}\left\{\frac{1}{\sin^4 \frac{1}{2}\theta} + \frac{1}{\cos^4 \frac{1}{2}\theta} + \frac{1}{\sin^2 \frac{1}{2}\theta \cos^2 \frac{1}{2}\theta}\right. \\
&\quad \left. \times \cos\left(\gamma \ln \frac{1 - \cos\theta}{1 + \cos\theta}\right)\right\}\mathrm{d}\Omega
\end{aligned}\right\}. \tag{38.9}$$

在此公式中的干涉项是波动力学的特征. 当速度减少时干涉极大紧靠在一起. $\theta = \pi/2$ 是一个特殊情况, 在此情况中, 公式 (38.8) 中的四项都相等.

对于两个自旋为零的全同玻色子 (例如 α 粒子), (38.7) 和 (38.9) 两式应以下两式来代替

$$W(\boldsymbol{x}) = |u(\boldsymbol{x}) + u(-\boldsymbol{x})|^2$$

和

$$\mathrm{d}Q = |f(\theta) + f(\pi - \theta)|^2 \mathrm{d}\Omega.$$

根据 (38.8) 式, 这里也有一个干涉项.

例如, 实验上已证明电子、质子和 α 粒子有干涉项; 因此, 这些粒子的费米子特性和玻色子特性被证实了.

§39.　核自旋的统计法

现在我们将用一个简单而基本的方法来证明: 核自旋 [A-3] 对转动态 (例如在双原子气体中) 的统计法具有重要的影响.

我们考虑由两个全同原子 X 组成的分子 X_2. 这样一个转子 ("哑铃") 的本征函数已知为球谐函数 (参见 §31), 而且其本征值为

$$E_{转} = \frac{h^2}{2A}l(l+1),$$

式中 A 为分子的转动惯量[①]. 对于偶数 l, 球谐函数是偶函数:

$$\mathrm{Y}_l(\theta, \varphi) = (-1)^l \mathrm{Y}_l(\theta', \varphi'); \quad \theta' = \pi - \theta, \quad \varphi' = \pi + \varphi.$$

对于核自旋为零的情况, 我们有玻色统计法, 且只出现这些对称态. 然而, 若核自旋 I 不为零, 情况就不同了. 一个核自旋 I 具有 $2I+1$ 个取向的可能性 m_I,

$$-I \leqslant m_I \leqslant +I.$$

所以, 分子具有 $(2I+1)^2$ 个可能的核自旋态 $m_I^{(1)}, m_I^{(2)}$, 它们分成三类:

$$
\left.
\begin{array}{ll}
C_{m_I}^{(1)} \cdot C_{m_I}^{(2)} & 2I+1 \text{ 个态} \\
C_{m_I'}^{(1)} \cdot C_{m_{I'}'}^{(2)} + C_{m_I'}^{(2)} \cdot C_{m_{I'}'}^{(1)}, m_I' \neq m_I'', & I(2I+1) \text{ 个态}
\end{array}
\right\}
\begin{array}{l}
\text{共有 } (I+1) \\
(2I+1) \text{ 个态,}
\end{array}
$$

$$C_{m_I'}^{(1)} \cdot C_{m_{I'}'}^{(2)} - C_{m_I'}^{(2)} \cdot C_{m_{I'}'}^{(1)}, m_I' \neq m_I'', \quad I(2I+1) \text{ 个态.}$$

如前, 我们必须将这些自旋函数与空间函数适当地组合起来:

　　$a.$ I 为整数, 玻色子: (在自旋 + 空间中是对称的)

$$Q = \frac{\text{具有偶数 } l \text{ 的态的数目}}{\text{具有奇数 } l \text{ 的态的数目}} = \frac{I+1}{I}.$$

　　$b.$ I 为半整数, 费米子: (在自旋 + 空间中是反对称的)

$$Q = \frac{\text{具有偶数 } l \text{ 的态的数目}}{\text{具有奇数 } l \text{ 的态的数目}} = \frac{I}{I+1}.$$

这里 Q 正是谱带中相邻谱线 ($l = 0, 1, 2, \cdots$) 的强度比, 所以, 它可根据分子光谱推断出来. 根据对 Q 的了解, 即能确定 I 的值以及核的对称性.

在历史上, 这对确定原子核是由质子和电子所组成, 还是由质子和中子所组成起过作用.[②]

　　[①] 这些转动态 ($l = 0, 1, 2, \cdots$) 的间距比分子振动的激发能小得多. 所以, 一个整个转动能级带属于每一个振动能级, 而这就是分子典型的带光谱的原因.

　　[②] 参见: W. Pauli, *"Zür älteren und neueren Geschichte des Neutrinos" in Aufsätze und Vorträge über Physik und Erkenntnistheorie* (Vieweg, Braunschweig, 1961).

习题

§40. 间隔中的基本解

1. 用下述两种方法, 确定能在相距为 L 的两平行壁间自由运动的粒子的基本解:

a. 利用本征解

$$\psi_n(x,t) = u_n(x) \exp\left[-\frac{\mathrm{i}}{h} E_n t\right]$$

的适当叠加, 并考虑完备性关系

$$\sum_n u_n(x) u_n^*(x') = \delta(x - x').$$

b. 用完全自由粒子的基本解, 并用镜像法以满足边界条件.

并证明, 用上述两种方法所得到的表达式是完全相同的. 为此, 利用由下式定义的 ϑ 函数[①]的性质

$$\vartheta_3(z|\tau) = \sum_{n=-\infty}^{+\infty} \exp[2niz] \exp[\mathrm{i}\pi\tau n^2]$$

$$= 1 + 2\sum_{n=1}^{\infty} \cos 2nz \cdot \exp[\mathrm{i}\pi\tau n^2],$$

所需的性质是

$$\vartheta_3(z|\tau) = (-\mathrm{i}\tau)^{-\frac{1}{2}} \exp\left[\frac{z^2}{\mathrm{i}\pi\tau}\right] \cdot \vartheta_3\left(\frac{z}{\tau}\bigg| -\frac{1}{\tau}\right).$$

2. 利用上部分所求得的基本解 $K(x, x', t)$, 并根据

$$\psi(x,t) = \int_0^L \mathrm{d}x' f(x') K(x, x', t) \tag{40.1}$$

---

① 参见: E. T. Whittaker and G. N. Watson, *A Course of Modern Analysis* (Cambridge University Press, New York, 1962) pp. 462ff.

来确定波包的运动, 假定在 $t = 0$ 时波包具有 $f(x)$ 的形式. 选取由高斯分布

$$f(x-x_0) = (\sigma_0\sqrt{2\pi})^{-\frac{1}{2}} \cdot \exp\left[\left\{-\frac{(x-x_0)^2}{4\sigma_0^2} + \frac{i}{h}(x-x_0)mv_0\right\}\right]$$

的反射所得到的级数为 $f(x)$.

证明 (40.1) 式也能由下式表示

$$\psi(x,t) = \sum_{n=-\infty}^{+\infty}\{\psi_0(2nL+(x-x_0),t) - \psi_0(2nL-(x-x_0),t)\}, \tag{40.2}$$

式中 $\psi_0(x-x_0,t)$ 为属于初始分布 f 的完全自由粒子的解. 通过把 $P(P(x,t) = \psi\psi^*)$ 分解为一个经典项

$$P_c = \sum_n\{|\psi_n^+|^2 + |\psi_n^-|^2\},$$

和一个干涉项

$$P_i = \sum_n\{\psi_n^+\psi_n^{-*} + \psi_n^+\psi_{n+1}^{-*} + \psi_n^-\psi_n^{+*} + \psi_n^-\psi_{n+1}^{+*}\},$$

用 (40.2) 式讨论概率分布 $P(x,t) = \psi\psi^*$ 中的干涉. 式中 $\psi_n^{\pm}$ 由下式定义

$$\psi_n^{\pm} \equiv \psi_0(2nL\pm(x-x_0),t).$$

证明, 时间不太长时 $(\sigma_0^2 + h^2t^2/4m^2\sigma_0^2 \ll L^2)$, 其余的项可略去. 此外, 用 ϑ_3 函数表示 P_c, 并借助于第一部分中给出的函数 ϑ_3 的性质, 证明 $t \to \infty$ 时 P_c 变成均匀分布 $1/L$ [A–5].

§41. 束缚态和隧道效应

1. 根据波函数及其一阶导数在势的突变点连续的条件, 确定能量的本征值 (束缚态):

a. 对于一维势阱 (图 41.1a);

b. 对于三维球面对称势阱 (图 41.1b), 在波函数也是球面对称 (S 态) 的假设下.

讨论作为势阱线度的函数的本征值的数目.

2. 用与第一部分中相同的条件, 计算矩形势垒的透射系数 $|u_2/u_1|^2$ 作为能量 $E(> 0)$ 的函数. 这是隧道效应的一个例子 (图 41.2).

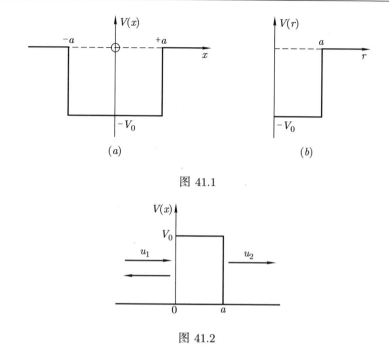

图 41.1

图 41.2

§42. 克勒尼希–彭尼势

对周期矩形势 (克勒尼希–彭尼势, 图 42.1), 推导决定能量本征值 E 的方程. 利用波函数及其一阶导数在势的突变点是连续的条件, 以及周期势的本征函数的下列普遍性质:

$$\psi(x) = \exp[\mathrm{i}kx]u_k(x); \quad u_k(x) \text{ 是周期的}.$$

讨论在 $b \to 0, ab(mV_0/h^2) = P = $ 常数的极限情况中 $E(k)$ 的行为.

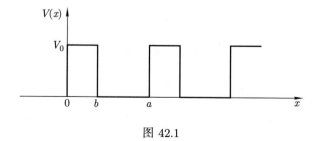

图 42.1

§43.　球谐函数

球面函数 $Y_l(\theta, \varphi)$ 满足微分方程

$$\frac{1}{\sin\theta} \cdot \frac{\partial}{\partial\theta}\left(\sin\theta\frac{\partial Y_l}{\partial\theta}\right) + \frac{1}{\sin^2\theta} \cdot \frac{\partial^2 Y_l}{\partial\varphi^2} + l(l+1)Y_l = 0.$$

将它乘以 r^l，则给出 l 次的谐多项式．它能按 $2l+1$ 个线性独立的函数

$$Y_{l,m}(\theta, \varphi) = P_l^m(x)e^{im\varphi}$$

展开，式中 $x = \cos\theta$ 以及 $-l \leqslant m \leqslant +l$；$Y_{l,m}$ 满足微分方程

$$(1-x^2)y'' - 2xy' + \left\{l(l+1) - \frac{m^2}{1-x^2}\right\}y = 0.$$

对于一给定的 m^2 值只有一个解，它在 $x = +1$ 和 $x = -1$ 处是有限的．

1. 借助于代换

$$y = (1-x^2)^{m/2}v,$$

并从 $m = \pm l$ 的情况着手，证明 P_l^m 的微分方程的解为

$$P_m^l(x) = (1-x^2)^{m/2}\frac{(-1)^l}{2^l l!}\frac{\mathrm{d}^{m+l}}{\mathrm{d}x^{m+l}}(1-x^2)^l. \tag{43.1}$$

（式中的数值因数是惯用的）．对正和负 m 也都应用这个公式，证明关系式

$$P_l^m = C_{l,m}P_l^{-m}; \ \text{式中} \ C_{l,m} = (-1)^m\frac{(l+m)!}{(l-m)!}.$$

例如，可通过比较 (43.1) 式中 x 的最高幂的系数来证实 $C_{l,m}$ 的值．

2. 从恒等式

$$\frac{\mathrm{d}^2}{\mathrm{d}x^2}(1-x^2)^{\lambda+1} + 2(\lambda+1)\{(2\lambda+1)(1-x^2)^\lambda - 2\lambda(1-x^2)^{\lambda-1}\} = 0, \tag{43.2}$$

着手 (式中 λ 为一任意实数)，通过 $l+m$ 次微分，推导递推公式

$$P_{l+1}^{m+1} - P_{l-1}^{m+1} = (2l+1)\sqrt{1-x^2}P_l^m. \tag{43.3}$$

应用

$$\frac{\mathrm{d}^{l+m+1}}{\mathrm{d}x^{l+m+1}}(1-x^2)^{l+1} = -2(l+1)$$
$$\times\left\{x\frac{\mathrm{d}^{l+m}}{\mathrm{d}x^{l+m}}(1-x^2)^l + (l+m)\frac{\mathrm{d}^{l+m-1}}{\mathrm{d}x^{l+m-1}}(1-x^2)^l\right\},$$

验证另一恒等式

$$xP_l^m + (l+m)\sqrt{1-x^2}\,P_l^{m-1} - P_{l+1}^m = 0,$$

应用 (43.3) 式, 上式可变成如下形式

$$(2l+1)xP_l^m = (l-m+1)P_{l+1}^m + (l+m)P_{l-1}^m. \tag{43.4}$$

3. 计算归一化积分

$$\int_{-1}^{+1} \{P_l^m(x)\}^2 \mathrm{d}x = N_l^m.$$

为此, 根据 (43.4) 式推导联系 N_{l+1}^m 与 N_l^m 的递推公式. 对 $m = l$ 的情况, 有一个从 (43.2) 式导出的附加递推公式. 结果为

$$N_l^m = \frac{(l+m)!}{(l-m)!} \frac{2}{2l+1}. \tag{43.5}$$

4. 用归一化的球谐函数

$$\overline{\mathrm{Y}}_{l,m}(\theta,\varphi) = \frac{1}{\sqrt{2\pi}} \frac{1}{\sqrt{N_l^m}} P_l^m(\cos\theta)\mathrm{e}^{\mathrm{i}m\varphi}$$

推导其分量为

$$e_1 + \mathrm{i}e_2 = \sin\theta\mathrm{e}^{\mathrm{i}\varphi} \text{ 和 } e_3 = \cos\theta$$

的单位矢 e 的矩阵元

$$(l', m+1|e_1+\mathrm{i}e_2|l,m) \text{ 和 } (l',m|e_3|l,m).$$

只当 $l' = l+1$ 或 $l' = l-1$ 时它们才不等于零.

§44. 谐振子的基本解

通过对 n 的求和, 确定谐振子的闭合式的基本解 (这里 $\tau = \omega_0 t$)

$$K(x,x',t) = \sum_n h_n^*(x')h_n(x) \exp\left[-\mathrm{i}\left(n+\frac{1}{2}\right)\tau\right]. \tag{44.1}$$

为此目的, 用表达式

$$\exp[-x^2] = \frac{1}{\sqrt{\pi}} \int_{-\infty}^{+\infty} \exp[-v^2 + 2\mathrm{i}vx]\mathrm{d}v \tag{44.2}$$

是方便的, 由此导出厄米多项式

$$H_n(x) = (-1)^n \exp[x^2] \left(\frac{\mathrm{d}}{\mathrm{d}x}\right)^n \exp[-x^2]$$

$$= (-1)^n \exp[x^2] \frac{1}{\sqrt{\pi}} \int_{-\infty}^{+\infty} (2\mathrm{i}v)^n \exp[-v^2 + 2\mathrm{i}vx]\mathrm{d}v; \quad (44.3)$$

于是,

$$h_n(x) = \frac{1}{\sqrt{2^n n! \sqrt{\pi}}} (-1)^n \exp\left[+\frac{x^2}{2}\right] \frac{1}{\sqrt{\pi}} \times$$

$$\int_{-\infty}^{+\infty} (2\mathrm{i}v)^n \exp[-v^2 + 2\mathrm{i}vx]\mathrm{d}v. \quad (44.4)$$

将此表达式代入 (44.1) 式, 得出 $K(x, x', t)$ 的二重积分, 在其被积函数中可对 n 求和. 因此, 不难利用 (44.2) 式计算这个二重积分. 结果为

$$K(x, x', t) = \frac{1}{\sqrt{2\pi \mathrm{i} \sin \tau}} \exp\left[\mathrm{i} \frac{(x^2 + x'^2)\cos \tau - 2xx'}{2\sin \tau}\right].$$

根据所求得的 K 的积分, 也能直接导出完备性关系

$$K(x, x', 0) = \sum_n h_n^*(x') h_n(x) = \delta(x - x').$$

§45.　角动量

1. 证明角动量的分量在球坐标中可表示为

$$P_1 + \mathrm{i}P_2 = \mathrm{e}^{\mathrm{i}\varphi} \left(\frac{\partial}{\partial \theta} + \mathrm{i}\frac{\cos \theta}{\sin \theta} \cdot \frac{\partial}{\partial \varphi}\right),$$

$$P_1 - \mathrm{i}P_2 = \mathrm{e}^{-\mathrm{i}\varphi} \left(-\frac{\partial}{\partial \theta} + \mathrm{i}\frac{\cos \theta}{\sin \theta} \cdot \frac{\partial}{\partial \varphi}\right).$$

此外, 证明: 把这些算符作用于 $\mathrm{Y}_{l,m}(\theta, \varphi) = P_l^m \mathrm{e}^{\mathrm{i}m\varphi}$ 而得出

$$(P_1 + \mathrm{i}P_2)\mathrm{Y}_{l,m}(\theta, \varphi) = -\mathrm{Y}_{l,m+1}(\theta, \varphi),$$

$$(P_1 - \mathrm{i}P_2)\mathrm{Y}_{l,m}(\theta, \varphi) = -(l+m)(l-m+1)\mathrm{Y}_{l,m-1}(\theta, \varphi).$$

关系式 (参见 §43)

$$P_l^m = (-1)^m \frac{(l+m)!}{(l-m)!} P_l^{-m} \quad (45.1)$$

能用来证明第二个公式.

2. 用归一化积分 $\int \{P_l^m(x)\}^2 \mathrm{d}x$ (参见 §43) 的值应能计算矩阵元

$$(l, m+1|P_1+\mathrm{i}P_2|l,m) \text{ 和 } (l, m-1|P_1-\mathrm{i}P_2|l,m).$$

验证 $P_1 - \mathrm{i}P_2$ 是 $P_1 + \mathrm{i}P_2$ 的厄米共轭.

3. 利用代换 $t \to -(1-x^2)/t$, 借助于复积分表达式

$$P_l^m(x) = (1-x^2)^{m/2}\frac{(-1)^l}{2^l l!} \cdot \frac{(l+m)!}{2\pi i} \oint \frac{\{1-(x+t)^2\}^l}{t^{l+m+1}}\mathrm{d}t$$

验证 (45.1) 式. 这里重要的是, 不仅 $l \pm m$ 是整数, 而且 l 也是整数. [被积函数在 $t = 1-x$ 和 $t = -(1+x)$ 处的正则性.]

§46. 分 波

1. 若波动方程

$$\frac{1}{r}\frac{\mathrm{d}^2}{\mathrm{d}r^2}(rv_k) + k^2 v_k - \frac{2m}{h^2}V_l(r)\cdot v_k = 0$$

中的势 $V_l(r)$ 在大 r 处比 $1/r$ 减少得快, 则波函数 v_k 在大 r 处的渐近行为由下式给出

$$v_k(r) \sim \frac{C}{r}\sin\left(kr - l\frac{\pi}{2} + \delta_l(k)\right); \tag{46.1}$$

在不受力作用的情况, $(2m/h^2)V_l(r) = l(l+1)/r^2$, 我们有 $\delta_l = 0$. 证明: 按照

$$\int_0^\infty v_k v_{k'} r^2 \mathrm{d}r = \delta(k'-k) \tag{46.2}$$

的归一化与要求

$$C = \sqrt{2/\pi} \tag{46.3}$$

是等价的. 为此, 利用 (46.2) 式的如下形式

$$\lim_{R\to\infty}\int_0^R r^2 \mathrm{d}r \int_{k-(\Delta k/2)}^{k+(\Delta k/2)} v_k v_{k'}\mathrm{d}k' = 1, \tag{46.4}$$

并利用由连续性方程导出的关系式

$$\int_0^R v_k v_{k'} r^2 \mathrm{d}r = \frac{1}{k'^2-k^2}\left\{(rv_{k'})\frac{\mathrm{d}}{\mathrm{d}r}(rv_k)\right.$$
$$\left.-(rv_k)\frac{\mathrm{d}}{\mathrm{d}r}(rv_{k'})\right\}_{r=R}. \tag{46.5}$$

必须在对 k' 的积分后再取 $R \to \infty$ 的极限.

2. 证明: 若给 (46.1) 式中的相位加上 $\ln r$ 级的修正, 则对库仑势的情况, 上述结果也是正确的.

3. 对于在抛物线坐标中库仑势的波函数, 计算坐标 $z = (1/2)(\lambda_1 - \lambda_2)$ [(18.66) 式 (以长度 a_0 为单位表示的)] 的对角矩阵元. 为此, 可以利用拉盖尔多项式 $L^m_{m+n_i}$ 的母函数以及在 §17 中已算出的归一化积分 (参见 (17.42) 式).

§47. 对称陀螺

讨论具有转动惯量 $A = B$ 和 C 的对称陀螺的本征值问题. 用欧拉角 ϑ, φ, χ 和它们的正则共轭动量 $p_\vartheta, p_\varphi, p_\chi$ 表示的经典力学哈密顿函数为

$$H = \frac{p_\vartheta^2}{2A} + \frac{(p_\varphi - \cos\vartheta p_\chi)^2}{2A \sin^2\vartheta} + \frac{p_\chi^2}{2C}.$$

它导致波动方程

$$\frac{1}{2A}\frac{1}{\sin\vartheta}\frac{\partial}{\partial\vartheta}\left(\sin\vartheta\frac{\partial\psi}{\partial\vartheta}\right) + \frac{1}{2A}\frac{1}{\sin^2\vartheta}\left(\frac{\partial}{\partial\varphi} - \cos\vartheta\frac{\partial}{\partial\chi}\right)^2\psi + \frac{1}{2C}\frac{\partial^2\psi}{\partial\chi^2} = -\frac{E}{h^2}\psi.$$

试解

$$\psi = \theta(\vartheta)\exp[\mathrm{i}(m\chi - m'\varphi)]$$

引出微分方程

$$\sin\vartheta\frac{\mathrm{d}}{\mathrm{d}\vartheta}\left(\sin\vartheta\frac{\mathrm{d}\theta}{\mathrm{d}\vartheta}\right) - (m'^2 + m^2 + 2\cos\vartheta mm' - \lambda\sin^2\vartheta)\theta = 0, \qquad (47.1)$$

式中

$$E = \frac{h^2}{2}\left\{\frac{\lambda}{A} + m^2\left(\frac{1}{C} - \frac{1}{A}\right)\right\}. \qquad (47.2)$$

代入 $x = (1 - \cos\vartheta)/2, 1 - x = (1 + \cos\vartheta)/2$, 由 (47.1) 式我们得到

$$x(1-x)\frac{\mathrm{d}}{\mathrm{d}x}\left\{x(1-x)\frac{\mathrm{d}\theta}{\mathrm{d}x}\right\} + \left\{-\lambda x^2 - \frac{1}{4}(m+m')^2 + (\lambda + mm')x\right\}\theta = 0. \quad (47.3)$$

利用

$$\theta_{m,m'} = x^{(m+m')/2}(1-x)^{(m-m')/2} \cdot f_{m,m'}, \qquad (47.4)$$

则 f 的方程是超几何微分方程

$$x(1-x)f'' + \{\gamma - (\alpha + \beta + 1)x\}f' - \alpha\beta f = 0, \qquad (47.5)$$

并有

$$\left.\begin{array}{l} \alpha + \beta = 2m + 1 \\ \alpha\beta = -\lambda + m(m+1) \\ \gamma = m + m' + 1 \end{array}\right\}. \qquad (47.6)$$

若 γ 既不为零, 也不是负整数, 则方程 (47.5) 的一个在 $x = 0$ 为正则的积分由下列级数给出

$$F(\alpha, \beta, \gamma, x) = 1 + \frac{\alpha}{1} \cdot \frac{\beta}{\gamma} x + \frac{\alpha(\alpha+1)}{1 \cdot 2} \cdot \frac{\beta(\beta+1)}{\gamma(\gamma+1)} x^2 + \cdots.$$

这里, 我们允许 m 和 m' 具有正负整数和半整数值, 但要使 $m \pm m'$ 为整数.

证明: 对 γ 的正负整数值成立的解由下列积分给出

$$\overline{F}(\alpha, \beta, \gamma, x) = \frac{\exp[i\pi\alpha]}{2\pi i} \cdot \frac{\Gamma(1-\alpha)}{\Gamma(\gamma-\alpha)} \oint_C t^{\alpha-1}(1-t)^{\gamma-\alpha-1}(1-tx)^{-\beta} \mathrm{d}t.$$

积分路径 C 以正方向围绕点 0 和 1, 但是点 $1/x$ 在 C 之外.

我们有

$$F = \Gamma(\gamma)\overline{F}(\alpha, \beta, \gamma, x), \quad \gamma = 1, 2, \cdots.$$

λ 的本征值来自如下的要求: $\overline{F}$ 为一多项式, 而 (47.4) 式是有限的, 这意味着 α 为一负整数或零. (交换 α 和 β 并不得出新解.) 证明: 仅当

$$\lambda = j(j+1) \tag{47.7}$$

(按定义 j 为正), 而且

$$j \pm m \text{ 和 } j \pm m' \text{ 为整数并且不为负值} \tag{47.8}$$

时, 才确如上述.

于是我们有

$$\alpha = -j + m, \quad \beta = j + m + 1, \quad \gamma = m + m' + 1. \tag{47.9}$$

通过将 $t = 1/s$ 和 $t = (1/x)(x-s)/(1-s)$ 代入积分表达式, 证明: 当 $f_{m,m'} = \overline{F}_{m,m'}$ 时, (47.4) 式中的函数 $\theta_{m,m'}$ 满足

$$\theta_{-m,-m'} = (-1)^{m+m'} \cdot \frac{(j+m')!(j+m)!}{(j-m')!(j-m)!} \cdot \theta_{m,m'}, \tag{47.10}$$

并推导

$$\overline{F} = \frac{(j-m)!}{(j+m)!(j+m')!}(-1)^{m+m'} \left(\frac{\mathrm{d}}{\mathrm{d}x}\right)^{j+m} \{x^{j-m'}(1-x)^{j+m'}\}$$

$$= \frac{1}{(j+m')!} x^{-m'-m}(1-x)^{m'-m} \cdot \left(\frac{\mathrm{d}}{\mathrm{d}x}\right)^{j-m} \{x^{j+m'}(1-x)^{j-m'}\}. \tag{47.11}$$

此外, 证明:

$$(1-x)^{\gamma-\alpha-\beta}F(\gamma-\beta,\gamma-\alpha,\gamma,x) = F(\alpha,\beta,\gamma,x)$$

意味着

$$\theta_{m,m'} = \theta_{m',m}. \tag{47.12}$$

最后, 计算归一化积分

$$N = \int_0^1 \{\theta_{m,m'}(x)\}^2 \mathrm{d}x = \int_0^1 x^{m+m'}(1-x)^{m-m'}(\overline{F})^2 \mathrm{d}x. \tag{47.13}$$

在这一表达式中, 例如, $(\overline{F})^2$ 可用由 (47.11) 式给出的 $\overline{F}$ 的两个表达式的积来代替; 然后可进行分部积分, 并可应用第一类欧拉积分

$$\int_0^1 x^{p-1}(1-x)^{q-1}\mathrm{d}x = \frac{\Gamma(p)\Gamma(q)}{\Gamma(p+q)}; \quad p > 0, q > 0. \tag{47.14}$$

补充书目

一般的

H. A. KRAMERS, *Quantum Mechanics* (North Holland, Amsterdam, 1957).

P. A. M. DIRAC, *The Principles of Quantum Mechanics*, 4th ed. (Oxford University Press, London, 1958) (有中译本,《量子力学原理》, 陈咸亨译, 科学出版社, 1959).

E. C. KEMBLE, *The Fundamental Principles of Quantum Mechanics* (McGraw-Hill, New York, 1937); corrected republication by Dover Publications. Inc. (New York, 1958).

D. BOHM, *Quantum Theory* (Prentice-Hall, New York, 1951).

L. I. SCHIFF, *Quantum Mechanics*, 2nd ed. (McGraw-Hill, New York, 1955).

D. I. BLOCHINZEW, *Grundlagen der Quantenmechanik* (Deutscher Verlag der Wissenschaften, Berlin, 1953). (有中译本,《量子力学原理》分上, 下两册 叶蕴理, 金星南译, 高等教育出版社, 1956 年).

A. SOMMERFELD, *Atombau und Spektrallinien*, vol.2 (Wellenmechanischer Ergänzungsband), 2nd ed. (Vieweg, Braunschweig, 1944); reprinted by Frederick Ungar Publishing Co. (New York, 1953).

L. D. LANDAU and E. M. LIFSHITZ, *Quantum Mechanics, Non-relativistic Theory* (Addison-Wesley, Reading, Mass., 1958).

A. MESSIAH, *Quantum Mechanics* (North Holland, Amsterdam, 1961), vols. 1 and 2.

专门的

L. DE BROGLIE, *La Mecanigue Ondulatoire* (Gauthier-Villars, Paris, 1928).

W. PAULI, "*Die Allgemeinen Prinzipien der Wellenmechanik*", 论文载入 *Encyclopedia of Physics*, vol. 5. Part 1 (Springer, Berlin, 1958). 这篇论文不是导论.

H. A. BETHE and E. E. SALPETER, "*Quantum Mechanics of One-and Two-Electron Systems*", 论文载入 *Encyclopedia of Physics*, vol. 35 (Springer, Berlin, 1957).

E. SCHRÖDINGER, *Abhandlungen Zur Wellenmechanik* (Leipzig, 1928).

M. BORN and P. JORDAN, *Elementare Quantenmechanik* (Springer, Berlin, 1930). 这篇论述是纯粹代数的.

J. Von NEUMANN, *Mathematical Foundations of Quantum Mechanics* (Princeton University Press, Princeton, 1955).

G. LUDWIG, *Die Grundlagen der Quantenmechanik* (Springer, Berlin, 1954).

J. M. JAUCH, *Foundations of Quantum Mechanics* (Addison-Wesley, Reading, Mass., 1968).

基本原理和认识论方面的讨论

W. HEISENBERG, *The Physical Principles of the Quantum Theory* (University of Chicago Press, Chicago, 1930); reprinted by Dover Publications, Inc. (New York, 1949).

N. BOHR, *Atomic Theory and the Description of Nature* (Cambridge University Press, London, 1934).

N. BOHR, *"Discussions With Einstein on Epistemological Problems in Atomic Physics"* 论文载入 *Albert Einstein: Philosopher-Scientist*, edited by P. A. Schilpp (Tudor, New York, 1951).

H. REICHENBACH, *Philosophic Foundations of Quantum Mechanics* (University of California Press, Berkeley, 1944). (有中译本,《量子力学的哲学基础》, 侯德彭译, 商务印书馆, 1965.)

Dialectica, vol.2, number 3/4 (Neuchâtel, Switzerland, 1948).

W. HEISEBERG, *"The Development of the Interpretation of the Quantum Theory"*, 论文载入 *Niels Bohr and the Development of Physics*, edited by W. Pauli (McGraw-Hill, New York, 1955).

Institut International de Physigue Solvay, Cinguième Conseil de Physigue: *Electrons et Photons* (Paris, 1928).

Contributions by A. Einstein, E. Schrödinger, W. Pauli, and Others in *Louis de Broglie physicien et penseur* (Albin Michel, Paris, 1953).

附录　英译本编者评注

[A–1] (§4) 本节提出的问题是构成量子论历史中最吸引人的方面之一. 这就是量子论的概率本性是否和量子论给出自然界的完备描述这一要求相容的问题. 在 1927 年第五次索尔维会议 (Fifth Solvay congress) 上曾热烈讨论过这个问题, 结果是 "哥本哈根解释" 获胜了. 后者是这相容性中的一个信条. 然而, 由德布罗意、爱因斯坦、薛定谔以及后来玻姆辩护的相反观点是相信完备理论应该是以决定论为基础的.

泡利在这一节中谈到的 "直观图像" 暗中指的是德布罗意的 "导波", 它是 "决定论方案" 中 "隐变量" 的一种特殊实例. 在献给德布罗意六十寿辰的《路易·德·布罗意, 物理学家和思想家》(Albin Michel, 巴黎, 1953) 一书中, 泡利的题为《关于量子力学中隐参量的和导波理论的评论》①的论文里, 最清楚地揭示了这个问题. 他写道 (第 35 页): "在 1927 年索尔维会议上, 与德布罗意讨论了这个理论, 这使我很高兴. 不久以后, 为了海森伯和玻尔的量子力学的并协解释, 德布罗意放弃了它②, 其理由在他的《波动力学导论》(1929) 中详尽地阐述了", 后来, 在第 37 页上 (指上述书中的页数——中译者注), 泡利从普遍观点出发去讨论 "在借助于一些隐参量, 而使量子力学成为决定论方案来完成量子力学的尝试; 导波理论只是一个特殊的例子", 并且他推断 (第 42 页): "在物理理论的诠释和论证中, 有物理学的理由 (这与哲学没有关系) 使我相信, 在并协概念的基础上解释波动力学是唯一可接受的. 虽然在相对论范畴中还远不能认为量子力学的状态是肯定的, 但我相信, 这个理论的发展只是使我们更加不可能作出决定论的和因果的解释".

---

① 重印在 *Collected Scientific Papers by Wolfgang Pauli*, Interscience, New York, 1964, vol. 1. pp. 1115.——中译者注

② 指的是导波理论.——中译者注

在同一本书中, 爱因斯坦的论文《关于一些基本概念的绪论》①里最清楚地表达了这节中提到的他的信念. 他 (第六页) 写道: "像一个物理系统的 '真实状态' 这样的事物是有的, 它不依赖于任何一个观察或测量而客观地存在着, 并且原则上能用物理的表达方法来描述." 并且在第八页: "因此, 人们意识到不得不把用波函数 Ψ 对系统的描述看作是对真实状态的不完备的描述."

关于隐变量的较晚近的讨论, 参看 J. S. Bell, *Rev. Mod. Phys.* **38**, 447 (1966). 关于一个新近实验上的试验, 参看 S. J. Freedman 和 J. F. Clauser, *Phys. Rev. Letters* **28**, 938 (1972).

[A–2] (§8) $\delta(x)$ 和所有它的导数都是 "广义慢增函数" (tempered distributions).

一个广义函数 (distribution) 定义为具有界支集无限次可微函数 $\varphi(x)$ 的一个线性连续泛函 $F[\varphi]$. 这意味着

$$F[\lambda_1\varphi_1 + \lambda_2\varphi_2] = \lambda_1 F[\varphi_1] + \lambda_2 F[\varphi_2],$$
$$\lim_{j\to\infty} F[\varphi_j] = F[\varphi],$$

对任何这样的函数列 $\varphi_1, \varphi_2, \cdots$, 使得 $\lim\limits_{j\to\infty} \varphi_j = \varphi$, 并且 $\varphi(x)$ 的非零值全部都包含在 x 的有限区域内.

广义慢增函数是用函数 $\psi(x)$ 来定义的, 它的所有导数 ψ^m 渐近地强烈趋近于零, 即对任何非负的 l 和 m,

$$\lim_{|x|\to\infty} |x|^l \psi^{(m)}(x) = 0.$$

一个在无限远足够缓慢地增加的局部可积函数 $f(x)$ (即, 存在着正数 A 和 α 使得当 $|x| \to \infty$ 时, $|f(x)| \leqslant Ax^\alpha$) 定义一个广义慢增函数

$$f[\psi] = \int f(x)\psi(x)\mathrm{d}x.$$

两个局部可积函数 f_1 和 f_2, 如果除了在零测度集上, $f_1 - f_2 = 0$, 则它们定义同一个广义函数. 所以, 在 §8 末尾中举出的狄拉克函数 $\delta(x)$ 的全部表象定义同一个广义函数

$$\delta[\psi] = \int \delta(x)\psi(x)\mathrm{d}x = \psi(0).$$

---

① 参看: 许良英等编译《爱因斯坦文集》第一卷第 536 页至 540 页, 商务印书馆 1977 年.——中译者注

如果一个局部可积函数是可微的. 它的广义函数的导数定义为

$$f'[\psi] = \int f'(x)\psi(x)\mathrm{d}x = -\int f(x)\psi'(x)\mathrm{d}x = -f[\psi'].$$

在量子力学中, 一个有连续谱的可观察算符的本征函数 f 和一般波函数 ψ 的标积 $\int f(x)\psi(x)\mathrm{d}x$ 定义一个广义慢增函数 $f[\psi]$, 因为任何波函数 $\psi(x)$ 都是平方可积的.

对于广义函数性质的简要说明, 参看, 例如 A. Messiah, *Quantum Mechanics* (North Holland, Amsterdam, 1961) 第一卷, 附录 A.

[A–3] (§33, §39) 不但在电子自旋而且在核自旋的历史上, 泡利的作用都是极其重要的. 早在 1924 年他就提出原子核的 "合角动量" 的假设了. 的确, 在《自然科学》(*Naturwiss.* **12**, 741 (1924)) 上, 他用现在称为超精细相互作用的术语讨论了 "某些谱线的伴线"; 他写道: "这个能量差因此可理解为由于原子核的复合结构而引起的, 并且可以假设, 一般说来, 原子核具有不为零的合角动量".

值得注意的是, 虽然, 在《物理学期刊》[*Z. Physik* **31**, 373 (1925) (1924 年 12 月 2 日交稿)] 泡利注意到了电子量子态的 "奇异的二值性", 然而这时他还不准备接受电子的角动量观念. 这个结论是建立在 "碱金属光谱双重结构" (自旋–轨道分裂) 和 "违背拉莫尔定理" (反常塞曼效应) 上的. 在上述论文中, 他写道: "按照这个观点, 碱金属光谱双重结构, 以及违背拉莫尔定理的出现, 是由于一种特有的、经典方法不能描述的发光电子量子理论性质的二值性." 泡利在他的《1946 年诺贝尔奖演讲》中 (重印在 *Collected Scientific Papers by Wolfgang Pauli*, Interscience, New York, 1964, vol. 2, p. 1080) 解释他在接受电子自旋时的犹豫原因如下: "虽然起先我由于这个概念的经典力学的特性而强烈地怀疑它的正确性, 通过托马斯关于双重线分裂量值的计算 [L. H. Thomas, *Nature* **117**, 514 (1926) 和 *Phil. Mag.* **3**, 1 (1927). 并对照 J. Frenkel, *Z. Phys.* **37**, 243 (1926)], 最后我转变过来了 ……".

的确因为相差了这个托马斯因子 2, 泡利不相信自旋–轨道分裂的克勒尼希 (Kronig) 的计算 (未发表, 1925 年初). 有关这个科学史上微妙的插曲的详情, 在 W. 泡利纪念集《20 世纪理论物理》(Interscience, New York, 1960) 中 R. 克勒尼希和 B. L. 范德瓦尔登的论文中可以找到.

关于核自旋的历史, 在 *Physics Today* **14**, No.6 p.18 (1961), S. A. 古德斯密特 (Goudsmit) 的论文中可以找到很有趣的叙述; 他写道: "多年来, 每当我遇见泡利时, 他总神秘地说他 '宁愿不被援引', 只是在 20 世纪 30 年代后期, 我才弄清楚他是指什么说的."

[A–4] (§38) 这只是对与自旋无关的力才是正确的. 在这种情况下, 散射不引起自旋的翻转, 因而反平行的全同粒子在碰撞中仍然是不可区别的.

[A–5] (§40.2) 玻恩在 *Dan. Mat. Fys. Medd,* **30**, No.2 (1955) 中对这问题作了极详尽的评述. 这篇文章是献给尼尔斯·玻尔七十寿辰的.

索引

(汉－英)

四　　　划

五　　划

六　　　划

七　划

八　　划

九　　划

十　　划

十 一 划

十 二 划

十 三 划

十四—十六划

第六卷
场量子化选题

田中一　译

编者序

　　《场量子化》①(本讲义德文原本书名) 自从发表以来, 已成为场论文献中广泛使用的资料. 泡利于 1950—1951 年间在苏黎世瑞士联邦理工学院② 讲授的课程, 是采取研究班讨论的方式, 泡利在研究班中评论了当时人们感兴趣的问题. 在这方面, 这本讲义和本丛书其他几卷不同, 采取了比较常规的向研究生讲授的方式.

　　评论的特点也反映在 M. 夏福罗特 (泡利当时的助教, 已故) 的讲稿文体中, 讲稿的合编者是 U. 豪赫史特拉 (现为瑞士政府科学问题代表). 讲义的文体, 不仅具有泡利对这本讲义所取的讲授方式的特征, 也反映了夏福罗特个人讨论物理学的方式. 事实上, 在本丛书统计力学讲义中, 也明显地显示这种要言不烦的文体, 统计力学也是从夏福罗特讲稿翻译过来的.

　　当然, 自从 "场量子化" 发表以来, 场论已有了很大的发展, 现代场论的公理化方法已经采用了很不相同的数学语言, 并且达到了严格程度, 没有这些就不可能得到现知的精确结果. 为了与这些新近发展取得衔接, 我请 K. 亥普在附录中注释了不依靠微扰论的重正化问题的现状, 在此我感谢他在专业方面所给予的帮助.

　　虽然基本粒子物理学有了许多新发现, 但除了使问题变得更加复杂之外, 物理问题却没有根本改变. 因此, 泡利在《场量子化》中关于这个问题的评论至今仍然是有本质意义的. 此外, 这本讲义是量子电动力学辉煌时代的一份历史资料, 它的意义好比这个时代是以朝永振一郎、施温格、费曼和戴森等人的名字为象征一样. 为此, 我补充了《场量子化》中所有提到的原著在已公开发表文献中的确切出处, 在这工作中, 我愉快地得到 F. 戴森的鼓励, 同时感谢与 R. 格劳伯有益的通信.

　　英译本的出版不是一件容易的事, 应该专门提一下翻译者的工作. 在有些地方, 为了提高精确性, 我敢于背离原著, 但在做点小改动不能做到的地方, 则在附录中加以注释. 在这工作以及消除错误的工作中, B. 西蒙 (当时是 A. 怀特曼的研究生, 现在是著名的场论学家) 的注释是大有帮助的.

---

① Feldquantisierung.
② ETH.

如果这本讲义成为现代研究场论的大学生和研究人员感兴趣的书, 则谨以此纪念 W. 泡利.

查理 P. 安兹

日内瓦 1971 年 10 月 27 日

第一章

电子–正电子场的量子化

§1. 海森伯表象和相互作用表象 [A–1]①

只要期待值保持正确的时间相关性:

$$\langle A \rangle = \sum_{nm} (\Psi_n^* A_{nm} \Psi_m), \tag{1.1}$$

我们就能够完全任意地选择算符和本征函数对时间的相关性.

1. 海森伯表象

状态矢 Ψ 与时间无关, A 满足有相互作用的场方程式. 例如, 对于电磁势, $A \to \Phi_\mu$,

$$\Box \Phi_\mu = -j^\mu. \tag{1.2}$$

2. 相互作用表象

这里 Ψ 与时间有关, 而且使得与时间有关的 A 满足无相互作用的场方程式. 例如,

$$\Box \Phi_\mu = 0. \tag{1.3}$$

当无相互作用时, 这两种表象是相同的. 例如, 若相互作用是:

$$H = -j^\mu \Phi_\mu, \quad j^\mu \propto e, \quad e \ll 1,$$

可以展开

$$\Psi = \Psi_0 + e\Psi_1 + \cdots,$$

其中 Ψ_0 与时间无关, $\Psi_1, \Psi_2, \Psi_3, \cdots$ 与时间有关.

注: (1) 所有这些对普通量子力学是正确的, 对量子场论也是正确的.

---

① [A–1]—[A–8] 见附录

(2) 如果总能量是对角的, 则在海森伯表象中

$$A_{nm}(t) = A_{nm}(0) \cdot \exp[\mathrm{i}(E_n - E_m)t],$$

且 Ψ 与时间无关.

3. 薛定谔表象

这里选择 A 与时间无关, 而相应地,

$$\Psi_n(t) = \Psi(0) \cdot \exp[\mathrm{i}E_n t], \tag{1.4}$$

(若总能量是对角的).

§2. 谐振子的量子化

哈密顿量是

$$H = \frac{1}{2}\left(\frac{p'^2}{m} + m\omega^2 q'^2\right).$$

令

$$\frac{p'}{\sqrt{m}} = p, \quad q' \cdot \sqrt{m} = q$$

(正则变换; p, q 是厄米量). 则,

$$H = \frac{1}{2}(p^2 + \omega^2 q^2), \tag{2.1}$$

$$\mathrm{i}[p, q] = 1. \tag{2.2}$$

我们引入

$$\left.\begin{aligned} a &= \frac{1}{\sqrt{2\omega}}(p - \mathrm{i}\omega q) \\ a^* &= \frac{1}{\sqrt{2\omega}}(p + \mathrm{i}\omega q) \end{aligned}\right\}, \tag{2.3}$$

所以

$$[a, a^*] = 1. \tag{2.4}$$

于是

$$H = \frac{\omega}{2}(aa^* + a^*a) = \omega\left(a^*a + \frac{1}{2}[a, a^*]\right). \tag{2.5}$$

$\frac{1}{2}[a, a^*] = \frac{1}{2}$ 这一项是零点能. 量 a^*a 有整数本征值:

$$a^*a = N \quad (N = 0, 1, 2, \cdots), \tag{2.6}$$

这是从 p、q 的厄米性要求得出的. 在 N 为对角的矩阵表象中

$$\left.\begin{array}{l} a = \begin{pmatrix} 0 & \sqrt{1} & 0 & \cdots & 0 & \cdots \\ 0 & 0 & \sqrt{2} & \cdots & 0 & \cdots \\ \cdots & \cdots & \cdots & \cdots & \cdots & \cdots \\ 0 & 0 & 0 & \cdots & \sqrt{N} & \cdots \\ \cdots & \cdots & \cdots & \cdots & \cdots & \cdots \end{pmatrix} \\[8pt] a^* = \begin{pmatrix} 0 & 0 & 0 & \cdots & 0 & \cdots \\ \sqrt{1} & 0 & 0 & \cdots & 0 & \cdots \\ 0 & \sqrt{2} & 0 & \cdots & 0 & \cdots \\ \cdots & \cdots & \cdots & \cdots & \cdots & \cdots \\ 0 & 0 & 0 & \cdots & \sqrt{N} & \cdots \\ \cdots & \cdots & \cdots & \cdots & \cdots & \cdots \end{pmatrix} \\[8pt] N = \begin{pmatrix} 0 & 0 & 0 & \cdots & 0 & \cdots \\ 0 & 1 & 0 & \cdots & 0 & \cdots \\ 0 & 0 & 2 & \cdots & 0 & \cdots \\ \cdots & \cdots & \cdots & \cdots & \cdots & \cdots \\ 0 & 0 & 0 & \cdots & N & \cdots \\ \cdots & \cdots & \cdots & \cdots & \cdots & \cdots \end{pmatrix} \end{array}\right\}. \tag{2.7}$$

令 Ψ 是变数 N 的函数: $\Psi = \Psi(N)$, 则 a 的意义如下:

a^* 是产生 (发射) 算符, 因为

$$\left.\begin{array}{l} a^* \Psi(N) = \sqrt{N+1}\, \Psi(N+1); \\ a \text{ 是湮没 (吸收) 算符, 因为} \\ a \Psi(N) = \sqrt{N}\, \Psi(N-1). \end{array}\right\}. \tag{2.8}$$

最低能量状态是 $N = 0$ 态, 所谓 "真空". 则

$$\left.\begin{array}{ll} a^* \Psi(0) = \Psi(1), & a \Psi(0) = 0 \\ \langle a^* a \rangle_0 = 0, & \langle a a^* \rangle_0 = 1 \end{array}\right\}. \tag{2.9}$$

这里占有数 N 是任意的; 因此这种量子化对应玻色–爱因斯坦统计. 对于费米统计存在相应的关系 (满足不相容原理).

如果我们在形式上引入

$$\left.\begin{array}{l} \{a, a^*\} \equiv a a^* + a^* a = 1, \\ a^2 = 0, \ a^{*2} = 0, \end{array}\right\} \tag{2.10}$$

则得到解:

$$a = \begin{pmatrix} 0 & 1 \\ 0 & 0 \end{pmatrix}, \quad a^* = \begin{pmatrix} 0 & 0 \\ 1 & 0 \end{pmatrix}. \tag{2.11}$$

而且, 若令

$$N \equiv a^* a = \begin{pmatrix} 0 & 0 \\ 0 & 1 \end{pmatrix}, \tag{2.12}$$

则

$$1 - N = a a^* = \begin{pmatrix} 1 & 0 \\ 0 & 0 \end{pmatrix},$$
$$N(1 - N) = 0 \tag{2.13}$$

　　这正好对应不相容原理. 应该指出, 与玻色–爱因斯坦统计不同, 在费米统计中, a 与 a^* 之间以及 N 与 $1 - N$ 之间都分别完全对称.

§3.　自旋等于 $\frac{1}{2}$ 的粒子的二次量子化

a. 自旋等于零的粒子的非相对论表述

　　我们用本征函数的全集展开:

$$\psi(x, t) = \sum_r a_r \exp[\mathrm{i}(\boldsymbol{k}_r \cdot \boldsymbol{x}_r - k_r^0 t)], \tag{3.1}$$

而且要求不同模式的振幅对易, 并要求每种模式的行为类似谐振子:

$$[a_r, a_s] = [a_r^*, a_s^*] = 0; \quad [a_r, a_s^*] = \delta_{rs}. \tag{3.2}$$

如果我们想象整个系统封闭在各边长为 L 的盒 G 中, 则

$$k_r^i = \frac{2\pi}{L} s^i, \quad i = 1, 2, 3, \quad \text{其中 } s^i \text{ 是整数} \tag{3.3}$$

如果系统不封闭在上述盒中, 则可以要求周期性边界条件:

$$\psi(x^1 + L, x^2, x^3; t) = \gamma \cdot \psi(x^1, x^2, x^3; t); \quad |\gamma|^2 = 1. \tag{3.4}$$

而结果相同. 完备性关系要求:

$$\int_G \psi^* \psi \, \mathrm{d}^3 x = \sum_r a_r^* a_r = \sum_r N_r. \tag{3.5}$$

b. 相对论表述

这里出现特有的复杂化, 其原因在于所有简单场方程式都既包含负频率的解, 又包含正频率的解.

让我们具体地考虑狄拉克方程:

$$\gamma^\mu \gamma^\nu + \gamma^\nu \gamma^\mu = 2\delta_{\mu\nu}, \tag{3.6}$$

$$\left(\gamma^\nu \frac{\partial}{\partial x^\nu} + m\right)\psi = 0. \tag{3.7}$$

正如大家所熟知的, 这方程也导致具有正频率和负频率的解.

我们用本征函数的全集将 ψ 展开:

$$\psi_\rho = \sum_r A_r u_\rho^{(r)}(x), \tag{3.8}$$

其中 x 是四维矢量 $(x^0 = t, x^4 = \mathrm{i}t)$, 且按下式

$$\int \sum_\rho u_\rho^{*(r)} u_\rho^{(s)} \mathrm{d}^3 x = \delta_{rs} \tag{3.9}$$

对 $u_\rho^{(r)}$ 归一化. 这是可能的, 因为从方程 (3.7) 得出的电流守恒定律保证方程 (3.9) 中的积分不随时间而变. 证明如下: 考虑伴随方程 (其中箭号表示微分作用在左边),

$$\overline{\psi}\left(\gamma^\nu \frac{\overleftarrow{\partial}}{\partial x^\nu} - m\right) = 0, \tag{3.10}$$

用 $\overline{\psi}$ 乘 (3.7) 和 (3.10) 乘 ψ, 相加, 得:

$$\overline{\psi}\left(\gamma^\nu \frac{\partial}{\partial x^\nu} + m\right)\psi + \overline{\psi}\left(\gamma^\nu \frac{\overleftarrow{\partial}}{\partial x^\nu} - m\right)\psi = 0.$$

于是我们得到

$$\frac{\partial j^\nu}{\partial x^\nu} = 0, \tag{3.11}$$

其中 (有任意常数 C)

$$j^\nu = C \cdot \overline{\psi}\gamma^\nu \psi. \tag{3.12}$$

由此得出

$$\frac{\partial}{\partial t}\int j^0 \mathrm{d}^3 x = 0. \qquad \text{证毕.}$$

关于伴随方程应注意的是: γ^ν 必须是厄米量; 即,

$$\gamma^{\nu*} = \gamma^{\nu T}, \quad (\gamma^{\nu T})_{\alpha\beta} \equiv (\gamma^\nu)_{\beta\alpha}. \tag{3.13}$$

这里, γ^ν 的厄米性在具有虚时坐标的 x^1, x^2, x^3, x^4 中将是正确的. 因为四个坐标不全是实数, 当建立方程 (3.7) 的复数共轭时, 具有 x^4 的项的符号必须改变:

$$-\frac{\partial \psi^*}{\partial x^4}\gamma^4 + \sum_{k=1}^{3}\frac{\partial \psi^*}{\partial x^k}\gamma^k + m\psi^* = 0. \tag{3.14}$$

如果用 γ^4 从右边乘方程 (3.14), 则因 $\gamma^4\gamma^k = -\gamma^k\gamma^4$, 且

$$\psi^*\gamma^4 \equiv \overline{\psi}, \tag{3.15}$$

于是由 (3.14) 得:

$$\overline{\psi}\left(\gamma^\nu\frac{\overleftarrow{\partial}}{\partial x^\nu} - m\right) = 0.$$

而且

$$j^4 = C(\overline{\psi}\gamma^4\psi) = C(\psi^*\psi) = \mathrm{i}j^0.$$

因为 j^0 必定是电荷密度, 所以取 $C = \mathrm{i}e$, 这样,

$$j^\nu = \mathrm{i}e(\overline{\psi}\gamma^\nu\psi). \tag{3.16}$$

现在我们对振幅进行量子化, 凭实验确知电子满足不相容原理 (这也有理论根据[1]), 所以我们将按照 §2 末所给出的图式进行量子化. 这个方案 (由若尔当和维格纳提出[2]) 是非常有用的, 虽然它的物理意义看来似乎是模糊的: 振幅表达式的符号取决于简正模的计数.

为此按下列展开:

$$\left.\begin{array}{l}\psi_\rho = \sum_r A_r u_\rho^{(r)}(x) \\[2mm] \psi_\rho^* = \sum_r A_r^+ u_\rho^{(r)*}(x) \\[2mm] \overline{\psi}_\rho = \sum_r A_r^+ \overline{u}_\rho^{(r)}(x)\end{array}\right\}, \tag{3.17}$$

而且为了量子化, 要求

$$\left.\begin{array}{l}\{A_r, A_s^+\} \equiv A_r A_s^+ + A_s^+ A_r = \delta_{rs} \\[2mm] \{A_r, A_s\} = \{A_r^+, A_s^+\} = 0\end{array}\right\}. \tag{3.18}$$

因为体系的完备性,

$$\int j^0 \mathrm{d}^3 x = e\sum_r A_r^+ A_r. \tag{3.19}$$

[1] W. PAULI, *Rev. Mod. Phys.* **13**, 203 (1941).
[2] P. JORDAN and E. P. WIGNER, *Z. Physik* **45**, 751 (1928).

如果我们把 $A_r^+ A_r$ 解释为在状态 $u^{(r)}$ 中的粒子数 N_r, 则 $\int j^0 \mathrm{d}^3 x/e$ 始终是正的, 因此我们得到一个只有正粒子数的理论. 将状态分为具有正频率的状态和具有负频率的状态, 我们也能建立一个描述电子和正电子的理论 (见 §4).

首先我们推广完备性关系式. 在非相对论形式中, 此关系式是:

$$\sum_r u_\alpha^{(r)}(\boldsymbol{x}, t) u_\beta^{(r)*}(\boldsymbol{x}', t) = \delta_{\alpha\beta} \delta^3(\boldsymbol{x} - \boldsymbol{x}'). \tag{3.20}$$

但是我们能够不作等时假设, 若令 $(\boldsymbol{x}, t) \equiv x$, 且以 γ^4 乘 (3.20), 则得:

$$\sum_r u_\alpha^{(r)}(x) \overline{u}_\beta^{(r)}(x') = -\mathrm{i} S_{\alpha\beta}(x - x'). \tag{3.21}$$

这里 S 由下列性质确定:

$$S_{\alpha\beta}(\boldsymbol{x} - \boldsymbol{x}', 0) = \mathrm{i}(\gamma^4)_{\alpha\beta} \delta^3(\boldsymbol{x} - \boldsymbol{x}'), \tag{3.22}$$

$$\left(\gamma \frac{\partial}{\partial x} + m\right) S = 0, \quad S\left(\gamma \frac{\overleftarrow{\partial}}{\partial x'} - m\right) = 0. \tag{3.23}$$

就是说, S 是狄拉克方程的解, 当 $t = 0$ 时, S 成为 $\mathrm{i}\gamma^4 \delta^3(\boldsymbol{x} - \boldsymbol{x}')$, 因为狄拉克方程是一阶的, 所以这足够唯一确定 S. 确定 S 可简化为解二阶微分方程. 因为

$$\left(\gamma \frac{\partial}{\partial x} + m\right)\left(\gamma \frac{\partial}{\partial x} - m\right) \equiv \Box - m^2,$$

如果 $\Delta(x)$ 定义为

$$\left.\begin{array}{l} (\Box - m^2)\Delta(x) = 0 \\[2mm] \Delta(\boldsymbol{x}, 0) = 0 \\[2mm] \left(\dfrac{\partial \Delta}{\partial t}\right)_{\boldsymbol{x}, 0} = -\delta^3(\boldsymbol{x}) \end{array}\right\}, \tag{3.24}$$

则

$$S(x) = \left(\gamma \frac{\partial}{\partial x} - m\right) \Delta(x). \tag{3.25}$$

从方程 (3.21) 定义的 $S(x)$, 并根据方程 (3.17) 和 (3.18), 立即得到:

$$\{\psi_\alpha(x), \overline{\psi}_\beta(x')\} = -\mathrm{i} S_{\alpha\beta}(x - x'). \tag{3.26}$$

§4. 能量的正负; 空穴理论

$$E_{rr} = \mathrm{i} \int u^{(r)*} \frac{\partial u^{(r)}}{\partial t} \mathrm{d}^3 x \tag{4.1}$$

是时间上的常量, 其原因恰好和电荷的原因相同, 这就是说,

$$E_{rs} = -\int \overline{u}^{(r)} \gamma^4 \frac{\partial u^{(s)}}{\partial x^4} \mathrm{d}^3 x = \int \overline{u}^{(r)} \left(\boldsymbol{\gamma} \cdot \frac{\partial}{\partial \boldsymbol{x}} + m \right) u^{(s)} \mathrm{d}^3 x,$$

它的对角元素是常量. 我们选择 $u^{(r)}$ 使 E_{rs} 是对角的:

$$E_{rs} = \delta_{rs} \cdot \omega_r \cdot \varepsilon_r; \quad \omega_r > 0, \quad \varepsilon_r = \pm 1 \tag{4.2}$$

对于每一个 $\varepsilon_r > 0$ 的解, 都存在一个 $\varepsilon_r < 0$ 的解, ε_r 将状态按正、负能量分类. 例如, 对于平面波,

$$\varepsilon_r = +1: \quad u^{(r)} = C^{(r)} \cdot \frac{1}{\sqrt{G}} \exp[\mathrm{i}(\boldsymbol{k}_r \cdot \boldsymbol{x} - \omega_r t)],$$

$$\varepsilon_r = -1: \quad u^{(r)} = C^{(r)} \cdot \frac{1}{\sqrt{G}} \exp[\mathrm{i}(\boldsymbol{k}_r \cdot \boldsymbol{x} + \omega_r t)].$$

一般地说, 任何依赖于时间的正规函数 $\psi(t)$(在无限远处充分快地变为零), 都能用傅里叶分解分成一正频率部分和一负频率部分 (图 4.1). 这也可以不用傅里叶分解, 而用下述方法完成. 我们定义:

$$\left. \begin{aligned} \psi^+(t) &= \frac{1}{2\pi\mathrm{i}} \int_{C_+} \psi(t - \varepsilon\tau) \frac{\mathrm{d}\tau}{\tau} \\ \psi^-(t) &= -\frac{1}{2\pi\mathrm{i}} \int_{C_-} \psi(t - \varepsilon\tau) \frac{\mathrm{d}\tau}{\tau} \end{aligned} \; (\varepsilon > 0) \right\}. \tag{4.3}$$

其根据如下:

$$\frac{1}{2\pi\mathrm{i}} \int_{C_+} \exp[-\mathrm{i}\omega(t - \varepsilon\tau)] \frac{\mathrm{d}\tau}{\tau} = \frac{\exp[-\mathrm{i}\omega t]}{2\pi\mathrm{i}} \int_{C_+} \exp[\mathrm{i}\omega\varepsilon\tau] \frac{\mathrm{d}\tau}{\tau}.$$

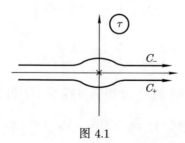

图 4.1

利用留数求值, 得:

当 $\omega > 0$ 时, 路径必须在上半平面闭合, 以保证

$\exp[\mathrm{i}\omega\varepsilon\tau]$ 对大的 τ 保持有界;

当 $\omega < 0$ 时, 路径必须在下半平面闭合.

这样求得:

$$\frac{1}{2\pi i} \int_{C_+} \exp[-i\omega(t - \varepsilon\tau)] \frac{d\tau}{\tau} = \begin{cases} \exp[-i\omega t] & (\omega > 0) \\ 0 & (\omega < 0). \end{cases}$$

于是

$$\psi^+(t) + \psi^-(t) = \psi(t). \tag{4.4}$$

此外

$$i(\psi^+(t) - \psi^-(t)) \equiv \psi^1(t) = \frac{1}{\pi} \mathscr{P} \int_{-\infty}^{+\infty} \psi(t - \varepsilon\tau) \frac{d\tau}{\tau}, \tag{4.5}$$

其中 $\mathscr{P}$ 是定义在实轴上的主值,

$$\mathscr{P} \int_{-\infty}^{+\infty} f(t) dt = \lim_{\varepsilon \to 0} \left[\int_{-\infty}^{-\varepsilon} f(t) dt + \int_{+\varepsilon}^{+\infty} f(t) dt \right], \tag{4.6}$$

于是

$$\left. \begin{aligned} \psi^+ &= \frac{1}{2}(\psi - i\psi^1) \\ \psi^- &= \frac{1}{2}(\psi + i\psi^1) \end{aligned} \right\}. \tag{4.7}$$

相应地, 我们能够作下列分离:

$$\Delta = \Delta^+ + \Delta^-, \quad \Delta^{\pm} = \frac{1}{2}(\Delta \mp i\Delta^1); \tag{4.8}$$

$$S = S^+ + S^-, \quad S^{\pm} = \frac{1}{2}(S \mp iS^1). \tag{4.9}$$

若令

$$\left. \begin{aligned} A_r^* A_r &= N_r \\ A_r A_r^* &= 1 - N_r \end{aligned} \right\} (\varepsilon_r > 0), \qquad \left. \begin{aligned} A_r A_r^* &= N_r \\ A_r^* A_r &= 1 - N_r \end{aligned} \right\} (\varepsilon_r < 0); \tag{4.10}$$

即

$$\left. \begin{aligned} \langle A_r^* A_r \rangle_0 &= 0, \quad \langle A_r A_r^* \rangle_0 = 1, (\varepsilon_r > 0) \\ \langle A_r^* A_r \rangle_0 &= 1, \quad \langle A_r A_r^* \rangle_0 = 0, (\varepsilon_r < 0) \end{aligned} \right\}, \tag{4.11}$$

则空穴理论关于正的和负的带电粒子是对称的. 这里 $\langle \ \rangle_0$ 表示真空期待值, 它被定义为最低能态. 这样定义下的状态, 确实是真空, 可说明如下: 若用 E 表示能量, 则

$$\begin{aligned} E &= i \int \psi^* \frac{\partial \psi}{\partial t} d^3 x = \sum_r \omega_r \varepsilon_r A_r^* A_r \\ &= \sum_{r, \varepsilon_r > 0} \omega_r N_r + \sum_{r, \varepsilon_r < 0} \omega_r N_r - \sum_{r, \varepsilon_r < 0} \omega_r. \end{aligned}$$

因此

$$E = \sum_r \omega_r N_r - \sum_{r,\varepsilon_r<0} \omega_r. \tag{4.12}$$

第二项是 (发散的) 常量, 能量的最小值出现在 $N_r = 0$, 即最低能态和无粒子态是相同的.

用方程 (4.11) 容易求得:

$$\left.\begin{aligned}
\langle\psi_\alpha(x)\overline{\psi}_\beta(x')\rangle_0 &= -\mathrm{i}S_{\alpha\beta}^+(x-x') = \frac{1}{2}(-\mathrm{i}S - S^1)_{\alpha\beta} \\
\langle\overline{\psi}_\beta(x')\psi_\alpha(x)\rangle_0 &= -\mathrm{i}S_{\alpha\beta}^-(x-x') = \frac{1}{2}(S^1 - \mathrm{i}S)_{\alpha\beta}
\end{aligned}\right\} \tag{4.13}$$

由此得:

$$\langle[\psi_\alpha(x),\overline{\psi}_\beta(x')]\rangle_0 = -S_{\alpha\beta}^1(x-x'). \tag{4.14}$$

§5.　不变函数的构造

到目前为止, 函数 Δ、Δ^1 等还没有明确地定义过, 本节将明显地建立这些函数. 我们有

$$\Delta(\boldsymbol{x},t) = -\frac{\mathrm{i}}{2\cdot(2\pi)^3}\int(\exp[\mathrm{i}(\boldsymbol{k}\cdot\boldsymbol{x}-\omega t)] -$$

$$\exp[-\mathrm{i}(\boldsymbol{k}\cdot\boldsymbol{x}-\omega t)])\frac{\mathrm{d}^3k}{\omega}, \tag{5.1}$$

其中 $\omega = +\sqrt{m^2+k^2}$.

证明:

$$\Delta(x) = -\Delta(-x), \quad (x) \equiv (\boldsymbol{x},t),$$

$$\Delta(\boldsymbol{x},t) = +\Delta(-\boldsymbol{x},t),$$

$$\Delta(\boldsymbol{x},t) = -\Delta(\boldsymbol{x},-t).$$

于是,

$$\frac{\partial\Delta}{\partial t} = -\frac{\mathrm{i}}{2\cdot(2\pi)^3}\int(-\mathrm{i}\omega)(\exp[\mathrm{i}(kx)] + \exp[-\mathrm{i}(kx)])\frac{\mathrm{d}^3k}{\omega},$$

$$(kx) \equiv \boldsymbol{k}\cdot\boldsymbol{x}-\omega t,$$

$$\left.\frac{\partial\Delta}{\partial t}\right|_{t=0} = -\frac{1}{2}\left(\frac{1}{2\pi}\right)^3\cdot 2\int\exp[\mathrm{i}\boldsymbol{k}\cdot\boldsymbol{x}]\mathrm{d}^3k = -\delta^3(\boldsymbol{x}).$$

因此, Δ 具有其全部所需性质, 它还可表示成其他形式:

$$\Delta(\boldsymbol{x},t) = -\left(\frac{1}{2\pi}\right)^3\int\exp[\mathrm{i}\boldsymbol{k}\cdot\boldsymbol{x}]\sin\omega t\frac{\mathrm{d}^3k}{\omega} \tag{5.2}$$

和

$$\Delta(x) = -\frac{i}{(2\pi)^3} \int \exp[i(kx)]\varepsilon(k)\delta(k^2 + m^2)\mathrm{d}^4 k,$$

$$k^2 \equiv (kk), \tag{5.3}$$

其中

$$\varepsilon(k) = \begin{cases} +1 & k_0 > 0, \\ -1 & k_0 < 0. \end{cases}$$

方程 (5.3) 证明如下:

$$\int F(\boldsymbol{k}, k_0)\delta(k^2 + m^2)\mathrm{d}k_0 = \int \delta(k_0^2 - \omega^2)F(\boldsymbol{k}, k_0)\mathrm{d}k_0.$$

若 $f(z_0) = 0$, 则

$$\delta(f(z)) = \sum_{z_0} \frac{\delta(z - z_0)}{|f'(z_0)|}.$$

于是,

$$\int \delta(k_0^2 - \omega^2)F(\boldsymbol{k}, k_0)\mathrm{d}k_0 = \frac{1}{2\omega}[F(\boldsymbol{k}, \omega) + F(\boldsymbol{k}, -\omega)],$$

这就将方程 (5.3) 化为方程 (5.1).

如果我们把正频率和负频率分开,

$$\left.\begin{aligned}
\Delta^+(x) &= -\frac{i}{(2\pi)^3} \int \exp[i(\boldsymbol{k} \cdot \boldsymbol{x} - \omega t)]\frac{\mathrm{d}^3 k}{2\omega} \\
\Delta^-(x) &= \frac{i}{(2\pi)^3} \int \exp[i(\boldsymbol{k} \cdot \boldsymbol{x} + \omega t)]\frac{\mathrm{d}^3 k}{2\omega}
\end{aligned}\right\}, \tag{5.4}$$

则得:

$$\left.\begin{aligned}
\Delta^1(x) \equiv i(\Delta^+ - \Delta^-) &= \left(\frac{1}{2\pi}\right)^3 \int \{(\exp[i(\boldsymbol{k} \cdot \boldsymbol{x} - \omega t)] + \\
&\quad \exp[-i(\boldsymbol{k} \cdot \boldsymbol{x} - \omega t)]\}\frac{\mathrm{d}^3 k}{2\omega} \\
&= \left(\frac{1}{2\pi}\right)^3 \int \exp[i\boldsymbol{k} \cdot \boldsymbol{x}]\cos\omega t\frac{\mathrm{d}^3 k}{\omega} \\
&= \left(\frac{1}{2\pi}\right)^3 \int \exp[i(kx)]\delta(k^2 + m^2)\mathrm{d}^4 k
\end{aligned}\right\} \tag{5.5}$$

注: 在方程 (5.3) 中, 虽然 $\varepsilon(k)$ 看来似乎妨碍了相对论不变性, 但 $\varepsilon(k)\delta(k^2 + m^2)$ 是洛伦兹不变式, 至少是关于不包含时间反演 $(k_0 \to -k_0)$ 的洛伦兹变换是不变的.

我们来定义非齐次波动方程的其他解:

$$(\Box - m^2)\overline{\Delta}(x) = -\delta^4(x). \tag{5.6}$$

这还不能唯一地定 $\overline{\Delta}$, 为此用下面关系式定 $\overline{\Delta}$:

$$\overline{\Delta}(x) = -\frac{1}{2}\varepsilon(x)\Delta(x); \quad \varepsilon(x) = \begin{cases} +1 & t > 0 \\ -1 & t < 0. \end{cases} \tag{5.7}$$

事实上, 这是方程 (5.6) 的一个解, 证明如下:

$$\Box\overline{\Delta} = -\frac{1}{2}\varepsilon\Box\Delta - \frac{\partial\varepsilon}{\partial x^\mu}\frac{\partial\Delta}{\partial x^\mu} - \frac{1}{2}(\Box\varepsilon)\Delta,$$

$$\left.\begin{array}{l} \dfrac{\partial\varepsilon}{\partial x^i} = 0 \quad (i \neq 4), \quad \dfrac{\partial\varepsilon}{\partial x^4} = -\mathrm{i}\dfrac{\partial\varepsilon}{\partial t} = -2\mathrm{i}\delta(t) \\[2mm] \left(\dfrac{\partial\Delta}{\partial x^4}\right)_{t=0} = -\mathrm{i}\left(\dfrac{\partial\Delta}{\partial t}\right)_{t=0} = +\mathrm{i}\delta^3(\boldsymbol{x}) \end{array}\right\} \dfrac{\partial\varepsilon}{\partial x^\mu}\dfrac{\partial\Delta}{\partial x^\mu} = +2\delta^4(x),$$

$$(\Box\varepsilon)\Delta = -\frac{\partial^2\varepsilon}{\partial t^2}\Delta = -2\delta'(t)\Delta = +2\delta(t)\frac{\partial\Delta}{\partial t}$$
$$= -2\delta^4(x);$$

由此得到

$$(\Box - m^2)\overline{\Delta} = -\delta^4(x). \qquad\qquad 证毕.$$

注: 下式是正确的:

$$\overline{\Delta}(-x) = +\overline{\Delta}(x). \tag{5.8}$$

而且

$\Delta(t) = 0$ 即意味着 $|\boldsymbol{x}|^2 > t^2$ 时, 有 $\overline{\Delta}(t) = 0$, 这是因为:

$$\Delta(\boldsymbol{x}, 0) = 0, \quad \left(\frac{\partial\Delta}{\partial t}\right)_{t=0} = -\delta^3(\boldsymbol{x}),$$

而且 Δ 是 $(x,x) = \boldsymbol{x}^2 - t^2 = -\lambda$ 的不变函数. (相反, $\boldsymbol{x}^2 > t^2$ 时, Δ^1 一般不等于零.)

这里 $\overline{\Delta}$ 是由下列性质唯一确定的:

1. $(\Box - m^2)\overline{\Delta}(x) = -\delta^4(x)$;

2. $\overline{\Delta}(x) = 0 \qquad (\boldsymbol{x}^2 > t^2)$;

3. $\overline{\Delta}(x) = \overline{\Delta}(-x)$.

这是正确的, 理由是: 性质 1 确定 $\overline{\Delta}$ 函数到齐次微分方程的解, 而性质 2 排除与 Δ^1 成比例的附加项, 性质 3 排除与 Δ 成比例的项.

方程 (5.6) 另外的解是提早 Δ 函数和推迟 Δ 函数:

推迟 Δ 函数是:

$$\Delta^{\mathrm{ret}}(x) \equiv \overline{\Delta} - \frac{1}{2}\Delta = -\frac{1}{2}(1 + \varepsilon)\Delta;$$

提早 Δ 函数是:

$$\Delta^{\mathrm{adv}}(x) \equiv \overline{\Delta} + \frac{1}{2}\Delta = +\frac{1}{2}(1-\varepsilon)\Delta = \Delta^{\mathrm{ret}}(-x)$$

我们有

$$\begin{aligned}
\Delta^{\mathrm{ret}}(x) &= \left\{ \begin{array}{ll} -\Delta(x) & t > 0 \\ 0 & t < 0 \end{array} \right\} \\
\Delta^{\mathrm{adv}}(x) &= \left\{ \begin{array}{ll} 0 & t > 0 \\ +\Delta(x) & t < 0 \end{array} \right\}
\end{aligned}. \tag{5.9}$$

关于这些函数的建立, 参看施温格的文章[1]和本书 §13.

这些函数足以用来解下面微分方程:

$$(\Box - m^2)\varphi(x) = -f(x). \tag{5.10}$$

这就是说,

$$\begin{aligned}
\varphi_{\mathrm{ret}}(x) &= \int \Delta^{\mathrm{ret}}(x-x')f(x')\mathrm{d}^4 x' \\
&= -\int_{t'<t} \Delta(x-x')f(x')\mathrm{d}^4 x', \\
\varphi_{\mathrm{adv}}(x) &= \int \Delta^{\mathrm{adv}}(x-x')f(x')\mathrm{d}^4 x' \\
&= +\int_{t'>t} \Delta(x-x')f(x')\mathrm{d}^4 x', \\
\overline{\varphi}(x) &= \frac{1}{2}(\varphi_{\mathrm{ret}} + \varphi_{\mathrm{adv}}) = \int f(x')\overline{\Delta}(x-x')\mathrm{d}^4 x'.
\end{aligned}$$

我们有

$$\begin{aligned}
\overline{\Delta}(x) &= \frac{1}{2}(\Delta^{\mathrm{ret}}(x) + \Delta^{\mathrm{adv}}(x)) \\
\Delta(x) &= \Delta^{\mathrm{adv}}(x) - \Delta^{\mathrm{ret}}(x)
\end{aligned}. \tag{5.11}$$

不作证明, 而令

$$\overline{\Delta}(x) = \left\{ \begin{array}{ll} \dfrac{1}{4\pi}\delta(\lambda) - \dfrac{m^2}{8\pi}J_1(m\sqrt{\lambda})\dfrac{1}{m\sqrt{\lambda}}, & \lambda = -(xx) \geqslant 0, \\ 0, & \lambda < 0. \end{array} \right. \tag{5.12}$$

对于 $m = 0, \overline{\Delta}$ 只在光锥上才不为零.

$\overline{\Delta}$ 在动量空间中的一种表示法是:

$$\overline{\Delta}(x) = \left(\frac{1}{2\pi}\right)^4 \mathscr{P} \int \frac{\exp[\mathrm{i}(kx)]}{k^2 + m^2}\mathrm{d}^4 k.$$

[1] J. SCHWINGER, *Phys. Rev.* **74**, 1439 (1948); **75**, 651(1949); **76**, 790 (1949).

这里 $\mathscr{P}$ 表示关于 k_0 的主值. 容易证明它满足方程 (5.6).

对于一阶极点, 在复平面中主值可定义如下 (图 5.1):

$$\mathscr{P}\int_{-\infty}^{+\infty}\frac{f(x)\mathrm{d}x}{x-a}=\frac{1}{2}\left(\int_{C_+}\frac{f(z)\mathrm{d}z}{z-a}+\int_{C_-}\frac{f(z)\mathrm{d}z}{z-a}\right).$$

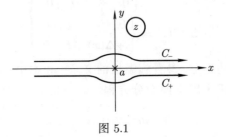

图 5.1

那么, 我们可以建立:

$$\left.\begin{aligned}\Delta^c(x)&\equiv\Delta^1-2\mathrm{i}\overline{\Delta}\\&=\frac{-2\mathrm{i}}{(2\pi)^4}\mathscr{P}\int\exp[\mathrm{i}(kx)]\left[\frac{1}{k^2+m^2}+\mathrm{i}\pi\delta(k^2+m^2)\right]\mathrm{d}^4k\\&=-\frac{-2\mathrm{i}}{(2\pi)^4}\int_C\frac{\exp[\mathrm{i}(kx)]}{k^2+m^2}\mathrm{d}^4k\end{aligned}\right\},\qquad(5.13)$$

其中路径 C 规定在图 5.2 中. 根据海森伯[1], 我们定义

$$\frac{1}{2\pi\mathrm{i}}\left(\frac{1}{k^2+m^2}+\mathrm{i}\pi\delta(k^2+m^2)\right)\equiv\delta_+(k^2+m^2).$$

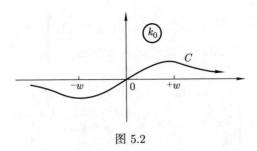

图 5.2

而且

$$\left.\begin{aligned}\Delta^C&=2\mathrm{i}\Delta^+(t>0),\quad\text{出射波}\\\Delta^C&=-2\mathrm{i}\Delta^-(t<0),\quad\text{入射波}\end{aligned}\right\}.\qquad(5.14)$$

① W. HEISENBERG, *Z. Physik* **120**, 513 (1943). 也可参看 P. A. M. DIRAC *Quantum Mechanics*, 2nd edition (Oxford: Clarendon Press, 1935), p. 200.

这函数在下述情况中出现. 我们有方程 (3.26) 和 (4.14):

$$\{\psi_\alpha(x), \overline{\psi}_\beta(x')\} = -\mathrm{i}S_{\alpha\beta}(x - x'),$$

$$\langle[\psi_\alpha(x), \overline{\psi}_\beta(x')]\rangle_0 = -S^1_{\alpha\beta}(x - x').$$

如果, 按照戴森[1], 定义编时乘积或时序乘积,

$$P(A(x)B(x')) = A(x)B(x') \quad t > t' \Bigg\} , \qquad (5.15)$$
$$\qquad\qquad = B(x')A(x) \quad t < t' \Bigg\}$$

或

$$P(A(x)B(x')) = \frac{1}{2}\{A(x), B(x')\} + \frac{1}{2}\varepsilon(x - x')[A(x), B(x')] \qquad (5.16)$$

(这不是一个不变式定义), 则立即得:

$$\langle P(\psi_\alpha(x), \overline{\psi}_\beta(x'))\rangle_0 \varepsilon(x - x') = -\frac{1}{2}S^C_{\alpha\beta}(x - x') \qquad (5.17)$$

关于 Δ^C 的物理意义, 参看 §28 (对于 $m = 0$).

§6. 电荷共轭量

我们回到狄拉克方程 (3.7), (3.10), (3.16):

$$\left(\gamma\frac{\partial}{\partial x} + m\right)\psi = 0, \quad \overline{\psi}\left(\gamma\frac{\overleftarrow{\partial}}{\partial x} - m\right) = 0,$$

$$j^\mu = \mathrm{i}e(\overline{\psi}\gamma^\mu\psi).$$

由 $\overline{\psi}$ 可以得到方程 (3.7) 的一个新的所谓电荷共轭解:

$$\begin{aligned}\psi' &= C\overline{\psi} \\ \overline{\psi}' &= C^{-1}\psi\end{aligned}\Bigg\}, \qquad (6.1)$$

如果 C 满足

$$\gamma^{\mu T} = -C^{-1}\gamma^\mu C \qquad (6.2)$$

的话, 其中转置矩阵 $\gamma^{\mu T}$ 由 (3.13) 定义.

这样的 C 是存在的. 因为如果两个矩阵系实行相同的代数运算, 则必然有一个相似变换, 可使一个矩阵系变到另一个矩阵系.

由于厄米性,

$$(\gamma^\mu)^* = (\gamma^\mu)^T,$$

---

[1] F. J. DYSON, *Phys. Rev.* **75**, 486 (1949).

我们能证明:

$$\left(\gamma\frac{\partial}{\partial x}+m\right)\psi'=0.$$

因为

$$\overline{\psi}\left(\gamma\frac{\overleftarrow{\partial}}{\partial x}-m\right)=0$$

与

$$\left(\gamma^T\frac{\partial}{\partial x}-m\right)\overline{\psi}=0$$

相同, 则利用 (6.2) 式得

$$\left(-C^{-1}\gamma C\frac{\partial}{\partial x}-m\right)\overline{\psi}=0,\quad \left(\gamma\frac{\partial}{\partial x}+m\right)C\overline{\psi}=0. \qquad\qquad 证毕.$$

容易得出:

$$\left.\begin{array}{c}CC^{+}=1\\ C^{T}=-C\end{array}\right\}. \qquad\qquad (6.3)$$

当存在外场时, 狄拉克方程写作:

$$\left(\gamma^\nu\left(\frac{\partial}{\partial x^\nu}-\mathrm{i}e\mathscr{A}_\nu\right)+m\right)\psi=0,$$

$$\overline{\psi}\left(\gamma^\nu\left(\frac{\overleftarrow{\partial}}{\partial x^\nu}+\mathrm{i}e\mathscr{A}_\nu\right)-m\right)=0.$$

于是

$$\left(\gamma^{\nu T}\left(\frac{\partial}{\partial x^\nu}+\mathrm{i}e\mathscr{A}_\nu\right)-m\right)\overline{\psi}=0,$$

利用 (6.2) 得:

$$\left(\gamma^\nu\left(\frac{\partial}{\partial x^\nu}+\mathrm{i}e\mathscr{A}_\nu\right)+m\right)C\overline{\psi}=0,$$

$$\left(\gamma^\nu\left(\frac{\partial}{\partial x^\nu}+\mathrm{i}e\mathscr{A}_\nu\right)+m\right)\psi'=0;$$

就是说, ψ' 和 ψ 一样满足狄拉克方程, 只是在外场中电荷的符号是相反的. 在无场情况下, 我们不需要区别 ψ 和 ψ'.

　　在 c 数理论中, 电流是

$$j^\mu(x)=\mathrm{i}e(\overline{\psi}\gamma^\mu\psi).$$

我们建立

$$j'^\mu(x) = \mathrm{ie}(\overline{\psi}' \gamma^\mu \psi'), \quad \psi' = C\overline{\psi}, \quad \overline{\psi}' = -\psi C^{-1},$$

所以

$$j'^\mu(x) = -\mathrm{ie}(\psi C^{-1} \gamma^\mu C\overline{\psi}) = \mathrm{ie}(\psi \gamma^{\mu T} \overline{\psi}).$$

因此在 c 数理论中

$$j'^\mu(x) = j^\mu(x)$$

是不满足的.

在 q 数理论中, 因为按照不相容原理进行量子化, 我们可以得到较多的满足, 按照海森伯, 令

$$j^\mu = \frac{1}{2}\mathrm{ie}(\overline{\psi}\gamma^\mu\psi - \psi\gamma^{\mu T}\overline{\psi}) = -\frac{1}{2}\mathrm{ie}[\psi_\alpha, \overline{\psi}_\beta]\gamma^\mu_{\beta\alpha}. \tag{6.4}$$

更一般说来, 对任何量都应写作:

$$\overline{\psi}F\psi \to \frac{1}{2}(\overline{\psi}F\psi - \psi F^T\overline{\psi}) = -\frac{1}{2}[\psi_\alpha, \overline{\psi}_\beta]F_{\beta\alpha}. \tag{6.5}$$

于是

$$j'^\mu(x) = \frac{\mathrm{ie}}{2}(\overline{\psi}'\gamma^\mu\psi' - \psi'\gamma^{\mu T}\overline{\psi}') = -j^\mu(x). \tag{6.6}$$

如果将 ψ 按下式展开:

$$\psi_\alpha(x) = \sum_r A_r u_a^{(r)}(x),$$

其中

$$\{A_r, A_s^*\} = \delta_{rs}, \quad \{A_r, A_s\} = \{A_r^*, A_s^*\} = 0,$$
$$\langle A_r A_s^* \rangle_0 = \delta_{rs}(1 + \varepsilon_r),$$
$$\langle A_r^* A_s \rangle_0 = \delta_{rs}(1 - \varepsilon_r),$$

则总电荷是:

$$e = \int j^0 \mathrm{d}^3 x = \frac{1}{2}\sum_r [A_r^*, A_r]$$
$$= \sum_r \left(N_r^+ - \frac{1}{2}\right) - \sum_r \left(N_r^- - \frac{1}{2}\right). \tag{6.7}$$

因为 S' 的奇异性, 方程 (6.4) 中对易子的真空期待值不好确定. 按照定义, 若令

$$[\psi_\alpha(x), \overline{\psi}_\beta(x)] = \lim_{x' \to x} \frac{1}{2}\{[\psi_\alpha(x), \overline{\psi}_\beta(x')] + [\psi_\alpha(x'), \overline{\psi}_\beta(x)]\}, \tag{6.8}$$

则必定有

$$\langle j^\mu \rangle_0 = 0. \tag{6.9}$$

此外, 下式是正确的,

$$\left[C^{-1} \begin{pmatrix} S^1(-x) \\ \overline{S}(-x) \\ S^C(-x) \end{pmatrix} C \right]^T = \begin{pmatrix} S^1(x) \\ \overline{S}(x) \\ S^C(x) \end{pmatrix}; \tag{6.10}$$

即

$$\left. \begin{aligned} C^{-1}_{\beta\rho} S^1_{\rho\sigma}(-x) C_{\sigma\alpha} &= S^1_{\alpha\beta}(x) \\ C^{-1}_{\beta\rho} S^\pm_{\rho\sigma}(-x) C_{\sigma\alpha} &= -S^\mp_{\alpha\beta}(x) \\ C^{-1}_{\beta\rho} S_{\rho\sigma}(-x) C_{\sigma\alpha} &= -S_{\alpha\beta}(x) \end{aligned} \right\}. \tag{6.11}$$

而且还意味着:

$$\left. \begin{aligned} \{\psi'_\alpha(x), \overline{\psi}'_\beta(x')\} &= \{\psi_\alpha(x), \overline{\psi}_\beta(x')\} \\ \langle [\psi'_\alpha(x), \overline{\psi}'_\beta(x')] \rangle_0 &= \langle [\psi_\alpha(x), \overline{\psi}_\beta(x')] \rangle_0 \end{aligned} \right\}. \tag{6.12}$$

第二章

对外场的响应: 电荷重正化

§7. 电流的双线性表达式的真空期待值

我们有

$$j^\mu(x) = \mathrm{i}e(\overline{\psi}(x)\gamma^\mu\psi(x)),$$

或更确切地说,

$$j^\mu(x) = -\frac{\mathrm{i}e}{2}[\psi_\alpha(x), \overline{\psi}_\beta(x)]\gamma^\mu_{\beta\alpha}.$$

注: 这种重新安排只是使 $\langle j^\mu(x)\rangle_0 = 0$, 因此不影响计算.

我们要计算下列期待值:

$$
\begin{aligned}
\langle j^\mu(x)j^\nu(x')\rangle_0 &= -e^2\langle\overline{\psi}_\alpha(x)\psi_\beta(x)\overline{\psi}_\rho(x')\psi_\sigma(x')\rangle_0\gamma^\mu_{\alpha\beta}\gamma^\nu_{\rho\sigma} \\
&= -e^2\langle\overline{\psi}_\alpha(x)\psi_\sigma(x')\rangle_0\langle\psi_\beta(x)\overline{\psi}_\rho(x')\rangle_0\gamma^\mu_{\alpha\beta}\gamma^\nu_{\rho\sigma}.
\end{aligned}
$$

由于

$$
\begin{aligned}
S^- &= \frac{1}{2}(S + \mathrm{i}S^1), \\
S^+ &= \frac{1}{2}(S - \mathrm{i}S^1), \\
\langle\psi_\alpha(x)\overline{\psi}_\beta(x')\rangle_0 &= -\mathrm{i}S^+_{\alpha\beta}(x - x'), \\
\langle\overline{\psi}_\beta(x')\psi_\alpha(x)\rangle_0 &= -\mathrm{i}S^-_{\alpha\beta}(x - x'),
\end{aligned}
$$

得:

$$
\begin{aligned}
\langle j^\mu(x)j^\nu(x')\rangle_0 &= +e^2 S^-_{\sigma\alpha}(x' - x)S^+_{\beta\rho}(x - x')\gamma^\mu_{\alpha\beta}\gamma^\nu_{\rho\sigma} \\
&= +e^2\mathrm{Tr}\{\gamma^\mu S^+(x - x')\gamma^\nu S^-(x' - x)\}, \\
\langle j^\nu(x')j^\mu(x)\rangle_0 &= +e^2\mathrm{Tr}\{\gamma^\mu S^-(x - x')\gamma^\nu S^+(x' - x)\},
\end{aligned}
$$

及

$$\left.\begin{array}{l} \dfrac{1}{2}\langle\{j^{\mu}(x),j^{\nu}(x')\}\rangle_0 \\[2mm] = \dfrac{e^2}{4}\mathrm{Tr}\{\gamma^{\mu}S(x-x')\gamma^{\nu}S(x'-x)+ \\[2mm] \qquad\quad \gamma^{\mu}S^1(x-x')\gamma^{\nu}S^1(x'-x)\} \\[2mm] \dfrac{1}{2}\langle[j^{\mu}(x),j^{\nu}(x')]\rangle_0 \\[2mm] = \dfrac{\mathrm{i}e^2}{4}\mathrm{Tr}\{\gamma^{\mu}S(x-x')\gamma^{\nu}S^1(x'-x)- \\[2mm] \qquad\quad \gamma^{\mu}S^1(x-x')\gamma^{\nu}S(x'-x)\} \end{array}\right\}. \tag{7.1}$$

利用下述有用的关系式:

$$\frac{1}{4}\mathrm{Tr}(\gamma^{\mu}\gamma^{\nu}\gamma^{\rho}\gamma^{\sigma}) = \delta_{\mu\nu}\delta_{\rho\sigma} - \delta_{\mu\rho}\delta_{\nu\sigma} + \delta_{\mu\sigma}\delta_{\nu\sigma}, \tag{7.2}$$

得:

$$\begin{aligned} &\frac{1}{2}\langle\{(j^{\mu}(x),j^{\nu}(x')\}\rangle_0 \\ &= e^2\left\{\frac{\partial\Delta(x-x')}{\partial x^{\mu}}\frac{\partial\Delta(x'-x)}{\partial x'^{\nu}} + \frac{\partial\Delta(x-x')}{\partial x^{\nu}}\frac{\partial\Delta(x'-x)}{\partial x'^{\mu}} - \right. \\ &\quad \left. \delta_{\mu\nu}\left(\frac{\partial\Delta(x-x')}{\partial x^{\alpha}}\frac{\partial\Delta(x'-x)}{\partial x'^{\alpha}} - m^2\Delta(x-x')\Delta(x'-x)\right) + (\Delta\to\Delta')\right\}. \end{aligned}$$

写作

$$\frac{1}{2}\langle\{j^{\mu}(x),j^{\nu}(x')\}\rangle_0 \equiv e^2\widehat{K}_{\mu\nu}(x-x'), \tag{7.3}$$

其中

$$\begin{aligned} \widehat{K}_{\mu\nu}(\xi) &= 2\frac{\partial\Delta}{\partial\xi^{\mu}}\frac{\partial\Delta}{\partial\xi^{\nu}} + \delta_{\mu\nu}\left[-\left(\frac{\partial\Delta}{\partial\xi}\right)^2 - m^2\Delta\Delta\right] - \\ &\quad 2\frac{\partial\Delta^1}{\partial\xi^{\mu}}\frac{\partial\Delta^1}{\partial\xi^{\nu}} + \delta_{\mu\nu}\left[+\left(\frac{\partial\Delta^1}{\partial\xi}\right)^2 + m^2\Delta^1\Delta^1\right]. \end{aligned} \tag{7.4}$$

类似地写出:

$$\frac{1}{2}\langle[j^{\mu}(x),j^{\nu}(x')]\rangle_0 \equiv -\mathrm{i}e^2 K_{\mu\nu}(x-x'), \tag{7.5}$$

其中

$$K_{\mu\nu}(\xi) = 2\left\{\frac{\partial\Delta}{2\xi^{\mu}}\frac{\partial\Delta^1}{\partial\xi^{\nu}} + \frac{\partial\Delta^1}{\partial\xi^{\mu}}\frac{\partial\Delta}{\partial\xi^{\nu}} + \delta_{\mu\nu}\left[-\frac{\partial\Delta}{\partial\xi^{\alpha}}\frac{\partial\Delta^1}{\partial\xi^{\alpha}} - m^2\Delta\Delta^1\right]\right\}. \tag{7.6}$$

变换到动量空间中去

令

$$
\left.
\begin{aligned}
K_{\mu\nu}(x-x') &= \left(\frac{1}{2\pi}\right)^4 \int \exp[\mathrm{i}p(x-x')]K_{\mu\nu}(p)\mathrm{d}^4p \\
K_{\mu\nu}(p) &= \int \exp[-\mathrm{i}px]K_{\mu\nu}(x)\mathrm{d}^4x
\end{aligned}
\right\}, \tag{7.7}
$$

而且

$$
\Delta(x) = -\frac{\mathrm{i}}{(2\pi)^3} \int \exp[\mathrm{i}kx]\varepsilon(k)\delta(k^2+m^2)\mathrm{d}^4k,
$$

$$
\Delta^1(x) = +\left(\frac{1}{2\pi}\right)^3 \int \exp[\mathrm{i}kx]\delta(k^2+m^2)\mathrm{d}^4k.
$$

于是得到:

$$
\begin{aligned}
\widehat{K}_{\mu\nu}(p) = & -\left(\frac{1}{2\pi}\right)^2 \int \delta(k^2+m^2)\delta((k-p)^2+m^2)\cdot \\
& [1+\varepsilon(k)\varepsilon(p-k)]\cdot[-k_\mu(p-k)_\nu-k_\nu(p-k)_\mu- \\
& \delta_{\mu\nu}(-(p-k)_\lambda k_\lambda+m^2)]\mathrm{d}^4k, \tag{7.8}
\end{aligned}
$$

$$
\begin{aligned}
K_{\mu\nu}(p) = & \frac{-\mathrm{i}}{(2\pi)^2} \int \delta(k^2+m^2)\delta((k-p)^2+m^2)\cdot \\
& [\varepsilon(k)+\varepsilon(p-k)]\cdot[-k_\mu(p-k)_\nu-k_\nu(p-k)_\mu- \\
& \delta_{\mu\nu}(-(p-k)_\lambda k_\lambda+m^2)]\mathrm{d}^4k. \tag{7.9}
\end{aligned}
$$

注: (1) 若再利用下式:

$$
\varepsilon(k)+\varepsilon(p-k) = \varepsilon(p)[1+\varepsilon(k)\varepsilon(p-k)], \tag{7.10}
$$

则可看出:

$$
K_{\mu\nu}(p) = \mathrm{i}\varepsilon(p)\widehat{K}_{\mu\nu}(p). \tag{7.11}
$$

(2) 利用 Δ 和 Δ^1 满足齐次微分方程, 容易证明:

$$
\frac{\partial K_{\mu\nu}}{\partial x^\nu} = 0, \tag{7.12}
$$

$$
\frac{\partial \widehat{K}_{\mu\nu}}{\partial x^\nu} = 0. \tag{7.13}
$$

证明:

$$
\begin{aligned}
\frac{\partial \widehat{K}_{\mu\nu}}{\partial x^\nu} = & 2\frac{\partial^2\Delta}{\partial x^\mu\partial x^\nu}\frac{\partial\Delta}{\partial x^\nu}+2\frac{\partial\Delta}{\partial x^\mu}\Box\Delta-2\frac{\partial\Delta}{\partial x^\rho}\frac{\partial^2\Delta}{\partial x^\rho\partial x^\mu} \\
& -2m^2\Delta\frac{\partial\Delta}{\partial x^\mu}-(\text{以 } \Delta^1 \text{ 代替 } \Delta \text{ 得到的相同表式}) \\
= & 2(\Box-m^2)\Delta\cdot\frac{\partial\Delta}{\partial x^\mu}-2(\Box-m^2)\Delta^1\frac{\partial\Delta^1}{\partial x^\mu} = 0.
\end{aligned}
$$

证毕.

有外场存在时, 真空极化出现下述类似的表式 (参看 §8): 定义

$$\left.\begin{array}{l}\dfrac{1}{2}\varepsilon(x-x')\langle[j^{\mu}(x),j^{\nu}(x')]\rangle_0=+\mathrm{i}e^2\overline{K}_{\mu\nu}(x-x')\\[2mm]\overline{K}_{\mu\nu}(x-x')=-\varepsilon(x-x')K_{\mu\nu}(x-x')\end{array}\right\}.\tag{7.14}$$

我们断定: ε 可以移入微分号内; 即, 如果用 $2\overline{\Delta}$ 代替 Δ, 则 $K_{\mu\nu}$ 成为 $\overline{K}_{\mu\nu}$. 于是, 根据式 (7.6),

$$\overline{K}_{\mu\nu}(\xi)=4\left\{\frac{\partial\overline{\Delta}}{\partial\xi^{\mu}}\frac{\partial\Delta^1}{\partial\xi^{\nu}}+\frac{\partial\Delta^1}{\partial\xi^{\mu}}\frac{\partial\overline{\Delta}}{\partial\xi^{\nu}}-\delta_{\mu\nu}\left[\frac{\partial\overline{\Delta}}{\partial\xi^{\rho}}\frac{\partial\Delta^1}{\partial\xi^{\rho}}+m^2\overline{\Delta}\Delta^1\right]\right\}.\tag{7.15}$$

根据上述断定, 要求

$$\Delta\frac{\partial\varepsilon}{\partial x^{\mu}}\frac{\partial\Delta^1}{\partial x^{\nu}}+\frac{\partial\Delta^1}{\partial x^{\mu}}\frac{\partial\varepsilon}{\partial x^{\nu}}\Delta-\delta_{\mu\nu}\frac{\partial\varepsilon}{\partial x^{\rho}}\frac{\partial\Delta^1}{\partial x^{\rho}}\Delta=0;$$

即

$$\delta_{\mu4}\delta(t-t')\Delta\frac{\partial\Delta^1}{\partial x^{\nu}}+\delta_{\nu4}\delta(t-t')\Delta\frac{\partial\Delta^1}{\partial x^{\mu}}-\delta_{\mu\nu}\delta(t-t')\frac{\partial\Delta^1}{\partial x^4}\Delta=0.$$

因为 $\Delta(\boldsymbol{x}-\boldsymbol{x}',0)=0$, 所以在有一定证明的情况下, 我们能够做出这样的假定; 只是在原点也许不正确. 相反, $\partial\overline{K}_{\mu\nu}/\partial x^{\nu}=0$ 的要求比较高. 因为:

$$(\square-m^2)\overline{\Delta}(x)=-\delta^4(x),$$

于是

$$\frac{\partial\overline{K}_{\mu\nu}}{\partial x^{\nu}}=4\frac{\partial\Delta^1}{\partial x^{\mu}}(\square-m^2)\overline{\Delta}=-4\delta^4(x)\frac{\partial\Delta^1(x)}{\partial x^{\mu}}.$$

因为

$$\Delta^1=\frac{1}{2\pi^2(xx)}+\frac{m^2}{8\pi^2}\log|(xx)|+f_{\mathrm{reg}}(xx)$$

是在光锥附近的展开式, 其中 $f_{\mathrm{reg}}(-\lambda)$ 是 λ 的正规函数, 则

$$\frac{\partial\Delta^1}{\partial x^{\mu}}=-\frac{x^{\mu}}{\pi^2(xx)^2}+\frac{m^2}{4\pi^2}\frac{x^{\mu}}{(xx)}+2x^{\mu}f'_{\mathrm{reg}}(xx).$$

因此, 在原点这不为零. 这样, $\partial\overline{K}_{\mu\nu}/\partial x^{\nu}$ 是不确定的.

在动量空间中

$$\overline{\Delta}=\left(\frac{1}{2\pi}\right)^4\mathscr{P}\int\frac{\exp[\mathrm{i}(px)]}{p^2+m^2}\mathrm{d}^4p,$$

因此

$$
\overline{K}_{\mu\nu}(p) = 4\left(\frac{1}{2\pi}\right)^3 \int \frac{\delta(k^2+m^2)}{(p-k)^2+m^2}[-k_\mu(p-k)_\nu - k_\nu(p-k)_\mu -
$$
$$
\delta_{\mu\nu}(-(p-k)_\lambda k_\lambda + m^2)]\mathrm{d}^4 k. \tag{7.16}
$$

最后, 我们也能够考虑核

$$
\langle P(j^\mu(x), j^\nu(x'))\rangle_0 = e^2 K_{\mu\nu}^C(x-x'). \tag{7.17}
$$

则因

$$
P(A(x), B(x')) = \frac{1}{2}\{A(x), B(x')\} + \frac{1}{2}\varepsilon(x-x')[A(x), B(x')],
$$

得

$$
K_{\mu\nu}^C = \widehat{K}_{\mu\nu} + \mathrm{i}\overline{K}_{\mu\nu}. \tag{7.18}
$$

而且, 也有

$$
\begin{aligned}
K_{\mu\nu}^C(x-x') &= \frac{1}{e^2}\langle P(j^\mu(x), j^\nu(x'))\rangle_0 \\
&= \gamma_{\alpha\beta}^\mu \gamma_{\rho\sigma}^\nu \langle P(\overline{\psi}_\beta(x), \psi_\rho(x'))\varepsilon(x-x')\rangle_0 \cdot \\
&\quad \langle P(\psi_\alpha(x), \overline{\psi}_\sigma(x'))\varepsilon(x-x')\rangle_0 \\
&= \frac{1}{4}\mathrm{Tr}\{\gamma^\mu S^C(x-x')\gamma^\nu S^C(x'-x)\};
\end{aligned}
$$

因此

$$
K_{\mu\nu}^C = -2\frac{\partial \Delta^C}{\partial x^\mu}\frac{\partial \Delta^C}{\partial x^\nu} + \delta_{\mu\nu}\left[+\frac{\partial \Delta^C}{\partial x^\rho}\frac{\partial \Delta^C}{\partial x^\rho} + m^2 \Delta^C \Delta^C\right], \tag{7.19}
$$

因为 $\Delta^C = \Delta^1 - 2\mathrm{i}\overline{\Delta}$, 所以 $K_{\mu\nu}^C$ 与 $\widehat{K}_{\mu\nu} + \mathrm{i}\overline{K}_{\mu\nu}$ 符合. (参看下面注解.)

我们得

$$
\frac{\partial K_{\mu\nu}^C}{\partial x^\nu} = -2\frac{\partial \Delta^C}{\partial x^\mu}(\Box - m^2)\Delta^C = -4\mathrm{i}\frac{\partial \Delta^C}{\partial x^\mu}\delta^4(x).
$$

这里,

$$
\Delta^C(x) = \lim_{\mu \to 0}\frac{-2\mathrm{i}}{(2\pi)^4}\int \frac{\exp[\mathrm{i}(kx)]}{k^2+m^2-\mathrm{i}\mu^2}\mathrm{d}^4 k,
$$

而且, 在动量空间中,

$$
K_{\mu\nu}^C(p) = \frac{4}{(2\pi)^4}\int \frac{1}{k^2+m^2-\mathrm{i}\mu^2}\cdot\frac{1}{(k-p)^2+m^2-\mathrm{i}\mu^2}\cdot
$$
$$
[-k_\mu(p-k)_\nu - k_\nu(p-k)_\mu - \delta_{\mu\nu}(-(p_\lambda-k_\lambda)k_\lambda + m^2)]\mathrm{d}^4 k.
$$

注: (1) 形式上, 所有这些看着都很好; 但是, 计算发现:

$$K_{\mu\nu}^C \neq \widehat{K}_{\mu\nu} + \mathrm{i}\overline{K}_{\mu\nu}.$$

例如, $K_{\mu\nu}^C$ 的实部是

$$\mathrm{Re}\, K_{\mu\nu}^C = 2\frac{\partial \overline{\Delta}}{\partial x^\mu}\frac{\partial \overline{\Delta}}{\partial x^\nu} - \delta_{\mu\nu}\left(\frac{\partial \overline{\Delta}}{\partial x^\rho}\frac{\partial \overline{\Delta}}{\partial x^\rho} + m^2\overline{\Delta}\,\overline{\Delta}\right) + \Delta^1 \text{ 的项},$$

而

$$\widehat{K}_{\mu\nu} = 2\frac{\partial \Delta}{\partial x^\nu}\frac{\partial \Delta}{\partial x^\mu} - \delta_{\mu\nu}\left(\frac{\partial \Delta}{\partial x^\rho}\frac{\partial \Delta}{\partial x^\rho} + m^2\Delta\Delta\right) + \Delta^1\text{的项},$$

上面两式之差为:

$$\left(\frac{\partial \varepsilon}{\partial x^\nu}\Delta\right)\left(\frac{\partial \varepsilon}{\partial x^\mu}\Delta\right) + \left(\frac{\partial \varepsilon}{\partial x^\nu}\frac{\partial \Delta}{\partial x^\mu} + \frac{\partial \varepsilon}{\partial x^\mu}\frac{\partial \Delta}{\partial x^\nu}\right)\varepsilon\Delta - \delta_{\mu\nu}\cdot(\text{对应项}).$$

因为我们确实假定了 $(\partial\varepsilon/\partial x^\nu)\Delta = 0$, 所以由

$$\overline{S} = -\frac{1}{2}\varepsilon S \text{ 和 } S = (\gamma(\partial/\partial x) - m)\Delta$$

得:

$$\overline{S} = \left(\gamma\frac{\partial}{\partial x} - m\right)\overline{\Delta}.$$

但是, $(\partial\varepsilon/\partial x^\mu)(\partial\Delta/\partial x^\nu)\varepsilon\Delta$ 显然是这种形式:

$$\delta_{\mu 4}\delta_{\nu 4}\delta^4(x)\overline{\Delta} = \overline{\Delta}(0),$$

这是奇异的. 因此, 我们是不确定的. 造成这种困难的原因, 是由于最初总是假设 $(\partial\varepsilon/\partial x^\nu)\Delta = 0$, 但是, 该量是与奇异函数相乘的, 所以, 在这里, 上述假定也许不能用.

这样的困难可以用泡利和维拉斯[1]的规则化方法消除, 这是一种避免发散的形式上的方法, 我们命:

$$(K_{\mu\nu}(x))_{\mathrm{reg}} = \sum_{i=0}^{N} C_i K_{\mu\nu}(x_i M_i^2),$$

其中

$$C_0 = 1, \quad M_0 = m,$$
$$\sum_{i=0}^{N} C_i = 0, \quad \sum_{i=0}^{N} C_i M_i^2 = 0,$$

最后命 $M_i \to \infty (i \neq 0)$. 于是物理表达式变为有限的, 上面那种困难不再出现.

(2) 但是, $K_{\mu\nu}^C$ 有点特殊, 因为, $\widehat{K}_{\mu\nu}$ 是完全正规的, 而对于 $K_{\mu\nu}^C$, 代替 $\widehat{K}_{\mu\nu}$ 的却是一个奇异量.

[1] W. PAULI and F. VILLARS, *Rev. Mod. Phys.* **21**, 434 (1949).

§8. 外场中的真空极化 [1]

当存在外场 $\mathscr{A}_\nu$ 时, 狄拉克方程写作:

$$\left(\gamma^\nu \frac{\partial}{\partial x^\nu} + m\right)\psi(x) = ie\gamma^\nu \mathscr{A}_\nu(x)\psi(x);$$

$$\overline{\psi}(x)\left(\gamma^\nu \frac{\partial}{\partial x^\nu} - m\right) = -ie\overline{\psi}(x)\gamma^\nu \mathscr{A}_\nu(x).$$

如果将 $\psi(x)$ 按下式展开:

$$\psi(x) = \psi^{(0)}(x) + e\psi^{(1)}(x) + \cdots,$$

其中, 当 $t \to -\infty$ 时, $\psi^{(n)}(x) \to 0 (n \neq 0)$, 而且 $\psi^{(0)}$ 是自由场狄拉克方程的一个解, 则 $\psi^{(1)}$ 遵从下述微分方程:

$$\left(\gamma^\nu \frac{\partial}{\partial x^\nu} + m\right)e\psi^{(1)} = ie\gamma^\nu \mathscr{A}_\nu \psi^{(0)}.$$

利用格林函数

$$S^{\text{ret}} = \overline{S} - \frac{1}{2}S, \quad S^{\text{adv}} = \overline{S} + \frac{1}{2}S,$$

其解为:

$$\left.\begin{aligned}
e\psi^{(1)} &= -ie \int S^{\text{ret}}(x - x')\gamma^\nu \mathscr{A}_\nu(x')\psi^{(0)}(x')\mathrm{d}^4 x' \\
e\overline{\psi}^{(1)} &= -ie \int \overline{\psi}^{(0)}(x')\gamma^\nu \mathscr{A}_\nu(x')S^{\text{adv}}(x' - x)\mathrm{d}^4 x'
\end{aligned}\right\} \tag{8.1}$$

将 (8.1) 代入微分方程中, 容易证明它是微分方程的解. 我们得到: 例如,

$$\left(\gamma^\nu \frac{\partial}{\partial x^\nu} + m\right)S^{\text{ret}} = \left(\gamma\frac{\partial}{\partial x} + m\right)\left(\gamma\frac{\partial}{\partial x} - m\right)\left(\overline{\varDelta} - \frac{1}{2}\varDelta\right)$$

$$= (\Box - m^2)\left(\overline{\varDelta} - \frac{1}{2}\varDelta\right) = -\delta^4(x).$$

如果将 $\psi(x)$ 的展开式代入下式:

$$j^\mu(x) = -\frac{ie}{2}[\psi_\alpha(x), \overline{\psi}_\beta(x)]\gamma^\mu_{\alpha\beta},$$

则

$$j^{\mu(1)}(x) = -\frac{ie^2}{2}([\psi_\alpha^{(1)}(x), \overline{\psi}_\beta^{(0)}(x)] + [\psi_\alpha^{(0)}(x), \overline{\psi}_\beta^{(1)}(x)])\gamma^\mu_{\alpha\beta},$$

---

[1] G. KÄLLÉN, *Helv Phys. Acta* **22**, 637 (1949).

并且, 根据 (8.1), 有,

$$\langle j^{\mu(1)}(x)\rangle_0 = \frac{e^2}{2}\int \mathscr{A}_\nu(x')\mathrm{Tr}\{\gamma^\mu S^{\mathrm{ret}}(x-x')\gamma^\nu S^1(x'-x) +$$
$$\gamma^\mu S^1(x-x')\gamma^\nu S^{\mathrm{adv}}(x'-x)\}\mathrm{d}^4 x'. \tag{8.2}$$

这里, 如果用 $\overline{S}$ 和 S 的表达式代替 S^{ret} 和 S^{adv}, 明显地计算迹, 则得:

$$\langle j^{\mu(1)}(x)\rangle_0 = e^2\int [K_{\mu\nu}(x-x') - \overline{K}_{\mu\nu}(x-x')]\mathscr{A}_\nu(x')\mathrm{d}^4 x',$$
$$\langle j^{\mu(1)}(x)\rangle_0 = \mathrm{i}\int \langle [j^\mu(x), j^\nu(x')]\rangle_0 \frac{1+\varepsilon(x-x')}{2}\mathscr{A}_\nu(x')\mathrm{d}^4 x'. \tag{8.3}$$

这种方法不使用能量概念, 在论述自旋为零的粒子时, 将证明是方便的.

§9. 自旋等于零的粒子

这种粒子用复数标量场 Φ 描述, Φ 满足下述微分方程:

$$(\Box - m^2)\Phi(x) = 0. \tag{9.1}$$

在 c 数理论中, 电流写作

$$j^\nu = \mathrm{i}e\left(\frac{\partial \Phi^*}{\partial x^\nu}\Phi - \frac{\partial \Phi}{\partial x^\nu}\Phi^*\right), \tag{9.2}$$

由此得 $\partial j^\nu/\partial x^\nu = 0$.

令 Φ 按本征函数完备集展开:

$$\Phi(x) = \sum_r A_r u^{(r)}(x), \tag{9.3}$$

例如, 对于平面波:

$$u^{(r)}(x) = \frac{1}{\sqrt{G}}\cdot\frac{1}{\sqrt{2\omega_r}}\exp[\mathrm{i}(k_r x)],$$
$$\omega_r = +\sqrt{k_r^2 + m^2}, \quad k_0 = \pm\omega.$$

则电荷是:

$$e = \int j^0 \mathrm{d}^3 x; \quad e_{rs} = -\mathrm{i}e\int\left(\frac{\partial u^{(r)*}}{\partial x^0}u^{(s)} - \frac{\partial u^{(s)}}{\partial x^0}u^{(r)*}\right)\mathrm{d}^3 x = e\varepsilon_r\delta_{rs}.$$

而能量是:

$$E_{rs} = \int\left(\frac{\partial u^{(r)*}}{\partial x^0}\frac{\partial u^{(s)}}{\partial x^0} + \frac{\partial u^{(r)*}}{\partial \boldsymbol{x}}\cdot\frac{\partial u^{(s)}}{\partial \boldsymbol{x}} + m^2 u^{(r)*}u^{(s)}\right)\mathrm{d}^3 x = \omega_r\delta_{rs}.$$

(若使 E_{rs} 对角化, 则最后的这些表式是正确的.) 这里我们可以看出, 能量是正定的, 而电荷是不定的. 下列完备性关系式成立:

$$\left.\begin{aligned}
\sum_r u^{(r)}(x) u^{(r)*}(x') \varepsilon_r &= \mathrm{i}\Delta(x-x') \\
\sum_r u^{(r)}(x) u^{(r)*}(x') &= \Delta^1(x-x')
\end{aligned}\right\}. \tag{9.4}$$

为了量子化, 我们必须利用玻色–爱因斯坦统计, 即, 采用对易子 (而不是对自旋等于 $\frac{1}{2}$ 的粒子所采用的反对易子). 可以看到, 我们能够毫不困难地进行量子化, 只要令

$$[A_r, A_s^*] = \varepsilon_r \cdot \delta_{rs}; \tag{9.5}$$

即

$$A_r^* A_r = N_r \quad (\varepsilon_r > 0),$$

$$A_r A_r^* = N_r \quad (\varepsilon_r < 0),$$

或

$$A_r^* A_r = N_r \frac{1+\varepsilon_r}{2} + (N_r+1)\frac{1-\varepsilon_r}{2},$$

$$\left.\begin{aligned}
A_r^* A_r &= N_r + \frac{1-\varepsilon_r}{2} \\
A_r A_r^* &= N_r + \frac{1+\varepsilon_r}{2}
\end{aligned}\right\}. \tag{9.6}$$

由此得:

$$[\Phi(x), \Phi^*(x')] = \mathrm{i}\Delta(x-x'), \tag{9.7}$$

$$\langle\{\Phi(x), \Phi^*(x')\}\rangle_0 = \Delta^1(x-x'). \tag{9.8}$$

注意: 这里 Φ 和 Φ^* 能随意互换.

$$\left.\begin{aligned}
[\Phi^*(x), \Phi(x')] &= [\Phi(x), \Phi^*(x')] = \mathrm{i}\Delta(x-x') \\
\langle\{\Phi^*(x), \Phi(x')\}\rangle_0 &= \langle\{\Phi(x), \Phi^*(x')\}\rangle_0 = \Delta^1(x-x')
\end{aligned}\right\}. \tag{9.9}$$

因此, 在这里电荷共轭变为很不重要:

$$\left.\begin{aligned}
\Phi' &= \Phi^* \\
\Phi^{*'} &= \Phi
\end{aligned}\right\}. \tag{9.10}$$

这样, 甚至在 c 数理论中, 在这种变换下, 电流改变符号. 在 q 数理论中, 我们必须首先恰当地对称化:

$$j^\nu(x) = \frac{\mathrm{i}e}{2}\left(\left\{\frac{\partial\Phi^*}{\partial x^\nu}, \Phi\right\} - \left\{\frac{\partial\Phi}{\partial x^\nu}, \Phi^*\right\}\right), \tag{9.11}$$

其中 $\{A(x), B(x)\}$ 须理解为:

$$\lim_{x' \to x} \frac{1}{2}(\{A(x'), B(x)\} + \{A(x), B(x')\}).$$

甚至在极限过程之前, 就有 $j'^\nu(x) = -j^\nu(x)$, 于是,

$$\langle j^\nu(x) \rangle_0 = 0.$$

注: 和 c 数理论类似, 能量将是:

$$E = \int \left(\frac{\partial \varPhi^*}{\partial x^0} \frac{\partial \varPhi}{\partial x^0} + \frac{\partial \varPhi^*}{\partial \boldsymbol{x}} \frac{\partial \varPhi}{\partial \boldsymbol{x}} + m^2 \varPhi^* \varPhi \right) \mathrm{d}^3 x \qquad (9.12)$$

$$= \sum_r \omega_r A_r^* A_r = \sum_r \omega_r \left(N_r + \frac{1 - \varepsilon_r}{2} \right).$$

于是, 我们可取 $\sum_r \varepsilon_r = 0$; 即如前面对于反对易子所取的那样, 能量将成为:

$$E = \sum_r \left(N_r + \frac{1}{2} \right) \omega_r = \sum_r \omega_r (N_r^+ + N_r^- + 1).$$

对电子已经有:

$$E = \sum_{r, \lambda} \omega_r (N_r^+ + N_r^- - 1), \quad \lambda = 1, 2.$$

我们会问, 这些零点能是否能够相互补偿? 我们有:

$$\begin{cases} \text{自旋等于 } 0 : \dfrac{E_0}{V} = \left(\dfrac{1}{2\pi} \right)^3 \int \sqrt{k^2 + m^2} \mathrm{d}^3 k; \\[3mm] \text{自旋等于 } \dfrac{1}{2} : \dfrac{E_0}{V} = -2 \left(\dfrac{1}{2\pi} \right)^3 \int \sqrt{k^2 + m^2} \mathrm{d}^3 k; \end{cases}$$

一般说来, 式中的质量是不相同的. 关于补偿, 我们必须计算:

$$\int_0^k k^2 \sqrt{k^2 + m^2} \mathrm{d}k = \frac{K^4}{4} + \frac{1}{4} m^2 K^2 - \frac{m^4}{4} \log \frac{2K}{m} + O\left(\frac{1}{K} \right).$$

可以看到, 补偿的要求是:

$$(\text{自旋为零的粒子的种类数目}) = 2 \times \left(\text{自旋为 } \frac{1}{2} \text{ 的粒子的种类数目} \right);$$

即,

$$Z_0 = 2 Z_{\frac{1}{2}}.$$

而且,

$$\sum_i (m_0^i)^2 = 2 \sum \left(m_{\frac{1}{2}}^i \right)^2,$$

$$\sum_i (m_0^i)^4 = 2 \sum \left(m_{\frac{1}{2}}^i \right)^4,$$

$$\sum (m_0^i)^4 \log m_0^i = 2 \sum_i \left(m_{\frac{1}{2}}^i \right)^4 \log m_{\frac{1}{2}}^i.$$

这些要求是如此广泛,确切地说,事实上未必能够满足.

另外的一些公式是:

$$
\left.\begin{aligned}
\langle \Phi(x)\Phi^*(x')\rangle_0 &= \langle \Phi^*(x)\Phi(x')\rangle_0 \\
&= \frac{1}{2}(\Delta^1 + \mathrm{i}\Delta)(x-x') \\
&= +\mathrm{i}\Delta^+(x-x') \\
\langle \Phi^*(x')\Phi(x)\rangle_0 &= \langle \Phi(x')\Phi^*(x)\rangle_0 \\
&= \frac{1}{2}(\Delta^1 - \mathrm{i}\Delta)(x-x') \\
&= -\mathrm{i}\Delta^-(x-x') \\
\langle P(\Phi^*(x)\Phi(x'))\rangle_0 &= \frac{1}{2}\Delta^C(x-x')
\end{aligned}\right\} \tag{9.13}
$$

关于电流应该注意的是: 在外场 $\mathscr{A}_\mu$ 中, 按照一般规则 $\partial/\partial x^\mu \to \partial/\partial x^\mu + \mathrm{i}e\mathscr{A}_\mu$, 方程 (9.11) 中必须加一附加项:

$$
\begin{aligned}
j^\mu(x) = \frac{\mathrm{i}e}{2}\left(\left\{\frac{\partial \Phi^*}{\partial x^\mu}, \Phi(x)\right\} - \left\{\Phi^*(x), \frac{\partial \Phi}{\partial x^\mu}\right\}\right) - \\
\frac{1}{2}e^2\mathscr{A}_\mu(x)\{\Phi^*(x), \Phi(x)\}.
\end{aligned} \tag{9.14}
$$

连续性方程依然正确.

在构成电流的双线性表达式的真空期待值时, 必定形成如下表式的真空期待值:

$$
\Phi(x)\frac{\partial \Phi^*(x)}{\partial x^\mu}\,\Phi(x')\frac{\partial \Phi^*(x')}{\partial x'^\nu}.
$$

这里, 我们又只须取不同变量 x 和 x' 的场偶, 因而可以省去反对易子 (与自旋为 $\frac{1}{2}$ 的情况相比较):

$$
\begin{aligned}
\langle j^\mu(x)j^\nu(x')\rangle_0 &= -e^2\left\langle\frac{\partial \Phi^*(x)}{\partial x^\mu}\Phi(x')\right\rangle_0 \cdot \left\langle\Phi(x)\frac{\partial \Phi^*(x')}{\partial x'^\nu}\right\rangle_0 + \\
&\quad e^2\left\langle\frac{\partial \Phi^*(x)}{\partial x^\mu}\frac{\partial \Phi(x')}{\partial x'^\nu}\right\rangle_0 (\Phi(x)\Phi^*(x'))_0 - \\
&\quad e^2\left\langle\frac{\partial \Phi(x)}{\partial x^\mu}\Phi^*(x')\right\rangle_0 \left\langle\Phi^*(x)\frac{\partial \Phi(x')}{\partial x'^\nu}\right\rangle_0 + \\
&\quad e^2\left\langle\frac{\partial \Phi(x)}{\partial x^\mu}\frac{\partial \Phi^*(x')}{\partial x'^\nu}\right\rangle_0 \langle\Phi^*(x)\Phi(x')\rangle_0 + O(e^3), \\
\langle j^\mu(x)j^\nu(x')\rangle_0 &= 2e^2\left(-\frac{\partial \Delta^+}{\partial x^\mu}\frac{\partial \Delta^+}{\partial x^\nu} + \frac{\partial^2 \Delta^+}{\partial x^\mu\partial x^\nu}\Delta^+\right) + O(e^3). \tag{9.15}
\end{aligned}
$$

如果我们舍去 $O(e^3)$ 项 (这相当于令 $\mathscr{A}_\mu = 0$) 并定义:

$$\frac{1}{2}\langle\{j^\mu(x), j^\nu(x')\}\rangle_0 \equiv e^2\widehat{L}_{\mu\nu}(x - x'), \tag{9.16}$$

$$\frac{1}{2}\langle[j^\mu(x), j^\nu(x')]\rangle_0 \equiv -\mathrm{i}e^2 L_{\mu\nu}(x - x'), \tag{9.17}$$

于是,

$$\widehat{L}_{\mu\nu}(\xi) = \frac{1}{2}\left(\frac{\partial\Delta^1}{\partial\xi^\mu}\frac{\partial\Delta^1}{\partial\xi^\nu} - \frac{\partial\Delta}{\partial\xi^\mu}\frac{\partial\Delta}{\partial\xi^\nu} - \frac{\partial^2\Delta^1}{\partial\xi^\mu\partial\xi^\nu}\Delta^1 + \frac{\partial^2\Delta}{\partial\xi^\mu\partial\xi^\nu}\Delta\right), \tag{9.18}$$

$$L_{\mu\nu}(\xi) = -\frac{1}{2}\left(\frac{\partial\Delta}{\partial\xi^\mu}\frac{\partial\Delta^1}{\partial\xi^\nu} + \frac{\partial\Delta^1}{\partial\xi^\mu}\frac{\partial\Delta}{\partial\xi^\nu} - \Delta\frac{\partial^2\Delta^1}{\partial\xi^\mu\partial\xi^\nu} - \Delta^1\frac{\partial^2\Delta}{\partial\xi^\mu\partial\xi^\nu}\right). \tag{9.19}$$

与 §8 中所讨论的类似, 我们也能计算外场中的真空极化:

$$\Phi = \Phi^{(0)} + \Phi^{(1)} + \cdots,$$

$$\Phi^{(1)} = 0 \quad \text{当 } t \to -\infty,$$

$$(\Box - m^2)\Phi^{(0)} = 0,$$

$$\Phi^{(1)}(x) = -\mathrm{i}e\int\mathscr{A}_\nu(x')\left(\Delta^{\mathrm{ret}}(x - x')\frac{\partial\Phi^{(0)}(x')}{\partial x'^\nu} + \frac{\partial\Delta^{\mathrm{ret}}(x - x')}{\partial x^\nu}\Phi^{(0)}(x')\right)\mathrm{d}^4x'. \tag{9.20}$$

于是,

$$j^{\mu(1)}(x) = \frac{\mathrm{i}e}{2}\left(\left\{\frac{\partial\Phi^{(\nu)*}}{\partial x^\mu}, \Phi^{(1)}\right\} - \left\{\Phi^{(\nu)*}, \frac{\partial\Phi^{(1)}}{\partial x^\mu}\right\} + \right.$$

$$\left.\left\{\frac{\partial\Phi^{(1)*}}{\partial x^\mu}, \Phi^{(0)}\right\} - \left\{\Phi^{(1)*}, \frac{\partial\Phi^{(0)}}{\partial x^\mu}\right\}\right) - \frac{1}{2}e^2\mathscr{A}_\mu\{\Phi^{(0)*}, \Phi^{(0)}\},$$

$$\langle j^{\mu(1)}(x)\rangle_0 = \frac{e^2}{2}\int\mathscr{A}_\nu(x')\left[\Delta^{\mathrm{ret}}(x - x')\left\langle\left\{\frac{\partial\Phi^{(0)*}(x)}{\partial x^\mu}, \frac{\partial\Phi^{(0)}(x')}{\partial x'^\nu}\right\}\right\rangle_0 + \right.$$

$$\frac{\partial\Delta^{\mathrm{ret}}(x - x')}{\partial x^\nu}\left\langle\left\{\frac{\partial\Phi^{(0)*}(x)}{\partial x^\mu}, \Phi^{(0)}(x')\right\}\right\rangle_0 -$$

$$\frac{\partial\Delta^{\mathrm{ret}}(x - x')}{\partial x^\mu}\left\langle\left\{\Phi^{(0)*}(x), \frac{\partial\Phi^{(0)}(x')}{\partial x'^\nu}\right\}\right\rangle_0 -$$

$$\frac{\partial^2\Delta^{\mathrm{ret}}(x - x')}{\partial x^\mu\partial x^\nu}\langle\{\Phi^{(0)*}(x), \Phi^{(0)}(x')\}\rangle_0 -$$

$$\frac{\partial \Delta^{\rm ret}(x-x')}{\partial x^\mu} \left\langle \left\{ \frac{\partial \varPhi^{(0)*}(x')}{\partial x'^\nu}, \varPhi^{(0)}(x) \right\} \right\rangle_0 -$$

$$\frac{\partial^2 \Delta^{\rm ret}(x-x')}{\partial x^\mu \partial x^\nu} \langle \{ \varPhi^{(0)*}(x), \varPhi^{(0)}(x') \} \rangle_0 +$$

$$\Delta^{\rm ret}(x-x') \left\langle \left\{ \frac{\partial \varPhi^{(0)*}(x')}{\partial x'^\nu}, \frac{\partial \varPhi^{(0)}(x)}{\partial x^\mu} \right\} \right\rangle_0 +$$

$$\frac{\partial \Delta^{\rm ret}(x-x')}{\partial x^\nu} \left\langle \left\{ \varPhi^{(0)*}(x'), \frac{\partial \varPhi^{(0)}(x)}{\partial x^\mu} \right\} \right\rangle_0 -$$

$$\delta_{\mu\nu} \delta^4(x-x') \langle \{ \varPhi^{(0)*}(x), \varPhi^{(0)}(x') \} \rangle_0 \Big] {\rm d}^4 x'.$$

若以 $\Delta^{\rm ret} = \overline{\Delta} - \frac{1}{2}\Delta$ 代入, 则可写作:

$$\langle j^{\mu(1)}(x) \rangle_0 = \frac{\rm i}{2} \int \mathscr{A}_\nu(x') \langle [j^{\mu(0)}(x), j^{\mu(0)}(x')] \rangle_0 {\rm d}^4 x' - e^2 \int \mathscr{A}_\nu(x') \overline{L}_{\mu\nu}(x-x') {\rm d}^4 x',$$
(9.21)

其中

$$\overline{L}_{\mu\nu}(\xi) = -\left(\frac{\partial \overline{\Delta}}{\partial \xi^\mu} \frac{\partial \Delta^1}{\partial \xi^\nu} + \frac{\partial \overline{\Delta}}{\partial \xi^\nu} \frac{\partial \Delta^1}{\partial \xi^\mu} - \overline{\Delta} \frac{\partial^2 \Delta^1}{\partial \xi^\mu \partial \xi^\nu} - \Delta^1 \frac{\partial^2 \overline{\Delta}}{\partial \xi^\mu \partial \xi^\nu} - \delta_{\mu\nu} \delta^4(\xi) \Delta^1 \right)$$
(9.22)

注: (1) $\overline{L}_{\mu\nu}(\xi) \neq \varepsilon(\xi) \cdot L_{\mu\nu}(\xi)$.

(2) 能够定义:

$$L_{\mu C}^C = \widehat{L}_{\mu\nu} + {\rm i}\overline{L}_{\mu\nu}.$$

但是, 因为 $\overline{L}_{\mu\nu} \neq \varepsilon L_{\mu\nu}$, 所以, $\langle P(j^\mu(x) j^\nu(x')) \rangle_0 = L_{\mu\nu}^C(x-x')$ 又是不正确的. 相反,

$$L_{\mu\nu}^C(\xi) = \frac{1}{2} \left(\frac{\partial \Delta^C}{\partial \xi^\mu} \cdot \frac{\partial \Delta^C}{\partial \xi^\nu} - \frac{\partial^2 \Delta^C}{\partial \xi^\mu \partial \xi^\nu} \Delta^C + 2{\rm i}\delta^4(\xi) \Delta^1(\xi) \delta_{\mu\nu} \right),$$
(9.23)

(3) 为了满足规范不变性, 量 $\langle j^{\mu(1)} \rangle_0$ 应该满足连续性方程. 而计算表明并不是这样的.

在 §7 中, 我们有

$$\frac{\partial \overline{K}_{\mu\nu}}{\partial x^\nu} = -4\delta^4(x) \frac{\partial \Delta^1(x)}{\partial x^\mu}.$$
(9.24)

相应地, 我们得到:

$$\frac{\partial \overline{L}_{\mu\nu}}{\partial x^\nu} = +2\delta^4(x) \frac{\partial \Delta^1(x)}{\partial x^\mu}.$$
(9.25)

(4) 自旋为 0 和自旋为 1/2 粒子的混合物 (拉依斯基, 梅泽[①]), 在粒子质量相等的情况下, 自旋为零的粒子数等于自旋为 1/2 的粒子数两倍时, 不定式 (9.24) 和 (9.25)

① J. RAYSKI, *Acta Phys. Polonica* **9**, 129 (1948); H. UMEZAWA, J. YUKAWA, and E. YAMADA, *Progr. Theor. Phys.* **3**, 317 (1948).

的补偿得到满足. 当粒子质量不相等时, 下述条件是充分的:

$$N_0 = 2N_{\frac{1}{2}},$$

$$\sum_i (m_0^i)^2 = 2\sum_i (m_{\frac{1}{2}}^i)^2.$$

这些条件包含在零点能补偿的条件中 (参看 §9 注). 当粒子质量不同时, 因为,

$$\frac{\partial \Delta^1}{\partial x^\mu} \sim \frac{x^\mu}{(xx)^2} + am^2 \frac{x^\mu}{(xx)} + x^\mu f_{\text{reg}}(xx),$$

第二项的补偿也产生一个条件. 无论如何, 这种混合物是否有物理意义是可疑的.

(5) 这里, 由组合 $K^C = \widehat{K} + \mathrm{i}\overline{K}$ 和 $L^C = \widehat{L} + \mathrm{i}\overline{L}$ 引入函数 Δ^C 是人为的; 首先, 在 S 矩阵中它是有意义的. 如同由 $K_{\mu\nu}^C$ 导出的那样, $L_{\mu\nu}^C$ 也导出 $\delta^4(x)\overline{\Delta}(x)$ 形式的人为奇异性.

　　　　由

$$L(p) = \int \exp[-\mathrm{i}px]L(x)\mathrm{d}^4x,$$

立即得到在动量空间中的表示为:

$$L_{\mu\nu}^C(p) = -\left(\frac{1}{2\pi}\right)^4 \int [-k_\mu(p-k)_\nu - k_\nu(p-k)_\mu +$$
$$(p-k)_\mu(p-k)_\nu + k_\mu k_\nu - \delta_{\mu\nu}(k^2 + 2m^2 + (p-k)^2)] \cdot$$
$$\frac{\mathrm{d}^4k}{(k^2 + m^2 - \mathrm{i}\mu^2)((k-p)^2 + m^2 - \mathrm{i}\mu^2)}, \tag{9.26}$$

$$\widehat{L}_{\mu\nu}(p) = \frac{1}{4}\left(\frac{1}{2\pi}\right)^2 \int [-k_\mu(p-k)_\nu - k_\nu(p-k)_\mu +$$
$$(p-k)_\mu(p-k)_\nu + k_\mu k_\nu]$$
$$[1 + \varepsilon(k)\varepsilon(p-k)] \cdot \delta(k^2 + m^2)\delta((k-p)^2 + m^2)\mathrm{d}^4k, \tag{9.27}$$

$$L_{\mu\nu}(p) = \frac{\mathrm{i}}{4}\left(\frac{1}{2\pi}\right)^2 \int [-k_\mu(p-k)_\nu - k_\nu(p-k)_\mu +$$
$$(p-k)_\mu(p-k)_\nu + k_\mu k_\nu]$$
$$[\varepsilon(k) + \varepsilon(p-k)] \cdot \delta(k^2 + m^2)\delta((k-p)^2 + m^2)\mathrm{d}^4k. \tag{9.28}$$

因为

$$\varepsilon(k) + \varepsilon(p-k) = \varepsilon(p)[1 + \varepsilon(k)\varepsilon(p-k)],$$

我们有

$$L_{\mu\nu}(p) = \mathrm{i}\varepsilon(p)\widehat{L}_{\mu\nu}(p).$$

§10. 核 $\widehat{K}$ 和 $\widehat{L}$ 的计算

$\widehat{K}_{\mu\nu}$ 和 $\widehat{L}_{\mu\nu}$ 是与真空中电荷涨落有关的量. 现在我们将它们计算出来. 我们有:

$$\widehat{K}_{\mu\nu}(p) = \left(\frac{1}{2\pi}\right)^2 \int \delta(k^2 + m^2)\delta((k-p)^2 + m^2)[\varepsilon(k)\varepsilon(p-k) + 1] \cdot$$
$$[-2k_\mu k_\nu + k_\mu p_\nu + k_\nu p_\mu - \delta_{\mu\nu}((pk) - k^2 - m^2)]\mathrm{d}^4 k,$$

$$\widehat{L}_{\mu\nu}(p) = \left(\frac{1}{2\pi}\right)^2 \int \delta(k^2 + m^2)\delta((k-p)^2 + m^2)[\varepsilon(k)\varepsilon(p-k) + 1] \cdot$$
$$\frac{1}{2}\left[2k_\mu k_\nu - k_\mu p_\nu - k_\nu p_\mu + \frac{1}{2}p_\mu p_\nu\right]\mathrm{d}^4 k.$$

在计算中, 我们注意到 δ 函数同时要求:

$$k^2 + m^2 = 0,$$

和

$$p^2 - 2(pk) = 0.$$

这对类空 p 是可能的, 对类时 p 也是可能的.

1. 类空 p

在坐标 $p = (\boldsymbol{p}, 0)$ 中, 有 $\boldsymbol{p}^2 - 2\boldsymbol{k} \cdot \boldsymbol{p} = 0$, 则.

$$\varepsilon(k)\varepsilon(p-k) = \varepsilon(-k)\varepsilon(k) = -1,$$

并且积分恒为零.

2. 类时 p

我们选择 $p = (0, \mathrm{i}p_0)$, 则 $-p_0^2 + 2p_0 k_0 = 0$, 于是,

$$k_0 = \frac{1}{2}p_0 = \pm\sqrt{\boldsymbol{k}^2 + m^2},$$

并且,

$$\varepsilon(\boldsymbol{k})\varepsilon(p-k) = \varepsilon(k_0)\varepsilon(k_0) = +1.$$

而且, $\boldsymbol{k}^2 = \frac{1}{4}p_0^2 - m^2$. 所以 $p_0^2 \geqslant 4m^2$, 或者一般地说, $-p^2 \geqslant 4m^2$.

那么,

$$\widehat{K}_{11}(p) = \left(\frac{1}{2\pi}\right)^2 \cdot 2 \int \delta(k^2 + m^2)\delta(p^2 - 2(kp))[-2k_1^2 + p_0 k_0]\mathrm{d}^4 k$$
$$= \left(\frac{1}{2\pi}\right)^2 \cdot 2 \int \delta(k^2 + m^2)\delta(p^2 - 2(kp))\left[-\frac{2}{3}\boldsymbol{k}^2 + \frac{1}{2}p_0^2\right]\mathrm{d}^4 k,$$

因为积分号内

$$\begin{cases} k_1^2 \simeq \dfrac{1}{3}\boldsymbol{k}^2, \\ p_0 k_0 = +\dfrac{1}{2}p_0^2, \end{cases}$$

但是,

$$-\frac{2}{3}\boldsymbol{k}^2 + \frac{1}{2}p_0^2 = -\frac{1}{6}p_0^2 + \frac{2}{3}m^2 + \frac{1}{2}p_0^2 = \frac{1}{3}(p_0^2 + 2m^2),$$

所以

$$\widehat{K}_{11}(p) = \left(\frac{1}{2\pi}\right)^2 \int \delta(k^2 + m^2)\delta(p^2 - 2(kp)) \cdot \frac{2}{3}(p_0^2 + 2m^2)\mathrm{d}^4 k.$$

而且

$$\begin{cases} \widehat{K}_{44}(p) = 0 \\ \widehat{L}_{44}(p) = 0 \end{cases}.$$

(因为 $\widehat{K}_{\mu\nu}p_\nu = 0, \widehat{L}_{\mu\nu}p_\nu = 0$).

对于任意坐标系, 还必须插入 $(p_\mu p_\nu - \delta_{\mu\nu}p^2)/(-p^2)$, 因为在我们的坐标系中, 当 $\mu = \nu = 1$ 时, 其值为 1; 而当 $\mu = \nu = 4$ 时, 其值为 0. 于是,

$$\left.\begin{aligned} \widehat{K}_{\mu\nu}(p) \\ \widehat{L}_{\mu\nu}(p) \end{aligned}\right\} = \left(\frac{1}{2\pi}\right)^2 \int \delta(k^2 + m^2)\delta((k - p)^2 + m^2) \cdot$$

$$2 \cdot \frac{p_\mu p_\nu - \delta_{\mu\nu}p^2}{-p^2} \cdot \left\{\begin{aligned} &\frac{1}{3}(-p^2 + 2m^2) \\ &\frac{1}{3}\left(-\frac{1}{4}p^2 - m^2\right) \end{aligned}\right\}\mathrm{d}^4 k.$$

k_0 的符号是固定的 $(k_0 = p_0/2)$.

利用

$$\delta(f(z)) = \sum_\nu \frac{\delta(z - z_\nu)}{|f'(z_\nu)|},$$

其中 $f(z_\nu) = 0$, 我们得到:

$$\int \delta(k^2 + m^2)\delta((k - p)^2 + m^2)\mathrm{d}^4 k$$

$$= \int \delta\left(2\sqrt[4]{\boldsymbol{k}^2 + m^2}|p_0| - 2\boldsymbol{k}\cdot\boldsymbol{p} - p_0^2 + \boldsymbol{p}^2\right)\frac{\mathrm{d}^3 k}{2\sqrt[4]{\boldsymbol{k}^2 + m^2}},$$

当 $\boldsymbol{p} = 0$ 时, 上式等于:

$$4\pi \int \delta(2\sqrt[4]{k^2+m^2}|p_0| - p_0^2)\frac{k^2\mathrm{d}k}{2\sqrt[4]{k^2+m^2}}$$

$$= 2\pi\frac{k^2}{\sqrt[4]{k^2+m^2}} \cdot \frac{1}{(2k/\sqrt[4]{k^2+m^2})|p_0|}\Bigg|_{k^2=\frac{1}{4}p_0^2-m^2}$$

$$= \frac{\pi}{2} \cdot \sqrt{\frac{4m^2+p^2}{p^2}}.$$

于是,

$$\left.\begin{aligned}\widehat{K}_{\mu\nu}(p)\\\widehat{L}_{\mu\nu}(p)\end{aligned}\right\} = \frac{1}{12\pi}\sqrt{\frac{4m^2+p^2}{p^2}} \cdot$$

$$\frac{p_\mu p_\nu - \delta_{\mu\nu}p^2}{-p^2}\begin{cases}(-p^2+2m^2)\\\left(-\frac{1}{4}p^2-m^2\right)\end{cases} -p^2 \geqslant 4m^2, \tag{10.1}$$

$$\left.\begin{aligned}\widehat{K}_{\mu\nu}(p)\\\widehat{L}_{\mu\nu}(p)\end{aligned}\right\} = 0 \quad \text{除上述条件外.}$$

那么, 我们有:

$$\left.\begin{aligned}\widehat{K}_{\mu\nu}(x)\\\widehat{L}_{\mu\nu}(x)\end{aligned}\right\}\left(\frac{1}{2\pi}\right)^4\int\exp[\mathrm{i}(px)]\left\{\begin{aligned}\widehat{K}_{\mu\nu}(p)\\\widehat{L}_{\mu\nu}(p)\end{aligned}\right\}\mathrm{d}^4p$$

和

$$\left.\begin{aligned}\widehat{K}_{\mu\nu}(x)\\\widehat{L}_{\mu\nu}(x)\end{aligned}\right\} = \frac{1}{2e^2}\langle\{j^\mu(x),j^\nu(x')\}\rangle_0,$$

上式对 $\frac{1}{2}$ 自旋是正确的, 下式对零自旋是正确的. 方程 (10.1) 决定在时–空区域 V 中的电荷涨落:

$$\langle Q_V^2\rangle_0 = \left\langle\left(\int_V j^0(x)\mathrm{d}^4x\right)^2\right\rangle_0$$

$$= e^2\int\mathrm{d}^4x\int\mathrm{d}^4x'\cdot\left\{\begin{aligned}\widehat{K}_{00}(x-x')\\\widehat{L}_{00}(x-x')\end{aligned}\right\}\mathscr{A}_0(x)\mathscr{A}_0(x'), \tag{10.2}$$

其中

$$\mathscr{A}_0(x) = \begin{cases}1 & x\in V\\0 & x\notin V\end{cases}.$$

量 $\mathscr{A}_0(x)$ 类似于电动力学势. 直观地说, 这些电荷涨落的产生是由于一对粒子由产生而又湮没的自发涨落.

那么,

$$\langle Q_V^2\rangle_0 = \frac{e^2}{(2\pi)^4}\int \mathscr{A}_0(p)\mathscr{A}_0(-p)\left\{\begin{array}{c}\widehat{K}_{00}(p)\\\widehat{L}_{00}(p)\end{array}\right\}\mathrm{d}^4 p,$$

式中

$$\mathscr{A}_0(p) = \int \exp[-\mathrm{i}px]\mathscr{A}_0(x)\mathrm{d}^4 x.$$

注: 海森伯[①] 首先研究了这个问题.

如果时–空区域是锐确定的, 则场强度 $\partial\mathscr{A}_0/\partial x^\mu$ 有 δ 函数奇点, 且积分发散.

变态: 令

$$\mathscr{A}_0(x) = \mathscr{A}_0'(t)\cdot\mathscr{A}_0''(\boldsymbol{x}),$$

其中

$$\mathscr{A}_0'(t) = \begin{cases} 1 & |t|\leqslant T \\ 0 & |t|> T \end{cases},$$

$$\mathscr{A}_0''(x) = \begin{cases} 1 & 0\leqslant |\boldsymbol{x}|\leqslant R \\ \exp[-\lambda(|\boldsymbol{x}|-R)] & |\boldsymbol{x}|\geqslant R, \lambda\equiv\dfrac{1}{b}. \end{cases}$$

直观上, 这意思是以具有对应权重因数的三维区域代替二维区域测量力通量:

$$\oint E_n\mathrm{d}f \longrightarrow \int_{r>R} g(r)E_r\mathrm{d}^3 x.$$

于是,

$$\mathscr{A}_0(p) = \lambda\frac{\sin p_0 T}{p_0}\cdot\frac{1}{p^2}\left[\frac{1}{p}\left(\frac{\lambda+Rp^2}{\lambda^2+p^2}+\frac{2\lambda p^2}{(\lambda^2+p^2)^2}\right)\sin pR +\right.$$
$$\left.\left(\frac{1-\lambda R}{\lambda^2+p^2}+\frac{p^2-\lambda^2}{(p^2+\lambda^2)^2}\right)\cos pR\right].$$

估计: 因 $\lambda\gg 1/T\sim 1/R\gg m$, 即 $b\ll T\sim R\ll 1/m$, 得:

$$\langle Q_V^2\rangle_0 \sim e^2 R^2\log\frac{R}{b} \quad \text{(对于两种自旋值)}. \tag{10.3}$$

(另一方面, 海森伯考虑了 $T\ll b\ll R\ll 1/m$ 的情况).

---

① W. HEISENBERG, *Ber. sächs. Akad. Wiss.*, p 317 (1934).

§11. "表因" 核 $K_{\mu\nu}^G$ 和 $L_{\mu\nu}^C$

我们有

$$K_{\mu\nu}^C(p) = 4\left(\frac{1}{2\pi}\right)^4 \int \frac{1}{k^2 + m^2 - \mathrm{i}\mu^2} \cdot \frac{1}{(k-p)^2 + m^2 - \mathrm{i}\mu^2} \cdot$$
$$[-k_\mu(p-k)_\nu - k_\nu(p-k)_\mu - \delta_{\mu\nu}(-(p-k)_\lambda k_\lambda + m^2)]\mathrm{d}^4k \quad (11.1)$$
$$K_{\mu\nu}^C(p) = \widehat{K}_{\mu\nu}(p) + \mathrm{i}\overline{K}_{\mu\nu}(p) \quad (形式上!).$$

由于

$$\frac{1}{ab} = \frac{1}{2}\int_{-1}^{+1} \frac{\mathrm{d}u}{\left(\dfrac{a+b}{2} + \dfrac{a-b}{2}u\right)^2} \quad (根据费曼[①]). \tag{11.2}$$

得:

$$K_{\mu\nu}^C(p) = 4 \cdot \left(\frac{1}{2\pi}\right)^4 \cdot \frac{1}{2}\int \mathrm{d}^4k \int_{-1}^{+1} \mathrm{d}u \cdot$$
$$\frac{-k_\mu(p-k)_\nu - k_\nu(p-k)_\mu - \delta_{\mu\nu}(-(p-k)_\lambda k_\lambda + m^2)}{[(k(k-p)) + \frac{1}{2}p^2 + m^2 - \mathrm{i}\mu^2 + ((kp) - \frac{1}{2}p^2)u]^2} \cdot$$

为了在分母中完成自乘, 而引入下列置换:

$$k_\nu = K_\nu + \frac{1}{2}p_\nu(1-u),$$
$$k_\nu - p_\nu = K_\nu - \frac{1}{2}p_\nu(1+u).$$

实际上, 只有当整个表达式是规则化时, 这种置换才是允许的. 于是:

分母: $K^2 + \dfrac{1}{4}p^2(1-u^2) + m^2 - \mathrm{i}\mu^2$,

分子: $2K_\mu K_\nu - \dfrac{1}{2}p_\mu p_\nu(1-u^2) - \delta_{\mu\nu}\left[K^2 - \dfrac{1}{4}p^2(1-u^2) + m^2\right]$

加上没有贡献的 K_μ 的线性项, 同样可根据对称性来确定. 严格地说, 也只有在规则化条件下, 这才是正确的.

现将 $K_{\mu\nu}^C$ 分解:

$$K_{\mu\nu}^C = (K_{\mu\nu}^C)_I + (K_{\mu\nu}^C)_{II},$$

[①] R. P. FEYNMAN, *Phys. Rev.* **76**, 769 (1949); 附录.

其中

$$(K^C_{\mu\nu})_I = 4 \times \frac{1}{2} \left(\frac{1}{2\pi}\right)^4 \int_{-1}^{+1} \mathrm{d}u \int \mathrm{d}^4 K \cdot$$

$$\frac{2K_\mu K_\nu - \delta_{\mu\nu}\left(K^2 + \frac{1}{4}p^2(1-u^2) + m^2\right)}{\left[k^2 + \frac{1}{4}p^2(1-u^2) + m^2 - \mathrm{i}\mu^2\right]^2},$$

$$= 4 \times \frac{1}{2} \left(\frac{1}{2\pi}\right)^4 \int_{-1}^{+1} \mathrm{d}u \int \mathrm{d}^4 K \left(\frac{2K_\mu K_\nu}{N^2} - \frac{\delta_{\mu\nu}}{N}\right),$$

和

$$N \equiv K^2 + \frac{1}{4}p^2(1-u^2) + m^2 - \mathrm{i}\mu^2.$$

这里, 我们忽略了分子中含 μ^2 的一项, 当 $\mu \to 0$ 的极限情况下, 这是正确的.

我们将指出, 不是规范不变式的 $(K^C_{\mu\nu})_I$ 项在规则化时为零 (光子自具能), $(K^C_{\mu\nu})_{II}$ 是规范不变式:

$$(K^C_{\mu\nu})_{II} = -(p_\mu p_\nu - \delta_{\mu\nu}p^2) \left(\frac{1}{2\pi}\right)^4 \int_{-1}^{+1}(1-u^2)\mathrm{d}u \int \frac{\mathrm{d}^4 K}{N^2}.$$

利用对于 u 的部分积分, 一种新的组合是:

$$(K^C_{\mu\nu})_{II} = (K^C_{\mu\nu})_{IIa} + (K^C_{\mu\nu})_{IIb},$$

$$(K^C_{\mu\nu})_{IIa} = -(p_\mu p_\nu - \delta_{\mu\nu}p^2) \times \frac{4}{3} \left(\frac{1}{2\pi}\right)^4 \int \frac{\mathrm{d}^4 K}{(K^2 + m^2 - \mathrm{i}\mu^2)^2}. \tag{11.3}$$

$(K^C_{\mu\nu})_{IIa}$ 是自具电荷, 这由下述可以看出. 外场的电流是:

$$j^{\mu(a)}(x) = \frac{\partial F^{\mathrm{ext}}_{\mu\nu}}{\partial x^\nu} = \frac{\partial^2 \mathscr{A}_\nu}{\partial x^\mu \partial x^\nu} - \Box \mathscr{A}_\mu.$$

在动量空间中,

$$j^{\mu(a)}(x) \sim (p_\mu p_\nu - \delta_{\mu\nu}p^2)\mathscr{A}_\nu(p).$$

但是, 感生电流是 $K_{\mu\nu}(p)\mathscr{A}(p)$; 因此, 若

$$K_{\mu\nu}(p) = 常数 \cdot (p_\mu p_\nu - \delta_{\mu\nu}p^2),$$

于是这具有自具电荷的意义.

留下的积分是正规的:

$$(K^C_{\mu\nu})_{IIb} = +p^2(p_\mu p_\nu - \delta_{\mu\nu}p^2) \cdot \left(\frac{1}{2\pi}\right)^4 \int_{-1}^{+1} \left(u^2 - \frac{u^4}{3}\right) \mathrm{d}u \int \frac{1}{N^3}\mathrm{d}^4 K \tag{11.4}$$

按照费曼, 下式是正确的. 若 $\operatorname{Im} L > 0$, 则

$$\left(\frac{1}{2\pi}\right)^2 \int \frac{\mathrm{d}^4 K}{(K^2 - L)^3} = -\frac{\mathrm{i}}{8L} \tag{11.5}$$

(当 $\operatorname{Im} L < 0$ 时, 这变为 $+\mathrm{i}/8L$). 于是,

$$(K_{\mu\nu}^C)_{IIb} = +(p_\mu p_\nu - \delta_{\mu\nu} p^2) p^2 \cdot \frac{\mathrm{i}}{8} \left(\frac{1}{2\pi}\right)^2 \int_{-1}^{+1} \frac{u^2 - \dfrac{u^4}{3}}{\dfrac{1}{4} p^2 (1 - u^2) + m^2 - \mathrm{i}\mu^2} \mathrm{d}u \tag{11.6}$$

$$(\overline{K}_{\mu\nu})_{\mathrm{reg}} = +(p_\mu p_\nu - \delta_{\mu\nu} p^2) p^2 \cdot \frac{1}{8} \left(\frac{1}{2\pi}\right)^2 \mathscr{P} \int_{-1}^{+1} \frac{u^2 - \dfrac{u^4}{3}}{\dfrac{1}{4} p^2 (1 - u^2) + m^2} \mathrm{d}u \tag{11.7}$$

类似地, 利用方程 (11.2) 得,

$$\begin{aligned}
L_{\mu\nu}^C(p) &= -\left(\frac{1}{2\pi}\right)^4 \int \mathrm{d}^4 k M_{\mu\nu} \cdot [(k^2 + m^2 - \mathrm{i}\mu^2)((k-p)^2 + m^2 - \mathrm{i}\mu^2)]^{-1} \\
&= -\frac{1}{2} \left(\frac{1}{2\pi}\right)^4 \int \mathrm{d}^4 k \int_{-1}^{+1} \mathrm{d}u M_{\mu\nu} \cdot \Big[k(k-p) + \\
&\quad \frac{1}{2} p^2 + m^2 - \mathrm{i}\mu^2 + \left(kp - \frac{1}{2} p^2\right) u \Big]^{-2},
\end{aligned}$$

其中

$$\begin{aligned}
M_{\mu\nu} = {}&-k_\mu (p-k)_\nu - k_\nu (p-k)_\mu + k_\mu k_\nu + (p-k)_\mu (p-k)_\nu - \\
&\delta_{\mu\nu} (k^2 + 2m^2 + (p-k)^2).
\end{aligned}$$

因为 $k_\nu = K_\nu + \frac{1}{2} p_\nu (1 - u)$, 分子成为

$$M_{\mu\nu} = 4K_\mu K_\nu + p_\mu p_\nu u^2 - \delta_{\mu\nu} \left(2K^2 + \frac{1}{2} p^2 (1 + u^2) + 2m^2\right) + K_\mu$$

的线性项, 而分母与 $K_{\mu\nu}^C$ 中的相同. 作与前面完全相同的计算得:

$$L_{\mu\nu}^C(p) = -\frac{1}{2} (K_{\mu\nu}^C(p))_I + \frac{1}{4} (K_{\mu\nu}^C(p))_{IIa} + (L_{\mu\nu}^C)_{\mathrm{reg}} \tag{11.8}$$

非规范不变项能够补偿; 自具电荷决不能补偿.

$$(L_{\mu\nu}^C(p))_{\text{reg}} = -\frac{i}{16}(p_\mu p_\nu - \delta_{\mu\nu} \cdot p^2) \cdot p^2 \left(\frac{1}{2\pi}\right)^2 \cdot$$

$$\int_{-1}^{+1} \frac{\frac{1}{3}u^4}{\frac{1}{4}p^2(1-u^2) + m^2 - i\mu^2} du \tag{11.9}$$

$$(\overline{L}_{\mu\nu}(p))_{\text{reg}} = -\frac{1}{16}(p_\mu p_\nu - \delta_{\mu\nu}p^2)p^2 \left(\frac{1}{2\pi}\right)^2 \cdot$$

$$\mathscr{P} \int_{-1}^{+1} \frac{\frac{1}{3}u^4}{\frac{1}{4}p^2(1-u^2) + m^2} du \tag{11.10}$$

发现 K^C 和 L^C 的实部, 即 $\widehat{K}$ 和 $\widehat{L}$ 好像留数:

实部 $= i\pi\times$ 留数 (约斯特和拉廷格 [1])

仅当分母的零点在 0 与 1 之间时; 即若

$$0 < \frac{p^2 + 4m^2}{p^2} < 1,$$

或若

$$p^2 < -4m^2$$

才有贡献. 在这种情况下, 对于自旋为 $\frac{1}{2}$ 的粒子, 在

$$u^2 = (p^2 + 4m^2)/p^2$$

时的留数是:

$$\frac{u^2 - \frac{1}{3}u^4}{-\frac{1}{2}p^2 u} = -\frac{2}{p^2}u\left(1 - \frac{u^2}{3}\right) = -\frac{2}{p^2} \cdot \frac{2p^2 - 4m^2}{3p^2}\sqrt{\frac{p^2 + 4m^2}{p^2}}.$$

于是, 如前所述:

$$\widehat{K}_{\mu\nu}(p) = \begin{cases} (p_\mu p_\nu - \delta_{\mu\nu}p^2)\dfrac{\pi}{2\pi^2} \cdot \dfrac{p^2 - 2m^2}{3p^2}\sqrt{\dfrac{p^2 + 4m^2}{p^2}}, & p^2 < -4m^2. \\ 0, & \text{除上述情况外.} \end{cases}$$

$$\tag{11.11}$$

$$\widehat{L}_{\mu\nu}(p) = \begin{cases} \dfrac{1}{16}(p_\mu p_\nu - \delta_{\mu\nu}p^2)\left(\dfrac{1}{2\pi}\right)^2 \cdot \dfrac{\pi}{3}\left(\dfrac{p^2 + 4m^2}{p^2}\right), & p^2 < -4m^2, \\ 0. & \text{除上述情况外.} \end{cases}$$

$$\tag{11.12}$$

① R. JOST and J. M. LUTTINGER, *Helv. Phys. Acta* **23**, 201(1950).

奇异项的讨论

因

$$N \equiv k^2 + \frac{1}{2}p^2(1-u^2) + m^2 - \mathrm{i}\mu^2,$$

我们有 (参看本节前述)

$$(K_{\mu}^C)_I = 2 \times \left(\frac{1}{2\pi}\right)^4 \int_{-1}^{+1} \mathrm{d}u \int \left(\frac{2k_\mu k_\nu}{N^2} - \frac{\delta_{\mu\nu}}{N}\right) \mathrm{d}^4 k, \tag{11.13}$$

和

$$(K_{\mu\nu}^C)_{IIa} = -(p_\mu p_\nu - \delta_{\mu\nu}p^2)\left(\frac{1}{2\pi}\right)^4 \times \frac{4}{3} \int \frac{\mathrm{d}^4 k}{(k^2 + m^2 - \mathrm{i}\mu^2)^2}. \tag{11.14}$$

在这种形式中, 积分是不定的. 我们进行规则化:

$$(\widetilde{K}_{\mu\nu}^C)_I \equiv \sum_{i=0}^N C_i K_{\mu\nu}(p; M_i)_I; \quad C_0 = 1, M_0 = m,$$

$$(\widetilde{K}_{\mu\nu}^C)_{IIa} \equiv \sum_{i=0}^N C_i K_{\mu\nu}(p; M_i)_{IIa}.$$

为了使积分有限, 必须满足:

对于 I : $\sum_{i=0}^N C_i = 0$; $\quad \sum_{i=0}^n C_i M_i^2 = 0$, 所以积分为零;

对于 IIa : $\sum_{i=0}^N C_i = 0$ 于是积分由 $\sum_{i=1}^N C_i \log(M_i/m)$ 确定.

1. 自具电荷, $(K_{\mu\nu}^C)_{IIa}$: 只须一个辅助质量 $M_1 \equiv M$ 就足够了. 因为 $\alpha \equiv e^2/4\pi \simeq 1/137$, 得:

$$\frac{\delta e}{e} = \frac{\alpha}{3\pi} \log \frac{m^2}{M^2} = \frac{2\alpha}{3\pi} \log \frac{m}{M} < 0 \quad (\text{施温格}[1]). \tag{11.15}$$

注: 在费曼–戴森形式中, δe 是根据散射过程定义的, δe 只有一半大 (如何解释呢?) [A–2].

让我们来进行计算. 我们有方程 (11.5),

$$\left(\frac{1}{2\pi}\right)^2 \int \frac{\mathrm{d}^4 k}{(k^2 - L)^3} = \frac{-\mathrm{i}}{8L} \quad (\operatorname{Im} L > 0).$$

于是

$$\frac{1}{2}\left(\frac{1}{2\pi}\right)^2 \int \left[\frac{1}{(k^2 - L_2)^2} - \frac{1}{(k^2 - L_1)^2}\right] \mathrm{d}^4 k = \frac{-\mathrm{i}}{8} \log \frac{L_2}{L_1}. \tag{11.16}$$

---

[1] J. SCHWINGER, *Phys. Rev.* **75**, 651 (1949).

这对应于具有一个辅助质量的情况. 更一般地说,

$$\sum_{i=0}^{N-1} C_i \left(\frac{1}{2\pi}\right)^2 \frac{1}{2} \int \left[\frac{1}{(k^2-L_N)^2} - \frac{1}{(k^2-L_i)^2}\right] \mathrm{d}^4 k = -\frac{\mathrm{i}}{8} \sum_{i=0}^{N-1} C_i \log \frac{L_N}{L_i}.$$

我们有 $\displaystyle\sum_{i=0}^{N-1} C_i = -C_N$, 因为 $\displaystyle\sum_{i=0}^{N} C_i = 0$. 因此, 对应于方程 (11.16), 得:

$$-\left(\frac{1}{2\pi}\right)^2 \cdot \frac{1}{2} \int \left[\sum_{i=0}^{N} \frac{C_i}{(k^2-L_i)^2}\right] \mathrm{d}^4 k = \frac{\mathrm{i}}{8} \sum_{i=0}^{N} C_i \log L_i. \tag{11.17}$$

由此, 得到施温格值.

2. 光子自具能: 我们有

$$(K_{\mu\nu}^C)_I = 2 \cdot \left(\frac{1}{2\pi}\right)^4 \int_{-1}^{+1} \mathrm{d}u \int \left[\frac{2k_\mu k_\nu}{(k^2-L)^2} - \delta_{\mu\nu} \frac{1}{k^2-L}\right] \mathrm{d}^4 k,$$

其中

$$L = -\frac{1}{4} p^2 (1-u^2) - m^2 + \mathrm{i}\mu^2.$$

必须指出, 在规则化时这为零. 首先, 我们有:

$$\int \frac{k_\mu k_\nu}{(k^2-L)^4} \mathrm{d}^4 k = \delta_{\mu\nu} \cdot \frac{1}{4} \int \frac{k^2}{(k^2-L)^4} \mathrm{d}^4 k$$
$$= \frac{1}{4} \delta_{\mu\nu} \left\{\int \frac{\mathrm{d}^4 k}{(k^2-L)^3} + L \int \frac{\mathrm{d}^4 k}{(k^2-L)^4}\right\}.$$

由

$$\left(\frac{1}{2\pi}\right)^2 \int (k^2-L)^{-3} \mathrm{d}^4 k = \frac{-\mathrm{i}}{8L} \quad (\mathrm{Im}\, L > 0)$$

对 L 求导得:

$$3\left(\frac{1}{2\pi}\right)^2 \int \frac{\mathrm{d}^4 k}{(k^2-L)^4} = +\frac{\mathrm{i}}{8L^2}.$$

于是,

$$\int \frac{k_\mu k_\nu}{(k^2-L)^4} \mathrm{d}^4 k = \frac{1}{6} \delta_{\mu\nu} \int \frac{\mathrm{d}^4 k}{(k^2-L)^3},$$

或

$$\int \left[\frac{k_\mu k_\nu}{(k^2-L)^4} - \frac{1}{6} \delta_{\mu\nu} \frac{1}{(k^2-L)^3}\right] \mathrm{d}^4 k = 0.$$

若令其对 L 积分两次, 正好得到我们所想要的结果: 乘 $\mathrm{d}L$, 并在 L_1 和 L_2 之间求积分:

$$\frac{1}{3} \int \left[\frac{1}{2} \frac{k_\mu k_\nu}{(k^2-L)^3} - \delta_{\mu\nu} \cdot \frac{1}{4} \frac{1}{(k^2-L)^2}\right] \mathrm{d}^4 k \bigg|_{L_1}^{L_2} = 0.$$

(如果对 k 积分在最后进行, 这是正确的.) 就是说, 若 $\sum\limits_i C_i = 0$, 则有

$$\int \sum_i C_i f(L_i, k) \mathrm{d}^4 k = 0,$$

其中

$$f(L_i, k) \equiv \frac{k_\mu k_\nu}{(k^2 - L_i)^3} - \delta_{\mu\nu} \cdot \frac{1}{4} \frac{1}{(k^2 - L_i)^2}.$$

令

$$F(L, k) \equiv \frac{1}{2} \frac{k_\mu k_\nu}{(k^2 - L)^2} - \frac{1}{4} \delta_{\mu\nu} \frac{1}{k^2 - L}.$$

于是

$$f = \frac{\partial F}{\partial L}.$$

更一般地, 我们能够陈述如下: 令

$$\int [f(k, L) - f(k, L_1)] \mathrm{d}^4 k = 0.$$

则

$$\int \mathrm{d}^4 k \int_{L_1}^{L_2} [f(k, L) - f(k, L_1)] \mathrm{d}L = 0,$$

或

$$\int [F(k, L_2) - F(k, L_1) - (L_2 - L_1) f(k, L_1)] \mathrm{d}^4 k = 0.$$

如果 $\sum\limits_i C_i = 0$, 则更一般地有

$$\int \sum_i C_i [F(k, L_i) - L_i f(k, L_1)] \mathrm{d}^4 k = 0.$$

此外, 如果 $\sum\limits_i C_i L_i = 0$, 则

$$\int \sum_i C_i F(k, L_i) \mathrm{d}^4 k = 0. \qquad \text{证毕.}$$

一般地说, 这种对质量的积分方法是很有效的.

因为我们有

$$L_i \equiv -\frac{1}{4} p^2 (1 - u^2) + \mathrm{i}\mu^2 - M_i^2.$$

于是, $\sum\limits_i C_i = 0$ 和 $\sum\limits_i C_i L_i = 0$ 是与 $\sum\limits_i C_i = 0$ 和 $\sum\limits_i C_i M_i^2 = 0$ 等价的. 因此, 可以证明, 当用 $\sum\limits_i C_i = 0$ 和 $\sum\limits_i C_i M_i^2 = 0$ 进行规则化时, $(K_{\mu\nu}^C)_I$ 为零.

§12. 消去自具电荷的不可能性 ①

我们规定: 若 e_0 是裸电荷, e 是物理电荷, $\alpha = e^2/4\pi \simeq 1/137$ 是精细结构常数, 以及

$$\frac{e}{e_0} = \frac{1}{1 + F(\alpha)}, \tag{12.1}$$

则

即,
$$\left.\begin{array}{l} F(\alpha) > 0; \\[2mm] 0 < \dfrac{e}{e_0} < 1. \end{array}\right\} \tag{12.2}$$

是正确的.

注: (1) 我们知道这种规定下的一级近似 (关于 α): 在一级近似中, $\delta e = -eF(\alpha)$ 是负的.

(2) 这个问题与洛伦兹不变性无关; 可以利用正则形式. 那么在海森伯表象中, 因 $\dot{F} \equiv \dfrac{\partial F}{\partial t}$,

$$[\Phi_\mu(\boldsymbol{x}, t), \dot{\Phi}_\nu(\boldsymbol{x}', t)] = \mathrm{i}\delta_{\mu\nu}\delta^3(\boldsymbol{x} - \boldsymbol{x}'). \tag{12.3}$$

这是严格正确的, 其理由是相互作用能量只与势有关, 而与场强度无关. 如果有了泡利项 [A-3] 这将不再是正确的了.

令 Φ_μ 是下述相互作用场方程式的一个严格解:

$$\Box\Phi_\mu = -j^\mu.$$

命 $\Phi_\mu^{(0)} = \lim\limits_{\alpha \to 0} \Phi_\mu$; 即 $\Box\Phi_\mu^{(0)} = 0$. 则方程 (12.3) 对 $\Phi_\mu^{(0)}$ 和 Φ_μ 都是正确的. 那么, 我们能够写作:

$$\Phi_\mu = \gamma\Phi_\mu^{(0)} + \Phi_\mu^{(1)}, \tag{12.4}$$

其中 $\Phi_\mu^{(1)}$ 或者改变 (a) 实物粒子的对偶数, (b) 三个或三个以上的光子数, 或者 (c) 上述两种情况都改变.

于是,

$$\left.\begin{array}{l} \langle\Phi_\mu^{(0)}(\boldsymbol{x}, t)\Phi_\nu^{(1)}(\boldsymbol{x}', t')\rangle_0 = 0 \\[2mm] \langle\Phi_\mu^{(0)}(\boldsymbol{x}, t)\Phi_\nu^{(1)}(\boldsymbol{x}', t')\rangle_0 = 0 \end{array}\right\}. \tag{12.5}$$

则因 $\gamma = e/e_0$,

$$\langle[\Phi_\mu(\boldsymbol{x}, t), \dot{\Phi}_\mu(\boldsymbol{x}, t)]\rangle_0 = \gamma^2\langle[\Phi_\mu^{(0)}(\boldsymbol{x}, t), \dot{\Phi}_\mu^{(0)}(\boldsymbol{x}', t)]\rangle_0 +$$
$$\langle[\Phi_\mu^{(1)}(\boldsymbol{x}, t), \dot{\Phi}_\mu^{(1)}(\boldsymbol{x}', t)]\rangle_0 \text{ (不对 } \mu \text{ 求和)},$$

---

① J. SCHWINGER, *Phys. Rev.* **76**, 790 (1949); 附录.

这意思是:

$$(1 - \gamma^2)\delta^3(\boldsymbol{x} - \boldsymbol{x}') = -\mathrm{i}\langle[\varPhi_\mu^{(1)}(\boldsymbol{x}, t), \dot{\varPhi}_\mu^{(1)}(\boldsymbol{x}', t)]\rangle_0.$$

当在盒中有一个简正模 (r) 时,

$$1 - \gamma^2 = -\mathrm{i}\langle[\varPhi_\mu^{(1)}(k_r, t), \dot{\varPhi}_\mu^{(1)}(k_r, t)]\rangle_0. \tag{12.6}$$

规定: 右边是正的. 我们有,

$$\dot{\varPhi}^{(1)} = +\mathrm{i}[H, \varPhi^{(1)}].$$

于是

$$1 - \gamma^2 = +\langle[\varPhi^{(1)}, [H, \varPhi^{(1)}]]\rangle_0,$$

$$1 - \gamma^2 = +\langle\varPsi_0|2\varPhi^{(1)}H\varPhi^{(1)} - \varPhi^{(1)}\varPhi^{(1)}H - H\varPhi^{(1)}\varPhi^{(1)}|\varPsi_0\rangle.$$

由于 $H\varPsi_0 = E_0\varPsi_0$ 和 H 的厄米性,

$$1 - \gamma^2 = 2(\varPhi^{(1)}\varPsi_0, H\varPhi^{(1)}\varPsi_0) - 2(\varPhi^{(1)}\varPsi_0, E_0\varPhi^{(1)}\varPsi_0), \tag{12.7}$$

$$1 - \gamma^2 = 2(\varPhi^{(1)}\varPsi_0, (H - E_0)\varPhi^{(1)}\varPsi_0).$$

若 $\varPsi_0$ 是最低能量状态, 则这是正的.　　　　　　　　　　　　　　证毕.

注: (1) H 的厄米性是本质的.

(2) 对于有负能的理论, 这种证明是不正确的 (波普和史塔开尔堡[1]), 因为对所有 $\varPsi$, 有 $(\varPsi^*(H - E_0)\varPsi) \geqslant 0$.

---

[1] F. BOPP, *Ann. Physik* **38**, 345 (1940); E. C. G. STUECKELBERG, *Nature* **144**, 118 (1939).

第三章

自由场的量子化: 自旋为 0 和 $\dfrac{1}{2}$ 的 量子电动力学

§13. 不变函数 [A–4]

齐次波动方程是

$$(\Box - m^2)\Delta = 0. \tag{13.1}$$

我们将这方程的解记作 $\Delta(x) \equiv \Delta(\boldsymbol{x}, t)$, 在 $t = 0$ 时, 相应的初始条件为:

$$\Delta(\boldsymbol{x}, 0) = 0$$

和

$$\left(\frac{\partial \Delta}{\partial t}\right)_{\boldsymbol{x},0} = -\delta^3(\boldsymbol{x}).$$

考虑到

$$\delta^3(\boldsymbol{x}) = \left(\frac{1}{2\pi}\right)^3 \int \exp[\mathrm{i}\boldsymbol{k} \cdot \boldsymbol{x}]\mathrm{d}^3 k,$$

则容易得出 $\Delta(x)$ 的傅里叶表示是:

$$\Delta(x) = -\left(\frac{1}{2\pi}\right)^3 \int \frac{\sin(\omega x_0)}{\omega} \exp[\mathrm{i}\boldsymbol{k} \cdot \boldsymbol{x}]\mathrm{d}^3 k \, (\omega \equiv \sqrt[+]{\boldsymbol{k}^2 + m^2}).$$

于是,

$$\Delta(x) = -\mathrm{i}\left(\frac{1}{2\pi}\right)^3 \int \exp[\mathrm{i}(kx)]\varepsilon(k)\delta(\boldsymbol{k}^2 + m^2)\mathrm{d}^4 k, \tag{13.2}$$

其中

$$\varepsilon(x) \equiv \varepsilon(t) = \begin{cases} +1 & (t > 0) \\ -1 & (t < 0), \\ \text{不确定} & (t = 0) \end{cases}$$

和

$$\frac{\partial \varepsilon}{\partial t} = 2\delta(t).$$

于是,

$$\Delta(\boldsymbol{x}, -t) = -\Delta(\boldsymbol{x}, t), \quad \Delta(-\boldsymbol{x}, t) = +\Delta(\boldsymbol{x}, t),$$

和

$$\Delta(-x) = -\Delta(x). \tag{13.3}$$

利用傅里叶分解, 我们能够确定方程 (13.1) 的一个附加的不变式解:

$$\Delta^1(x) = \left(\frac{1}{2\pi}\right)^3 \int \exp[\mathrm{i}(kx)]\delta(k^2 + m^2)\mathrm{d}^4 k, \tag{13.4}$$

或,

$$\Delta^1(x) = \left(\frac{1}{2\pi}\right)^3 \int \frac{\cos \omega x_0}{\omega} \exp[\mathrm{i}\boldsymbol{k} \cdot \boldsymbol{x}]\mathrm{d}^3 k.$$

因 $\Delta(x)$ 函数表示的提早势和推迟势关系式是:

$$\Delta^{\mathrm{ret}}(x) = \begin{cases} -\Delta(x) & (t > 0) \\ 0 & (t < 0) \end{cases} : \Delta^{\mathrm{ret}}(x) = -\frac{1 + \varepsilon(x)}{2}\Delta(x),$$

$$\Delta^{\mathrm{adv}}(x) = \begin{cases} 0 & (t > 0) \\ \Delta(x) & (t < 0) \end{cases} : \Delta^{\mathrm{adv}}(x) = +\frac{1 - \varepsilon(x)}{2}\Delta(x).$$

我们有

$$(\Box - m^2)\Delta^{\mathrm{ret}}(x) = -\delta^4(x),$$
$$(\Box - m^2)\Delta^{\mathrm{adv}}(x) = -\delta^4(x),$$

和

$$\left.\begin{array}{l} \Delta = \Delta^{\mathrm{adv}} - \Delta^{\mathrm{ret}} \\ \overline{\Delta} = \frac{1}{2}(\Delta^{\mathrm{adv}} + \Delta^{\mathrm{ret}}) : \overline{\Delta}(x) = -\frac{1}{2}\varepsilon(x)\Delta(x) \end{array}\right\}. \tag{13.5}$$

$\overline{\Delta}(x) = -\frac{1}{2}\varepsilon(x)\Delta(x)$ 的傅里叶表式是:

$$\overline{\Delta}(x) = \left(\frac{1}{2\pi}\right)^4 \mathscr{P} \int \frac{\exp[\mathrm{i}(kx)]}{k^2 + m^2}\mathrm{d}^4 k, \tag{13.6}$$

其中 $\mathscr{P}$ 表示对 k_0 积分的主值. 事实上, 可以立即看出 $\overline{\varDelta}(x)$ 满足下述微分方程:

$$(\Box - m^2)\overline{\varDelta}(x) = -\delta^4(x),$$

而且, 具有正确的对称性质. 这足以确定 $\overline{\varDelta}$.

正如由三维动量空间中的表达式立即得到的那样, 用

$$\left.\begin{array}{l} \varDelta^+ = \dfrac{1}{2}(\varDelta - \mathrm{i}\varDelta^1) \\[2mm] \varDelta^- = \dfrac{1}{2}(\varDelta + \mathrm{i}\varDelta^1) \end{array}\right\}, \tag{13.7}$$

可以得出按正频率和负频率的分解式.

a. k_0 复平面中的路径积分表式:

$$\varDelta^{\mathrm{ret}}(x) \equiv \overline{\varDelta}(x) - \frac{1}{2}\varDelta(x)$$

$$= \left(\frac{1}{2\pi}\right)^4 \int \left\{\mathscr{P}\frac{1}{k^2 + m^2} + \mathrm{i}\pi\delta(k^2 + m^2)\varepsilon(k)\right\} \exp[\mathrm{i}(kx)]\mathrm{d}^4k,$$

$$\left.\begin{array}{l} \varDelta^{\mathrm{ret}} = \left(\dfrac{1}{2\pi}\right)^4 \displaystyle\int_{\varGamma_+} \dfrac{\exp[\mathrm{i}(kx)]}{k^2 + m^2}\mathrm{d}^4k \\[4mm] \varDelta^{\mathrm{adv}} = \left(\dfrac{1}{2\pi}\right)^4 \displaystyle\int_{\varGamma_-} \dfrac{\exp[\mathrm{i}(kx)]}{k^2 + m^2}\mathrm{d}^4k \end{array}\right\}. \tag{13.8}$$

(见图 13.1)

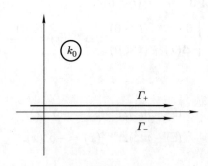

图 13.1

函数 $\varDelta^C$ 定义为:

$$\varDelta^C \equiv -2\mathrm{i}\overline{\varDelta} + \varDelta^1, \tag{13.9}$$

$$(\Box - m^2)\varDelta^C = +2\mathrm{i}\delta^4(x).$$

我们有

$$\Delta^C(x) = \frac{-2\mathrm{i}}{(2\pi)^4} \int \exp[\mathrm{i}(kx)] \left[\mathscr{P}\frac{1}{k^2+m^2} + \mathrm{i}\pi\delta(k^2+m^2) \right] \mathrm{d}^4k.$$

由

$$\left.\begin{aligned}
\delta_+(z) &\equiv \frac{1}{2}\left[\delta(z) + \mathscr{P}\frac{1}{\mathrm{i}\pi z}\right] = \frac{1}{2\pi}\int_0^\infty \exp[-\mathrm{i}\nu z]\mathrm{d}\nu \\
\delta_-(z) &\equiv \frac{1}{2}\left[\delta(z) - \mathscr{P}\frac{1}{\mathrm{i}\pi z}\right] = \frac{1}{2\pi}\int_{-\infty}^0 \exp[-\mathrm{i}\nu z]\mathrm{d}\nu
\end{aligned}\right\}, \tag{13.10}$$

得

$$\Delta^C(x) = \frac{4\pi}{(2\pi)^4} \int \exp[\mathrm{i}(kx)]\delta_+(k^2+m^2)\mathrm{d}^4k \tag{13.11}$$

用复平面中的路径积分 (见图 13.2) 表作:

$$\Delta^C(x) = \frac{-2\mathrm{i}}{(2\pi)^4} \int_C \frac{\exp[\mathrm{i}(kx)]}{k^2+m^2}\mathrm{d}^4k. \tag{13.12}$$

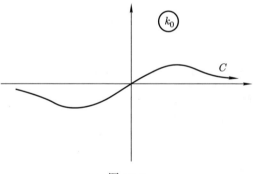

图 13.2

b. Δ^C 用正频率和负频率的分解法 (费尔兹[①])

$$\left.\begin{aligned}
(\Delta^C)^+ &= \frac{-2\mathrm{i}}{(2\pi)^4} \int_{C_+} \frac{\exp[\mathrm{i}(kx)]}{k^2+m^2}\mathrm{d}^4k \\
(\Delta^C)^- &= \frac{-2\mathrm{i}}{(2\pi)^4} \int_{C_-} \frac{\exp[\mathrm{i}(kx)]}{k^2+m^2}\mathrm{d}^4k
\end{aligned}\right\}. \tag{13.13}$$

(见图 13.3), 于是,

$$\left.\begin{aligned}
(\Delta^C)^+ &= -2\mathrm{i}(\Delta^{\mathrm{ret}})^+ \\
(\Delta^C)^- &= -2\mathrm{i}(\Delta^{\mathrm{adv}})^-
\end{aligned}\right\}, \tag{13.14}$$

① M. FIERZ, *Helv. Phys. Acta* **23**, 731 (1950).

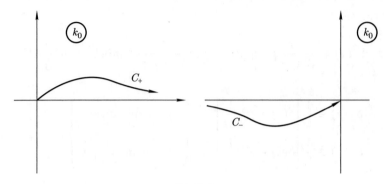

图 13.3

(Δ^C 函数的费尔兹分解法; 见 §27).

$$\Delta^C = -2\mathrm{i}[(\Delta^{\mathrm{ret}})^+ + (\Delta^{\mathrm{adv}})^-]. \tag{13.15}$$

源的对应分解为:

$$\left.\begin{aligned}(\Box - m^2)(\Delta^C)^+ &= +2\mathrm{i}\delta^3(x)\delta_+(t) \\ (\Box - m^2)(\Delta^C)^- &= +2\mathrm{i}\delta^3(x)\delta_-(t)\end{aligned}\right\}. \tag{13.16}$$

这就是说, Δ^C 的费尔兹分解法对应于按正频率和负频率的源分解法.

c. Δ^C 的费曼分解法

这是按正时和负时的分解法:

$$\Delta^C(x) = \mathrm{i}\varepsilon(x)\Delta(x) + \Delta^1(x),$$

所以,

$$t > 0, \quad \Delta^C = \mathrm{i}\Delta + \Delta^1 = 2\mathrm{i}\Delta^+,$$
$$t < 0, \quad \Delta^C = -\mathrm{i}\Delta + \Delta^1 = -2\mathrm{i}\Delta^-,$$

或,

$$\Delta^C = 2\mathrm{i}(\Delta^+)^{\mathrm{ret}} - 2\mathrm{i}(\Delta^-)^{\mathrm{adv}}.$$

注: 这不是按频率正负的一种频率分解法:

$$(\Delta^+)^{\mathrm{ret}} \neq (\Delta^{\mathrm{ret}})^+.$$

d. 补遗

对于零质量 $m = 0$ 的特殊情况:

$D(x) = \Delta(x)|_{m=0}$, 等,

$$\left.\begin{array}{l} \Box D(x) = 0 \\ \Box D^1(x) = 0 \\ \Box \overline{D}(x) = -\delta^4(x) \end{array}\right\}.$$

则 D 函数的显式可以写作:

$$\left.\begin{array}{ll} D^{\mathrm{ret}}(x) = \dfrac{1}{4\pi r}\delta(t - r); & r \equiv |x| \\[2mm] D^{\mathrm{adv}}(x) = \dfrac{1}{4\pi r}\delta(t + r) & \end{array}\right\}, \tag{13.17}$$

$$D(x) = D^{\mathrm{adv}}(x) - D^{\mathrm{ret}}(x),$$

$$\overline{D}(x) = \frac{1}{2}(D^{\mathrm{adv}}(x) + D^{\mathrm{ret}}(x)).$$

这样,

$$\left.\begin{array}{l} D(x) = \dfrac{1}{4\pi r}[\delta(t + r) - \delta(t - r)] \\[2mm] \overline{D}(x) = \dfrac{1}{8\pi r}[\delta(t + r) + \delta(t - r)] \end{array}\right\}, \tag{13.18}$$

和

$$(D^{\mathrm{ret}})^+(x) = \frac{1}{4\pi r}\delta_+(t - r),$$

$$(D^{\mathrm{adv}})^-(x) = \frac{1}{4\pi r}\delta_-(t + r),$$

$$D^C = -2\mathrm{i}[(D^{\mathrm{ret}})^+ + (D^{\mathrm{adv}})^-],$$

$$= \frac{-2\mathrm{i}}{8\pi r}\left[\delta(t - r) + \mathscr{P}\frac{1}{\mathrm{i}\pi(t - r)} + \delta(t + r) - \mathscr{P}\frac{1}{\mathrm{i}\pi(t + r)}\right]$$

$$= -2\mathrm{i}\overline{D} - \frac{2\mathrm{i}}{8\pi r}\mathscr{P}\frac{2r}{\mathrm{i}\pi(t^2 - r^2)},$$

$$D^C = -2\mathrm{i}\overline{D} + \frac{1}{2\pi^2}\mathscr{P}\frac{1}{r^2 - t^2},$$

$$D^C = -2\mathrm{i}\overline{D} + D^1,$$

其中

$$D^1(x) = \mathscr{P}\frac{1}{2\pi^2(r^2 - t^2)}. \tag{13.19}$$

注: 当 $m \neq 0$ 时, 同样的这些表达式只表示所讨论的函数中有较强奇点的部分; 然而, 在那种情况下, 也有较弱奇点的附加项 (Δ^1 中的对数项, Δ 和 $\overline{\Delta}$ 中的不连续项). 这些附加项也可写成显式 (参见施温格[①]).

§14.　自旋为零的不带电自由场的量子化 [A–4]

令 $\Phi(x)$ 表示实标量场:

$$(\Box - m^2)\Phi(x) = 0. \tag{14.1}$$

在大体积 V 内,

$$\Phi(x) = \frac{1}{\sqrt{V}} \sum_{\substack{k \\ k_0 > 0}} \frac{1}{\sqrt{2\omega}} [A_k \exp[\mathrm{i}(kx)] + A_k^* \exp[-\mathrm{i}(kx)]]. \tag{14.2}$$

这里, 必须对所有 k 值求和; 频率始终必须取正值:

$$k_0 = +\omega = +\sqrt{\boldsymbol{k}^2 + m^2},$$

$$(kx) \equiv \boldsymbol{k} \cdot \boldsymbol{x} - \omega t.$$

当体积变换到 $V \to \infty$ 时, 必须写作:

$$\frac{1}{V} \sum_k \cdots \to \left(\frac{1}{2\pi}\right)^3 \int \cdots \mathrm{d}^3 k, \quad A_k \to A(\boldsymbol{k}).$$

对易关系式

$$[A_k, A_l^*] = \delta_{kl}$$

保持有效. 于是,

$$A_k^* A_k = N_k \quad (\text{本征值为 } 0,1,2,\cdots),$$

而且, A_k 为吸收或湮没算符, 而 A_k^* 为发射或产生算符:

$$\left. \begin{aligned} A\Psi(N) &= \sqrt{N}\,\Psi(N-1) \\ A^*\Psi(N) &= \sqrt{N+1}\,\Psi(N+1) \end{aligned} \right\}.$$

对于真空,

$$\left. \begin{aligned} \langle A^* A \rangle_0 &= 0 \\ \langle A A^* \rangle_0 &= 1 \end{aligned} \right\},$$

[①] J. SCHWINGER, *Phys. Rev.* **75**, 651 (1949).

所以, 用 §9 的记号, 得:

$$\left.\begin{array}{l} [\varPhi(x),\varPhi(x')] = \mathrm{i}\varDelta(x-x') \\ \langle\{\varPhi(x),\varPhi(x')\}\rangle_0 = \varDelta^{(1)}(x-x') \end{array}\right\}. \tag{14.3}$$

正则形式

用拉格朗日函数:

$$L = \int \mathscr{L}\,\mathrm{d}^3 x, \tag{14.4}$$

式中

$$-\mathscr{L} = \frac{1}{2}\left[\frac{\partial\varPhi}{\partial x^\nu}\frac{\partial\varPhi}{\partial x^\nu} + m^2\varPhi^2\right], \tag{14.5}$$

则场方程式可由变分原理得到:

$$\delta\int L\mathrm{d}t = 0. \tag{14.6}$$

方程 (14.5) 可以写作:

$$2\mathscr{L} = \left(\frac{\partial\varPhi}{\partial t}\right)^2 - \left(\frac{\partial\boldsymbol{\varPhi}}{\partial\boldsymbol{x}}\right)^2 - m^2\varPhi^2, \tag{14.7}$$

和力学中一样, 我们定义正则共轭动量:

$$\pi(x) \equiv \left(\frac{\delta\boldsymbol{L}}{\delta(\partial\varPhi/\partial t)}\right)_\varPhi = \frac{\partial\mathscr{L}}{\partial(\partial\varPhi/\partial t)} = \frac{\partial\varPhi}{\partial t}, \tag{14.8}$$

并且构成哈密顿函数:

$$H = \int \mathscr{H}\,\mathrm{d}^3 x, \tag{14.9}$$

其中

$$\mathscr{H} = \pi\frac{\partial\varPhi}{\partial t} - \mathscr{L}. \tag{14.10}$$

在这种处理中, 也许需要注意因子的次序, 于是我们有:

$$\mathscr{H} = \frac{1}{2}\left\{\pi^2(x) + \left(\frac{\partial\boldsymbol{\varPhi}}{\partial\boldsymbol{x}}\right)^2 + m^2\boldsymbol{\varPhi}^2(x)\right\}. \tag{14.11}$$

进一步利用力学中类似的方法, 我们将要求对易关系式:

$$\mathrm{i}[\pi(\boldsymbol{x},t),\varPhi(\boldsymbol{x}',t)] = \delta^3(\boldsymbol{x}-\boldsymbol{x}'), \tag{14.12}$$

而且自然地有:

$$[\pi(\boldsymbol{x},t),\pi(\boldsymbol{x}',t)] = [\varPhi(\boldsymbol{x},t),\varPhi(\boldsymbol{x}',t)] = 0, \tag{14.13}$$

显然, 这只对相同时间是正确的. 如果在方程 (14.3) 中, 令 $t = t'$, 并注意到 $\pi = \partial \Phi / \partial t$, 因为,

$$\Delta(\boldsymbol{x} - \boldsymbol{x}', 0) = 0, \quad \frac{\partial \Delta}{\partial t}(\boldsymbol{x} - \boldsymbol{x}', 0) = -\delta^3(\boldsymbol{x} - \boldsymbol{x}').$$

则立即可以看出, 这些对易关系式和方程 (14.3) 的不变式一致. 相反, 如果用正则形式的场方程, 则不变式也可由正则对易关系式得到. 这些正则形式的场方程式由下述关系式得到:

$$\frac{\partial F}{\partial t} = \mathrm{i}[H, F] :$$
(14.14)

$$\frac{\partial \boldsymbol{\Phi}}{\partial t} = \mathrm{i}[H, \boldsymbol{\Phi}] = \pi, \quad \frac{\partial \pi}{\partial t} = \mathrm{i}[H, \pi] = \Delta \boldsymbol{\Phi} - m^2 \boldsymbol{\Phi}.$$

§15. 真空中的量子电动力学

对于实矢量场 $\boldsymbol{\Phi}_\mu$, 场方程式是:

$$\Box \boldsymbol{\Phi}_\mu = 0 \quad (\text{零质量}).$$
(15.1)

此外, 我们还要求下述辅助条件:

$$\frac{\partial \boldsymbol{\Phi}_\mu}{\partial x^\mu} = 0,$$
(15.2)

这是由于, 为了使场强

$$F_{\mu\nu} = \frac{\partial \boldsymbol{\Phi}_\nu}{\partial x^\mu} - \frac{\partial \boldsymbol{\Phi}_\mu}{\partial x^\nu}$$
(15.3)

得以满足麦克斯韦方程组:

$$\frac{\partial F_{\mu\nu}}{\partial x^\nu} = 0.$$
(15.4)

为了量子化, 采用与标量场相似的方法, 这种方法再次说明是有用的, 从而要求:

$$[\Phi_\mu(x), \Phi_\nu(x')] = \mathrm{i}\delta_{\mu\nu} D(x - x').$$
(15.5)

这里, 出现了一种特性, 即,

$$\left[\frac{\partial \boldsymbol{\Phi}_\mu(x)}{\partial x^\mu}, \boldsymbol{\Phi}_\nu(x') \right] = \mathrm{i}\frac{\partial}{\partial x^\nu} D(x - x') \neq 0$$
(15.6)

这就是说, 辅助条件与势不能对易, 但是, 它与场强可以对易:

$$\left[\frac{\partial \boldsymbol{\Phi}_\rho(x)}{\partial x^\rho}, F_{\mu\nu}(x') \right] = 0,$$
(15.7)

且辅助条件与其本身可对易,

$$\left[\frac{\partial\,\boldsymbol{\Phi}_\mu(x)}{\partial\,x^\mu}, \frac{\partial\,\boldsymbol{\Phi}_\nu(x')}{\partial\,x'^\nu}\right] = \mathrm{i}\square D = 0. \tag{15.8}$$

(这说明, 仅当 $m = 0$ 时, 才能有这样的辅助条件.)

为了消除方程 (15.6) 的困难, 我们采用较弱的要求 (根据费米的方案[1])

$$\frac{\partial\,\boldsymbol{\Phi}_\mu}{\partial\,x^\mu} \cdot \boldsymbol{\Psi} = 0. \tag{15.9}$$

这就是说, 辅助条件不应该是一个算符恒等式, 而应该是限制可能的状态. 这样的限制有典型的结果. 现在我们要来研究这些结果.

为此, 我们按本征函数完备集展开,

$$\Phi_\mu(x) = \frac{1}{\sqrt{V}}\sum_{\boldsymbol{k}}\frac{1}{\sqrt{2\omega}}\sum_{\lambda=1}^{4}e_{\lambda\mu}(\boldsymbol{k})[A_\lambda(\boldsymbol{k})\exp[\mathrm{i}(\boldsymbol{k}\cdot\boldsymbol{x})] +$$
$$A_\lambda^*(\boldsymbol{k})\exp[-\mathrm{i}(\boldsymbol{k}\cdot\boldsymbol{x})]], \tag{15.10}$$

式中 $\Phi_4 = \mathrm{i}\Phi_0$, $\boldsymbol{\Phi}$ 和 Φ_0 是厄米量, 且 $\omega = +|\boldsymbol{k}|$. 我们希望:

$$(e_\lambda e_{\lambda'}) \equiv \sum_\nu e_{\lambda\nu}e_{\lambda'\nu} = \delta_{\lambda\lambda'}, \tag{15.11}$$

于是 e_1, e_2, e_3 和 e_4 构成一正交基. 而且

$$\sum_\lambda e_{\lambda\mu}e_{\lambda\nu} = \delta_{\mu\nu}. \tag{15.12}$$

并非所有的 e_λ 都是实数:

$$e_{i\mu} = (\boldsymbol{e}_i, e_{i0}) \text{ 是实数} \quad i = 1, 2, 3,$$
$$\mathrm{i}e_{4\mu} = \mathrm{i}(\boldsymbol{e}_4, e_{40}) \text{ 是实数.}$$

$e_{\lambda\mu}$ 可用最简单的方式表示如下:

$$\left.\begin{array}{l}(e_3 + \mathrm{i}e_4)_\mu = f(\omega) \cdot k_\mu \\ (e_1 k) = (e_2 k) = 0\end{array}\right\}. \tag{15.13}$$

因为

$$\sum_{\mu=1}^{4}k_\mu k_\mu \equiv k^2 = 0,$$

① E. FERMI, *Rendiconti d. R. Acc. d. Lincei* **9**, 881(1929); **12**, 431 (1930); *Rev. Mod Phys*, **4**, 87 (1932); Part Ⅲ.

于是下式也是正确的:

$$\sum_{\mu=1}^{4} (e_3 + \mathrm{i}e_4)_\mu k_\mu = 0.$$

然而

$$\sum_{\mu=1}^{4} (e_3 - \mathrm{i}e_4)_\mu k_\mu \neq 0.$$

当 $\lambda = 1, 2$ 时, 可作下述变换:

$$\left.\begin{aligned} e'_{\lambda\mu} &= e_{\lambda\mu} + \alpha_\lambda k_\mu \quad (\lambda = 1, 2) \\ e'_3 &= e_3, e'_4 = e_4 \end{aligned}\right\}.$$

因为 $k^2 = 0$, 所有方程都仍然正确. 作为一个说明, 可作下述特殊选择:

$$k_\nu = (0, 0, \omega, \mathrm{i}\omega),$$
$$e_1 = (1, 0, 0, 0),$$
$$e_2 = (0, 1, 0, 0),$$
$$e_3 = (0, 0, 1, 0),$$
$$e_4 = (0, 0, 0, 1).$$

辅助条件 (15.9) 变成

$$\left.\begin{aligned} (A_3 + \mathrm{i}A_4)\Psi &= 0 \\ (A_3^* + \mathrm{i}A_4^*)\Psi &= 0 \end{aligned}\right\}. \tag{15.14}$$

(参照下述的方程 (15.23).)

厄米性: Φ_ν 的真实性条件要求:

$$\left.\begin{aligned} \lambda = 1, 2, 3时, &\quad A_\lambda^* = A_\lambda \text{ 的厄米共轭} = (A_\lambda)^+ \\ \lambda = 4时, &\quad -A_4^* = A_4 \text{的厄米共轭} = (A_4)^+ \end{aligned}\right\}. \tag{15.15}$$

"强" 对易关系式是:

$$[A_\lambda(\boldsymbol{k}), A_{\lambda'}^*(\boldsymbol{k}')] = \delta_{\lambda\lambda'}\delta_{kk'}, \tag{15.16}$$

其他对易子为零. 若令 $A_4 = B^*, A_4^* = -B$, 则 B^* 是 B 的厄米共轭: $B^* = B^+$. 此外,

$$[B, B^*] = +1,$$

这是与通常情况相反的. 因此, 如果我们不想引入一个希尔伯特空间中的新矩阵, 则必须作新的解释:

$$\begin{cases} A_1, A_2, A_3, A_4^* \ \text{是湮没算符,} \\ A_1^*, A_2^*, A_3^*, A_4 \ \text{是产生算符;} \end{cases}$$

$$N_i = A_i^* A_i \quad i = 1, 2, 3,$$

$$N_4 = -A_4 A_4^* = B^* B.$$

这些是数字算符, 有本征值 $0, 1, 2, \cdots$, 于是, 当 $i = 1, 2, 3$ 时,

$$A_i \Psi(N_i) = \sqrt{N_i} \, \Psi(N_i - 1),$$

$$A_i^* \Psi(N_i) = \sqrt{N_i + 1} \, \Psi(N_i + 1).$$

但是, 当 $i = 4$ 时,

$$A_4 \Psi(N_4) = -\mathrm{i}\sqrt{N_4 + 1} \, \Psi(N_4 + 1),$$

$$A_4^* \Psi(N_4) = -\mathrm{i}\sqrt{N_4} \, \Psi(N_4 - 1).$$

(这里, 任意地选择了一个不定相因子.)

为此, 辅助条件成为 [A–5]:

$$\begin{cases} \sqrt{N_3} \, \Psi(N_3 - 1, N_4) + \sqrt{N_4 + 1} \, \Psi(N_3, N_4 + 1) = 0, \\ \sqrt{N_3 + 1} \, \Psi(N_3 + 1, N_4) + \sqrt{N_4} \, \Psi(N_3, N_4 - 1) = 0, \end{cases}$$

或

$$\begin{cases} \sqrt{N_3} \, \Psi(N_3 - 1, N_4 - 1) + \sqrt{N_4} \, \Psi(N_3, N_4) = 0, \\ \sqrt{N_4} \, \Psi(N_3 - 1, N_4 - 1) + \sqrt{N_3} \, \Psi(N_3, N_4) = 0. \end{cases}$$

因此, 辅助条件联系这样的状态: 其中量子数 N_4 之差等于量子数 N_3 之差.

一般解是:

$$\Psi(N_3, N_4) = 0 \quad \text{当} \ N_3 \neq N_4 \ \text{时,}$$

$$\Psi(N, N) = (-1)^N,$$

由此得:

$$\sum_N |\Psi(N, N)|^2 = \infty;$$

态矢量是不能归一的.

注: 这种困难是与真空完全无关的; 的确我们完全没有提到真空, 我们会看到, 它将由下式决定:

$$N_\lambda = A_\lambda^* A_\lambda = 0 \quad \text{当} \ \lambda = 1, 2 \ \text{时.}$$

a. 关于 "强" 对易关系式应注意之点

"强" 对易关系式:

$$[A_\lambda(\boldsymbol{k}), A_{\lambda'}^*(\boldsymbol{k}')] = \delta_{\lambda\lambda'}\delta_{kk'} \quad (\lambda, \lambda' = 1, \cdots, 4), \tag{15.17}$$

的根据是非规范不变量; 的确, 它们是与下述对易关系式等效的:

$$[\Phi_\mu(x), \Phi_\nu(x')] = \mathrm{i}\delta_{\mu\nu}D(x - x'), \tag{15.18}$$

这是非规范不变量. 即它们在

$$\Phi_\mu' = \Phi_\mu + \frac{\partial F}{\partial x^\mu}$$

变换下不是不变量. 对于 F, 有 $\Box F = 0$, 只要 F 是 q 数, 除 $\Box F = 0$ 外, 没有更多的限制.

另一方面, 我们能够用规范不变量场强构造 "弱" 对易关系式:

$$F_{\mu\nu} = \frac{\partial \Phi_\nu}{\partial x^\mu} - \frac{\partial \Phi_\mu}{\partial x^\nu}$$

$$[F_{\mu\rho}(x), F_{\nu\sigma}(x')] = \left(\frac{\partial^2}{\partial x^\mu \partial x^\sigma}\delta_{\rho\nu} + \frac{\partial^2}{\partial x^\nu \partial x^\rho}\delta_{\mu\sigma} - \right.$$
$$\left. \frac{\partial^2}{\partial x^\mu \partial x^\nu}\delta_{\rho\sigma} - \frac{\partial^2}{\partial x^\rho \partial x^\sigma}\delta_{\mu\nu} \right) \cdot \mathrm{i}D(x - x'). \tag{15.19}$$

只当 $\lambda = 1, 2$ 时, 这些才与

$$[A_\lambda(\boldsymbol{k}), A_{\lambda'}^*(\boldsymbol{k}')] = \delta_{\lambda\lambda'}\delta_{kk'}$$

等效. 同样, 对真空期待值, 我们有:

$$\langle\{F_{\mu\rho}(x), F_{\nu\sigma}(x')\}\rangle_0 = -\left(\frac{\partial^2}{\partial x^\mu \partial x^\sigma}\delta_{\rho\nu} + \frac{\partial^2}{\partial x^\nu \partial x^\rho}\delta_{\mu\sigma} - \right.$$
$$\left. \frac{\partial^2}{\partial x^\mu \partial x^\nu}\delta_{\rho\sigma} - \frac{\partial^2}{\partial x^\rho \partial x^\sigma}\delta_{\mu\nu} \right) \cdot D^{(1)}(x - x'). \tag{15.20}$$

当 $\lambda = 1$ 和 2 时, 这是与

$$N_\lambda = A_\lambda^* A_\lambda, \quad \langle N_\lambda \rangle_0 = 0, \quad \langle A_\lambda A_\lambda^* \rangle_0 = 1$$

等效的. 这里, 我们只用了辅助条件.

我们看到了, "强" 对易关系式导致态矢量归一化上的困难, 这些困难是这种理论所固有的, 而与真空的定义无关. 它们不出现在具有 "弱" 对易关系式的理论中.

b. 戴森定理[①]

令

$$J \equiv \int \mathrm{d}^4 x \int \mathrm{d}^4 x' K_{\mu\nu}(x, x') \Phi_\mu(x) \Phi_\nu(x'), \tag{15.21}$$

且满足规范不变性要求:

$$\frac{\partial K_{\mu\nu}}{\partial x^\mu} = \frac{\partial K_{\mu\nu}}{\partial x'^\nu} = 0.$$

定理:

$$\langle J \rangle_0 = \int \mathrm{d}^4 x \int \mathrm{d}^4 x' K_{\alpha\alpha}(x, x') \cdot \frac{1}{2}(D^1(x - x') + \mathrm{i}D(x - x')). \tag{15.22}$$

这只能根据 "弱" 对易关系式导出.

证明:

在动量空间中, 仅当满足规范不变性要求:

$$(E) \begin{cases} K_{\mu\nu} k_\nu = 0, \\ k_\mu K_{\mu\nu} = 0 \end{cases}$$

时, 定理可等效地表述为:

$$K_{\mu\nu}(k, -k)\langle A_\mu^*(\boldsymbol{k})A_\nu(\boldsymbol{k})\rangle_0 = 0$$

和

$$K_{\mu\nu}(k, -k)\langle A_\mu(\boldsymbol{k})A_\nu^*(\boldsymbol{k})\rangle_0 = K_{\alpha\alpha}(k, -k),$$

令

$$\frac{1}{\sqrt{2}}(e_3 + \mathrm{i}e_4) = e_+, \quad \frac{1}{\sqrt{2}}(e_3 - \mathrm{i}e_4) = e_-$$

是有用的, 这里 e_+ 和 e_- 是实数. 于是

$$(e_+ e_+) = (e_- e_-) = 0; \quad (e_+ e_-) = 1.$$

这样, e_+ 和 e_- 是非正交的零矢量.

下面 λ 只取 1 和 2, 则

$$e_{+\mu} = f(\omega) \cdot k_\mu,$$

$$(e_\lambda e_+) = (e_\lambda e_-) = 0,$$

$$(e_\lambda e_{\lambda'}) = \delta_{\lambda\lambda'}.$$

① F. J. DYSON, *Phys. Rev.* **77**, 420 (1950).

类似地, 我们记:

$$\frac{1}{\sqrt{2}}(A_3 \pm \mathrm{i}A_4) = A_\pm,$$

$$\frac{1}{\sqrt{2}}(A_3^* \pm \mathrm{i}A_4^*) = A_\pm^*.$$

于是, $A_+^* = (A_+)^+, A_-^* = (A_-)^+$, 的确因为 $A_4^* = -(A_4)^+$. 除了 "弱" 对易关系式外, "强" 对易关系式要求:

$$\begin{cases} [A_+, A_+^*] = [A_-, A_-^*] = 0, \\ [A_+, A_-^*] = [A_-, A_+^*] = 1. \end{cases}$$

辅助条件是:

$$\begin{cases} A_+ \Psi = 0, \\ A_+^* \Psi = 0. \end{cases}$$

那么, 任一四维矢量可分解如下:

$$F_\mu \sim (F_1, F_2, F_+, F_-),$$

$$F_\mu = \sum_{\lambda=1,2} F_\lambda e_{\lambda\mu} + F_- e_{+\mu} + F_+ e_{-\mu},$$

其中

$$F_\lambda = (Fe_\lambda),$$

$$F_+ = (Fe_+),$$

$$F_- = (Fe_-).$$

如果 $(Fk) \equiv F_\nu k_\nu = 0$, 这意味着,

$$F_+ = 0. \tag{15.23}$$

即舍去 e_- 的项.

将这种形式应用于我们的问题:

$$K_{\mu\nu} = \sum_{\lambda\lambda'} K_{\lambda\lambda'} e_{\lambda\mu} e_{\lambda'\nu} + K_{\lambda-} e_{\lambda\mu} e_{+\lambda'} + K_{-\lambda'} e_{+\mu} e_{\lambda'\nu} + K_{--} e_{+\mu} e_{+\nu},$$

这里, 规范不变性要求 (E) 已经满足. 于是,

$$\sum_{\mu\nu} K_{\mu\nu}(k, -k) A_\mu(\boldsymbol{k}) A_\nu^*(\boldsymbol{k}) = \sum_{\lambda\lambda'} K_{\lambda\lambda'} A_\lambda A_{\lambda'}^* + K_{\lambda-} A_\lambda A_+^* +$$

$$K_{-\lambda} A_+ A_\lambda^* + K_{--} A_+ A_+^*.$$

因为辅助条件 $A_+^* \Psi = A_+ \Psi = 0$, 舍去真空期待值中最后三项 ($[A_+, A_\lambda^*] = 0$), 于是留下:

$$\langle K_{\mu\nu}(k,-k) A_\mu(\boldsymbol{k}) A_\nu^*(\boldsymbol{k}) \rangle_0 = \sum_{\lambda,\lambda'=1,2} \langle K_{\lambda\lambda'} A_\lambda A_{\lambda'}^* \rangle_0 = \sum_{\lambda=1,2} K_{\lambda\lambda},$$

$$\langle K_{\mu\nu}(k,-k) A_\mu^*(\boldsymbol{k}) A_\nu(\boldsymbol{k}) \rangle_0 = \sum_{\lambda,\lambda'=1,2} \langle K_{\lambda\lambda'} A_\lambda^* A_{\lambda'} \rangle_0 = 0.$$

而且, 因为 $K_{33} + K_{44} = K_{+-} + K_{-+}$, 又因根据规范不变性条件 (E), 得 $K_{+-} = K_{-+} = 0$, 所以 $\displaystyle\sum_{\lambda=1,2} K_{\lambda\lambda} = \sum_{\alpha=1}^{4} K_{\alpha\alpha}$.

注: (1) 推导不是十分严格的, 因为根据这种规范不变性条件 (E) 舍去了的 $K_{++}\langle A_- A_-^* \rangle_0$ 项, 实际上是不确定的. 因为由于不能归一化, 而导致 $A_- \Psi$ 和 $A_-^* \psi$ 成为无穷大, 而 K_{++} 则因条件 (E) 而为零, 于是, 这些项实际上形成 $0 \times \infty$. 因此, 我们隐含地引入了一个关于如何处理这些项的一个补充规则; 规范不变性条件 (E) 必须比矢量模方的无穷大 "更强".

(2) 戴森定理不是我们的全部需要; 我们会看到, 除此之外, 还需要:

$$J \equiv \int \mathrm{d}^4 x \int \mathrm{d}^4 x' K_{\mu\nu}(x,x') \varepsilon(x-x') [\Phi_\mu(x), \Phi_\mu(x')],$$

即使 $K_{\mu\nu}$ 满足规范条件 (E), 这量也是不确定的, 因为 $K_{\mu\nu}\varepsilon(t)$ 不满足 (E). 只用 "强" 对易关系式可以建立一个定理:

$$\langle J \rangle_0 = \int \mathrm{d}^4 x \int \mathrm{d}^4 x' K_{\mu\nu}(x,x') \varepsilon(x-x') \cdot \mathrm{i} D(x-x') \cdot \delta_{\mu\nu}.$$

因此, 逻辑上是不满足的, 因为一方面, 我们用 "强" 对易关系式, 而另一方面, 又用辅助条件, 它们合起来导致不可归一化状态. 这可利用不定度规而消除.

c. 量子电动力学的古柏塔–勃劳勒处理[①]

古柏塔和勃劳勒二人都指出, 所有这些困难都可用所谓 "负概率" 形式消除; 即使用希尔伯特空间中的一不定度规.

通常, 希尔伯特空间中矢量 Ψ 的模方由 $\displaystyle\sum_n \Psi_n^* \Psi_n$ 确定, 其中 Ψ_n^* 是 Ψ_n 的复数共轭. 于是, 若哈密顿量是厄米量 ($H_{nm}^* = H_{mn}$, 或者说, $H^+ = H$, 其中 $+$ 表示厄米共轭), 则模方在时间上保持为常数. 期待值为:

$$\langle A \rangle = \frac{\displaystyle\sum_{mn} \Psi_n^* A_{nm} \Psi_m}{\displaystyle\sum_n \Psi_n^* \Psi_n}.$$

① S. GUPTA, *Proc. Phys. Soc.* (*London*) 53A, 681(1950); K. BLEULER, *Helv. Phys. Acta* **23**, 567(1950).

现在, 在希尔伯特空间中, 定义一度规算符 η 将此推广, η 虽然是厄米量, 但不需要是正定的. 于是, 定义如下:

模方:

$$\sum_{nm} \Psi_n^* \eta_{nm} \Psi_m = (\Psi^* \eta \Psi),$$

期待值:

$$\langle A \rangle = \frac{(\Psi^* \eta A \Psi)}{(\Psi^* \eta \Psi)}.$$

因为 $\eta^+ = \eta$, 模方在时间上保持为常数的条件是:

$$\eta H = H^+ \eta.$$

如果定义算符 A^* 是 A 的伴随算符:

$$A^* \equiv \eta^{-1} A^+ \eta,$$

并且定义一自伴算符:

$$A^* = A,$$

则模方守恒的哈密顿量条件是 H 为自伴算符. 而且, 自伴算符有实期待值.

关于这个理论的评论:

(1) 在通常理论中, 模方是正的, 所以它可乘一正数而等于 $+1$. 在这个理论中, 按这种方式, 我们只能得到数 $+1, -1$ 或 0. 零态是奇异的, 而且它们不能确定期待值.

(2) 因为负概率是没有意义的, 所以这个理论是很形式的, 因此, 我们将很难把这理论应用于物理量. 虽然如此, 它用来描述非物理量, 例如纵向极化光子会是方便的.

为此, 我们处理如下, 伴随算符定义为:

$$A_\lambda^* \equiv A_\lambda^+ = A_\lambda \quad (\lambda = 1, 2, 3),$$
$$-A_4^* \equiv A_4^+ = A_4,$$

其中 $^+$ 表示厄米共轭. 于是

$$\Phi_\mu(x) = \frac{1}{\sqrt{V}} \sum_k \frac{1}{\sqrt{2\omega}} \sum_\lambda e_{\mu\lambda}(\boldsymbol{k}) \cdot [A_\lambda(\boldsymbol{k}) \exp[\mathrm{i}(kx)] +$$
$$A_\lambda^+(\boldsymbol{k}) \exp[-\mathrm{i}(kx)]].$$

这样, $\Phi_\mu(x)$ 不是厄米量, 而是自伴算符. 对易关系式

$$[A_\lambda(\boldsymbol{k}), A_{\lambda'}^+(\boldsymbol{k}')] = \delta_{\lambda\lambda'} \delta_{k,k'}$$

仍然是正确的. 若 $\lambda = 1, 2, 3, 4$, 则,

$$A_\lambda = \text{湮没算符},$$
$$A_\lambda^+ = \text{产生算符},$$
$$N_\lambda = A_\lambda^+ A_\lambda = \text{数字算符}.$$

下述量 [A–5]

$$\sum_{(N_\lambda)} \Psi^*(N_\lambda)\, \Psi(N_\lambda)\, (-1)^{N_4}$$

在时间上保持为常数. 于是我们可以要求:

$$\begin{cases} \eta A_\lambda^+ = A_\lambda^+ \eta \quad (\lambda = 1, 2, 3), \\ \eta A_4^+ = -A_4^+ \eta, \end{cases}$$

由矩阵表示:

$$(N_4|\eta|N_4)(N_4|A_4|N_4 - 1) = -(N_4|A_4|N_4 - 1)$$
$$(N_4 - 1|\eta|N_4 - 1),$$

可以看出其解为:

$$(N_4|\eta|N_4') = \delta_{N_4 N_4'}(-1)^{N_4}.$$

因为

$$(A_3^+ + \mathrm{i} A_4^+)\, \Psi = 0$$

不能得到满足, 所以我们必须弱化辅助条件. 为此, 我们只对正频率要求辅助条件:

$$\left(\frac{\partial \Phi_\mu}{\partial x^\mu}\right)^+ \Psi = 0.$$

这种限制不是危难的. 因为期待值

$$\left\langle \frac{\partial \Phi_\mu}{\partial x^\mu} \right\rangle = 0$$

仍然得到满足. 读者自己容易确证这点.

和前面讨论的一样, 如果我们变换到 $A_\pm$, 则应注意, 现在

$$A_\pm^+ = \frac{1}{\sqrt{2}}(A_3^+ \mp \mathrm{i} A_4^+).$$

于是, 当 $\boldsymbol{k} = \boldsymbol{k}'$ 时,

$$[A_+, A_+^+] = [A_-, A_-^+] = 1,$$
$$[A_+, A_-^+] = [A_-, A_+^+] = 0,$$

这是与前面得到的相反的. 于是容易看出, 对每一状态, 期待值成为:

$$\langle A_-^+ A_+ \rangle = \langle A_+^+ A_- \rangle = \langle A_+ A_-^+ \rangle = \langle A_- A_+^+ \rangle = \langle A_+^+ A_+ \rangle = 0,$$

$$\langle A_+ A_+^+ \rangle = 1,$$

和

$$\langle A_- A_-^+ \rangle = 1 - \langle A_-^+ A_- \rangle,$$

这是不确定的, 但是有限的.

　　这样, 戴森定理中存在的问题得到了解决, 因为构成 $0 \times \infty$ 的项不再出现, 又因为对物理量来说, 确定的期待值才是基本的.

　　在下面的讨论中, 戴森 P 符号 (编时或时序乘积) 的期待值将是基本的.

　　定义:

$$P(A(x)B(x')) = \begin{cases} A(x)B(x') & (t > t') \\ B(x')A(x) & (t < t') \end{cases} \tag{15.24}$$

对更多的因子, 有类似的形式. 这可表述为: P 乘积描述算符按照时间减少的编排次序.

　　特别地, 对两个因子,

$$P(A(x)B(x')) = \frac{1}{2}\{A(x), B(x')\} + \frac{1}{2}\varepsilon(x - x')[A(x), B(x')] \tag{15.25}$$

例如, 在中性标量场理论中, 我们有:

$$\langle \{\psi(x), \psi(x')\} \rangle_0 = \Delta^1(x - x'),$$

$$[\psi(x), \psi(x')] = \mathrm{i}\Delta(x - x').$$

这样,

$$\langle P(\psi(x)\psi(x')) \rangle_0 = \frac{1}{2}\Delta^1(x - x') - \mathrm{i}\Delta(x - x')$$

$$= \frac{1}{2}\Delta^C(x - x').$$

(注意, 在这里出现 Δ^C.)

　　这与电动力学中是类似的. 为了避免涉及非规范不变量, 我们只考虑在应用中出现的项:

$$\langle J \rangle_0 = \int \mathrm{d}^4x \int \mathrm{d}^4x' K_{\mu\nu}(x, x') \langle P(\Phi_\mu(x)\Phi_\nu(x')) \rangle_0, \tag{15.26}$$

因为,

$$\frac{\partial K_{\mu\nu}}{\partial x^{\mu}} = \frac{\partial K_{\mu\nu}}{\partial x'^{\nu}} = 0.$$

鉴于此, 戴森定理表作:

$$\langle J \rangle_0 = \int \mathrm{d}^4 x \int \mathrm{d}^4 x' K_{\alpha\alpha}(x, x') \cdot \frac{1}{2} D^C(x - x'), \tag{15.27}$$

对于我们来说, 不定度规只是证明这定理的一种方法; 进一步讨论时, 我们不需要它.

注: (1) 显然, 只有规范不变量的真空期待值, 即形式为,

$$\langle P(F_{\mu\nu}(x) F_{\rho\sigma}(x')) \rangle_0$$

的表达式才是充分定义的.

(2) 在这种戴森 P 乘积中, 给了同时性 (即对于 $t=$ 常数的曲面) 一个特殊作用. (更一般地说, $t=$ 常数的平面也可以用类时曲面来代替, 这种曲面也许在各处都是实用的, 而且在物理学上既不比平面好些, 也不比平面坏些. 可参见 §21). 同时性的这种特殊作用的根据是正则形式.

§16. 量子电动力学的正则表示

我们由变分原理推导量子电动力学:

$$\delta \int L \mathrm{d}t = 0,$$

其中

$$\left. \begin{aligned} L &= \int \mathscr{L} \mathrm{d}^3 x, \\ \mathscr{L} &= -\frac{1}{2} \frac{\partial \Phi_{\mu}}{\partial x^{\nu}} - \frac{\partial \Phi_{\mu}}{\partial x^{\nu}} \\ &= \frac{1}{2} \left\{ \left[\left(\frac{\partial \Phi}{\partial t} \right)^2 - \sum_k \left(\frac{\partial \Phi}{\partial x^k} \right)^2 \right] - \left[\left(\frac{\partial \Phi_0}{\partial t} \right)^2 - \sum_k \left(\frac{\partial \Phi_0}{\partial x^k} \right)^2 \right] \right\} \end{aligned} \right\} \tag{16.1}$$

正则共轭动量是:

$$P(x) = \frac{\delta L}{\delta \dot{Q}} = \frac{\partial \mathscr{L}}{\partial \dot{Q}},$$

$$\left. \begin{aligned} \boldsymbol{P}(x) &= \frac{\partial \boldsymbol{\Phi}}{\partial t} \\ P_0(x) &= -\frac{\partial \Phi_0}{\partial t} \end{aligned} \right\}, \tag{16.2}$$

正则对易关系式是:

$$\left.\begin{array}{l} \mathrm{i}[P_i(\boldsymbol{x},t),\varPhi_k(\boldsymbol{x}',t)] = \delta_{ik}\delta^3(\boldsymbol{x}-\boldsymbol{x}') \\ \mathrm{i}[P_0(\boldsymbol{x},t),\varPhi_0(\boldsymbol{x}',t)] = +\delta^3(\boldsymbol{x}-\boldsymbol{x}') \end{array}\right\},$$

其余对易关系式全为零.

这些关系式只对同一时刻是正确的; 正则形式, 根据其性质而言, 只描述在同一时刻发生了什么.

因

$$P_4 \equiv \frac{\partial\,\varPhi_4}{\partial t} = -\mathrm{i}P_0, \quad \varPhi_4 = +\mathrm{i}\varPhi_0,$$

我们有

$$[P_4, \varPhi_4] = +[P_0, \varPhi_0],$$

由此得,

$$\begin{aligned} \mathrm{i}[P_\mu(\boldsymbol{x},t),\varPhi_\nu(\boldsymbol{x}',t)] &= \mathrm{i}\left[\frac{\partial\,\varPhi_\mu(\boldsymbol{x},t)}{\partial t}, \varPhi_\nu(\boldsymbol{x}',t)\right] \\ &= \delta_{\mu\nu}\delta^3(\boldsymbol{x}-\boldsymbol{x}'). \end{aligned} \tag{16.3}$$

当然, 这些对易关系式包括在前述的更一般的关系式

$$[\varPhi_\mu(x), \varPhi_\nu(x')] = \mathrm{i}\delta_{\mu\nu}D(x-x')$$

之中, 通过类似于 §14 的计算, 这是容易核对的. 哈密顿量是:

$$H = \varSigma \dot{Q}\frac{\delta L}{\delta Q} - L \equiv \int \mathscr{H}\mathrm{d}^3x.$$

因此,

$$\mathscr{H} = \frac{1}{2}\left\{\left[\left(\frac{\partial\,\boldsymbol{\varPhi}}{\partial t}\right)^2 + \sum_k\left(\frac{\partial\,\boldsymbol{\varPhi}}{\partial x^k}\right)^2\right] - \left[\left(\frac{\partial\,\varPhi_0}{\partial t}\right)^2 + \sum_k\left(\frac{\partial\,\varPhi_0}{\partial x^4}\right)^2\right]\right\}. \tag{16.4}$$

为了确保期待值满足麦克斯韦方程组, 我们仍需一个辅助条件. 这个条件不是由正则公式得出的. 我们假定:

$$\frac{\partial\,\varPhi_\mu}{\partial x^\mu}\varPsi = \left(\frac{\partial\,\varPhi_0}{\partial t} + \operatorname{div}\boldsymbol{\varPhi}\right)\varPsi = 0. \tag{16.5}$$

正则方程是:

$$\frac{\partial\,\varPhi_\mu(x)}{\partial t} = \mathrm{i}[H, \varPhi_\mu(x)]$$

和

$$\frac{\partial^2\,\varPhi_\mu(x)}{\partial t^2} = \mathrm{i}\left[H, \frac{\partial\,\varPhi_\mu(x)}{\partial t}\right],$$

当对 Ψ 应用时, 和辅助条件一起, 给出麦克斯韦方程组.

辅助条件的相容性:

$$\left[H, \frac{\partial \Phi_\mu}{\partial x^\mu} \right] \Psi = 0 \tag{16.6}$$

必须成立 (必要条件). 因为场强,

$$\boldsymbol{E} \equiv -\nabla \Phi_0 - \frac{\partial \boldsymbol{\Phi}}{\partial t},$$

这意味着 $\mathrm{div}\, \boldsymbol{E} \cdot \Psi = 0$. 下述两条件:

$$\frac{\partial \Phi_\mu}{\partial x^\mu} \cdot \Psi = 0 \ \text{和} \ \left[H, \frac{\partial \Phi_\mu}{\partial x^\mu} \right] \Psi = 0,$$

也是充分的, 因为, 如果它们在某一时刻是满足的话, 那么它们对所有时刻也都满足.

§17. 各种表象

下述内容对普通量子力学是正确的, 对量子场论也是正确的.

定义: $\dot{F}$ 是一算符, 对于它下式成立:

$$\langle \dot{F} \rangle = \frac{\mathrm{d}}{\mathrm{d}t} \langle F \rangle. \tag{17.1}$$

因为物理量是期待值:

$$\langle F \rangle = \sum_{mn} (\Psi_n^* F_{nm} \Psi_m), \tag{17.2}$$

所以, 有多少时间相关性包含在算符中, 有多少时间相关性包含在 Ψ 函数中, 这只是一个约定. 对于无相互作用的系统, 本质上, 只考虑两种表象.

1. 海森伯表象:

$$\begin{cases} \dfrac{\partial \Psi_H}{\partial t} = 0, \\[2mm] \dot{F} = \dfrac{\partial F}{\partial t}. \end{cases}$$

2. 薛定谔表象:

$$\begin{cases} \dfrac{\partial \Psi_S}{\partial t} = -\mathrm{i} H \Psi_S, \\[2mm] \dfrac{\partial F}{\partial t} = 0, \end{cases}$$

(在 §14, §15 和 §16 中, 总是提到海森伯表象, 然而, 若各处以 $\dot{F}$ 代替 $\partial F/\partial t$ 的话, 则所有结果在薛定谔表象中也是正确的.)

变换 U 连接这两种表象:

$$\Psi_H = U\,\Psi_S, \tag{17.3}$$
$$UU^+ = U^+U = 1,$$

其中

$$\frac{\partial U}{\partial t} = +\mathrm{i}H_S U,$$

且在薛定谔表象中, 有 $H_S = H$. 于是,

$$U = \exp[\mathrm{i}H_S t], \tag{17.4}$$
$$\langle F \rangle = (\Psi_H, F_H\,\Psi_H) = (\Psi_S, F_S\,\Psi_S).$$

这里, (Ψ_1, Ψ_2) 表示希尔伯特空间中的标积, 也有:

$$F_H = UF_S U^{-1} \tag{17.5}$$

§18. 正电子 $\left(\text{自旋为 } \frac{1}{2} \text{ 的粒子}\right)$ 理论 [A–4]

狄拉克方程是:

$$\left(\gamma^\nu \frac{\partial}{\partial x^\nu} + m\right)\psi = 0.$$

令

$$S \equiv \left(\gamma^\nu \frac{\partial}{\partial x^\nu} - m\right)\Delta, \quad \text{所以} \quad \left(\gamma^\nu \frac{\partial}{\partial x^\nu} + m\right)S = 0,$$
$$\overline{S} \equiv \left(\gamma^\nu \frac{\partial}{\partial x^\nu} - m\right)\overline{\Delta}, \quad \text{所以} \quad \left(\gamma^\nu \frac{\partial}{\partial x^\nu} + m\right)\overline{S} = -\delta^4(x),$$
$$S^1 \equiv \left(\gamma^\nu \frac{\partial}{\partial x^\nu} - m\right)\Delta^1, \quad \text{所以} \quad \left(\gamma^\nu \frac{\partial}{\partial x^\nu} + m\right)S^1 = 0.$$

于是 (参照方程 (3.26))

$$\{\psi_\alpha(x), \overline{\psi}_\beta(x')\} = -\mathrm{i}S_{\alpha\beta}(x - x'). \tag{18.1}$$

特别是,

$$\{\psi_\alpha(\boldsymbol{x}, t), \overline{\psi}_\beta(\boldsymbol{x}', t)\} = -\mathrm{i}S_{\alpha\beta}(\boldsymbol{x} - \boldsymbol{x}', 0) = +\gamma^4_{\alpha\beta}\delta^3(\boldsymbol{x} - \boldsymbol{x}').$$

而且, 因为

$$\overline{\psi} \equiv \psi^*\gamma^4,$$
$$\overline{\psi}\left(\gamma^\nu \frac{\overleftarrow{\partial}}{\partial x^\nu} - m\right) = 0,$$

我们有

$$\{\psi_\alpha(\boldsymbol{x},t),\psi_\beta^*(\boldsymbol{x}',t)\}=\delta_{\alpha\beta}\delta^3(\boldsymbol{x}-\boldsymbol{x}') \tag{18.2}$$

这和狄拉克方程一起, 是与普通的对易关系式 (18.1) 等效的.

正则形式

这里, 动量 π 是勉强的, 因为在一给定时间内, 不能相互独立地给出 π 和 ψ, 的确, $\dot\psi$ 是经过狄拉克方程而由 ψ 得出的. 另一方面, ψ 不满足辅助条件; 它们可以事先任意规定. 由

$$H=\int\mathscr{H}\mathrm{d}^3x,$$

容易满足下列方程:

$$\frac{\partial\psi}{\partial t}=\mathrm{i}[H,\psi],\quad\frac{\partial\psi^*}{\partial t}=\mathrm{i}[H,\psi^*].$$

为了确定 $\mathscr{H}$, 我们将 γ 矩阵变换到 α 矩阵:

$$\alpha_k=\mathrm{i}\gamma^4\gamma^k\quad(k=1,2,3)$$
$$\beta=\gamma^4.$$

于是狄拉克方程写作:

$$\frac{\partial\psi}{\partial t}+\boldsymbol{\alpha}\cdot\frac{\partial\psi}{\partial\boldsymbol{x}}+\mathrm{i}\beta m\psi=0.$$

我们选择 $\mathscr{H}$ 为:

$$\mathscr{H}=-\frac{\mathrm{i}}{2}\left\{\psi^*\left(\boldsymbol{\alpha}\cdot\frac{\partial\psi}{\partial\boldsymbol{x}}+\mathrm{i}\beta m\psi\right)-\left(\frac{\partial\psi^*}{\partial\boldsymbol{x}}\cdot\boldsymbol{\alpha}-\mathrm{i}\psi^*\beta m\right)\psi\right\},$$

因子的次序正好是正确的. 容易证明, 这假定满足我们的要求.

注: (1) 对易关系式 (18.2) 包含反对易子; 但是运动方程式包含对易子. 因为 $\mathscr{H}$ 是 ψ 的双线型, 这种结果是正确的.

(2) 形式上, 我们可以从拉格朗日函数:

$$-\mathscr{L}=\frac{1}{2}\left(\overline{\psi}\gamma^\nu\frac{\partial\psi}{\partial x^\nu}-\frac{\partial\overline{\psi}}{\partial x^\nu}\gamma^\nu\psi\right)+m\overline{\psi}\psi$$
$$=-\frac{\mathrm{i}}{2}\left\{\psi^*\left(\frac{\partial\psi}{\partial t}+\boldsymbol{\alpha}\cdot\frac{\partial\psi}{\partial\boldsymbol{x}}+\mathrm{i}\beta m\psi\right)-\right.$$
$$\left.\left(\frac{\partial\psi^*}{\partial t}+\frac{\partial\psi^*}{\partial x}\cdot\boldsymbol{\alpha}-\mathrm{i}m\psi^*\beta\right)\psi\right\}$$

出发, 于是由 $\delta\int\mathscr{L}\mathrm{d}^3x=0$ 得出狄拉克方程. 但是, 由 $\mathscr{L}=0$ (沿一条极值路径) 也能得出狄拉克方程, 在这里, 这似乎是简并性.

第四章

相互作用场: 相互作用表象和 S 矩阵

§19. 电子与电磁场的相互作用

这里, 我们必须作下列代换:

$$\frac{\partial \psi}{\partial x^\nu} \to \frac{\partial \psi}{\partial x^\nu} - \mathrm{i} e \Phi_\nu \psi,$$

$$\frac{\partial \psi^*}{\partial x^\nu} \to \frac{\partial \psi^*}{\partial x^\nu} + \mathrm{i} e \Phi_\nu \psi^*.$$

则场方程式写作:

$$\left. \begin{aligned} \frac{\partial \psi}{\partial t} &= \mathrm{i}[H + H_{\text{int}}, \psi] \\ \frac{\partial \psi^*}{\partial t} &= \mathrm{i}[H + H_{\text{int}}, \psi^*] \end{aligned} \right\}, \tag{19.1}$$

其中 H 是先前的 H, 并且

$$\left. \begin{aligned} H_{\text{int}} &= \int \mathscr{H}_{\text{int}} \mathrm{d}^3 x \\ \mathscr{H}_{\text{int}} &= -j^\nu \Phi_\nu = j^0 \Phi_0 - \boldsymbol{j} \cdot \boldsymbol{\Phi} \end{aligned} \right\}, \tag{19.2}$$

式中

$$j^\nu = \mathrm{i} e \overline{\psi} \gamma^\nu \psi,$$

$$j^0 = e \psi^* \psi, \quad \boldsymbol{j} = e \psi^* \boldsymbol{\alpha} \psi.$$

这样,

$$\left. \begin{aligned} \frac{\partial \psi}{\partial t} + \mathrm{i} e \Phi_0 \psi + \boldsymbol{\alpha} \cdot \left(\frac{\partial \psi}{\partial \boldsymbol{x}} - \mathrm{i} e \boldsymbol{\Phi} \psi \right) + \mathrm{i} \beta m \psi = 0 \\ \frac{\partial \psi^*}{\partial t} - \mathrm{i} e \Phi_0 \psi + \left(\frac{\partial \psi^*}{\partial \boldsymbol{x}} + \mathrm{i} e \boldsymbol{\Phi} \psi^* \right) \cdot \boldsymbol{\alpha} - \mathrm{i} m \psi^* \beta = 0 \end{aligned} \right\} \tag{19.3}$$

注: (1) 形式上讲, 这是根据海森伯表象的. 然而, 若用 $\dot{\psi}$ 代替 $\partial\psi/\partial t$, 则在薛定谔表象中是相同的 (见 §17).

(2) 这里, 一个特征是 $\mathscr{H}_{\mathrm{int}}$ 是洛伦兹不变式, 并且不包含参与场的导数.

(3) 对易关系式: 在正则对易关系式中 (在相同时间) 不发生什么变化, 这是正则形式的优点, 然而它们不能再推广到不同时间.

(4) 如果我们考虑电子与量子化电磁场的相互作用, 则必须将哈密顿量写作:

$$H = H_{\mathrm{em}} + H_{\mathrm{Dirac}} + H_{\mathrm{int}},$$

而其他皆保持不变.

§20.　自旋为零的带电粒子[①]

我们有

$$\left.\begin{aligned}
\mathscr{L}_m^0 &= -\frac{\partial\psi^*}{\partial x^\mu}\frac{\partial\psi}{\partial x^\mu} - m^2\psi^*\psi \\
&= \frac{\partial\psi^*}{\partial t}\frac{\partial\psi}{\partial t} - \frac{\partial\psi^*}{\partial \boldsymbol{x}}\cdot\frac{\partial\psi}{\partial \boldsymbol{x}} - m^2\psi^*\psi
\end{aligned}\right\} \tag{20.1}$$

由

$$\left.\begin{aligned}
\pi &\equiv \frac{\delta L}{\delta(\partial\psi/\partial t)} = \frac{\partial\mathscr{L}}{\partial(\partial\psi/\partial t)} = \frac{\partial\psi^*}{\partial t} \\
\pi^* &= \frac{\partial\psi}{\partial t}
\end{aligned}\right\}, \tag{20.2}$$

得

$$\left.\begin{aligned}
\mathrm{i}[\pi(\boldsymbol{x},t),\psi(\boldsymbol{x}',t)] &= \mathrm{i}\left[\frac{\partial\psi^*}{\partial t}(\boldsymbol{x},t),\psi(\boldsymbol{x}',t)\right] \\
&= \delta^3(\boldsymbol{x}-\boldsymbol{x}') \\
\mathrm{i}[\pi^*(\boldsymbol{x},t),\psi^*(\boldsymbol{x}',t)] &= \mathrm{i}\left[\frac{\partial\psi}{\partial t}(\boldsymbol{x},t),\psi^*(\boldsymbol{x}',t)\right]
\end{aligned}\right\}$$

$$= \delta^3(\boldsymbol{x}-\boldsymbol{x}') \tag{20.3}$$

和

$$\mathscr{H}_m^0 = \pi\pi^* + \frac{\partial\psi^*}{\partial \boldsymbol{x}}\cdot\frac{\partial\psi}{\partial \boldsymbol{x}} + m^2\psi^*\psi. \tag{20.4}$$

场方程式变为

$$\left(\frac{\partial}{\partial x^\nu}\frac{\partial}{\partial x^\nu} - m^2\right)\psi = 0. \tag{20.5}$$

与电磁场的相互作用

[①] 参见 §9 关于使用 Δ 函数的阐述.

通常在所有公式中都作下述代换:

$$\frac{\partial \psi}{\partial x^\nu} \to \frac{\partial \psi}{\partial x^\nu} - \mathrm{i}e\Phi_\nu\psi,$$

$$\frac{\partial \psi^*}{\partial x^\nu} \to \frac{\partial \psi^*}{\partial x^\nu} + \mathrm{i}e\Phi_\nu\psi^*.$$

场方程式变为

$$\left.\begin{array}{l} \left(\dfrac{\partial}{\partial x^\nu} - \mathrm{i}e\Phi_\nu\right)\left(\dfrac{\partial}{\partial x^\nu} - \mathrm{i}e\Phi_\nu\right)\psi - m^2\psi = 0 \\[3mm] \left(\dfrac{\partial}{\partial x^\nu} + \mathrm{i}e\Phi_\nu\right)\left(\dfrac{\partial}{\partial x^\nu} + \mathrm{i}e\Phi_\nu\right)\psi^* - m^2\psi^* = 0 \end{array}\right\}. \tag{20.6}$$

对应的变分原理是

$$\delta\int\mathscr{L}\mathrm{d}^4 x = 0,$$

其中

$$\mathscr{L} = \mathscr{L}^0 + \mathscr{L}^{\mathrm{int}} = -\left(\frac{\partial \psi^*}{\partial x^\mu} + \mathrm{i}e\Phi_\mu\psi^*\right)\left(\frac{\partial \psi}{\partial x^\mu} - \mathrm{i}e\Phi_\mu\psi\right) - m^2\psi^*\psi. \tag{20.7}$$

将空间分量和时间分量分离开, 则

$$\mathscr{L} = +\left(\frac{\partial \psi^*}{\partial t} - \mathrm{i}e\Phi_0\psi^*\right)\left(\frac{\partial \psi}{\partial t} + \mathrm{i}e\Phi_0\psi\right) -$$
$$\left(\frac{\partial \psi^*}{\partial \boldsymbol{x}} + \mathrm{i}e\boldsymbol{\Phi}\psi^*\right)\left(\frac{\partial \psi}{\partial \boldsymbol{x}} - \mathrm{i}e\boldsymbol{\Phi}\psi\right) - m^2\psi^*\psi. \tag{20.8}$$

在这种情况下, 哈密顿形式工作很正常.

由于

$$L = \int\mathscr{L}\mathrm{d}^3 x,$$

我们有

$$\pi = \frac{\delta L}{\delta(\partial\psi/\partial t)} = \frac{\partial\mathscr{L}}{\partial(\partial\psi/\partial t)} = \frac{\partial \psi^*}{\partial t} - \mathrm{i}e\Phi_0\psi^*.$$

即, 与无相互作用的情况相比较, 这里, π 包含一附加项:

$$\left.\begin{array}{l} \pi = \dfrac{\partial \psi^*}{\partial t} - \mathrm{i}e\Phi_0\psi^* \\[3mm] \pi^* = \dfrac{\partial \psi}{\partial t} + \mathrm{i}e\Phi_0\psi \end{array}\right\}. \tag{20.9}$$

正则对易关系式是:

$$\left.\begin{array}{l} \mathrm{i}[\pi(\boldsymbol{x},t),\psi(\boldsymbol{x}',t)] = \mathrm{i}[\pi^*(\boldsymbol{x},t),\psi^*(\boldsymbol{x}',t)] \\[2mm] \qquad\qquad = \delta^3(\boldsymbol{x} - \boldsymbol{x}') \\[2mm] \qquad 其他所有对易关系式 = 0 \end{array}\right\}. \tag{20.10}$$

注: (1) π, 而不是 $\partial \psi / \partial t$ 有简单的对易关系式.

(2) 相对论不变性是很不明显的.

哈密顿量是

$$\mathscr{H} = \pi \frac{\partial \psi}{\partial t} + \pi^* \frac{\partial \psi^*}{\partial t} - \mathscr{L},$$

它必须用 π 和 ψ 表示, 而不能用 $\partial \psi / \partial t$ 和 ψ 表示:

$$\mathscr{H} = \pi \pi^* + m^2 \psi^* \psi + \mathrm{i} e \Phi_0 (\pi^* \psi^* - \pi \psi) + \\ \left(\frac{\partial \psi^*}{\partial \boldsymbol{x}} + \mathrm{i} e \boldsymbol{\Phi} \psi^* \right) \cdot \left(\frac{\partial \psi}{\partial \boldsymbol{x}} - \mathrm{i} e \boldsymbol{\Phi} \psi \right). \tag{20.11}$$

我们写作:

$$\mathscr{H} = \mathscr{H}_0 + \mathscr{H}_{\mathrm{int}}$$

这里 $\mathscr{H}_0$ 是与以前所写下的 $\mathscr{H}_0$ 相同的:

$$\mathscr{H}_0 = \pi \pi^* + m^2 \psi^* \psi + \frac{\partial \psi^*}{\partial \boldsymbol{x}} \frac{\partial \psi}{\partial \boldsymbol{x}},$$

$$\mathscr{H}_{\mathrm{int}} = \mathrm{i} e \Phi_0 (\pi^* \psi^* - \pi \psi) + \mathrm{i} e \boldsymbol{\Phi} \cdot \left(\psi^* \frac{\partial \psi}{\partial \boldsymbol{x}} - \frac{\partial \psi^*}{\partial \boldsymbol{x}} \psi \right) + e^2 \boldsymbol{\Phi}^2 \psi^* \psi.$$

根据麦克斯韦方程, 电流密度是:

$$j^\mu \equiv \frac{\partial \mathscr{L}_{\mathrm{mat}}}{\partial \Phi_\mu},$$

于是,

$$j^\mu = \mathrm{i} e \left(\frac{\partial \psi^*}{\partial x^\mu} \psi - \psi^* \frac{\partial \psi}{\partial x^\mu} \right) - 2 e^2 \Phi_\mu \psi^* \psi \tag{20.12}$$

满足连续性方程:

$$\frac{\partial j^\mu}{\partial x^\mu} = 0, \tag{20.13}$$

$$\boldsymbol{j} = \mathrm{i} e \left(\frac{\partial \psi^*}{\partial \boldsymbol{x}} \psi - \psi^* \frac{\partial \psi}{\partial \boldsymbol{x}} \right) - 2 e^2 \Phi_0 \psi^* \psi.$$

电荷密度是

$$j^0 = -\mathrm{i} e \left(\frac{\partial \psi^*}{\partial t} \psi - \psi^* \frac{\partial \psi}{\partial t} \right) - 2 e^2 \Phi_0 \psi^* \psi \\ = +\mathrm{i} e (\pi^* \psi^* - \pi \psi).$$

注: (1) 首先, 对于外电磁场, 这是正确的. 如果我们加上辐射哈密顿量并保持正则共轭量之间的对易关系式不变, 则对子量子化辐射场, 它也是正确的. 此外, 在薛定谔表象和海森伯表象中考虑时, 辅助条件不必改变.

(2) 关于辅助条件, 必须注意:

$$\left[\left(\frac{\partial\,\Phi_\mu}{\partial\,x^\mu}\right)_{\boldsymbol{x},t},\mathcal{H}_{\mathrm{int}}(\boldsymbol{x}',t)\right] = \left[\frac{\partial\,\Phi_0(\boldsymbol{x},t)}{\partial t},\Phi_0(\boldsymbol{x}',t)\right]j_0(\boldsymbol{x}',t)$$

$$= \mathrm{i}j_0(\boldsymbol{x},t)\delta^3(\boldsymbol{x}-\boldsymbol{x}'). \tag{20.14}$$

这方程对自旋为 $\frac{1}{2}$ 时也是正确的:

$$\mathcal{H}_{\mathrm{int}} = -j^\nu\,\Phi_\nu = j^0\,\Phi_0 - \boldsymbol{j}\cdot\boldsymbol{\Phi}.$$

含有 Φ_0 的项总是基本的, 而且在两种情况下, 这一项都是 $+j^0\Phi_0$.

§21.　相互作用表象

这种表象由朝永振一郎和施温格[①] 引入, 可以这么说, 它介于薛定谔表象和海森伯表象之间.

在 §17 我们看到了, 有多少时间相关归之于态矢量 Ψ, 而有多少归之于算符 F, 这是一个习惯问题, 只要期待值 $\langle F\rangle = (\Psi^*F\Psi)$ 有适当的时间相关性:

$$\langle\dot F\rangle = \frac{\mathrm{d}}{\mathrm{d}t}\langle F\rangle.$$

在相互作用表象中, 算符的时间相关性和自由场时一样, 并且满足自由场方程式. 于是 Ψ 包含时间相关性, 从而使得期待值有正确的时间相关性. 算符的对易关系式也与自由场时一样.

狄拉克, 福克和普陀尔斯基[②]早已做过类似的工作, 但是他们处理物质和辐射的方法是不同的.

于是, 我们要求, 相互作用表象中的算符 O_i 为:

$$\frac{\partial O_i}{\partial t} = \mathrm{i}[H_0, O_i], \tag{21.1}$$

此外, 我们定义:

$$\dot O_i \equiv \mathrm{i}[H_0 + H_{\mathrm{int}}, O_i] \tag{21.2}$$

于是

$$\begin{aligned}
\frac{\mathrm{d}}{\mathrm{d}t}\langle O_i\rangle &= \frac{\mathrm{d}}{\mathrm{d}t}(\Psi, O_i\Psi_i)\\
&= \mathrm{i}(\Psi_i, [(H_0 + H_{\mathrm{int}})O_i - O_i(H_0 + H_{\mathrm{int}})]\Psi_i)\\
&= \left(\Psi_i, \frac{\partial O_i}{\partial t}\Psi_i\right) + \mathrm{i}(\Psi_i, (H_{\mathrm{int}}O_i - O_iH_{\mathrm{int}})\Psi_i),
\end{aligned}$$

① S. TOMONAGA, *Progr. Theor. Phys.* **1**, 27, 109 (1946); J. SCHWINGER, *Phys. Rev.* **74**, 1439 (1948); **75**, 651 (1949).

② P. A. M. DIRAC, V. A. FOCK, and B. PODOLSKY. *Phys. Zeitschrift der Sowjetunion* **2**, Heft 6 (1936).

这意味着

$$\frac{\partial \Psi_i}{\partial t} = -\mathrm{i}H_{\mathrm{int}}\Psi_i. \tag{21.3}$$

相互作用表象中的 Ψ_i 可由薛定谔表象中的 Ψ_S 和海森伯表象中的 Ψ_H, 用幺正变换得到:

$$\Psi_i = \exp[\mathrm{i}H_0 t]\Psi_S = U\Psi_H, \quad UU^+ = U^+U = 1, \tag{21.4}$$

其中

$$\frac{\partial U}{\partial t} = -\mathrm{i}H_{\mathrm{int}}U, \tag{21.5}$$

和

$$O_i = \exp[\mathrm{i}H_0 t]O_S \exp[-\mathrm{i}H_0 t] = UO_H U^{-1}. \tag{21.6}$$

这种表象选出 (如同薛定谔表象所做的那样) 一簇 $t=$ 常数的平面. 代替 $t=$ 常数的平面, 我们可以考虑更一般的 (曲) 面 σ, 对 σ 的唯一限制是在各处有一类时法线方向. 我们考虑用下列量来代替 $\partial \psi / \partial t$:

$$\frac{\Psi_i(\sigma') - \Psi_i(\sigma)}{\Omega},$$

式中, Ω 表示 σ 和 σ' 之间包围的有限体积 (图 21.1), 则令:

$$\frac{\delta \Psi(\sigma)}{\delta \Omega(x)} \equiv \lim_{\Omega \to x} \frac{\Psi_i(\sigma') - \Psi_i(\sigma)}{\Omega}, \tag{21.7}$$

在这里, $\Omega(x)$ 在极限时收缩到 x 点. 于是, 可以看出, 具有

$$H_{\mathrm{int}} = \int \mathscr{H}_{\mathrm{int}}\mathrm{d}^3 x = \int \mathscr{H}_{\mathrm{int}}\mathrm{d}\sigma$$

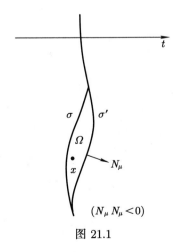

图 21.1

的方程

$$\frac{\partial \Psi_i}{\partial t} = -\mathrm{i} H_{\text{int}} \Psi_i$$

推广为

$$\frac{\delta \Psi(\sigma)}{\delta \Omega(x)} = -\mathrm{i} \mathscr{H}_{\text{int}}(x) \Psi(\sigma).$$

注: (1) 量 $\mathscr{H}_{\text{int}}(x)$ 除依赖于 x 外, 还能够 (例如, 对于自旋为零的情况, 见下述) 依赖曲面上 x 点的法线 N_μ 的方向: $\mathscr{H}_{\text{int}}(x, N_\mu)$.

(2) 这些曲面是不合宜的, 但在非物理量方面不比 $t =$ 常数的平面更不完善, 所谓非物理量是指瞬时量.

于是, 对于幺正变换 U, 它将海森伯表象变换到这种推广的相互作用表象, 下式是正确的:

$$\frac{\delta U}{\delta \Omega(x)} = -\mathrm{i} \mathscr{H}_{\text{int}} U. \tag{21.8}$$

当自旋等于 $\frac{1}{2}$ 时, 我们有

$$\mathscr{H}_{\text{int}} = -j_\nu \Phi_\nu = -\mathrm{i} e \overline{\psi} \gamma^\nu \psi \Phi_\nu. \tag{21.9}$$

当自旋为零时, 情况不那么平常 (见上面注 1):

$$\left. \begin{aligned} \mathscr{H}_0 &= \pi \pi^* + \frac{\partial \psi^*}{\partial \boldsymbol{x}} \cdot \frac{\partial \psi}{\partial \boldsymbol{x}} + m^2 \psi^* \psi \\ \mathscr{H}_{\text{int}} &= \mathrm{i} e \Phi_0 (\pi^* \psi^* - \pi \psi) + \mathrm{i} e \boldsymbol{\Phi} \cdot \left(\psi^* \frac{\partial \psi}{\partial \boldsymbol{x}} - \frac{\partial \psi^*}{\partial \boldsymbol{x}} \psi \right) + e^2 \boldsymbol{\Phi}^2 \psi^* \psi \end{aligned} \right\}. \tag{21.10}$$

在海森伯表象中, 这是正确的. 当然, 在相互作用表象中, 得到相同的结果; 每一个算符只是取其相互作用表象, 然而, 在这里, 自由场方程式和对易关系式适用. 这样,

$$(\pi)_i = \left(\frac{\partial \psi^*}{\partial t} \right)_i, \quad (\neq \dot{\psi}^*!),$$

$$(\pi^*)_i = \left(\frac{\partial \psi}{\partial t} \right)_i.$$

于是, 在相互作用表象中, 对 $t =$ 常数的平面, 得,

$$\left. \begin{aligned} \mathscr{H}_{\text{int}} &= \mathrm{i} e \Phi_\nu \left(\psi^* \frac{\partial \psi}{\partial x^\nu} - \frac{\partial \psi^*}{\partial x^\nu} \psi \right) + e^2 \sum_1^3 \Phi_i^2 \psi^* \psi \\ &= \mathrm{i} e \Phi_\nu \left(\psi^* \frac{\partial \psi}{\partial x^\nu} - \frac{\partial \psi^*}{\partial x^\nu} \psi \right) + e^2 \Phi_\nu \Phi_\nu \psi^* \psi + e^2 \Phi_0^2 \psi^* \psi \end{aligned} \right\}. \tag{21.11}$$

利用法向矢量 N_ν:

$$N_\nu N_\nu = -1$$

对 $t = $ 常数的平面: $N_\nu = (0, 0, 0, \mathrm{i})$, 将上式推广到曲面 σ:

$$\mathscr{H}_{\mathrm{int}} = \mathrm{i}e\varPhi_\nu \left(\psi^* \frac{\partial \psi}{\partial x^\nu} - \frac{\partial \psi^*}{\partial x^\nu}\psi\right) + e^2 \varPhi_\nu \varPhi_\nu \psi^*\psi + e^2(\varPhi_\nu N_\nu)^2 \psi^*\psi. \tag{21.12}$$

因此, 这里 $\mathscr{H}_{\mathrm{int}}$ 不是不变量.

电动力学的辅助条件

对海森伯表象, 我们有方程 (15.9);

$$\frac{\partial \varPhi_\mu}{\partial x^\mu} \cdot \varPsi = 0$$

当然, 在相互作用表象中, 在相同时间, 这还是正确的:

$$\left(\frac{\partial \varPhi_\mu}{\partial x^\mu}\right)_t \cdot \varPsi(t) = 0, \tag{21.13}$$

如果选择两个不同时间, 则得到我们所希望的一附加项.

若 $\square u = 0$, 则

$$u(\boldsymbol{x}, t) = \int_{t''=t'} \mathrm{d}^3 x'' \left[u(x'') \frac{\partial D(x - x'')}{\partial t''} - \frac{\partial u(x'')}{\partial t''} D(x - x'')\right]$$

是在 $t = t'$ 时, 具有下述边界值:

$$u(\boldsymbol{x}, t') \text{和} \left(\frac{\partial u(\boldsymbol{x}, t'')}{\partial t''}\right)_{t''=t'} \tag{21.14}$$

的解. 这由下列性质可立即得出:

$$D(\boldsymbol{x}, 0) = 0 \text{ 和 } \frac{\partial D}{\partial t}(\boldsymbol{x}, 0) = -\delta^3(\boldsymbol{x}).$$

于是,

$$\left(\frac{\partial \varPhi_\mu}{\partial x^\mu}\right) = \int_{t'=t_0} \mathrm{d}^3 x' \left[\frac{\partial D(x - x')}{\partial t'} \frac{\partial \varPhi_\mu(x')}{\partial x'^\mu} - D(x - x') \frac{\partial^2 \varPhi_\mu(x')}{\partial x'^\mu \partial t'}\right],$$

因为, 在相互作用表象中, $\partial \varPhi_\mu / \partial x^\mu$ 满足自由场方程式, 则因上式第一项为零, 所以

$$\left(\frac{\partial \varPhi_\mu}{\partial x^\mu}\right)_t \cdot \varPsi(t_0) = -\int_{t'=t_0} \mathrm{d}^3 x' D(x - x') \frac{\partial^2 \varPhi_\mu}{\partial x'^\mu \partial t'} \varPsi(t_0)$$

因此,

$$\left(\frac{\partial \varPhi_\mu}{\partial x^\mu}\right)_t \cdot \varPsi(t_0) = -\left(\int_{t'} \mathrm{d}^3 x' D(x - x') \frac{\partial^2 \varPhi_\mu(x')}{\partial x'^\mu \partial t'} \varPsi(t')\right)_{t'=t_0}.$$

依据部分积分法, 及大家熟知的关于同时的辅助条件, 只 $\partial\Psi/\partial t'$ 有贡献, 以及

$$\frac{\partial\Psi}{\partial t} = -\mathrm{i}H_{\mathrm{int}}\Psi,$$

得:

$$\left(\frac{\partial\Phi_\mu}{\partial x^\mu}\right)_t \cdot \Psi(t_0) = \left(\int_{t'}\mathrm{d}^3x' D(x-x')\frac{\partial\Phi_\mu(x')}{\partial x'^\mu}[-\mathrm{i}H_{\mathrm{int}}(t')\Psi(t')]\right)_{t'=t_0}.$$

再利用关于同时的辅助条件, 上式可写作:

$$\left(\frac{\partial\Phi_\mu}{\partial x^\mu}\right)_t \cdot \Psi(t_0) = -\mathrm{i}\left(\int_{t'}\mathrm{d}^3x' D(x-x')\cdot\left[\frac{\partial\Phi_\mu(x')}{\partial x'^\mu},H_{\mathrm{int}}(t')\right]\Psi(t')\right)_{t'=t_0},$$

$$\left(\frac{\partial\Phi_\mu}{\partial x^\mu}\right)_t \cdot \Psi(t_0) = -\mathrm{i}\int_{t'=t_0}\mathrm{d}^3x' D(x-x')\cdot\left[\frac{\partial\Phi_\mu(x')}{\partial x'^\mu},H_{\mathrm{int}}(t')\right]\Psi(t_0). \quad (21.15)$$

因为, 我们已经说过, 当自旋为 $\frac{1}{2}$ 和 0 时,

$$\left[\frac{\partial\Phi_\mu(x')}{\partial x'^\mu},\mathscr{H}_{\mathrm{int}}(x'')\right]_{t'=t''} = \mathrm{i}j^0(\boldsymbol{x}',t)\delta^3(\boldsymbol{x}'-\boldsymbol{x}''). \quad (21.16)$$

于是,

$$\left[\frac{\partial\Phi_\mu(x')}{\partial x'^\mu},H_{\mathrm{int}}(t')\right] = \mathrm{i}j^0(\boldsymbol{x}',t'),$$

$$\left(\frac{\partial\Phi_\mu}{\partial x^\mu}\right)_t \cdot \Psi(t_0) = \int_{t'=t_0}\mathrm{d}^3x' D(x-x')j^0(\boldsymbol{x}',t_0)\Psi(t_0),$$

或

$$\left\{\frac{\partial\Phi_\mu(x)}{\partial x^\mu} - \int_{t'=t_0}D(x-x')j^0(\boldsymbol{x}',t_0)\mathrm{d}^3x'\right\}\Psi(t_0) = 0. \quad (21.17)$$

对于曲面, $j^0 = -j^\alpha N_\alpha$, 所以有

$$\left\{\frac{\partial\Phi_\mu(x)}{\partial x^\mu} + \int_\sigma(j^\alpha N_\alpha)D(x-x')\mathrm{d}^3x'\right\}\Psi(\sigma) = 0. \quad (21.18)$$

注: 这对自旋为 0 是正确的, 对自旋为 $\frac{1}{2}$ 也是正确的.

§22.　戴森积分法[①]

我们考虑方程 (21.5):

$$\mathrm{i}\frac{\partial U}{\partial t} = H_{\mathrm{int}}U$$

---

① F. J. DYSON, *Phys. Rev.* **75**, 486, 1736 (1949).

的积分, 算符 U 将海森伯表象转换到相互作用表象. 这里, 在相互作用表象中, U 也将 $\Psi(t_0)$ 转换到 $\Psi(t)$:

$$\frac{\partial \Psi_i}{\partial t} = -iH_{\text{int}}\Psi_i,$$
$$\Psi_i(t) = U(t_0, t)\Psi_i(t_0). \tag{22.1}$$

其中,

$$\frac{\partial U(t_0, t)}{\partial t} = -iH_{\text{int}}(t)U(t_0, t).$$

戴森公式: 若 P 表示时序乘积, 则当 $t \geqslant t_0$ 时, 有,

$$U(t_0, t) = P\left(\exp\left[-i\int_{t_0}^{t} H_{\text{int}}(t')dt'\right]\right). \tag{22.2}$$

注: (1) 指数是符号, 它表示一个级数:

$$U(t_0, t) = \sum_{n=0}^{\infty} \frac{(-i)^n}{n!} \int_{t_0}^{t} dt_1 \cdots \int_{t_0}^{t} dt_n P(H_{\text{int}}(t_1) \cdots H_{\text{int}}(t_n)). \tag{22.3}$$

(2) 如前所述, P 由 (15.24) 式定义:

$$P(A(t_1)B(t_2)) = \begin{cases} A(t_1)B(t_2) & (t_1 > t_2), \\ B(t_2)A(t_1) & (t_1 < t_2). \end{cases}$$

当 $t_1 = t_2$ 时, P 是不确定的.

(3) 证明: 这几乎是显然的, $U(t_0, t)$ 满足微分方程式 (21.5), 因为 $H_{\text{int}}(t_j)$ 含有最大时间, 因此总位于左边.

(4) 相反,

$$U^{-1}(t_0, t) = \sum_{n=0}^{\infty} \frac{(+i)^n}{n!} \int_{t_0}^{t} dt_1 \cdots \int_{t_0}^{t} dt_n P_-(H_{\text{int}}(t_1) \cdots H_{\text{int}}(t_n)).$$

其中 P_- 表示反时序 (最大时间在右边).

(5) 在这里, 主要假设是:

$$\lim_{\tau \to 0} \frac{1}{\tau} \int_{t}^{t+\tau} dt_1 \int_{t}^{t+\tau} dt_2 P(H_{\text{int}}(t_1), H_{\text{int}}(t_2)) = 0,$$

对于奇点 $P(H \cdot H)$, 这不是明显的 (见下述自旋为零的情况).

a. 与海森伯 S 矩阵的联系[①]

我们定义

$$S \equiv U(-\infty, +\infty). \tag{22.4}$$

这算符只在能量壳层上——即只对总能量相同的态才不为零.

[①] W. HEISENBERG, *Z. Physik* **120**, 513, 673 (1943).

为了使这种联系形式上精确起见, 我们写:

$$U(t_0, t) = 1 + \int_{t_0}^{t} W(t') \mathrm{d}t' = 1 + V(t_0, t), \tag{22.5}$$

式中

$$W(t') = -\mathrm{i} H_{\mathrm{int}}(t') + \cdots,$$

我们专门在狄拉克意义下的表象中进行讨论: 状态由对易子的一完备集的本征值 $q_0, q_1, q_2, \cdots$ 表征. 此外, 在这里, q 必须是无相互作用系统的积分; 即,

$$[q, H_0] = 0.$$

于是

$$(q_1 | W(t) | q_0) = \frac{1}{2\pi} (q_1 | R | q_0) \exp[+\mathrm{i}(\omega_1 - \omega_0)t]. \tag{22.6}$$

注: 这在一定条件下才是正确的. 为了使初态可以选择 H_0 的本征态, 相互作用必须绝热地接通 (例如, 我们用 $\exp[-\varepsilon|t|] H_{\mathrm{int}}$ 代替 H_{int}, 其中 ε 很小). 否则, 我们也能选择一组合适的 H_0 的本征态, 它们对应于限制在 "长度" 为 $2T$ 时间中的一个波列, 作为初态. 于是, 当 $|t| > T$ 时, 相互作用可以忽略. 这波包不对应于 H_0 的锐值, 而且 $(q_1 | W(t) | q_0)$ 不再是严格单色的. 于是, 我们必须考虑用 $V(-t_1, +t_1)$ 代替 $V(-\infty, t)$, 其中 $t_1 > T$, 所以在时间 $-t_1$ 和 $+t_1$, 系统无相互作用. 然后, 我们可令 $t_1 \to \infty$, 再令 $T \to \infty$. 在这种形式中进行计算时, 这两种极限过程是相反的: 我们擅自先令 $T \to \infty$, 然后再取 $t \to \infty$. 由此发生似是而非的议论:

$$|(q_1 | V(-\infty, t) | q_0)|^2$$

是与 t 无关的. 然而, 按照上述原则所作的严格计算指出, 由此所得的计算结果不变.

于是,

$$(q_1 | V(-\infty, t) | q_0) = (q_1 | R | q_0) \frac{1}{2\pi} \int_{-\infty}^{t} \exp[-\mathrm{i}(\omega_0 - \omega_1)t'] \mathrm{d}t',$$

或

$$(q_1 | V(-\infty, t) | q_0) = (q_1 | R | q_0) \exp[-\mathrm{i}(\omega_0 - \omega_1)t] \delta_-(\omega_0 - \omega_1). \tag{22.7}$$

注: 在这里

$$\delta_\pm(\omega) = \frac{1}{2}\left[\delta(\omega) \pm \frac{1}{\mathrm{i}\pi\omega}\right] = \frac{1}{2\pi} \int_0^\infty \exp[\mp\mathrm{i}\omega t] \mathrm{d}t = \frac{1}{2\pi} \int_{-\infty}^0 \exp[\pm\mathrm{i}\omega t] \mathrm{d}t.$$

于是, 当 $t \to \infty$ 时得,

$$(q_1 | V(-\infty, +\infty) | q_0) = (q_1 | R | q_0) \delta(\omega_0 - \omega_1). \tag{22.8}$$

这是根据下述引理:

$$\lim_{t \to +\infty} \int f(\omega) \exp[-i\omega t] \delta_+(\omega) d\omega = 0, \tag{22.9}$$

其中 $f(\omega)$ 是任意的, 但是规则的. 则因 $\delta_-(\omega) = \delta(\omega) - \delta_+(\omega)$, 立即得出, 当 $t \to \infty$ 时, 在 $V(-\infty, t)$ 中, 可作 $\delta_-(\omega) \to \delta(\omega)$ 和 $\exp[i\omega t] \to 1$ 的代换.

该引理证明如下:

$$J = \int f(\omega) \delta_+(\omega) \exp[-i\omega t] d\omega = \frac{1}{2\pi i} \int_{C_+} \frac{f(\omega)}{\omega} \exp[-i\omega t] d\omega,$$

式中积分路径 C_+ 示于图 22.1. 将 C_+ 变形为 C'_+, 得,

$$J = \frac{1}{2\pi i} \int_{-\infty}^{+\infty} f(x - i\varepsilon) \exp[-ixt - \varepsilon t] \frac{dx}{x - i\varepsilon} \to 0, \quad t \to \infty.$$

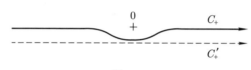

图 22.1

b. 跃迁概率

最重要的是, 用 S 矩阵计算截面. 为此, 我们考虑跃迁概率:

$$\left| \left(q_1 \left| V\left(-\frac{T}{2}, +\frac{T}{2}\right) \right| q_0 \right) \right|^2 = |(q_1|R|q_0)|^2 \cdot \frac{1}{4\pi^2} \left| \int_{-T/2}^{+T/2} \exp[-i\omega t] dt \right|^2$$

$$= |(q_1|R|q_0)|^2 \cdot \frac{1}{4\pi^2} \left| \frac{\sin(\omega T/2)}{(\omega/2)} \right|^2.$$

对于大 $T(T \gg 1/\omega)$,

$$\frac{1}{2\pi} \cdot \frac{\sin^2((\omega/2)T)}{(\omega/2)^2 T} \to \delta(\omega)$$

显然是正确的; 归一化检验是:

$$\frac{1}{2\pi} \int_{-\infty}^{+\infty} \frac{\sin^2((\omega/2)T)}{(\omega/2)^2 T} d\omega = 1.$$

于是, 对于大 T,

$$\left| \left(q_1 \left| V\left(-\frac{T}{2}, +\frac{T}{2}\right) \right| q_0 \right) \right|^2 \simeq \frac{1}{2\pi} |(q_1|R|q_0)|^2 \cdot \delta(\omega) \cdot T.$$

则单位时间内的跃迁概率为:

$$W = \frac{1}{2\pi} |(q_1|R|q_0)|^2 \cdot \delta(\omega). \tag{22.10}$$

后面我们将用这结果.

关于 S 矩阵的评注:

最初, 海森伯希望在不用哈密顿形式的理论中, 同样能够简单地表述 S 矩阵. 但是, 现在人们通常认为只包含 S 矩阵的理论希望太小. 在这种情况中, 不再出现时间, 这无疑是走得太远了.

c. 戴森公式的附注

方程 (22.3)

$$U(t_0, t) = \sum_{n=0}^{\infty} \frac{(-\mathrm{i})^n}{n!} \int_{t_0}^{t} \mathrm{d}t_1 \cdots \int_{t_0}^{t} \mathrm{d}t_n P(H_{\mathrm{int}}(t_1) \cdots H_{\mathrm{int}}(t_n)),$$

可写作:

$$U(t_0, t) = \sum_{n=0}^{\infty} \frac{(-\mathrm{i})^n}{n!} \int_{t_0}^{t} \mathrm{d}^4 x_1 \cdots \int_{t_0}^{t} \mathrm{d}^4 x_n P(\mathscr{H}_{\mathrm{int}}(x_1) \cdots \mathscr{H}_{\mathrm{int}}(x_n)). \qquad (22.11)$$

这里, 对于自旋为 $\frac{1}{2}$, 式中 $\mathscr{H}_{\mathrm{int}}$ 是不变量, 因被积函数是洛伦兹不变量, 所以洛伦兹不变性变得明显了. (然而, 积分体积不是洛伦兹不变量, 但这是一种固有特性, 只当 $U(-\infty, +\infty) \equiv S$ 时, 整个表式变成不变式.)

用曲面 σ, 我们可以写作:

$$U(\sigma_0, \sigma) = \sum_{n=0}^{\infty} \frac{(-\mathrm{i})^n}{n!} \int_{\sigma_0}^{\sigma} \mathrm{d}^4 x_1 \cdots \int_{\sigma_0}^{\sigma} \mathrm{d}^4 x_n P(\mathscr{H}_{\mathrm{int}}(x_1) \cdots \mathscr{H}_{\mathrm{int}}(x_n)), \qquad (22.12)$$

其中

$$\frac{\delta U(\sigma_0, \sigma)}{\delta \Omega(x)} = -\mathrm{i}\mathscr{H}_{\mathrm{int}}(x) U(\sigma_0, \sigma) \qquad (22.13)$$

§23.　自旋为零时的 P^* 乘积

1. 当自旋为零时, 出现已经经常提到的复杂性, 即 $\mathscr{H}_{\mathrm{int}}(x)$ 不是不变量, 且与面法线有关. 我们有:

$$\mathscr{H}_{\mathrm{int}} = -\mathscr{L}_{\mathrm{int}} + e^2 (\Phi_\alpha N_\alpha)^2 \psi^* \psi. \qquad (23.1)$$

式中 $\mathscr{L}_{\mathrm{int}}$ 是相互作用的拉格朗日密度:

$$\mathscr{L}_{\mathrm{int}} = -\mathrm{i}e \Phi_\mu \left(\psi^* \frac{\partial \psi}{\partial x^\mu} - \frac{\partial \psi^*}{\partial x^\mu} \psi \right) - e^2 \Phi_\alpha \Phi_\alpha \psi^* \psi, \qquad (23.2)$$

而 N_μ 是 σ 上 x 点的法线.

2. 当时间相同时, P 符号是不确定的. 只要

$$[\mathscr{H}_{\text{int}}(\boldsymbol{x}, t), \mathscr{H}_{\text{int}}(\boldsymbol{x}', t)] = 0,$$

当时间相同时, P 符号不产生任何影响. 然而, 当自旋为零时,

$$[\mathscr{H}_{\text{int}}(x), \mathscr{H}_{\text{int}}(x')] = e^2 \Phi_\mu(x) \Phi_\nu(x') \left\{ \psi^*(x)\psi(x') \left[\frac{\partial \psi}{\partial x^\mu}, \frac{\partial \psi'^*}{\partial x'^\nu} \right] + \right.$$

$$\left. \psi(x)\psi^*(x') \left[\frac{\partial \psi^*}{\partial x^\mu}, \frac{\partial \psi'}{\partial x'^\nu} \right] \right\} + \left(\begin{array}{l} \text{在 } t = t' \text{ 时有较弱奇异性的项,} \\ \text{这些项不作贡献.} \end{array} \right),$$

$$[\mathscr{H}_{\text{int}}(x), \mathscr{H}_{\text{int}}(x')] = \mathrm{i}e^2 \Phi_\mu(x) \Phi_\nu(x') \left\{ \psi^*(x)\psi(x') \frac{\partial^2 \Delta(x - x')}{\partial x^\mu \partial x'^\nu} + \right.$$

$$\left. \psi(x)\psi^*(x') \frac{\partial^2 \Delta(x - x')}{\partial x^\mu \partial x'^\nu} \right\} + \cdots, \tag{23.3}$$

$$\left(\text{或 } = 2\mathrm{i}e^2 \Phi_\mu(x) \Phi_\nu(x') \psi^*(x)\psi(x') \frac{\partial^2 \Delta(x - x')}{\partial x^\mu \partial x'^\nu} + \cdots \right).$$

西岛[①]指出, 若引入一个稍微修正的 P 乘积形式, 怎么能够消除这两个困难. 两个因子的戴森乘积是 (方程 (15.25)):

$$P(A(t)B(t')) = \frac{1}{2}\{A(t), B(t')\} + \frac{1}{2}\varepsilon(t - t')[A(t), B(t')],$$

当 $t = t'$ 时, 这是不确定的. 按下列方式, 我们定义一个修正的乘积 P^*: 若 $[A, B]$ 包含一项具有下列形式

$$K_{\mu\nu} \partial^2 \Delta(x - x') / \partial x^\mu \partial x'^\nu$$

的 "临界" 项. 即当

$$[A, B] = [A, B]_{\text{reg}} + K_{\mu\nu} \frac{\partial^2 \Delta(x - x')}{\partial x^\mu \partial x'^\nu}, \tag{23.4}$$

则总会有,

$$P^*(A(x)B(x')) = \frac{1}{2}\{A(x), B(x')\} + \frac{1}{2}\varepsilon(x - x')[A(x), B(x')]_{\text{reg}} -$$

$$K_{\mu\nu} \frac{\partial^2 \overline{\Delta}(x - x')}{\partial x^\mu \partial x'^\nu}. \tag{23.5}$$

这就是说, 右边的 ε 总可以经过微分获得.

注: 这只是对 $t = t'$ 的修正; 的确是只对 $x = x'$ 的.

---

① K. NISHIJIMA, *Prog. Theoret. Phys.* **5**, 405 (1950).

引理:

$$L \equiv \lim_{\tau \to 0} \frac{1}{\tau} \int_t^{t+\tau} \mathrm{d}t' \int_t^{t+\tau} \mathrm{d}t'' \int \mathrm{d}^3 x'' \frac{\partial^2 \overline{\Delta}(x'-x'')}{\partial x'^{\mu} \partial x''^{\nu}} = \delta_{\mu 4} \delta_{\nu 4}, \qquad (23.6)$$

因为

$$L = -\delta_{\mu 4} \delta_{\nu 4} \lim_{\tau \to 0} \frac{1}{\tau} \int_t^{t+\tau} \mathrm{d}t' \int_t^{t+\tau} \mathrm{d}t'' \int \mathrm{d}^3 x'' (\Box' - m^2) \overline{\Delta}(x'-x'')$$

$$= +\delta_{\mu 4} \delta_{\nu 4} \lim_{\tau \to 0} \frac{1}{\tau} \int_t^{t+\tau} \mathrm{d}t' \int_t^{t+\tau} \mathrm{d}t'' \int \mathrm{d}^3 x'' \delta^4(x'-x'')$$

$$= +\delta_{\mu 4} \delta_{\nu 4}.$$

于是得到, 例如:

$$\lim_{\tau \to 0} \frac{1}{\tau} \int \mathrm{d}^3 x' \int \mathrm{d}^3 x'' \int_t^{t+\tau} \mathrm{d}t' \int_t^{t+\tau} \mathrm{d}t'' K_{\mu\nu}(x',x'') \frac{\partial^2 \overline{\Delta}(x'-x'')}{\partial x'^{\mu} \partial x''^{\nu}}$$

$$= \int \mathrm{d}^3 x' K_{44}(\boldsymbol{x}',t; \boldsymbol{x}',t). \qquad (23.7)$$

现在, 必须指出, 我们得到方程

$$\frac{\partial U}{\partial t} = -\mathrm{i} \int \mathrm{d}^3 x \mathscr{H}_{\mathrm{int}} \cdot U$$

的一个正确解:

$$U = \sum_{n=0}^{\infty} \frac{(-\mathrm{i})^n}{n!} \int_{t_0}^t \mathrm{d}^4 x_1 \cdots \int_{t_0}^t \mathrm{d}^4 x_n P^*(-\mathscr{L}_{\mathrm{int}}(x_1) \cdots, -\mathscr{L}_{\mathrm{int}}(x_n)), \quad (23.8)$$

其中 $\mathscr{L}_{\mathrm{int}}(x)$ 表示不变的相互作用拉格朗日密度.

注: (1) 我们有

$$\mathscr{H}_{\mathrm{int}}(x) = -\mathscr{L}_{\mathrm{int}}(x) + e^2 \Phi_0^2(x) \psi^*(x) \psi(x).$$

而且,

$$[\mathscr{H}_{\mathrm{int}}(x), \mathscr{H}_{\mathrm{int}}(x')] = 2\mathrm{i}e^2 \Phi_{\mu}(x) \Phi_{\nu}(x) \psi^*(x) \psi(x) \frac{\partial^2 \Delta(x-x')}{\partial x^{\mu} \partial x'^{\nu}} + \cdots$$

$$= K_{\mu\nu}(x) \frac{\partial^2 \Delta(x-x')}{\partial x^{\mu} \partial x'^{\nu}},$$

由此,

$$\mathscr{H}_{\mathrm{int}}(x) = -\mathscr{L}_{\mathrm{int}}(x) + \frac{\mathrm{i}}{2} K_{44}(x). \qquad (23.9)$$

(2) 对易关系式中的临界项来自对易子

$$\left[\frac{\partial \psi^*}{\partial x^{\mu}}, \frac{\partial \psi'}{\partial x'^{\nu}} \right],$$

因而来自 $[\mathscr{H}_{\text{int}}, \mathscr{H}_{\text{int}}]$ 中的 $[\mathscr{L}_{\text{int}}, \mathscr{L}_{\text{int}}]$ 项, 而不来自其他项. 这就是说,

$$[-\mathscr{L}_{\text{int}}(x), -\mathscr{L}_{\text{int}}(x')] = K_{\mu\nu}(x)\frac{\partial^2 \Delta(x-x')}{\partial x^\mu \partial x^\nu} + \cdots. \tag{23.10}$$

现在计算 $\partial U/\partial t$:

$$\frac{\partial U}{\partial t} = \lim_{\tau \to 0} \frac{1}{\tau}(U(t+\tau) - U(t)).$$

除了无关紧要的项 $-\displaystyle\int \mathrm{d}^3 x \mathscr{L}_{\text{int}} \cdot U$ 以外, 还有一附加项来自二重积分 (见引理). 只要最多出现 $\overline{\Delta}$ 的二次导数, 则更高次 (三重或更高重) 积分无贡献.

因为有 $\begin{pmatrix} n \\ 2 \end{pmatrix}$ 对积分, 恰好得到正确的组合因子. 于是,

$$\frac{\partial U}{\partial t} = (-\mathrm{i})\left(-\int \mathrm{d}^3 x \mathscr{L}_{\text{int}}\right) \cdot U +$$
$$\frac{(-\mathrm{i})^2}{2!} \lim_{\tau \to 0} \frac{1}{\tau} \int \mathrm{d}^3 x' \int_t^{t+\tau} \mathrm{d}t' \int \mathrm{d}^3 x'' \int_t^{t+\tau} \mathrm{d}t'' \cdot$$
$$P^*(\mathscr{L}_{\text{int}}(x')\mathscr{L}_{\text{int}}(x'')) \cdot U,$$

这里 $P^*(\mathscr{L}_{\text{int}}(x')\mathscr{L}_{\text{int}}(x'')) \to -K_{\mu\nu}(x')\dfrac{\partial^2 \overline{\Delta}(x'-x'')}{\partial x'^\mu \partial x''^\nu}$.

于是, 根据引理 (23.7) 式,

$$\frac{\partial U}{\partial t} = (-\mathrm{i})\left(-\int \mathrm{d}^3 x \mathscr{L}_{\text{int}}\right) \cdot U + \frac{1}{2}\int \mathrm{d}^3 x' K_{44}(x') \cdot U,$$
$$\mathrm{i}\frac{\partial U}{\partial t} = -\int \mathrm{d}^3 x \left(\mathscr{L}_{\text{int}}(x) - \frac{\mathrm{i}}{2}K_{44}(x)\right) \cdot U,$$

故最后得:

$$\mathrm{i}\frac{\partial U}{\partial t} = H_{\text{int}}U. \qquad\qquad \text{证毕.}$$

注意: 上述一切的根据是: 对易子中的临界项和哈密顿量中的非不变项是相同的. 这不是偶然的, 这是很普遍正确的.

作为 $K_{\mu\nu}(x)$ 的定义, 令

$$[\mathscr{H}_{\text{int}}(x), \mathscr{H}_{\text{int}}(x')] = K_{\mu\nu}(x)\frac{\partial^2 \Delta(x-x')}{\partial x^\mu \partial x^\nu} + \text{非临界项} \tag{23.11}$$

于是,

$$\mathscr{H}_{\text{int}}(x) = -\mathscr{L}_{\text{int}}(x) - \frac{\mathrm{i}}{2}K_{\mu\nu}N_\mu N_\nu, \quad N_\mu N_\mu = -1. \tag{23.12}$$

令 N 在第 4 方向, 则 $N_4 = \mathrm{i}$, 且

$$\mathscr{H}_{\mathrm{int}}(x) = -\mathscr{L}_{\mathrm{int}}(x) + \frac{\mathrm{i}}{2} K_{44}(x). \tag{23.13}$$

现在我们要普遍地证明这关系, 就是说, 我们要证明这关系总是正确的, 只要相互作用拉格朗日密度至多是关于场导数的线性函数.

状态 $\Psi(\sigma)$ 的运动方程是:

$$\left(\mathscr{H}_{\mathrm{int}}(x, N) - \mathrm{i}\frac{\delta}{\delta\Omega(x)} \right) \Psi(\sigma) = 0. \tag{23.14}$$

为了使这方程得到满足, 下列可积性条件必须是正确的:

$$\left[\mathscr{H}_{\mathrm{int}}(x, N) - \mathrm{i}\frac{\delta}{\delta\Omega(x)}, \mathscr{H}_{\mathrm{int}}(x', N') - \mathrm{i}\frac{\delta}{\delta\Omega(x')} \right] = 0. \tag{23.15}$$

确实, 因为所有这样的理论都是由海森伯表象中一个自洽表述得出的, 所以这个要求总是满足的.

于是, 我们得到,

$$\begin{aligned} &[\mathscr{H}_{\mathrm{int}}(x, N), \mathscr{H}_{\mathrm{int}}(x', N')] \\ &= \mathrm{i}\frac{\delta}{\delta\Omega(x)} \mathscr{H}_{\mathrm{int}}(x', N') - \mathrm{i}\frac{\delta}{\delta\Omega(x')} \mathscr{H}_{\mathrm{int}}(x, N). \end{aligned} \tag{23.16}$$

现在, 如果我们考虑临界项, 可使之关于 x 和 x' 反对称化, 并且得到方程左边为:

$$\frac{1}{2} \left(K_{\mu\nu}(x)\frac{\partial^2 \Delta(x - x')}{\partial x^\mu \partial x'^\nu} - K_{\mu\nu}(x')\frac{\partial^2 \Delta(x' - x)}{\partial x'^\mu \partial x^\nu} \right),$$

如果令

$$\mathrm{i}\frac{\delta}{\delta\Omega(x)} \mathscr{H}_{\mathrm{int}}(x', N') = \frac{1}{2} K_{\mu\nu}\frac{\partial^2 \Delta(x - x')}{\partial x^\mu \partial x'^\nu}, \tag{23.17}$$

则方程 (23.16) 得到满足.

我们需要利用高斯定理 (图 23.1):

$$-\oint_{\sigma'} F_\mu N_\mu \mathrm{d}^3\sigma = \int_\Omega \frac{\partial F_\mu}{\partial x^\mu} \mathrm{d}^4 x, \tag{23.18}$$

这就是说,

$$-\frac{\delta}{\delta\Omega(x)} \int_\sigma F_\mu N_\mu \mathrm{d}^3\sigma = \frac{\partial F_\mu}{\partial x^\mu}. \tag{23.19}$$

于是, 可将方程 (23.17) 积分, 得,

$$\mathscr{H}_{\mathrm{int}}(x', N') = \frac{\mathrm{i}}{2} \int_\sigma K_{\mu\nu}(x)\frac{\partial \Delta(x - x')}{\partial x'^\nu} N_\mu \mathrm{d}^3\sigma \tag{23.20}$$

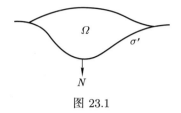

图 23.1

注: 严格地说, 为了使变换可能进行, 我们应当设法将奇异量 Δ 规则化.

如果我们专门讨论 $N_4 = \mathrm{i}$ 的坐标系, 则

$$N_4 = \mathrm{i}, \quad \mu = 4, \quad \frac{\partial \Delta(x - x')}{\partial x'^4} = -\mathrm{i}\frac{\partial \Delta}{\partial x'^0} = -\mathrm{i}\delta^3(\boldsymbol{x} - \boldsymbol{x}').$$

这样,

$$\mathscr{H}_{\mathrm{int}}(x', N') = +\frac{\mathrm{i}}{2}K_{44}(x') = -\frac{\mathrm{i}}{2}K_{\mu\nu}(x')N'_{\mu}N'_{\nu}, \tag{23.21}$$

于是找到了我们所要找的关系. 于是, 我们也证明了, 不仅对标量理论, 而且对所有其他理论 (例如矢量理论), 其中 $\mathscr{L}_{\mathrm{int}}$ 至多包含场量微分的线性项, P^* 符号可以消除与法线有关的项.

第五章

海森伯表象: S 矩阵和电荷重正化

§24. S 矩阵和海森伯表象[①]

S 矩阵可以不涉及表面而确定, 虽然戴森公式在实际计算中仍然是较简单的.

在海森伯表象中, 我们有

$$
\begin{cases}
\left(\gamma^\nu \dfrac{\partial}{\partial x^\nu} + m \right) \psi = +\mathrm{i}e\gamma^\nu \Phi_\nu \psi, \\[2mm]
\dfrac{\partial \overline{\psi}}{\partial x^\nu} \gamma^\nu - m\overline{\psi} = -\mathrm{i}e\overline{\psi}\gamma^\nu \Phi_\nu, \\[2mm]
\Box \Phi_\nu = -j^\nu, j^\nu = \dfrac{\mathrm{i}e}{2}[\overline{\psi}, \gamma^\nu \psi] = \mathrm{i}e\overline{\psi}\gamma^\nu \psi, \\[2mm]
\dfrac{\partial \Phi_\nu}{\partial x^\nu} \cdot \Psi = 0
\end{cases}
$$

(对照 §15 和 §19). 用下列方程定义入射场和出射场:

$$
\left.
\begin{aligned}
\Phi_\nu(x) &= \Phi_\nu^{\mathrm{in}}(x) + \int D^{\mathrm{ret}}(x - x')j^\nu(x')\mathrm{d}^4x' \\[2mm]
\psi(x) &= \psi^{\mathrm{in}}(x) - \mathrm{i}e \int S^{\mathrm{ret}}(x - x')\gamma^\nu \Phi_\nu(x')\psi(x')\mathrm{d}^4x' \\[2mm]
\overline{\psi}(x) &= \overline{\psi}^{\mathrm{in}}(x) - \mathrm{i}e \int \overline{\psi}(x')\gamma^\nu \Phi_\nu(x')S^{\mathrm{adv}}(x' - x)\mathrm{d}^4x'
\end{aligned}
\right\} . \qquad (24.1)
$$

当 $t \to -\infty$ 时, 根据推迟函数的定义, 积分为零, 所以入射场等于全部场. 当 $t \to -\infty$ 时, 对于海森伯场, 自由对易关系式成为渐近正确的. 此外, 入射场满

[①] C. N. YANG (杨振宁) and D. FELDMAN, *Phys. Rev.* **79**, 972 (1950).

足自由场方程式:

$$\left.\begin{array}{r}\left(\gamma^{\nu}\dfrac{\partial}{\partial x^{\nu}}+m\right)\psi^{\mathrm{in}}=0\\[2mm]\overline{\psi}^{\mathrm{in}}\left(\gamma^{\nu}\dfrac{\overleftarrow{\partial}}{\partial x^{\nu}}-m\right)=0\\[2mm]\Box\,\Phi_{\nu}^{\mathrm{in}}=0\end{array}\right\}.\tag{24.2}$$

于是, 对于入射场, 自由对易关系式是正确的:

$$\left.\begin{array}{r}\{\psi_{\alpha}^{\mathrm{in}}(x),\overline{\psi}_{\beta}^{\mathrm{in}}(x')\}=-\mathrm{i}S_{\alpha\beta}(x-x')\\[2mm][\Phi_{\mu}^{\mathrm{in}}(x),\Phi_{\nu}^{\mathrm{in}}(x')]=\mathrm{i}\delta_{\mu\nu}D(x-x')\end{array}\right\}.\tag{24.3}$$

类似地, 我们定义出射场:

$$\left.\begin{array}{l}\Phi_{\nu}(x)=\Phi_{\nu}^{\mathrm{out}}(x)+\displaystyle\int D^{\mathrm{adv}}(x-x')j^{\nu}(x')\mathrm{d}^{4}x'\\[3mm]\psi(x)=\psi^{\mathrm{out}}(x)-\mathrm{i}e\displaystyle\int S^{\mathrm{adv}}(x-x')\gamma^{\nu}\,\Phi_{\nu}(x')\psi(x')\mathrm{d}^{4}x'\\[3mm]\overline{\psi}(x)=\overline{\psi}^{\mathrm{out}}(x)-\mathrm{i}e\displaystyle\int\overline{\psi}(x')\gamma^{\nu}\,\Phi_{\nu}(x')S^{\mathrm{ret}}(x'-x)\mathrm{d}^{4}x'\end{array}\right\}\tag{24.4}$$

完全同样地得到这些场也满足自由场方程式和自由对易关系式.

因为两组场满足同样的关系式, 它们之间必存在一正则变换. 令 $F=\psi,\overline{\psi}$ 或 Φ_{ν}, 则

$$F^{\mathrm{out}}(x)=S^{-1}F^{\mathrm{in}}(x)S.\tag{24.5}$$

这里 S 是 S 矩阵, 同样它必须定义在海森伯表象中.

根据这个定义, 原则上, 我们能够循环地计算 S 矩阵 (按照 e 的幂). 但是, 这比戴森形式复杂得多. 我们将不再进一步讨论它. 然而, 根据 R. 格劳伯 [A–6], 我们将给出与相互作用表象的联系. 为此, 我们定义与曲面 σ 有关的新 Δ 函数:

$$\Delta^{\sigma}(x;x')=\left\{\begin{array}{ll}\Delta^{\mathrm{ret}}(x-x')&x'\,比\,\sigma\,迟\\[2mm]\Delta^{\mathrm{adv}}(x-x')&x'\,比\,\sigma\,早\end{array}\right\}.\tag{24.6}$$

用

$$\varepsilon(x-x')\equiv\left\{\begin{array}{ll}+1&(t>t')\\[2mm]-1&(t<t')\end{array}\right\},$$

且相应地

$$\varepsilon(\sigma,x')\equiv\left\{\begin{array}{ll}+1&(x'\,比\,\sigma\,早)\\[2mm]-1&(x'\,比\,\sigma\,迟)\end{array}\right.$$

我们有

$$\Delta^\sigma(x;x') = \frac{1-\varepsilon(\sigma,x')}{2}\Delta^{\mathrm{ret}}(x-x') + \frac{1+\varepsilon(\sigma,x')}{2}\Delta^{\mathrm{adv}}(x-x'),$$

或

$$\Delta^\sigma(x;x') = \frac{\varepsilon(\sigma,x') - \varepsilon(x-x')}{2}\Delta(x-x'). \tag{24.7}$$

确实, 与 x' 的依赖性是复杂了; 但是, 与 x 的依赖性是与 $\overline{\Delta}(x-x')$ 中相同的. 这样

$$(\Box - m^2)\Delta^\sigma(x;x') = -\delta^4(x-x'). \tag{24.8}$$

如果 x 在 σ 上 (记作 $x \subset \sigma$), 则

$$\left.\begin{array}{c} \Delta^\sigma(x;x')|_{x\subset\sigma} = 0 \\[2mm] \dfrac{\partial\,\Delta^\sigma(x;x')}{\partial x^\mu}\bigg|_{x\subset\sigma} = 0 \end{array}\right\}. \tag{24.9}$$

并非所有二阶导数皆为零. 只有 4, 4 分量有贡献, 其余皆无贡献. 我们得,

$$\frac{\partial^2\Delta^\sigma(x;x')}{\partial x^4 \partial x^4}\bigg|_{x\subset\sigma} = (\Box - m^2)\Delta^\sigma(x,\sigma')|_{x\subset\sigma} = -\delta^4(x-x'),$$

所以

$$\frac{\partial^2\Delta^\sigma(x;x')}{\partial x^\mu \partial x^\nu}\bigg|_{x\subset\sigma} = +N_\mu N_\nu \delta^4(x-x'). \tag{24.10}$$

而且, 我们要求

$$\frac{\delta\Delta^\sigma(x;x')}{\delta\Omega(y)} = \delta^4(x'-y)\Delta(x-x'). \tag{24.11}$$

这可由下述公式立即得到:

$$\frac{\delta\varepsilon(\sigma,x')}{\delta\Omega(y)} = 2\delta^4(x'-y), \tag{24.12}$$

由图 24.1, (24.12) 是明显的.

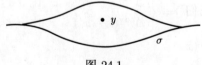

图 24.1

显然, 我们必须定义,

$$\left.\begin{array}{l} S^\sigma(x;x') = \left(\gamma\dfrac{\partial}{\partial x} - m\right)\Delta^\sigma(x;x') \\[2mm] D^\sigma(x;x') = \Delta^\sigma(x;x')|_{m=0} \end{array}\right\}. \tag{24.13}$$

利用这些函数, 除了入射场和出射场外, 我们还能确定自由场方程的更多的解, 这些解与一任意类空表面 σ 有关:

$$\left.\begin{aligned}\psi(x) &= \psi(x,\sigma) - \mathrm{i}e\int S^\sigma(x;x')\gamma^\nu \Phi_\nu(x')\psi(x')\mathrm{d}^4x' \\ \Phi_\nu(x) &= \Phi_\nu(x,\sigma) + \int D^\sigma(x;x')j^\nu(x')\mathrm{d}^4x'\end{aligned}\right\}. \tag{24.14}$$

显然, 下列方程是正确的:

$$\left.\begin{aligned}\left(\gamma\frac{\partial}{\partial x} + m\right)\psi(x,\sigma) &= 0 \\ \square \Phi_\nu(x,\sigma) &= 0\end{aligned}\right\} \tag{24.15}$$

(对于固定的 σ).

对于 $x \subset \sigma$, 由上述 Δ^σ 性质得:

$$\left.\begin{aligned}\psi(x,\sigma)|_{x\subset\sigma} &= \psi(x)|_{x\subset\sigma} \\ \Phi_\nu(x,\sigma)|_{x\subset\sigma} &= \Phi_\nu(x)|_{x\subset\sigma}\end{aligned}\right\}, \tag{24.16}$$

而且, 与相互作用表象类似, 我们得,

$$\frac{\partial \Phi_\nu(x)}{\partial x^\nu}\cdot\Psi = \left(\frac{\partial \Phi_\nu(x,\sigma)}{\partial x^\nu} - \int_\sigma \mathrm{d}\sigma'^\nu j^\nu(x')D(x-x')\right)\Psi = 0,$$
$$(\mathrm{d}\sigma^\nu = N_\nu \cdot \mathrm{d}\sigma). \tag{24.17}$$

此外, 自由场对易关系式仍然有效:

$$\left.\begin{aligned}\{\psi_\alpha(x,\sigma),\overline\psi_\beta(x',\sigma)\} &= -\mathrm{i}S_{\alpha\beta}(x-x') \\ [\Phi_\mu(x,\sigma),\Phi_\nu(x',\sigma)] &= +\mathrm{i}\delta_{\mu\nu}D(x-x')\end{aligned}\right\}. \tag{24.18}$$

注: 当 $\sigma \to +\infty$ 时, $F(x,\sigma) \to F^{\text{out}}(x)$;

当 $\sigma \to -\infty$ 时, $F(x,\sigma) \to F^{\text{in}}(x)$.

恰与前同, 现在我们得出结论, 存在一幺正变换, $U(\sigma,\sigma')$:

$$F(x,\sigma) = U^{-1}(\sigma,\sigma')F(x,\sigma')U(\sigma,\sigma'), \tag{24.19}$$

这里, 得到特殊情况是:

$$U(+\infty,-\infty) = S. \tag{24.20}$$

乘法性质:

$$U(\sigma,\sigma') = U(\sigma'',\sigma')U(\sigma,\sigma'') \tag{24.21}$$

保持有效, 这是主要的. 由此 (图 24.2), 立即得出:

$$\frac{\delta U(\sigma, \sigma')}{\delta \Omega(x)} = U(\sigma, \sigma') \frac{\delta U(\sigma, \sigma)}{\delta \Omega(x)} \quad (x \subset \sigma), \tag{24.22}$$

其中 $\delta U(\sigma, \sigma)/\delta \Omega(x)$ 的确切意义是:

$$\lim_{\delta \sigma \to 0} \frac{U(\sigma + \delta \sigma(x), \sigma) - U(\sigma, \sigma)}{\delta \Omega(\sigma, x)}.$$

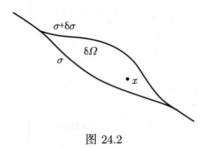

图 24.2

如果我们定义:

$$\frac{\delta U(\sigma, \sigma)}{\delta \Omega(x)} \equiv -\mathrm{i} \mathscr{H}_{\mathrm{int}}(x, \sigma)|_{x \subset \sigma}, \tag{24.23}$$

于是得:

$$\frac{\delta U(\sigma, \sigma')}{\delta \Omega(x)} = -\mathrm{i} U(\sigma, \sigma') \mathscr{H}_{\mathrm{int}}(x, \sigma)|_{x \subset \sigma}.$$

因方程 (24.19), 亦有,

$$\frac{\delta U(\sigma, \sigma')}{\delta \Omega(x)} = -\mathrm{i} \mathscr{H}_{\mathrm{int}}(x, \sigma') U(\sigma, \sigma')(x \subset \sigma). \tag{24.24}$$

我们定义 $\mathscr{H}_{\mathrm{int}}(x, -\infty) \equiv \mathscr{H}_{\mathrm{int}}(x)$. 而且, 由方程 (24.19) 得:

$$\mathrm{i} \frac{\delta F(x, \sigma)}{\delta \Omega(x')} = [F(x, \sigma), \mathscr{H}_{\mathrm{int}}(x', \sigma)]\Big|_{x' \subset \sigma}. \tag{24.25}$$

为了建立与旧理论的联系, 我们必须指出, 这里 $\mathscr{H}_{\mathrm{int}}$ 是与以前的 $\mathscr{H}_{\mathrm{int}}$ 相同的. 由方程 (24.14),

$$\left. \begin{aligned} \psi(x) &= \psi(x, \sigma) - \mathrm{i}e \int S^\sigma(x; x') \gamma^\nu \Phi_\nu(x') \psi(x') \mathrm{d}^4 x' \\ \Phi_\nu(x) &= \Phi_\nu(x, \sigma) + \int D^\sigma(x; x') j^\nu(x') \mathrm{d}^4 x' \end{aligned} \right\}.$$

应用 $\delta/\delta\Omega(x')$, 得

$$\frac{\delta\psi(x,\sigma)}{\delta\Omega(x')} = \mathrm{ie}\int\frac{\delta S^\sigma(x;x'')}{\delta\Omega(x')}\gamma^\nu\,\Phi_\nu(x'')\psi(x'')\mathrm{d}^4x'',$$

$$\frac{\delta\Phi_\nu(x,\sigma)}{\delta\Omega(x')} = -\int\frac{\delta D^\sigma(x;x'')}{\delta\Omega(x')}j^\nu(x')\mathrm{d}^4x''.$$

因为

$$\frac{\delta S^\sigma(x;x'')}{\delta\Omega(x')} = \delta^4(x'-x'')S(x-x'),$$

$$\frac{\delta D^\sigma(x;x'')}{\delta\Omega(x')} = \delta^4(x'-x'')D(x-x'),$$

正如前面所看到的, 从而有

$$[\psi(x,\sigma),\mathscr{H}_{\mathrm{int}}(x'\sigma)]|_{x'\subset\sigma} = -eS(x-x')\gamma^\nu\,\Phi_\nu(x')\psi(x')$$

$$= -eS(x-x')\gamma^\nu\,\Phi_\nu(x',\sigma)\psi(x',\sigma)|_{x'\subset\sigma},$$

$$[\Phi_\nu(x,\sigma),\mathscr{H}_{\mathrm{int}}(x',\sigma)]|_{x'\subset\sigma} = -\mathrm{i}D(x-x')j^\nu(x')$$

$$= -\mathrm{i}D(x-x')j^\nu(x',\sigma)|_{x'\subset\sigma},$$

这里我们还用了方程 (24.16). $\mathscr{H}_{\mathrm{int}}$ 被唯一确定到 c 数; 于是 U 被确定到一个我们不感兴趣的 c 数相因子. 其解是:

$$\mathscr{H}_{\mathrm{int}}(x',\sigma)|_{x'\subset\sigma} = -j^\nu(x',\sigma)\Phi_\nu(x',\sigma)|_{x'\subset\sigma},$$

所以

$$\mathscr{H}_{\mathrm{int}}(x,\sigma) = -j^\nu(x,\sigma)\Phi_\nu(x,\sigma).$$

一种特殊情况是:

$$\mathscr{H}_{\mathrm{int}}(x) = -j^{\nu\mathrm{int}}(x)\Phi_\nu^{\mathrm{int}}(x). \tag{24.26}$$

自旋为零粒子的杨振宁–费德曼形式

场方程式是:

$$(\Box - m^2)\psi(x) = +\mathrm{ie}\left[\frac{\partial}{\partial x^\mu}(\Phi_\mu(x)\psi(x) + \Phi_\mu(x)\frac{\partial\psi(x)}{\partial x^\mu}\right] +$$

$$e^2\Phi_\mu(x)\Phi_\mu(x)\psi(x),$$

$$\Box\Phi_\mu(x) = -j^\mu(x) = -\mathrm{ie}\left(\frac{\partial\psi^*(x)}{\partial x^\mu}\psi(x) - \psi^*(x)\frac{\partial\psi(x)}{\partial x^\mu}\right) +$$

$$2e^2\Phi_\mu(x)\psi^*(x)\psi(x).$$

于是我们定义:

$$
\left.
\begin{aligned}
\psi(x) = \psi(x,\sigma) &- \mathrm{i}e\left\{\frac{\partial}{\partial x^\nu}\int \Delta^\sigma(x;x')\,\Phi_\nu(x')\psi(x')\mathrm{d}^4x' + \right. \\
&\left. \int \Phi_\nu(x')\frac{\partial\psi(x')}{\partial x'^\nu}\Delta^\sigma(x;x')\mathrm{d}^4x'\right\} - \\
& e^2\int \Phi_\nu(x')\Phi_\nu(x')\psi(x')\Delta^\sigma(x;x')\mathrm{d}^4x' \\
\Phi_\nu(x) = \Phi_\nu(x,\sigma) &+ \int D^\sigma(x;x')j^\nu(x')\mathrm{d}^4x'
\end{aligned}
\right\},
$$
(24.27)

(与前相同, 但有一新的 j^μ), 于是,

$$
\left.
\begin{aligned}
(\Box - m^2)\psi(x,\sigma) = 0 \\
\Box\,\Phi_\mu(x,\sigma) = 0
\end{aligned}
\right\}.
$$
(24.28)

此外, 因为当 $x\subset\sigma$ 时, $\Delta^\sigma(x;x')$ 的一阶导数为零, 而二阶导数不为零, 所以立即可以看出:

$$
\left\{
\begin{aligned}
&\psi(x)|_{x\subset\sigma} = \psi(x,\sigma)|_{x\subset\sigma}, \\
&\Phi_\nu(x)|_{x\subset\sigma} = \Phi_\nu(x,\sigma)|_{x\subset\sigma}, \\
&\left.\frac{\partial\psi(x)}{\partial x^\nu}\right|_{x\subset\sigma} = \left.\frac{\partial\psi(x,\sigma)}{\partial x^\nu}\right|_{x\subset\sigma} - \mathrm{i}eN_\mu N_\nu\,\Phi_\nu(x,\sigma)\psi(x,\sigma)\Big|_{x\subset\sigma}.
\end{aligned}
\right.
$$

这有一个简单的意义. 对于 $t=$ 常数的表面, 我们有:

$$
\left.\frac{\partial\psi(x)}{\partial\boldsymbol{x}}\right|_{x\subset\sigma} = \left.\frac{\partial\psi(x,\sigma)}{\partial\boldsymbol{x}}\right|_{x\subset\sigma},
$$

$$
\left.\frac{\partial\psi(x,\sigma)}{\partial t}\right|_{x\subset\sigma} = \left.\frac{\partial\psi(x)}{\partial t}\right|_{x\subset\sigma} + \mathrm{i}e\Phi_0(x)\psi(x)|_{x\subset\sigma} = \pi^*(x)|_{x\subset\sigma}.
$$

在物理学上, 这必须是正确的, 的确因为, $\psi(x,\sigma)$ 必须满足自由场方程式和对易关系式; 因此, 在时间不变的情况下, $\psi(x,\sigma)$ 的导数必须简化为 π.

于是, 和前面一样, 当自旋为 $\frac{1}{2}$ 时, 我们得:

$$
\begin{aligned}
\frac{\delta\psi(x,\sigma)}{\delta\Omega(x')} = \mathrm{i}e&\left\{\frac{\partial\Delta(x-x')}{\partial x^\nu}\Phi_\nu(x',\sigma)\psi(x',\sigma) + \right. \\
&\left.\Delta(x-x')\Phi_\nu(x',\sigma)\frac{\partial\psi(x',\sigma)}{\partial x'^\nu}\right\}\Bigg|_{x'\subset\sigma} + \\
& e^2\Phi_\nu(x',\sigma)\Phi_\nu(x',\sigma)\psi(x',\sigma)\Delta(x-x')|_{x'\subset\sigma} + \\
& e^2(\Phi_\nu(x',\sigma)N^\nu)^2\psi(x',\sigma)\Delta(x-x')|_{x'\subset\sigma}.
\end{aligned}
$$

因为

$$i\frac{\delta\psi(x,\sigma)}{\delta\Omega(x')} = [\psi(x,\sigma),\mathscr{H}(x',\sigma)]|_{x'\subset\sigma},$$

则得

$$\mathscr{H}_{\text{int}}(x',\sigma) = ie\,\Phi_\nu(x',\sigma)\left[\psi^*(x',\sigma)\frac{\partial\psi(x',\sigma)}{\partial x'^\nu} - \frac{\partial\psi^*(x',\sigma)}{\partial x'^\nu}\psi(x',\sigma)\right] +$$
$$e^2\,\Phi_\nu(x',\sigma)\,\Phi_\nu(x',\sigma)\psi^*(x',\sigma)\psi(x',\sigma) +$$
$$e^2(N_\nu\,\Phi_\nu(x',\sigma))^2\psi^*(x',\sigma)\psi(x',\sigma). \tag{24.29}$$

这样, 我们再次得到了相互作用表象中的表式.

§25. 海森伯表象中的重正化场

方程 (11.15) 指出了, 因为与光子场的耦合, 所有电流都要乘一因子:

$$1+\gamma \equiv \frac{e}{e_0}, \quad \text{其中}\ \gamma = \frac{\alpha}{3\pi}\log\frac{m}{M}.$$

(我们已经注意到了, 这里存在关于这个因子大小的定义问题. 按照施温格的方法, 得到的值比前述费曼方法得的值大两倍. 这里, 我们将继续用费曼值.)

我们已经指出, 附加电流是: (见方程 (8.3))

$$j^{\mu\text{pol}} = \frac{i}{2}\int\langle[j^\mu(x),j^\nu(x')]\rangle_0\varepsilon(x-x')\mathscr{A}_\nu(x')\mathrm{d}^4x',$$

并且, 由于方程 (7.14),

$$\frac{i}{2}\langle[j^\mu(x),j^\nu(x')]\rangle_0\varepsilon(x-x') = -e^2\overline{K}_{\mu\nu}(x-x'),$$

则

$$j^{\mu\text{pol}} = -e^2\int\overline{K}_{\mu\nu}(x-x')\mathscr{A}_\nu(x')\mathrm{d}^4x' \tag{25.1}$$

于是, 由于方程 (11.7),

$$j^{\mu\text{pol}} = 2\gamma j^\mu + c_1\Box j^\mu + c_2\Box\Box j^\mu + \cdots, \tag{25.2}$$

现在, 应预料到恰如电流一样, 所有的场也都要乘 $(1+\gamma)$. 于是我们考虑 "重正化场",

$$\Phi_\mu^R(x) = \frac{1}{1+\gamma}\,\Phi_\mu(x) = (1-\gamma+\cdots)\,\Phi_\mu(x). \tag{25.3}$$

不管有没有相互作用, 对于非重正化场, 正则对易关系式

$$i[\Phi_\mu(\boldsymbol{x},t),\Phi_\nu(\boldsymbol{x}',t)] = \delta_{\mu\nu}\delta^3(\boldsymbol{x}-\boldsymbol{x}'), \tag{25.4}$$

继续有效. 这是 "强" 非规范不变形式. 如果我们需要规范不变表式, 那么我们可以考虑:

$$i[E_x(\boldsymbol{x}, t), H_y(\boldsymbol{x}, t)] = \frac{\partial}{\partial z}\delta^3(\boldsymbol{x} - \boldsymbol{x}')(\text{和循环置换}). \qquad (25.5)$$

现在根据约斯特 (Jost) 的未发表的文章, 我们将考虑重正化场的对易关系式:

$$i[\Phi_\mu^R(\boldsymbol{x}, t), \Phi_\nu^R(\boldsymbol{x}', t)] = \frac{1}{(1 + \gamma)^2}\delta_{\mu\nu}\delta^3(\boldsymbol{x} - \boldsymbol{x}')$$
$$= (1 - 2\gamma + \cdots)\delta_{\mu\nu}\delta^3(\boldsymbol{x} - \boldsymbol{x}'), \qquad (25.6)$$

或

$$i[E_x^R(\boldsymbol{x}, t), H_y^R(\boldsymbol{x}', t)] = (1 - 2\gamma + \cdots)\frac{\partial}{\partial z}\delta^3(\boldsymbol{x} - \boldsymbol{x}'). \qquad (25.7)$$

我们将证明, 在这些表达式中显然存在着无穷大, 以致于场强度对时空区域求平均的对易关系式的真空期待值是有限的:

$$i\left\langle\left[\int_{G_1} F_{\mu\rho}^R(x')\mathrm{d}^4x', \int_{G_2} F_{\nu\sigma}^R(x')\mathrm{d}^4x'\right]\right\rangle_0 = \text{有限} \qquad (25.8)$$

场方程式是:

$$\left(\gamma^\nu\frac{\partial}{\partial x^\nu} + m\right)\psi = ie\gamma^\nu\psi\Phi_\nu(x),$$
$$\overline{\psi}\left(\gamma^\nu\frac{\overleftarrow{\partial}}{\partial x^\nu} - m\right) = -ie\overline{\psi}\gamma^\nu\Phi_\nu(x),$$
$$\Box\Phi_\nu = -j^\nu = -ie\overline{\psi}\gamma^\nu\psi.$$

根据杨振宁和费德曼, 我们作如下分解 (式 (24.1)):

$$\psi(x) = \psi^{\mathrm{in}}(x) - ie\int S^{\mathrm{ret}}(x - x')\gamma^\nu\psi(x')\Phi_\nu(x')\mathrm{d}^4x',$$
$$\overline{\psi}(x) = \overline{\psi}^{\mathrm{in}}(x) - ie\int\overline{\psi}(x')\gamma^\nu S^{\mathrm{adv}}(x' - x)\Phi_\nu(x')\mathrm{d}^4x',$$
$$\Phi_\nu(x) = \Phi_\nu^{\mathrm{in}}(x) + \int D^{\mathrm{ret}}(x - x')j^\nu(x')\mathrm{d}^4x'.$$

我们想要计算 $\langle[\Phi_\mu(x), \Phi_\nu(x')]\rangle_0$ 直到 e^2 阶项, 因此在下列展开式中:

$$\Phi_\mu = \Phi_\mu^{(0)} + \Phi_\mu^{(1)} + \Phi_\mu^{(2)} + \cdots$$

关于 e 的幂次, 计算到 $\Phi_\mu^{(2)}$ 项就足够了. 于是, 我们有:

$$[\Phi_\mu(x), \Phi_\nu(x')]^{(2)} = [\Phi_\mu^{(1)}(x), \Phi_\nu^{(1)}(x')] +$$
$$[\Phi_\mu^{(0)}(x), \Phi_\nu^{(2)}(x)] +$$
$$[\Phi_\mu^{(2)}(x), \Phi_\nu^{(0)}(x')].$$

因为

$$\Phi_\nu^{(2)}(x) = \int D^{\text{ret}}(x - x') j^{\nu(2)}(x') \mathrm{d}^4 x',$$

足以用来计算 $j^{\nu(2)}$. 由于 $j^\mu = \mathrm{i}e\overline{\psi}\gamma^\mu\psi$ 中含有 e 的因子, 所以 j^μ 的展开式由 $j^{\mu(1)}$ 开始, 于是

$$j^{\mu(2)}(x) = \mathrm{i}e(\overline{\psi}^{(1)}\gamma^\mu\psi^{(0)} + \overline{\psi}^{(0)} j^\mu \psi^{(1)}),$$

$$\psi^{(1)}(x) = -\mathrm{i}e \int S^{\text{ret}}(x - x')\gamma^\nu \psi^{(0)}(x') \Phi_\nu^{(0)}(x') \mathrm{d}^4 x'.$$

因此,

$$j^{\mu(2)}(x) = e^2 \int \{\overline{\psi}^{(0)}(x)\gamma^\mu S^{\text{ret}}(x - x')\gamma^\nu \psi^{(0)}(x') +$$
$$\overline{\psi}^{(0)}(x')\gamma^\nu S^{\text{adv}}(x' - x)\gamma^\mu \psi^{(0)}(x)\} \Phi_\nu^{(0)}(x') \mathrm{d}^4 x'.$$

现在, 我们有

$$S^{\text{ret}} = \overline{S} - \frac{1}{2}S,$$
$$S^{\text{adv}} = \overline{S} + \frac{1}{2}S.$$

有 S 的项对积分无贡献, 因为在第一级中无实际过程. 数学上:

$$\int S(x - x')\gamma^\nu \psi^{(0)}(x') \Phi_\nu^{(0)}(x') \mathrm{d}^4 x' = 0,$$

和

$$\int \overline{\psi}^{(0)}(x')\gamma^\nu S(x' - x) \Phi_\nu^{(0)}(x') \mathrm{d}^4 x' = 0.$$

在动量空间中, 这些表达式包含 δ 函数 (它来自 S), 这表示能量和动量二者都守恒. 但是, 正如大家所熟知的, 由一自由电子发射一个光子是不可能的.

于是, 应用下述公式:

$$\frac{\mathrm{i}}{2}[j^{\mu(1)}(x), j^{\nu(1)}(x')]\varepsilon(x - x')$$
$$= e^2\{\overline{\psi}^{(0)}(x)\gamma^\mu \overline{S}(x - x')\gamma^\nu \psi^{(0)}(x') + \overline{\psi}^{(0)}(x')\gamma^\nu \overline{S}(x' - x)\gamma^\mu \psi^{(0)}(x)\},$$

我们得到表达式 (25.9):

$$j^{\mu(2)}(x) = \frac{\mathrm{i}}{2}\int [j^{\mu(1)}(x), j^{\nu(1)}(x')]\varepsilon(x - x') \Phi_\nu^{(0)}(x') \mathrm{d}^4 x'. \tag{25.9}$$

因

$$\Phi_\mu^{(2)}(x) = \int D^{\text{ret}}(x - x') j^{\mu(2)}(x') \mathrm{d}^4 x',$$

则

$$\Phi_\mu^{(2)}(x) = \frac{i}{2} \int d^4x' \int d^4x'' D^{ret}(x-x') \cdot$$
$$[j^{\mu(1)}(x'), j^{\nu(1)}(x'')]\varepsilon(x'-x'')\Phi_\nu^{(0)}(x''), \tag{25.10}$$

和

$$\Phi_\nu^{(1)}(x) = \int D^{ret}(x-x')j^{\nu(1)}(x')d^4x'$$
$$= \int \overline{D}(x-x')j^{\nu(1)}(x')d^4x',$$

这是由于, 和上述一样, 我们考虑到:

$$\int D(x-x')j^{\nu(1)}(x')d^4x' = 0.$$

现在, 我们来讨论重正化势 $\Phi_\mu^R(x)$. 则按照电荷重正化的定义, 有

$$\Phi_\mu^{R(2)}(x) = \frac{i}{2} \int d^4x' \int d^4x'' D^{ret}(x-x')\{[j^{\mu(1)}(x'), j^{\nu(1)}(x'')] -$$
$$\langle[j^{\mu(1)}(x'), j^{\nu(1)}(x'')]\rangle_0\}\varepsilon(x'-x'')\Phi_\nu^{(0)}(x''). \tag{25.11}$$

注: 在电荷重正化中, 因子 2 不是唯一确定的困难是不重要的, 因为我们的目的既不是 $\Phi_\mu^{(2)}$, 也不是重正化, 而只是差值 $\Phi_\mu^{R(2)}$, 它是确定的, 而且是有意义的.

形式上,

$$\frac{i}{2} \int d^4x' \int d^4x'' D^{ret}(x-x')\langle[j^{\mu(1)}(x'), j^{\nu(1)}(x'')]\rangle_0 \cdot \varepsilon(x'-x'')\Phi_\nu^{(0)}(x'')$$
$$= +\int d^4x' D^{ret}(x-x')j^{\mu pol}(x').$$

(见 §8, 那里, 场 $\mathscr{A}_\mu$ 不是量子化的, 但在形式上没有差异.)

于是, 对 $j^{\mu pol}$ 有:

$$j^{\mu pol}(x) = -2\gamma\Box\Phi_\nu^{(0)} + c_1\Box\Box\Phi_\nu^{(0)} + \cdots,$$

其中 $\gamma + 1 = e/e_0$. 因为 $\Phi_\nu^{(0)}$ 是辐射场 ($\Box\Phi_\nu^{(0)} = 0$), 我们肯定可以舍去高次项. 但是, 第一项是 $0/0$ 形式的不确定项, 这在动量空间中最容易看出. 因为 $\Box D^{ret}(x) = -\delta^4(x)$, 用部分积分法作形式估计, 得,

$$j^{\mu pol}(x) \sim 2\gamma\Phi_\mu^{(0)}(x).$$

如前所述, 因子 2 不是唯一确定的. 但是, 由此得出的结论是一样的, 正如我们已经指出的, $\Phi_\mu^{R(2)}$ 是唯一确定的.

因此, 我们有

$$\Phi_\mu^R(x) = \Phi_\mu^{(0)}(x) + \int \overline{D}(x - x') j^{\mu(1)}(x') \mathrm{d}^4 x' +$$

$$\frac{\mathrm{i}}{2} \int \mathrm{d}^4 x' \int \mathrm{d}^4 x'' D^{\mathrm{ret}}(x - x') ([j^{\mu(1)}(x'), j^{\nu(1)}(x'')] -$$

$$\langle [j^{\mu(1)}(x'), j^{\nu(1)}(x'')] \rangle_0) \varepsilon(x' - x'') \Phi_\nu^{(0)}(x'').$$

那么, 最感兴趣的是 $\Phi_\mu^R(x)$ 的对易子的真空期待值:

$$\langle [\Phi_\mu^R(x), \Phi_\mu^R(x')] \rangle_0.$$

它由二次项加上,

$$\mathrm{i} \delta_{\mu\nu} D(x - x')$$

零次项组成.

注: 这只是在规范不变表达式中才是正确的.

由于重正化, 来自

$$\langle [\Phi_\mu^{R(0)}(x), \Phi_\nu^{R(2)}(x')] \rangle_0$$

中的二次项贡献正好为零. 在真空期待值中, 两个电流对易子直接抵消. 只留下

$$\langle [\Phi_\mu^R(x), \Phi_\nu^R(x')] \rangle_0^{(2)} = \langle [\Phi_\mu^{(1)}(x), \Phi_\nu^{(1)}(x')] \rangle_0,$$

或

$$\langle [\Phi_\mu^R(x), \Phi_\nu^R(x')] \rangle_0^{(2)} = \int \mathrm{d}^4 x'' \int \mathrm{d}^4 x''' \overline{D}(x - x'') \cdot$$

$$\langle [j^{\mu(1)}(x''), j^{\nu(1)}(x''')] \rangle_0 \overline{D}(x'' - x'''). \tag{25.12}$$

在动量空间中, 我们定义:

$$\mathrm{i} \langle [\Phi_\mu^R(x), \Phi_\nu^R(x')] \rangle_0^{(2)}$$

$$= \left(\frac{1}{2\pi} \right)^4 \int \exp[\mathrm{i} p(x - x')] \Gamma_{\mu\nu}(p) \mathrm{d}^4 p. \tag{25.13}$$

而且, 在方程 (7.5) 中, 我们有

$$\langle [j^{\mu(1)}(x''), j^{\nu(1)}(x''')] \rangle_0 \equiv -2\mathrm{i} e^2 K_{\mu\nu}(x'' - x''')$$

$$= -\frac{2\mathrm{i} e^2}{(2\pi)^4} \int \exp[\mathrm{i} p(x'' - x''')] K_{\mu\nu}(p) \mathrm{d}^4 p.$$

因为坐标空间公式只包含褶积, 所以动量空间关系式只是一个乘积:

$$\Gamma_{\mu\nu}(p) = +2 e^2 \frac{1}{(p^2)^2} \cdot K_{\mu\nu}(p). \tag{25.14}$$

由方程 (7.11) 和 (10.1) 得到 $K_{\mu\nu}(p)$:

$$K_{\mu\nu}(p) = \mathrm{i}\varepsilon(p)(p_\mu p_\nu - \delta_{\mu\nu}p^2)K(p^2),$$

$$K(p^2) = \begin{cases} \dfrac{1}{4\pi} \cdot \dfrac{-p^2 + 2m^2}{-3p^2}\sqrt{\dfrac{4m^2 + p^2}{p^2}}, & p^2 < -4m^2 \\ 0, & \text{除上述条件外.} \end{cases}$$

正比于 $p_\mu p_\nu$ 的项对规范不变量无贡献, 因此, 这些项实际上是无物理意义的. 例如, 我们可以考虑场强度,

$$\mathrm{i}\langle[F_{\mu\rho}^R(x), F_{\nu\sigma}^R(x')]\rangle_0^{(2)} = \left(\frac{1}{2\pi}\right)^4 \int \exp[\mathrm{i}p(x-x')]\Gamma_{\mu\rho\nu\sigma}(p)\mathrm{d}^4p, \qquad (25.15)$$

$$\Gamma_{\mu\rho\nu\sigma}(p) = p_\mu p_\nu \Gamma_{\rho\sigma}(p) - p_\nu p_\rho \Gamma_{\mu\sigma}(p) - p_\mu p_\sigma \Gamma_{\rho\nu}(p) + p_\rho p_\sigma \Gamma_{\mu\nu}(p),$$

并且立即看出, 在 $\Gamma_{\mu\nu}(p)$ 中舍去了正比于 $p_\mu p_\nu$ 的项. 因而, 留下,

$$\begin{aligned} \Gamma_{\mu\rho\nu\sigma}(p) &= \frac{2e^2}{(p^2)^2}(p_\mu p_\nu \delta_{\rho\sigma} - p_\nu p_\rho \delta_{\mu\sigma} - \\ &\quad p_\mu p_\sigma \delta_{\rho\nu} + p_\rho p_\sigma \delta_{\mu\nu})(-p^2)K(p^2), \end{aligned} \qquad (25.16)$$

$$= -\frac{2e^2}{p^2}K(p^2)[p_\mu p_\nu \delta_{\rho\sigma} - p_\nu p_\rho \delta_{\mu\sigma} - p_\mu p_\sigma \delta_{\rho\nu} + p_\rho p_\sigma \delta_{\mu\nu}]. \quad (25.17)$$

我们将继续用非规范不变量进行计算, 并在计算中简单地舍去 $p_\mu p_\nu$ 项.

关于正则形式:

$$\begin{aligned} &\mathrm{i}\langle[\dot{\Phi}_\mu(\boldsymbol{x}, t), \Phi_\nu(\boldsymbol{x}', t)]\rangle_0^{(2)} \\ &= \left(\frac{1}{2\pi}\right)^3 \int \gamma_{\mu\nu}(\boldsymbol{p})\exp[\mathrm{i}\boldsymbol{p}\cdot(\boldsymbol{x} - \boldsymbol{x}')]\mathrm{d}^3p, \end{aligned} \qquad (25.18)$$

其中,

$$\gamma_{\mu\nu}(\boldsymbol{p}) = \frac{1}{2\pi}\int_{-\infty}^{+\infty}(-\mathrm{i}p_0)\Gamma_{\mu\nu}(p)\mathrm{d}p_0. \qquad (25.19)$$

若舍去 $p_\mu p_\nu$ 项, 则

$$\Gamma_{\mu\nu}(p) = \delta_{\mu\nu}\cdot\Gamma(p), \qquad (25.20)$$

这导致

$$\gamma_{\mu\nu}(\boldsymbol{p}) = -\frac{\mathrm{i}}{2\pi}\delta_{\mu\nu}\int_{-\infty}^{+\infty}p_0\Gamma(p)\mathrm{d}p_0. \qquad (25.21)$$

注: 为了严格起见, 我们可以改用场强度进行计算, 并考虑:

$$\begin{aligned} &\mathrm{i}\langle[E_x(\boldsymbol{x}', t), H_y(\boldsymbol{x}', t)]\rangle_0^{(2)} \\ &= \left(\frac{1}{2\pi}\right)^3 \cdot \frac{-\mathrm{i}}{(2\pi)}\int \mathrm{i}p_3 \mathrm{d}^3p \int_{-\infty}^{+\infty} p_0\Gamma(p)\exp[\mathrm{i}\boldsymbol{p}\cdot(\boldsymbol{x} - \boldsymbol{x}_0)]\mathrm{d}p_0. \end{aligned} \qquad (25.22)$$

在我们的考虑中, 这不产生本质变化, 因为, 如果我们对照零次项:

$$i\langle[\dot{\Phi}_\mu(\boldsymbol{x},t),\Phi_\nu(\boldsymbol{x}',t)]\rangle_0^{(0)} = \delta_{\mu\nu}\delta^3(\boldsymbol{x}-\boldsymbol{x}')$$
$$= \left(\frac{1}{2\pi}\right)^3\delta_{\mu\nu}\int\exp[\mathrm{i}\boldsymbol{p}\cdot(\boldsymbol{x}-\boldsymbol{x}')]\mathrm{d}^3p$$

和

$$i\langle[E_x(\boldsymbol{x},t),H_y(\boldsymbol{x}',t)]\rangle_0^{(0)} = \frac{\partial}{\partial z}\delta^3(\boldsymbol{x}-\boldsymbol{x}')$$
$$= \left(\frac{1}{2\pi}\right)^3\int\mathrm{i}p_3\exp(\mathrm{i}\boldsymbol{p}\cdot(\boldsymbol{x}-\boldsymbol{x}'))\mathrm{d}^3p,$$

于是, 我们看出, 由零次项插入因子:

$$\gamma(\boldsymbol{p}) = -\frac{\mathrm{i}}{2\pi}\int_{-\infty}^{+\infty}p_0\Gamma(p)\mathrm{d}p_0 \tag{25.23}$$

得到二次项, 对场强度是这样, 对于势也是这样. 我们将指出, 这因子是常数:

$$\gamma(\boldsymbol{p}) = \frac{-\mathrm{i}}{2\pi}\int_{-\infty}^{+\infty}p_0\Gamma(p)\mathrm{d}p_0$$
$$= \frac{2e^2}{4\pi}\cdot\frac{1}{2\pi}\int_{p^2<-4m^2}p_0\varepsilon(p_0)\cdot\frac{1}{p^2}\cdot\frac{-p^2+2m^2}{-3p^2}\sqrt{\frac{p^2+4m^2}{p^2}}\mathrm{d}p_0.$$

因为

$$p_0\cdot\varepsilon(\boldsymbol{p}) = |p_0|$$

和

$$z = -(p^2+4m^2) > 0,$$

则

$$\gamma(\boldsymbol{p}) = \frac{e^2}{4\pi^2}\cdot\frac{1}{3}\int_0^\infty\frac{z+6m^2}{(z+4m^2)^2}\sqrt{\frac{z}{z+4m^2}}\mathrm{d}z, \tag{25.24}$$

这是对数型发散常数. 我们进行规则化:

$$\gamma(\boldsymbol{p}) = \gamma(\boldsymbol{p};m) - \gamma(\boldsymbol{p};M).$$

令 $z = 4m^2u$ 和

$$\gamma_z(\boldsymbol{p}) = \frac{e^2}{4\pi^2}\cdot\frac{1}{3}\int_0^z\mathrm{d}z\cdots.$$

于是,

$$\gamma_z(\boldsymbol{p}) = \frac{e^2}{4\pi^2} \cdot \frac{1}{3} \int_0^{z/4m^2} \frac{u + \dfrac{2}{3}}{(u+1)^2} \sqrt{\frac{u}{u+1}} \mathrm{d}u$$

$$z \gg 4m^2, 4M^2,$$

$$\widetilde{\gamma}(\boldsymbol{p}) = \frac{e^2}{4\pi^2} \cdot \frac{1}{3} \int_{z/4M^2}^{z/4m^2} \frac{u + \dfrac{2}{3}}{(u+1)^2} \sqrt{\frac{u}{u+1}} \mathrm{d}u.$$

且因 $e^2/4\pi = \alpha$,

$$\widetilde{\gamma}(\boldsymbol{p}) \cong \frac{\alpha}{3\pi} \int_{z/4M^2}^{z/4m^2} u^{-1} \mathrm{d}u + O(1) = \frac{\alpha}{3\pi} \log \frac{M^2}{m^2} + O(1),$$

所以

$$\widetilde{\gamma}(\boldsymbol{p}) = -2\gamma. \tag{25.25}$$

其中

$$\gamma = \frac{\alpha}{3\pi} \log \frac{m}{M}.$$

(戴森–费曼重正化). 于是,

$$\mathrm{i}\langle[\dot{\varPhi}_\mu(\boldsymbol{x}, t), \varPhi_\nu(\boldsymbol{x}', t)]\rangle_0 = \left(\frac{1}{2\pi}\right)^3 \delta_{\mu\nu} \int \chi(\boldsymbol{p}) \exp[\mathrm{i}\boldsymbol{p}\cdot(\boldsymbol{x}-\boldsymbol{x}')]\mathrm{d}^3p,$$

其中

$$\chi(\boldsymbol{p}) = 1 + \gamma(\boldsymbol{p}) + \cdots = 1 - 2\gamma + \cdots,$$

这是一种验证, 虽然在物理学上不是意味深长的. $\varGamma(p^2)$ 是有限的, 这点是本质的; 即,

$$\mathrm{i}\langle[\varPhi_\mu^R(x), \varPhi_\nu^R(x')]\rangle_0^{(2)}$$
$$= \delta_{\mu\nu}\left(\frac{1}{2\pi}\right)^4 \int \exp[\mathrm{i}p(x-x')]\varGamma(p^2)\mathrm{d}^4p,$$

由于有了有限的 $\varGamma(p^2)$, 对非重正化场将得到:

$$\mathrm{i}\langle[\varPhi_\mu(x), \varPhi_\nu(x')]\rangle_0^{(2)}$$
$$= \delta_{\mu\nu}\left(\frac{1}{2\pi}\right)^4 \int \exp[\mathrm{i}p(x-x')][\varGamma(p^2) + 2\gamma\varepsilon(p)\delta(p^2+m^2)]\mathrm{d}^4p,$$

这是无穷大. 因为取 $(t = t')$ 的方法是不正确的, 所以得到一个发散的结果. 相反地, 如果 G 和 G' 是四维体积 (或有锐边界, 或无锐边界), 则

$$\mathrm{i}\left\langle\left[\int_G \varPhi_\mu^R(x)\mathrm{d}^4x, \int_{G'} \varPhi_\nu^R(x')\mathrm{d}^4x'\right]\right\rangle_0^{(2)}$$
$$= \delta_{\mu\nu} \int G(p)G(-p)\varGamma(p)\mathrm{d}^4p, \tag{25.26}$$

其中因子 G 使得积分收敛, 如果体积在时间坐标轴中是有限的话. (甚至当锐边界时).

注: (1) 可以合理地假定——虽然我们没有证明它——对于自旋为零的粒子, 类似的关系式也成立.

(2) 戴森指望作普遍证明: 对任何一个任意级近似, 同样的结果是正确的. [A–7]

(3) 对于电流, 而不是场, 可以实现有点类似的过程[1].

---

[1] G. KÄLLEN, *Helv, Phys, Acta* **25**, 417 (1952).

第六章

S 矩阵: 应用

§26.　S 矩阵和截面的关系

为了将戴森公式应用于截面, 我们写过 (方程 (22.5)):

$$U(-\infty, t) = 1 + \int_{-\infty}^{t} W(t') \mathrm{d}t'.$$

用与 H_0 对易的变量 q, 我们写了 (方程 (22.6)):

$$(q_e|W(t)|q_\alpha) = \frac{1}{2\pi}(q_e|R|q_a)\exp[\mathrm{i}(\omega_e - \omega_a)t],$$

其中 $a =$ 初态, $e =$ 末态. 如已提到的, 这在一定条件下才是正确的. 于是, 单位时间内的跃迁概率为 (方程 (22.10))

$$W = |(q_e|R|q_a)|^2 \frac{\delta(\omega)}{2\pi}.$$

如果我们专门讨论自由粒子的散射, 则动量守恒必须成立. 这表明 R 包含一关于动量的 δ 函数:

$$(q_e|R|q_a) = (q_e|\overline{R}|q_a)\delta^3\left(\sum_{i=1}^{N'} \boldsymbol{p}_i^a - \sum_{i=1}^{N} \boldsymbol{p}_i^e\right) \tag{26.1}$$

其中 N' 个入射粒子的动量为 $\boldsymbol{p}_1^a, \boldsymbol{p}_2^a, \cdots, \boldsymbol{p}_{N'}^a$, 而 N 个出射粒子的动量为 $\boldsymbol{p}_1^e, \boldsymbol{p}_2^e, \cdots, \boldsymbol{p}_N^e$. 这里, 必须设想粒子的本征函数具有 δ 函数归一化:

$$\int \psi_p^*(x)\psi_{\boldsymbol{p}'}(x)\mathrm{d}^3x = \delta^3(\boldsymbol{p} - \boldsymbol{p}'). \tag{26.2}$$

但是, 在下面, 认为系统被封闭在体积为 G 的大盒中是有用的. 于是边界条件产生离散谱, 并按下式:

$$\int_G \Psi_p^*(x)\Psi_{p'}(x)\mathrm{d}^3x = \delta_{p,p'} \tag{26.3}$$

进行归一化, 其中

$$\delta_{p,p'} = \begin{cases} 0 & p \neq p', \\ 1 & p = p'. \end{cases}$$

当 $\alpha = (2\pi)^3/G$ 时, 得到 $\Psi_p = \sqrt{\alpha}\,\Psi_p$. 于是, 用这些函数计算的矩阵元成为

$$(q_e|R_G|q_a) = \alpha^{[(N+N')/2]-1}(q_e|\overline{R}|q_a)\delta_{P_a, P_e}, \tag{26.4}$$

其中

$$P_a \equiv \sum_1^{N'} p_i^a, \quad P_e \equiv \sum_1^N p_i^e.$$

关于因子 $\alpha^{[(N+N')/2]-1}$ 的注: 对每一个发射或吸收粒子出现一个因子 $\sqrt{\alpha}$; 产生 δ_{P_a, P_e} 的空间积分得出因子 α^{-1}.

下面, 我们专门讨论 $N' = 2$, 只有在这种情况中, 能够意味深长地确定一截面. 单位时间的跃迁概率是:

$$W = \frac{1}{2\pi}\cdot\alpha^N\cdot|(q_e|\overline{R}|q_a)|^2\delta_{P_a P_e}\delta(\omega). \tag{26.5}$$

注: $(\delta_{P_a, P_e})^2 = \delta_{P_a, P_e}$, 这是转变到有限体积的理由.
单位时间和单位体积的跃迁概率是,

$$w = \frac{1}{2\pi}\frac{\alpha^N}{G}|(q_e|\overline{R}|q_a)|^2\delta_{P_a, P_e}\delta(\omega_a - \omega_e). \tag{26.6}$$

现在, 我们需要详细说明初态和末态:

初态: p_1^a, p_2^a 给定.

末态: (1) p_1^e 方向上的 $\mathrm{d}\Omega$, 在这里是给定的; $|p_1^e|$ 是确定的 (根据能量守恒);

$$\mathrm{d}^3p_1^e = (p_1^e)^2\mathrm{d}p_1^e\cdot\mathrm{d}\Omega;$$

(2) 这里, p_2^e 是完全确定的 (根据动量守恒);

(3) 于是, $p_3^e, p_4^e, \cdots, p_N^e$ 位于 $\mathrm{d}^3p_3^e\mathrm{d}^3p_4^e\cdots\mathrm{d}^3p_N^e$ 中. 对于这样一种过程, 单位时间, 单位体积的跃迁概率是:

$$w = \frac{1}{2\pi}\frac{\alpha^n}{G}\Sigma|(q_e|\overline{R}|q_a)|^2\delta_{P_a, P_e}\delta(\omega_a - \omega_e), \tag{26.7}$$

其中 Σ 必须对末态在动量的整个空间区域求和. 将这求和变回到积分, 产生下列因子:

$$\left.\begin{array}{ll} (1/\alpha)^{N-2} & \text{由 } p_3^e, p_4^e, \cdots, p_N^e \text{ 产生} \\ 1/\alpha & \text{由 } p_1^e \text{ 产生} \end{array}\right\},$$

因为

$$\sum_{\boldsymbol{P}} \cdots = \frac{1}{\alpha} \int \mathrm{d}^3 p \cdots$$

于是,

$$\begin{aligned} w &= \frac{\mathrm{d}\Omega}{2\pi} \cdot \frac{(2\pi)^3}{G^2} \int \mathrm{d}p_1^e (p_1^e)^2 \delta(\omega_a - \omega_e) |\overline{R}|^2 \mathrm{d}^3 p_3^e \cdots \mathrm{d}^3 p_N^e \\ &= \frac{\mathrm{d}\Omega}{2\pi} \cdot \frac{(2\pi)^3}{G^2} \int \mathrm{d}p_1^e (p_1^e)^2 \delta(\omega_a - \omega_e) |\overline{R}|^2 \mathrm{d}^{3(N-2)} p \\ &= \frac{(2\pi)^2}{G^2} \mathrm{d}\Omega \mathrm{d}^{3(N-2)} p (p_1^e)^2 \left(\frac{\mathrm{d}p_1^e}{\mathrm{d}\omega}\right) |(q_e|\overline{R}|q_a)|^2, \end{aligned} \tag{26.8}$$

其中, 凡满足能量和动量守恒的值都必须代换.

截面的定义

作为微分截面 $\mathrm{d}\sigma$ 的定义, 我们写出:

$$w = \rho_1^a \rho_2^a |\boldsymbol{v}_1^a - \boldsymbol{v}_2^a| \cdot \mathrm{d}\sigma, \tag{26.9}$$

其中 $\rho_1^a, \rho_2^a =$ 粒子 $\boldsymbol{p}_1^a, \boldsymbol{p}_2^a$ 的密度,

$\boldsymbol{v}_1^a, \boldsymbol{v}_2^a =$ 粒子的速度.

可是, 我们有

$$\rho_1^a = \rho_2^a = \frac{1}{G}.$$

于是,

$$\mathrm{d}\sigma = \frac{(2\pi)^2}{|\boldsymbol{v}_1^a - \boldsymbol{v}_2^a|} |(q_e|\overline{R}|q_a)|^2 \cdot (p_1^e)^2 \left(\frac{\mathrm{d}p_1^e}{\mathrm{d}\omega^e}\right) \cdot \mathrm{d}\Omega \mathrm{d}^{3(N-2)} p. \tag{26.10}$$

这里

$$(q_e|S-1|q_a) = (q_e|\overline{R}|q_a) \delta(\omega_a - \omega_e) \delta^3(\boldsymbol{P}_a - \boldsymbol{P}_e).$$

§27.　戴森形式的应用: 摩勒散射

根据戴森, 对于两电子的摩勒散射, 我们得:

$$S_2 = \frac{(-\mathrm{i})^2}{2!} \int \mathrm{d}^4 x \int \mathrm{d}^4 x' P(\mathscr{H}_{\mathrm{int}}(x) \mathscr{H}_{\mathrm{int}}(x')). \tag{27.1}$$

由于

$$\mathscr{H}_{\rm int}(x) = -j^\mu \Phi_\mu = -{\rm i}e(\overline{\psi}\gamma^\mu\psi)\Phi_\mu,$$

得

$$S_2 = +\frac{e^2}{2}\int {\rm d}^4x \int {\rm d}^4x' P(\overline{\psi}\gamma^\mu\psi \cdot \overline{\psi}'\gamma^\nu\psi')P(\Phi_\mu\Phi'_\nu),$$

式中

$$\psi \equiv \psi(x), \quad \psi' \equiv \psi(x'), \text{等}.$$

因为 ψ 和 Φ 对易, 故将 P 分离为两部分.

我们考虑关于光子 P 乘积的真空期待值:

$$\langle P(\Phi_\mu\Phi'_\nu)\rangle_{\rm 0ph} = \frac{1}{2}\delta_{\mu\nu}D^C(x-x'),$$

按照戴森定理 (15.27) , 如果核满足发散条件, 自然会得到这样的积分. 事实上当然如此. 因为我们只考虑二个电子的吸收和另外二电子的发射 (施温格的 "二电子项"), 所以我们可以舍去作用于 ψ 上的 P. 于是, 因为含有 j^μ 的对易子至多是 "单电子项", 所以我们可以认为 j^μ 是对易的.

对于二自由电子的散射, 我们用平面波代替 ψ:

$$\psi(x) = \left(\frac{1}{2\pi}\right)^{\frac{3}{2}} u(\boldsymbol{p})\exp[{\rm i}(px)]a(p),$$

其中

$$(px) = \boldsymbol{p}\cdot\boldsymbol{x} - \sqrt{p^2+m^2}\cdot t, \quad a(p) = \text{吸收算符}.$$

然后将其归一化:

$$\int \psi_{\boldsymbol{p}}^*(x)\psi_{\boldsymbol{p}'}(x){\rm d}^3x = \delta^3(\boldsymbol{p}-\boldsymbol{p'})\cdot a^*(p)a(p),$$

所以

$$u^*(p)u(p) = 1.$$

至于 ψ, 我们应该用对应于不同动量的四个平面波之和来代替 (图 27.1):

$$\psi(x) = \psi_{p_1}(x) + \psi_{p_2}(x) + \psi_{p_3}(x) + \psi_{p_4}(x).$$

因为我们只想考虑这样的跃迁: 吸收 p_1 和 p_2, 发射 p_3 和 p_4, 所以我们能够更简单地写作:

$$\psi(x) = \psi_{p_1} + \psi_{p_2},$$
$$\overline{\psi}(x) = \overline{\psi}_{p_3} + \overline{\psi}_{p_4}.$$

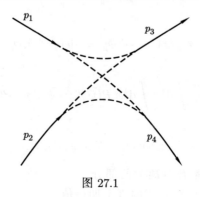

图 27.1

于是, 存在四种情况:

	ψ	ψ'	$\overline{\psi}$	$\overline{\psi}'$
1	1	2	3	4
2	2	1	3	4
3	1	2	4	3
4	2	1	4	3

在这中间, 情况 1 和 4 之间的差异, 以及 2 和 3 之间的差异只是交换积分变量. 因此, 我们能够例如限于讨论情况 1 和 2, 引入因子 2, 则

$$S_2 = \frac{e^2}{4} \cdot 2 \int \mathrm{d}^4x \int \mathrm{d}^4x' [(\overline{\psi}_3 \gamma^\mu \psi_1)(\overline{\psi}'_4 \gamma^\mu \psi'_2) + (\overline{\psi}_3 \gamma^\mu \psi_2)(\overline{\psi}'_4 \gamma^\mu \psi'_1)] D^C(x - x').$$

若以 D^C 的傅里叶表达式 (13.12):

$$D^C(x) = \frac{-2\mathrm{i}}{(2\pi)^4} \int \frac{\exp[\mathrm{i}(kx)]}{k^2 - \mathrm{i}\mu^2} \mathrm{d}^4 k.$$

代入上式, 最后令 $\mu \to 0$, 则得:

$$S_2 = \frac{-\mathrm{i}e^2}{(2\pi)^2} \int \left[\frac{(\overline{u}_3 \gamma^\mu u_1)(\overline{u}_4 \gamma^\mu u_2)}{k^2 - \mathrm{i}\mu^2} \delta^4(p_2 - p_4 + k) \cdot \delta^4(p_1 - p_3 - k) - (3 \leftrightarrow 4) \right] \mathrm{d}^4 k.$$

现在, 我们必须注意到: 由于以 δ 函数表示的能量–动量守恒, k^2 不可能是零. 本质上说, 这是因为我们用自由粒子 (平面波) 进行计算的缘故. 于是, 我们能够不考虑 $-\mathrm{i}\mu^2$ 进行积分, 而得:

$$S_2 = \frac{-\mathrm{i}e^2}{(2\pi)^2} \left[\frac{(\overline{u}_3 \gamma^\mu u_1)(\overline{u}_4 \gamma^\mu u_2)}{(p_3 - p_1)^2} - \frac{(\overline{u}_3 \gamma^\mu u_2)(\overline{u}_4 \gamma^\mu u_1)}{(p_4 - p_1)^2} \right] \cdot$$
$$\delta^4(p_1 + p_2 - p_3 - p_4). \tag{27.2}$$

根据对方程 (26.10) 的处理方法, 我们得到截面公式:

$$d\sigma = \frac{e^4}{(2\pi)^2} \cdot \frac{1}{v} |\boldsymbol{p}_3|^2 \left(\frac{d(\omega_3 + \omega_4)}{d|\boldsymbol{p}_3|} \right)^{-1} \cdot$$

$$\left| \left[\frac{(\overline{u}_3 \gamma^\mu u_1)(\overline{u}_4 \gamma^\mu u_2)}{(p_3 - p_1)^2} - \frac{(\overline{u}_3 \gamma^\mu u_2)(\overline{u}_4 \gamma^\mu u_1)}{(p_4 - p_1)^2} \right] \right|^2 d\Omega. \tag{27.3}$$

注: 我们用了赫维赛德单位. 则 $e^2 = 4\pi/137$.

§28. D^C 函数的讨论[①]

在摩勒散射中, D^C 函数的特性是不重要的, 因为, 由于不存在粒子之间的作用力, 在 $k^2 = 0$ 时的奇异性完全不是本质的. 但是如果我们, 例如, 取外静止场中的稳定解作为 ψ, 这种特征就不出现, 因而我们能够认出 D^C 函数的物理上重要的性质.

于是, 令

$$\psi(x) = u_n(\boldsymbol{x}) \exp[-i\omega t] \cdot a(\omega) +$$
$$v_n^*(\boldsymbol{x}) \exp[+i\omega' t] \cdot a^*(\omega'), \omega, \omega' > 0.$$

本质是, 吸收伴有 $\exp[-i\omega t]$ 项, 发射伴有 $\exp[+i\omega t]$ 项, 当然, 对 $\overline{\psi} = \psi^* \gamma^4$, 这也是正确的. 其中

$$\psi^*(x) = u_n^*(\boldsymbol{x}) \exp[+i\omega t] \cdot a^*(\omega) +$$
$$v_n(\boldsymbol{x}) \exp[-i\omega' t] \cdot a(\omega'),$$

而且, 对于任意场都是普遍正确的.

现在, 我们必须考虑这样的过程, 跃迁出现在明显分开的时空区域 V_x 和 V_y. 我们想要验证下面说法是否正确: 如果带电粒子的能量在 V_x 中增加 ω_0, 又如果在 V_y 中能量减少, 那么 V_x 在时间上比 V_y 迟: $t_x > t_y$. 显然, 这是指先发射光子而后又吸收光子. 于是, 根据测不准关系, 在 V_x 中能量的增量 ω_0 的测不准量 $\Delta\omega$, 大于 $1/T$, 其中 T 是 V_x 的时间延伸 (图 28.1):

$$\Delta\omega > \frac{1}{T}.$$

另一方面, 必须是 $\Delta\omega \ll \omega_0$, 因为否则能量改变的符号将不确定, 因而, 仅当

$$T\omega_0 \gg 1 \tag{28.1}$$

[①] M. FIERZ. *Helv. Phys. Acta* **23**, 731 (1950).

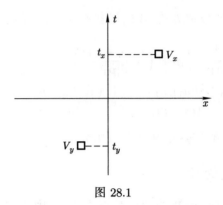

图 28.1

时, 同时指出 $\omega_0 > 0$ 和 $t_x > t_y$ 才是有意义的. 根据 §27 所述, 由于在 V_x 和 V_y 中跃迁所引起的那部分 S 矩阵是:

$$\text{常数} \times \int_{V_x} \mathrm{d}^4x \int_{V_y} \mathrm{d}^4y (\overline{\psi}(x)\gamma^\mu\psi(x)) D^C(x-y)(\overline{\psi}(y)\gamma^\mu\psi(y)).$$

现在我们认为这些过程: (1) 在 V_x 中, 物质能量增加, (2) 在 V_y 中, 物质能量减少, 而且还要证明, 在基本不等式 (28.1) 的限制下, 1 必须比 2 迟. 这就是日内瓦学派所谓的 "因果性"[1].

对于 V_x, 我们写作:

$$\overline{\psi}(x)\gamma^\mu\psi(x) \sim a_1 a_2^* \rho_\mu(\boldsymbol{x}) \exp\left[+\mathrm{i}\omega_0 t - \frac{t^2}{T^2}\right];$$
$$\omega_0 \equiv \omega_2 - \omega_1 > 0.$$

这里, $\exp[-t^2/T^2]$ 是在时间方向上限制 V_x 的函数; 空间部分由 $\rho(x)$ 表示. V_x 的中心时间点标准化为 $t = 0$. 当然, 因子

$$\exp[+\mathrm{i}\omega_0 t - t^2/T^2]$$

也包含负频率; 它的傅里叶分析示于图 28.2.

因为 $\omega_0 T \gg 1$, 曲线是很窄的, 所以它的负傅里叶振幅是任意地小. 而且, 我们有 (参较方程 (13.15)):

$$D^C = -2\mathrm{i}[(D^{\mathrm{adv}})^- + (D^{\mathrm{ret}})^+].$$

$(D^{\mathrm{adv}})^-$ 容易去掉, 它只包含时间因子 $\exp[+\mathrm{i}\omega t]$, 所以整个结果是 $\exp[+\mathrm{i}(\omega_0 + \omega)t_x]$. 因为 $T \gg 1/\omega_0$, 这些时间因子对积分几乎不作贡献. 因为只有 $(D^{\mathrm{ret}})^+$,

[1] E. C. G. STUECKELBERG and D. RIVIER, *Helv. Phys. Acta* **23**, 215, (1950).

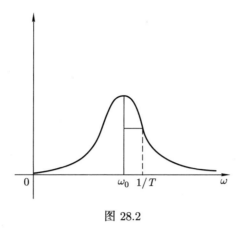

图 28.2

所以积分变为:

$$\int \mathrm{d}^3 x \rho_\mu(\boldsymbol{x}) \int \mathrm{d}t_x \int_{V_y} \mathrm{d}^4 y \frac{1}{8\pi r} \left[\delta(r + t_y - t_x) + \frac{\mathrm{i}}{\pi(r + t_y - t_x)}\right] \cdot$$
$$\exp\left[\mathrm{i}\omega_0 t_x - \frac{t_x^2}{T^2}\right] \cdot (\overline{\psi}(y)\gamma^\mu\psi(y)),$$

式中 $r = |\boldsymbol{x} - \boldsymbol{y}|$, 并将指出, 与 δ 函数项相比较, 我们能够忽略

$$\mathrm{i}/(\pi(r + t_y - t_x)).$$

于是, $t_x - t_y = r > 0$, 所以 $t_x > t_y$. 证毕. 于是得到:

$$\int \mathrm{d}^3 x \rho_\mu(\boldsymbol{x}) \int_{V_y} \mathrm{d}^4 y \frac{1}{4\pi r} \exp\left[\mathrm{i}\omega_0(t_y + r) - \left(\frac{t_y + r}{T}\right)^2\right] \cdot (\overline{\psi}(y)\gamma^\mu\psi(y)),$$

这描述在时刻 $t_y = -r \pm T$ 的一个过程; 即根据测不准关系的要求, 描述误差为 $\pm T$ 的一个 "光锥上的信号".

此外, 因 V_y 比 V_x 早,

$$|t_y| > T, \quad \text{所以 } r > T,$$

并且

$$r\omega_0 \gg 1.$$

这就是说, V_x 位于 V_y 的波区中, "因果性" 概念只在波区中有意义.

现在, 我们能够容易地指出, 被忽略项 $\mathrm{i}/[\pi(r + t_y - t_x)]$ 变为 $\sim 1/r^2$, 因此, 其贡献为 δ 函数项的 $\sim 1/r\omega_0$ 倍, 这是忽略这一项的第一个原因. 这种情况下

是对于自由辐射场 (实光子) 的一个证明. 为此, 我们需要束缚粒子, 以保证能量和动量守恒不禁止实光子的发射.

形式上, 我们还能够以稍为不同的形式将 D^C 写成:

$$D^C = -2\mathrm{i}(D^{\mathrm{ret}} + (D^{\mathrm{adv}})^- - (D^{\mathrm{ret}})^-)$$
$$= -2\mathrm{i}(D^{\mathrm{ret}} + \overline{D^-}),$$

第二项仍然只产生时间因子:

$$\int_{-\infty}^{+\infty} \exp[+\mathrm{i}\omega t] \exp\left[+\mathrm{i}\omega_0 t - \frac{t^2}{T^2}\right] \mathrm{d}t_x,$$

这是很小的. 第一项恰好是上面考虑的 δ 函数项. 于是, 对于忽略 $\mathrm{i}/(\pi(r + t_y - t_x))$, 我们有第二种证明. 还可以看出, 由 (28.1) 关系式得到, 上述积分是些微的, 这在前面已经用来忽略 $(D^{\mathrm{adv}})^-$, 而且这是与这样的项没有波区的事实等同的.

我们仅特别考虑了摩勒散射中光子的关系式, 当然, 这是没有本质意义的. 重要的是, D^C 与它的复共轭相比, 具有正确的 "因果性".

§29.　在均匀外电磁场中的电子自具能

由于电子与辐射场耦合, 在现在的理论形式中, 对于电子提供一发散的自具能 (self-energy) 密度, 其形式为:

$$\mathscr{H}_S = \delta m \cdot \overline{\psi}(x)\psi(x).$$

由克拉默斯[①] 首先提出, 但仅在最近几年才牢靠地实现的质量重正化思想是, 人们不能用实验方法, 从机械质量 m 中分离 δm; 于是, 人们必须认为 $m + \delta m$ 是与实验测量的电子质量等同的. 实际上, 这意味着凡包含 $m + \delta m$ 的所有各项中, δm 简单地被忽略. 原则上说, δm 是发散量不一定碍事. δm 的发散性只有一个效应, 即关于洛伦兹变换的变换特性不再是确定的了; 这就是说, 我们不能断定 δm 是否是标量, 所以, 规定忽略这些项首先是不明确的. 质量重正化手续只有包括合适的附加说明 (规则化) 时才变成唯一的.

这种 "质量重正化" 思想和类似的 "电荷重正化" (见 §12) 一起, 加上合适的规则化规定, 足以允许对物理观察量, 由理论得出合理的结果. 这里, 我们将以 e^2 阶近似, 计算在均匀外电磁场中的自具能, 直至那些场强度的线性项. 我

---

① H. A. KRAMERS, *Rapports du 8e Conseil Solvay*, 1948 (R. Stoops, Brussels, 1950) p. 241.

们将看到, 首先出现这样一个发散的、与场无关的 δm 项. 此外, 也存在一有限的、与场成正比的项, 其形式为:

$$M = \frac{1}{2} \sum_{\mu\nu} F_{\mu\nu} \sigma_{\mu\nu}. \tag{29.1}$$

其中

$$\sigma_{\mu\nu} = \begin{cases} -\mathrm{i}\gamma^\mu \gamma^\nu & (\mu \neq \nu) \\ 0 & (\mu = \nu) \end{cases}$$

是自旋算符, 并且

$$F_{\mu\nu} = \frac{\partial \mathscr{A}_\nu}{\partial x^\mu} - \frac{\partial \mathscr{A}_\mu}{\partial x^\nu}$$

是外场. 即有

$$\mathscr{H}_s(x) = (\overline{\psi}(x)\delta m\psi(x)) + C(\overline{\psi}(x)M\psi(x)),$$

其中

$$C = -\frac{e}{4m}\frac{e^2}{4\pi^2}. \tag{29.2}$$

M 项表示一可观察效应, 即电子的一项附加磁矩, 它与玻尔磁子有些不同, 其结果为:

$$\mu_{\mathrm{el}} = \left(1 + \frac{\alpha}{2\pi}\right)\mu_{\mathrm{B}}. \tag{29.3}$$

其中

$$\mu_{\mathrm{B}} = \frac{e}{2m}, \quad \text{是玻尔磁子},$$

$$\alpha = \frac{e^2}{4\pi} \simeq \frac{1}{137}, \quad \text{是精细结构常数}.$$

也可以说, 电子的 g 因子是:

$$g_{\mathrm{el}} = 2\left(1 + \frac{\alpha}{2\pi}\right). \tag{29.4}$$

因此, 在 $\mathscr{H}_s(x)$ 中, 我们认真地取与场有关的项, 而把无物理意义的项归咎于与场无关的项 $\delta m\overline{\psi}\psi$, 因为它总是出现在 $(m + \delta m)$ 的组合中. 对我们来说, 这意味着正是从一开始, 我们就用了不正确的质量.

注: (1) 戴森证明了重正化概念对微扰论各级近似都是有效的[1].

(2) 可惜到目前为止, 还不能实现不依靠微扰论的重正化概念 [A-8].

这里, 我们不按照施温格的原始推导, 而是根据日亥钮和维拉斯[2]的工作. 这工作从修正的 Δ 函数和 S 函数着手, 这些函数描述有外场存在时的对易关系式. (当然, 由于存在电磁场, D 函数不变.)

---

[1] F. J. DYSON, *Phys. Rev.* **75**, 1736 (1949).

[2] J. GÉHÉNIAU and F. VILLARS. *Helv. Phys. Acta.* **23**, 179 (1950).

修正的函数必须满足有外场的方程, 和无外场的初始条件:

$$(\gamma^\mu d_\mu + m) \left. \begin{cases} S(x,x') \\ S^1(x,x') \end{cases} \right\} = 0 \\ (\gamma^\mu d_\mu + m)\overline{S}(x,x') = -\delta^4(x-x') \left. \right\} , \tag{29.5}$$

其中,

$$d_\mu \equiv \frac{\partial}{\partial x^\mu} - \mathrm{i}e\mathscr{A}_\mu.$$

注: 函数不再是只与自变数的差值 $(x - x')$ 有关.

由

$$S^{(\cdots)} = (\gamma^\mu d_\mu - m)\Delta^{(\cdots)},$$

得:

$$(d_\mu d_\mu - m^2 + eM)\Delta = 0 \\ (d_\mu d_\mu - m^2 + eM)\Delta^1 = 0 \\ (d_\mu d_\mu - m^2 + eM)\overline{\Delta} = -\delta^4(x-x') \left. \right\} . \tag{29.6}$$

在只考虑线性外场的近似中, 其解可立即写作:

$$\Delta^{(\cdots)}(x,x') = \left[\Delta^{(\cdots)}(x-x') - \frac{\partial \Delta^{(\cdots)}(x-x')}{\partial m^2} eM \right] \cdot \\ \exp[\mathrm{i}ef(x,x')], \tag{29.7}$$

其中 $f(x,x')$ 可以给出各种表式. 这里, 我们选择势的一种特殊规范:

$$F_{\mu\nu} = 常数.$$

于是我们能够选择:

$$\mathscr{A}_\mu(x) = -\frac{1}{2} F_{\mu\nu} x^\nu. \tag{29.8}$$

然后令 $\xi = x' - x$, 而且

$$f(x,x') = -\int_x^{x+\xi} \mathscr{A}_\nu(x'')\mathrm{d}x''^\nu, \tag{29.9}$$

其中积分是沿着直线:

$$x'' = x + \lambda\xi$$

进行的. 因为

$$F_{\mu\nu} = -F_{\nu\mu},$$

$$\left.\begin{aligned}
f(x, x') &= -\xi^\nu \int_0^1 \mathscr{A}_\nu(x + \lambda\xi)\mathrm{d}\lambda \\
&= +\frac{1}{2} F_{\nu\rho}\xi^\nu \int_0^1 (x^\rho + \lambda\xi^\rho)\mathrm{d}\lambda \\
&= +\frac{1}{2} F_{\nu\rho}x^\rho\xi^\nu = +\frac{1}{2} F_{\nu\rho}x^\rho x'^\nu = -\frac{1}{2} F_{\nu\rho}x^\nu x'^\rho
\end{aligned}\right\} \tag{29.10}$$

注: 在我们的近似中, 当然能够用 $(1 + \mathrm{i}ef)$ 代替 $\exp[\mathrm{i}ef]$. 但是, 当转换到动量空间时, 采用指数形式将证明是适宜的.

于是, 容易得出:

$$S^{(\cdots)}(x, x') = (\gamma^\nu d_\nu - m)\Delta^{(\cdots)}(x, x'),$$

$$\begin{aligned}
S^{(\cdots)}(x, x') = \exp[\mathrm{i}ef(x, x')] &\left(\gamma^\mu \frac{\partial}{\partial x^\mu} - m\right) \cdot \\
&\left[\Delta^{(\cdots)}(x - x') - \frac{\partial \Delta^{(\cdots)}(x - x')}{\partial m^2} eM\right] + \\
&\mathrm{i}\frac{e}{2}\Delta^{(\cdots)}(x - x')F_{\alpha\beta}\gamma^\alpha(x^\beta - x'^\beta).
\end{aligned} \tag{29.11}$$

下面的工作是导出自具能的普遍表式. 我们采用戴森形式. 令 $\Phi_\mu(x)$ 是量子化辐射场 [和外场 $\mathscr{A}_\mu(x)$ 不同], 且令 ψ 和 $\overline{\psi}$ 是有外场存在时的电子场和正电子场. 于是, 根据戴森, 有

$$\begin{aligned}
S^{(2)} &= \frac{(-\mathrm{i})^2}{2} \int \mathrm{d}^4x \int \mathrm{d}^4x' P\{j^\mu(x)j^\nu(x')\Phi_\mu(x)\Phi_\nu(x')\} \\
&= \frac{(-\mathrm{i})^2}{2} \int \mathrm{d}^4x \int \mathrm{d}^4x' P(j^\mu j'^\nu)P(\Phi_\mu\Phi'_\nu).
\end{aligned}$$

在上式中, 我们取光子真空和电子的 "单粒子项"(即取在初态和末态中粒子数平均值是 1 的那些项), 得

$$S^{(2)}_{\substack{1\mathrm{el} \\ 0\mathrm{ph}}} = -\frac{1}{2} \cdot \frac{1}{2} \int \mathrm{d}^4x \int \mathrm{d}^4x' \langle P(j^\mu j'^\nu)\rangle_{1\mathrm{el}} D^C(x - x'),$$

$$\langle P(j^\mu j'^\nu)\rangle_{1\mathrm{el}} = -e^2 \langle P(\overline{\psi}\gamma^\mu\psi \cdot \overline{\psi}'\gamma^\mu\psi')\rangle_{1\mathrm{el}}.$$

在建立单粒子项时, 我们必须原封不动地保留具有不同自变数的每一对 $\overline{\psi}\psi$; 保留下来的具有不同自变数的成对儿真空期待值必须集合在一起 (具有相同自变数的未集合在一起的项代表在 $j^\mu = \overline{\psi}\gamma^\mu\psi$ 表式中被忽略了的真空电流减法), 于是

$$\langle P(\overline{\psi}\gamma^\mu\psi \cdot \overline{\psi}'\gamma^\mu\psi')\rangle_{1\mathrm{el}} = +\frac{1}{2} P(\overline{\psi}'\gamma^\mu\varepsilon(x' - x)S^C(x', x)\gamma^\mu\psi + (x \leftrightarrow x')).$$

如果注意到符号, 则 P 可以舍去——这恰好消去 ε. (因此, 被忽略的项不再是单粒子型.) 于是

$$(-e^2)\langle P(\overline{\psi}\gamma^\mu\psi \cdot \overline{\psi}'\gamma^\mu\psi')\rangle_{1\text{el}} = +\frac{e^2}{2}P(\overline{\psi}'\gamma^\mu S^C(x',x)\gamma^\mu\psi' + (x \leftrightarrow x)).$$

所以

$$S^{(2)}_{\substack{1\text{el}\\0\text{ph}}} = -\frac{e^2}{8}\int \mathrm{d}^4x \int \mathrm{d}^4x'\{\overline{\psi}(x')\gamma^\mu S^C(x',x)D^C(x'-x)\gamma^\mu\psi(x) + \overline{\psi}(x)\gamma^\mu S^C(x,x')D^C(x-x')\gamma^\mu\psi(x')\},$$

或

$$S^{(2)}_{\substack{1\text{el}\\0\text{ph}}} = -\frac{e^2}{4}\int \mathrm{d}^4x \int \mathrm{d}^4x'(\overline{\psi}(x')\gamma^\mu S^C(x',x) \cdot D^C(x'-x)\gamma^\mu\psi(x)). \tag{29.12}$$

现将 $S^{(2)}$ 分成实数部分和虚数部分, 只有虚数部分是自具能形式 (见下述):

$$\left.\begin{aligned}
(S^{(2)}_{\cdots})_I &= +\mathrm{i}\frac{e^2}{2}\int \mathrm{d}^4x \int \mathrm{d}^4x'(\overline{\psi}(x)\gamma^\mu[S^1(x,x')\overline{D}(x-x')+ \\
&\quad \overline{S}(x,x')D^1(x-x')]\gamma^\mu\psi(x') \\
(S^{(2)}_{\cdots})_R &= -\frac{e^2}{2}\int \mathrm{d}^4x \int \mathrm{d}^4x'(\overline{\psi}(x)\gamma^\mu\Big[\frac{1}{2}S^1(x,x')D^1(x-x')- \\
&\quad 2\overline{S}(x,x')\overline{D}(x-x')\Big]\gamma^\mu\psi(x')
\end{aligned}\right\} \tag{29.13}$$

注: (1) $S_I^{(2)}$ 和自具能密度 $\mathscr{H}_S(x)$ 间的关系是

$$S_I^{(2)} = -\mathrm{i}\int \mathscr{H}_S(x)\mathrm{d}^4x. \tag{29.14}$$

这是因为, 如果 $\mathscr{H}_S$ 是哈密顿量, 那么它对 S 矩阵的贡献恰如上述. 但是, $\mathscr{H}_S$ 不是由这个自变量唯一确定的. (关于这点, 见下述注 3 和注 4.)

(2) 实数部分, $S_R^{(2)}$: S 矩阵的幺正性要求,

$$SS^+ = (1 + S^{(1)} + S_I^{(2)} + S_R^{(2)})(1 + S^{(1)+} + S_I^{(2)} + S_R^{(2)}) = 1.$$

所以

$$2S_R^{(2)} + S^{(1)}S^{(1)+} = 0.$$

特别地,

$$2\langle S_R^{(2)}\rangle_{\substack{1\text{el}\\0\text{ph}}} = -\sum_{\text{ph}}\left|\langle{}^{1\text{el}}_{0\text{ph}}\big| S^{(1)} \big|{}^{1\text{el}}_{0\text{ph}}\rangle\right|^2.$$

对一无限时空区域积分. $S^{(1)}$ 的每一矩阵元必须取作零, 因为, 在这种近似中, 不存在实过程. 左边部分的初步计算也与这种情况一致. 但是, 为了排除收敛问题所引起的所有含糊之处, 实现规则化是有用的 (用重光子) 见本节后述.

(3) 虚数部分, $S_I^{(2)}$: 可写成下列形式

$$S_I^{(2)} = -\mathrm{i} \int \mathscr{H}_S(x)\mathrm{d}^4x,$$

$$\mathscr{H}_S(x) = -\frac{e^2}{4} \int \mathrm{d}^4x' \{\overline{\psi}(x')\gamma^\mu[S^{(1)}(x',x)\overline{D}(x'-x) +$$

$$\overline{S}(x',x)D^1(x'-x)] \cdot \gamma^\mu\psi(x) + \text{h.c.}\}.$$

关于这个问题, 我们在上面已经提出, 这是自具能密度. 但无论如何, 自具能密度是无意义的, 所以, 我们感兴趣的只是总能,

$$H_S = \int \mathscr{H}_S(x)\mathrm{d}^3x,$$

但是, 由 $S_I^{(2)}$, 我们得到的更加少了, 即只有,

$$\int H_S\mathrm{d}t = +\mathrm{i}S_I^{(2)}.$$

这是戴森形式的特征, 这主要对散射过程是便利的. 便利之点应该说是, 在 H_S 中, 时间积分为零的那些项, 无论如何, 不应该认为是自具能, 而应该看作涨落, 所以, 可以把它们忽略掉. (这种涨落是振动的, $\sim \exp[2\mathrm{i}\omega t]$, 且对应于虚对偶的产生.) 此外, 在上述形式中, 对自由电子选择 H_S 要不包含涨落. 但是, 在我们所考虑的有外场存在的情况下, 存在这样的涨落项, 并将舍弃它们.

(4) 用另外的形式 (施温格) 也可导出自具能, 这可能是有意义的. 这种推导给出 H_S, 而不是 $S^{(2)}$ 的实部. 在相互作用表象中,

$$\mathrm{i}\frac{\partial \Psi}{\partial t} = H_{\text{int}}\,\Psi,$$

$$\mathscr{H}_{\text{int}} = -j^\nu\,\Phi_\nu = -\mathrm{i}e(\overline{\psi}\gamma^\mu\psi)\,\Phi_\nu.$$

我们希望用正则变换:

$$\Psi = e^S\,\Psi'.$$

去掉 H_{int}. 如果选取 $\mathrm{i}\dot{S} = H_{\text{int}}$, 则

$$\mathrm{i}\frac{\partial \Psi}{\partial t} = \frac{1}{2}[H_{\text{int}}, S]\,\Psi'.$$

由李氏级数容易得到:

$$e^{-S}Oe^+ = O + [O, S] + \frac{1}{2!}[[O, S], S] + \cdots$$

$$= \sum_{n=0}^{\infty} \frac{1}{n!}[[\cdots[[O, \underbrace{S], S], \cdots, S], S}_{n}]. \tag{29.15}$$

证明:

$$e^{-S}Oe^{+S} = \sum_{nm} \frac{(-1)^n}{n!m!} S^n O S^m$$

$$= \sum_{N=0}^{\infty} \frac{1}{N!} \sum_{n=0}^{N} (-1)^n \binom{N}{n} S^n O S^{N-n}.$$

另一方面, 用归纳法容易得出:

$$[\cdots[[O,\underbrace{S],S],\cdots,S]}_{n} = \sum_{\nu=0}^{m} (-1)^{\nu} \binom{n}{\nu} S^{\nu} O S^{n-\nu}.$$

于是,

$$e^{-S}Oe^{+S} = \sum_{N=0}^{\infty} \frac{1}{N!} [\cdots[[O,\underbrace{S],S],\cdots,S]}_{n}. \qquad 证毕.$$

则当 $O = H_{\text{int}}$ 时,

$$e^{-S}H_{\text{int}}e^{+S} = H_{\text{int}} + [H_{\text{int}}, S]\cdots,$$

而当 $O = \dfrac{\partial}{\partial t}$ 时,

$$e^{-S}\frac{\partial}{\partial t}e^{+S} = \frac{\partial}{\partial t} + \frac{\partial S}{\partial t} + \frac{1}{2}\left[\frac{\partial S}{\partial t}, S\right] + \cdots.$$

于是, 根据 $\Psi = e^S \Psi'$,

$$\mathrm{i}\frac{\partial \Psi}{\partial t} = H_{\text{int}}\Psi.$$

变成

$$\mathrm{i}\left(e^{-S}\frac{\partial}{\partial t}e^{S}\right)\Psi' = (e^{-S}H_{\text{int}}e^{S})\Psi'.$$

代入级数, 即可得出结果. 根据 $\dot{S} = -\mathrm{i}H_{\text{int}}$, 得,

$$S(t) = -\mathrm{i}\int_{-\infty}^{t} H_{\text{int}}(t')\mathrm{d}t'.$$

或,

$$S(t) = -\frac{\mathrm{i}}{2}\int_{-\infty}^{+\infty} (1 + \varepsilon(t-t'))H_{\text{int}}(t')\mathrm{d}t'.$$

因为 H_{int} 不包含一级真实过程,

$$\int_{-\infty}^{+\infty} H_{\text{int}}(t')\mathrm{d}t' = 0,$$

于是得,

$$S(t) = -\frac{\mathrm{i}}{2}\int_{-\infty}^{+\infty} \varepsilon(t-t')H_{\text{int}}(t')\mathrm{d}t'. \qquad (29.16)$$

这样,

$$\frac{1}{2}[H_{\text{int}}, S] = -\frac{\mathrm{i}}{4}\int_{-\infty}^{+\infty} \varepsilon(t-t')[H_{\text{int}}(t), H_{\text{int}}(t')]\mathrm{d}t',$$

$$\frac{1}{2}[H_{\text{int}}, S] = +\frac{\mathrm{i}e^2}{4}\int \mathrm{d}^3x \int \mathrm{d}^4x' \varepsilon(x-x')[\overline{\psi}\gamma^{\mu}\psi\,\Phi_{\mu}, \overline{\psi'}\gamma^{\mu}\psi'\,\Phi'_{\nu}].$$

这里, 下列辅助公式是有用的, 若

$$[A, a] = [A, b] = [B, a] = [B, b] = 0,$$

或若

$$\{A, a\} = \{A, b\} = \{B, a\} = \{B, b\} = 0,$$

即, 若 A 和 B 与 a 和 b 或者对易, 或者反对易, 则

$$\left.\begin{aligned}[Aa, bB] &= \frac{1}{2}[A, B]\{a, b\} + \frac{1}{2}\{A, B\}[a, b] \\ \{Aa, bB\} &= \frac{1}{2}[A, B][a, b] + \frac{1}{2}\{A, B\}\{a, b\}\end{aligned}\right\}. \tag{29.17}$$

于是,

$$\begin{aligned}&[\overline{\psi}\gamma^\mu\psi\,\Phi_\mu, \overline{\psi}'\gamma^\nu\psi\,\Phi_\nu'] \\ &= \frac{1}{2}[\overline{\psi}\gamma^\mu\psi, \overline{\psi}'\gamma^\nu\psi']\{\Phi_\mu, \Phi_\nu'\} + \frac{1}{2}\{\overline{\psi}\gamma^\mu\psi, \overline{\psi}'\gamma^\nu\psi'\}[\Phi_\mu, \Phi_\nu'].\end{aligned}$$

如果我们考虑零光子项, 则得:

$$\frac{1}{2}[\overline{\psi}\gamma^\mu\psi, \overline{\psi}'\gamma^\mu\psi']D^1(x - x') + \frac{1}{2}\{\overline{\psi}\gamma^\mu\psi, \overline{\psi}'\gamma^\mu\psi'\}D(x - x'),$$

为此, 我们必须构造单电子项, 利用方程 (29.17), 其处理方式完全类似于戴森形式中的处理方式. 于是得:

$$\langle[\overline{\psi}\gamma^\mu\psi, \overline{\psi}'\gamma^\mu\psi']\rangle_{1\mathrm{el}} = -\mathrm{i}(\overline{\psi}\gamma^\mu S(x, x')\gamma^\mu\psi' - (x \longleftrightarrow x')),$$

$$\langle\{\overline{\psi}\gamma^\mu\psi, \overline{\psi}'\gamma^\mu\psi'\}\rangle_{1\mathrm{el}} = -(\overline{\psi}\gamma^\mu S^1(x, x')\gamma^\mu\psi' + (x \longleftrightarrow x')),$$

则

$$\begin{aligned}&\frac{1}{2}\langle[H_{\mathrm{int}}, S]\rangle_{\substack{0\mathrm{ph}\\1\mathrm{el}}} \\ &= +\frac{e^2}{8}\int \mathrm{d}^3x \int \mathrm{d}^4x'\,\varepsilon(x - x')(\overline{\psi}\gamma^\mu[S(x, x')D^1(x - x') + \\ &\qquad S^1(x, x')D(x - x')]\gamma^\mu\psi' - (x \longleftrightarrow x')) \\ &= -\frac{e^2}{4}\int \mathrm{d}^3x \int \mathrm{d}^4x'\{\overline{\psi}\gamma^\mu[\overline{S}D^1 + S^1\overline{D}]\gamma^\mu\psi' + (x \longleftrightarrow x')\}.\end{aligned}$$

如果注意到

$$H_S = \frac{1}{2}\langle[H_{\mathrm{int}}, S]\rangle_{\substack{0\mathrm{ph}\\1\mathrm{el}}}, \tag{29.18}$$

根据定义, 我们正好得到前面用戴森形式所得到的相同表达式.

a. 自具能的计算

在动量空间中，

$$\begin{cases} \overline{\Delta}(k) = \dfrac{1}{k^2 + m^2} \\ \Delta^1(k) = 2\pi\delta(k^2 + m^2), \end{cases}$$

这里我们总应该取 k_0 积分的主值. 在自由情况下，下述引理是有用的：

$$\int \exp[-\mathrm{i}(q\xi)][\overline{D}(\xi)\Delta^1(\xi) + D^1(\xi)\overline{\Delta}(\xi)]\mathrm{d}^4\xi$$

$$= \left(\frac{1}{2\pi}\right)^4 \int [\overline{D}(k)\Delta^1(q-k) + D^1(k)\overline{\Delta}(q-k)]\mathrm{d}^4k$$

$$= \left(\frac{1}{2\pi}\right)^3 \int \left[\frac{\delta((q-k)^2 + m^2)}{k^2} + \frac{\delta(k^2)}{(q-k)^2 + m^2}\right]\mathrm{d}^4k,$$

且因 δ 函数的性质，

$$\left[\frac{\delta((q-k)^2 + m^2)}{k^2} + \frac{\delta(k^2)}{(q-k)^2 + m^2}\right]$$

$$= -\frac{\delta((q-k)^2 + m^2)}{(q^2 + m^2 - 2kq)} + \frac{\delta(k^2)}{(q^2 + m^2 - 2kq)}$$

$$= -\int_0^1 \delta'[k^2 + v(q^2 + m^2 - 2kq)]\mathrm{d}v.$$

所以，

$$\int \exp[-\mathrm{i}(q\xi)][\overline{D}(\xi)\Delta^1(\xi) + D^1(\xi)\overline{\Delta}(\xi)]\mathrm{d}^4\xi$$

$$= -\left(\frac{1}{2\pi}\right)^3 \int \mathrm{d}^4k \int_0^1 \delta'(k^2 + v(q^2 + m^2 - 2kq))\mathrm{d}v. \tag{29.19}$$

注意：用此公式，对于包含实部分和虚部分的 $S^{(2)}$，我们能非常类似地做某些计算：

$$\frac{1}{2}\int \exp[-\mathrm{i}(q\xi)]D^C(\xi)\Delta^C(\xi)\mathrm{d}^4\xi = \frac{1}{2}\left(\frac{1}{2\pi}\right)^4 \int D^C(k)\Delta^C(q-k)\mathrm{d}^4k$$

$$= \frac{-2}{(2\pi)^4} \int \frac{\mathrm{d}^4k}{(k^2 - \mathrm{i}\mu^2)((q-k)^2 + m^2 - \mathrm{i}\mu^2)},$$

其中，由于 μ, k_0 积分也应该沿实轴.

我们能用费曼关系式对此进行变换，费曼关系式在方程 (11.2) 中已被使用，

$$\frac{1}{ab} = \int_0^1 \frac{\mathrm{d}v}{[b + (a-b)v]^2} = \int_0^1 \frac{\mathrm{d}v}{[a + (b-a)v]^2},$$

所以，

$$\frac{1}{2}\int \exp[-\mathrm{i}(q\xi)]D^C(\xi)\Delta^C(\xi)\mathrm{d}^4\xi$$

$$= \frac{-2}{(2\pi)^4} \int \mathrm{d}^4k \int_0^1 \frac{\mathrm{d}v}{[k^2 + \mathrm{i}\mu^2 + v(q^2 + m^2 - 2kq)]^2}. \tag{29.20}$$

用同样方法, 我们能计算自由情况下的 $S^{(2)}$, 根据

$$\psi(x) = \int u(q) \exp[-i(qx)] \mathrm{d}^4 q$$

和 $\xi = x' - x$, 我们有 (见方程 (29.13))

$$S^{(2)} = -\frac{e^2}{2} \int \overline{u}(q) \exp[-i(qx)] F(q) \psi(x) \mathrm{d}^4 q. \tag{29.21}$$

其中

$$\begin{aligned}
F(q) &= \frac{1}{2} \int \exp[-i(q\xi)] \gamma^\mu S^C(\xi) \gamma^\mu D^C(\xi) \mathrm{d}^4 \xi \\
&= \frac{-2}{(2\pi)^4} \int \frac{\gamma^\mu [i\gamma(q-k) - m] \gamma^\mu}{(k^2 - i\mu^2)((q-k)^2 + m^2 - i\mu^2)} \mathrm{d}^4 k.
\end{aligned}$$

根据

$$\gamma^\mu [i\gamma(q-k) - m] \gamma^\mu = -2i\gamma(q-k) - 4m$$

和方程 (11.2), 我们得到结果为:

$$F(q) = \frac{-2}{(2\pi)^4} \int \mathrm{d}^4 k \int_0^1 \frac{-2i\gamma(q-k) - 4m}{[k^2 - i\mu^2 + v(q^2 + m^2 - 2kq)]^2} \mathrm{d}v \tag{29.22}$$

注: 因为 k 积分发散, 这些公式暂时只是有条件地正确. 然而, 进行适当的规则化, k 积分变成收敛.

"规则化"[①] 是处理发散积分而保持洛伦兹不变性的一种形式方法. 在采用这种方法的最简单的情况中, 除了实光子, 还必须用一虚耦合常数 ie 去耦合大质量 M 的光子. 即产生下列变换:

$$\frac{1}{k^2 - i\mu^2} \to \frac{1}{k^2 - i\mu^2} - \frac{1}{k^2 + M^2 - i\mu^2},$$

而且, 在方程 (29.22) 的被积函数中,

$$\frac{1}{[\cdots]^2} \to \left(\frac{1}{[k^2 - i\mu^2 + v(q^2 + m^2 - 2kq)]^2} - \frac{1}{[k^2 + M^2 - i\mu^2 + v(q^2 + m^2 - 2kq - M^2)]^2} \right).$$

因而, 积分变成:

$$\frac{-2}{(2\pi)^4} \int \mathrm{d}^4 k \int_0^1 \left(\frac{-2i\gamma(q-k) - 4m}{[k^2 - i\mu^2 + v(q^2 + m^2 - 2kq)]^2} - \frac{-2i\gamma(q+k) - 4m}{[k^2 + M^2 - i\mu^2 + v(q^2 + m^2 - 2kq - M^2)]^2} \right) \mathrm{d}v,$$

① R. P. FEYNMAN, *Phys. Rev.* **76**, 769 (1949); W. PAULI and F. VILLARS, *Rev. Mod. Phys.* **21** 434 (1949).

这是收敛的. 我们能够在复数平面中, 用上半平面的闭合路径计算这收敛积分 (图 29.1). 沿半圆的积分贡献为零, 而留数的和产生一虚贡献, 这与上面得到的施温格表达式完全一致. 对于以前所说的: 规则化之后, $S^{(2)}$ 的实部为零, 这是一个证明.

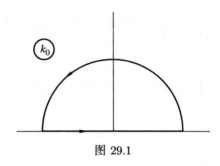

图 29.1

现在, 回到维拉斯和日亥钮的计算, 因为

$$\lambda \equiv (x^\alpha - x'^\alpha)(x^\alpha - x'^\alpha),$$

我们有 (方程 (29.11), (29.9)):

$$\overline{S}(x,x') = \exp\left[ie\int_{x'}^x \mathscr{A}_\nu'' dx''^\nu\right]\left(\gamma\frac{\partial}{\partial x} - m\right)\left[\overline{\Delta}(\lambda) - \frac{\partial\overline{\Delta}(\lambda)}{\partial m^2}eM\right] +$$
$$\frac{ie}{2}\overline{\Delta}(\lambda)F_{\alpha\beta}\gamma^\alpha(x^\beta - x'^\beta),$$

且对 S^1 有一类似表达式. 指数中的积分得沿直线. 于是,

$$\mathscr{H}_s(x) = -\frac{e^2}{4}\int d^4\xi\{\overline{\psi}(x+\xi)\gamma^\mu[\overline{D}(\lambda)S^1(x+\xi,x) +$$
$$D^1(\lambda)\overline{S}(x+\xi,x)]\gamma^\mu\psi(x) + \text{h.c.}\}.$$

注: 因为外场无源, 不会出现真空极化.

以这表达式代替 S^1 和 S, 我们得到,

$$\mathscr{H}_s(x) = I + II + III$$

这里,

$$I = -\frac{e^2}{4}\int d^4\xi\left\{\overline{\psi}(x+\xi)\gamma^\mu[\overline{D}(\lambda)\Gamma(\xi)\Delta^1(\lambda) +\right.$$
$$D^1(\lambda)\Gamma(\xi)\overline{\Delta}(\lambda)]\gamma^\mu\psi(x)\cdot\exp\left[ie\int_{x'}^x \mathscr{A}_\nu'' dx''\right] +$$
$$\left.\text{h.c.}\right\}, \tag{29.23}$$

其中

$$\Gamma(\xi) \equiv \left(\gamma^\mu \frac{\partial}{\partial \xi^\mu} - m \right); \tag{29.24}$$

$$II = +\frac{e^3}{4} \int d^4\xi \left\{ \overline{\psi}(x+\xi)\gamma^\mu \left[\overline{D}(\lambda)\Gamma(\xi)\frac{\partial \Delta^1}{\partial m^2} + \right. \right.$$
$$\left. \left. D^1(\lambda)\Gamma(\xi)\frac{\partial \overline{\Delta}}{\partial m^2} \right] \cdot M\gamma^\mu \psi(x) + \text{h.c.} \right\}; \tag{29.25}$$

和

$$III = +\frac{ie^3}{8} F_{\mu\nu} \int d^4\xi \{ \overline{\psi}(x+\xi)\gamma^\alpha [\overline{D}(\lambda)\Delta^1(\lambda) + $$
$$D^1(\lambda)\overline{\Delta}(\lambda)] \cdot \gamma^\mu \gamma^\alpha \xi^\nu \psi(x) + \text{h.c.} \} \tag{29.26}$$

注: 这里, 除了在 I 的指数中, 我们忽略了次数高于 e^4 的项. 在 I 的指数中, 实际证明必须保留它们.

b. 计算 I

我们将这项部分地在动量空间中写出, 而剩下的部分 $\psi(x)$ 原样不动:

$$I = \frac{e^2}{2 \cdot (2\pi)^4} \int d^4q \overline{u}(q) \exp[-i(qx)] \int d^4k \{ [\overline{D}(k)\Delta^1(k-\widetilde{q}) + $$
$$D^1(k)\overline{\Delta}(k-\widetilde{q})] \cdot \gamma^\alpha [+i\gamma(k-\widetilde{q}) + m]\gamma^\alpha \psi(x) + \text{c.c.} \},$$

其中 c. c. 表示电荷共轭表达式. 这里,

$$\widetilde{q} = q - e\mathscr{A}(x).$$

如果

$$d_\mu = \frac{\partial}{\partial x^\mu} + ie\mathscr{A}_\mu(x),$$

则

$$-d_\mu \overline{\psi}\gamma^\mu + m\overline{\psi} = 0.$$

即

$$\int \exp[-i(qx)]\overline{u}(q)(i\gamma\widetilde{q} + m)d^4q = 0.$$

现在, 我们能够利用引理 (29.19), 并引入参量 v, 于是 δ' 是

$$\delta'[k^2 + v(\widetilde{q}^2 + m^2 - 2k\widetilde{q})].$$

现作积分变量变换如下:

$$k' = k - v\widetilde{q}, \tag{29.27}$$

所以得

$$\delta'(k'^2 + v^2 m^2 + \varepsilon).$$

其中

$$\varepsilon = (v - v^2)(\widetilde{q}^2 + m^2),$$

　　注: 这种变换塑式 (方程 (29.27) 所描述的) 只对充分收敛的积分 (也就是那些较对数型发散为小的) 才是允许的, 因而, 不是真正允许的. 然而, 因为与场有关的项收敛, 正如我们会看到的那样, 在这种情况下, 这是适当的; 相反, 实际的与场无关的自具能, 只有经过规则化, 才能以洛伦兹不变式的方式定义.

　　此外,

$$\gamma^\alpha[+\mathrm{i}\gamma(k - \widetilde{q}) + m]\gamma^\alpha = -2\mathrm{i}\gamma(k - \widetilde{q}) + 4m$$
$$= -2\mathrm{i}\gamma(k' - \widetilde{q}(1 - v)) + 4m.$$

根据对称性论据, k' 的线性项不作贡献. 所以, 最后得:

$$I = -\frac{e^2}{2 \cdot (2\pi)^3} \int \mathrm{d}^4 k \int_0^1 \mathrm{d}v \int \mathrm{d}^4 q \bigg\{ \overline{u}(q) \exp[-\mathrm{i}(qx)]$$
$$\delta'(k^2 + m^2 v^2 + \varepsilon) \cdot [-\mathrm{i}\gamma\widetilde{q}(v - 1) + 2m]\psi(x) + \mathrm{h.c.} \bigg\}. \tag{29.28}$$

　　考虑贡献为 e^2 的部分 (不包括外场):

$$\widetilde{q} \to q, \quad q^2 + m^2 = 0; \quad \text{因此 } \varepsilon = 0, \quad \mathrm{i}\gamma q = -m,$$

所以

$$I^0 = -\frac{e^2}{2 \cdot (2\pi)^3} \int \mathrm{d}^4 k \int_0^1 \mathrm{d}v \int \mathrm{d}^4 q \cdot$$
$$\overline{u}(q) \exp[-\mathrm{i}(qx)]\delta'(k^2 + m^2 v^2)m(v + 1)\psi(x).$$

积分

$$I^0 \equiv \int \overline{u}(q) \exp[-\mathrm{i}(qx)]I_q^0 \cdot \psi(x)\mathrm{d}^4 q$$

给出电子的发散自具能, 正如已经提到的, 只有通过规则化, 才能够严格地定义.

　　我们有

$$\int \delta'(-k_0^2 + A)\mathrm{d}k_0 = \int_0^\infty \delta'(-z + A)\frac{\mathrm{d}z}{\sqrt{z}} = -\frac{1}{2}A^{-\frac{3}{2}},$$

所以

$$\int \delta'(k^2 + m^2v^2)\mathrm{d}^4k$$

$$= -\frac{1}{2}\int \frac{\mathrm{d}^3k}{(k^2 + m^2v^2)^{\frac{3}{2}}} = -2\pi\int_0^\infty \frac{k^2}{(k^2 + m^2v^2)^{\frac{3}{2}}}\mathrm{d}k.$$

形式上, 因 $k = mvz$, 上述积分变为

$$-2\pi\int_0^\infty \frac{z^2}{(z^2 + 1)^{\frac{3}{2}}}\mathrm{d}z,$$

这是对数型发散量. 于是,

$$I_q^0 = \frac{e^2}{2 \cdot (2\pi)^2} \cdot \frac{3}{2}m\int_0^\infty \frac{z^2}{(1 + z^2)^{\frac{3}{2}}}\mathrm{d}z. \tag{29.29}$$

当然, 这是不确定的.

考虑贡献为 e^3 的部分 (外场中的线性项), 我们写 $I = I^0 + I^1 + \text{c.c.}$, 则其中 I^1 贡献为 e^3. 我们必须按 ε 的幂展开到线性项:

$$I^1 = -\frac{e^2}{2(2\pi)^3}\int \overline{u}(q)\exp[-\mathrm{i}(qx)]I_q^1 \cdot \psi(x)\mathrm{d}^4q,$$

其中

$$I_q^1 = \int_0^1 \mathrm{d}v\int \mathrm{d}^4k\,\delta''(k^2 + m^2v^2)[\mathrm{i}\gamma\widetilde{q}(1 - v) + 2m]v(1 - v)(\widetilde{q}^2 + m^2).$$

因为

$$\int \delta''(-k_0^2 + A)\mathrm{d}k_0 = \int_0^\infty \delta''(z + A)\frac{\mathrm{d}z}{\sqrt{z}} = +\frac{1}{2} \cdot \frac{3}{2}A^{-\frac{5}{2}},$$

所以

$$\int \delta''(k^2 + m^2v^2)\mathrm{d}^4k = \frac{3}{4} \cdot 4\pi\int_0^\infty \frac{k^2\mathrm{d}k}{(k^2 + m^2v^2)^{\frac{5}{2}}} = 3\pi\frac{1}{3v^2m^2} = \frac{\pi}{v^2m^2},$$

因为

$$\int_0^\infty \frac{k^2}{(k^2 + a^2)^{\frac{5}{2}}}\mathrm{d}k = \frac{1}{3}\int_0^\infty \frac{\mathrm{d}k}{(k^2 + a^2)^{\frac{3}{2}}} = \frac{1}{3a^2},$$

于是

$$I_q^1 = \frac{\pi}{m^2}\int_0^1 [\mathrm{i}\gamma\widetilde{q}(1 - v) + 2m]\frac{1 - v}{v}(\widetilde{q}^2 + m^2)\mathrm{d}v. \tag{29.30}$$

注: 被积函数在 $v = 0$ 处有一奇点, 它将与其他项抵消.

现在，我们进一步将 I_q^1 分解：

$$I_q^1 = I_q^{1'} + I_q^{1''},\tag{29.31}$$

其中

$$I_q^{1'} = -\frac{e^2}{4 \cdot (2\pi)^2} \cdot \frac{1}{m}(\widetilde{q}^2 + m^2) \int_0^1 \frac{1-v^2}{v}\mathrm{d}v,$$

$$I_q^{1''} = -\frac{e^2}{4(2\pi)^2} \cdot \frac{1}{m^2}(\mathrm{i}\gamma\widetilde{q} + m)(\widetilde{q}^2 + m^2) \int_0^1 \frac{(1-v)^2}{v}\mathrm{d}v.$$

因为狄拉克方程, 所以

$$\int \overline{u}(q) \exp[-\mathrm{i}(qx)](\widetilde{q}^2 + m^2 - eM)\mathrm{d}^4q = 0.$$

于是, 在 $I_q^{1'}$ 中, 我们可作如下代换：

$$\widetilde{q}^2 + m^2 = eM,$$

得

$$I_q^{1'} = -\frac{e}{4m}\frac{e^2}{4\pi^2}M \int_0^1 \frac{1-v^2}{v}\mathrm{d}v.$$

则

$$(I_q^{1'} + \text{c.c.}) = -\frac{e}{2m} \cdot \frac{e^2}{4\pi^2}(\overline{\psi}M\psi) \int_0^1 (1-v^2)\frac{\mathrm{d}v}{v}.\tag{29.32}$$

$I_q^{1''}$ 项不是自具能型; 而是描述一种涨落.

由

$$\int \overline{u}(q)(\mathrm{i}\gamma\widetilde{q} + m) \exp[-\mathrm{i}qx]\mathrm{d}^4q = 0,$$

应用

$$(-d_\mu d_\mu + m^2)$$

后得,

$$0 = \int \exp[-\mathrm{i}(qx)]\overline{u}(q)[(\widetilde{q}^2 + m^2)(\mathrm{i}\gamma\widetilde{q} + m) - eF_{\alpha\beta}\gamma^\alpha\widetilde{q}_\beta]\mathrm{d}^4q.$$

(注意, 包含在 $\widetilde{q}$ 中的 $\mathscr{A}(x)$ 也必须微分.) 由此,

$$I_q^{1''} = -\frac{e}{4m^2}\frac{e^2}{4\pi^2}F_{\alpha\beta}\gamma^\alpha\widetilde{q}_\beta \int_0^1 \frac{(1-v)^2}{v}\mathrm{d}v.$$

以后, 我们会发现更多这样的项, 并将指出, 它们对应于一种涨落.

c. 计算 II.

我们有

$$II = \frac{e^3}{4}\left(\frac{1}{2\pi}\right)^4 \int \mathrm{d}^4k \int \mathrm{d}^4q\Big\{\overline{u}(q)\exp[-\mathrm{i}(qx)] \cdot$$
$$\left[\overline{D}(k)\frac{\partial \Delta^1(k-q)}{\partial m^2} + D^1(k)\frac{\partial \overline{\Delta}(k-q)}{\partial m^2}\right] \cdot$$
$$\gamma^\alpha[\mathrm{i}\gamma(q-k) - m]M\gamma^\alpha\psi(x) + \text{h.c.}\Big\}. \tag{29.33}$$

这里, 因为 e^3, 我们总能用自由狄拉克方程计算. 我们有,

$$M\gamma^\alpha = \gamma^\alpha M + 2\mathrm{i}F_{\alpha\beta}\gamma^\beta,$$
$$\gamma^\alpha(\mathrm{i}\gamma p - m)\gamma^\alpha = -2(\mathrm{i}\gamma p + 2m),$$
$$-2\mathrm{i}F_{\alpha\beta}\gamma^\alpha\gamma^\beta = 4M,$$

所以

$$\gamma^\alpha[\mathrm{i}\gamma(q-k) - m]M\gamma^\alpha = -2[\mathrm{i}\gamma(q-k) + 2m]M +$$
$$4mM + 4\mathrm{i}\gamma(q-k)M + 2F_{\alpha\beta}(q_\alpha - k_\alpha)\gamma^\beta.$$

此外, 我们可以写

$$\int \overline{u}(q)\mathrm{i}(\gamma q)\exp[-\mathrm{i}(qx)]\mathrm{d}^4q = -\int \overline{u}(q)\cdot m\exp[-\mathrm{i}(qx)]\mathrm{d}^4q,$$

所以

$$\int \mathrm{d}^4q\exp[-\mathrm{i}qx]\overline{u}(q)\gamma^\alpha[\mathrm{i}\gamma(q-k) - m]M\gamma^\alpha\psi(x) + \text{c.c.}$$
$$= -\int \mathrm{d}^4q\overline{u}(q)\exp[-\mathrm{i}qx]\{2[\mathrm{i}\gamma k + m]M + 4F_{\alpha\beta}(q_\beta - k_\beta)\gamma^\alpha\}\psi(x) + \text{c.c.}.$$

令

$$II = IIa + IIb,$$

其中

$$IIa \equiv -\int \mathrm{d}^4q\overline{u}(q)\exp[-\mathrm{i}qx]\cdot 2[\mathrm{i}\gamma k + m]M\psi(x) + \text{c.c.},$$
$$IIb \equiv -\int \mathrm{d}^4q\overline{u}(q)\exp[-\mathrm{i}qx]\cdot 4F_{\alpha\beta}(q_\beta - k_\beta)\gamma^\alpha\psi(x) + \text{c.c.}$$

第一项 IIa 对磁矩作出另一种贡献; 第二项贡献为涨落. 而且,

$$\overline{D}(k)\frac{\partial \Delta^1(q-k)}{\partial m^2} + D^1(k)\frac{\partial \overline{\Delta}(q-k)}{\partial m^2}$$

$$= \frac{\partial}{\partial m^2}[\overline{D}(k)\Delta^1(q-k) + D^1(k)\overline{\Delta}(q-k)]|_{q=常数}$$

$$= -2\pi\int_0^1 v \cdot \delta''[k^2 + v(q^2 + m^2 - 2kq)]\mathrm{d}v.$$

现在, 我们可以令 $q^2 + m^2 = 0$, 并进行变换, $k' = k - vq$. 然后再将 k' 写作 k, 并因对称性缘故而忽略积分中 k 的线性项. 于是,

$$IIa = +\frac{e^3}{2\cdot(2\pi)^3}\int \mathrm{d}^4k\int \mathrm{d}^4q\exp[-iqx]\overline{u}(q)\int_0^1 v\cdot\delta''(k^2 + v^2m^2)\cdot$$
$$(\mathrm{i}\gamma qv + m)M\psi(x)\mathrm{d}v + \text{c.c.}$$

用 $-m$ 代替 $\mathrm{i}\gamma q$, 得

$$IIa = +\frac{e}{4m}\frac{e^2}{4\pi^2}\cdot 2\overline{\psi}M\psi\int_0^1(1-v)\frac{\mathrm{d}v}{v}. \tag{29.34}$$

因为 $I^{1''}$、IIb 和 III 是涨落, 我们已经能够写下主要结果:

$$I^{1'} + IIa = \frac{e}{4m}\cdot\frac{e^2}{4\pi^2}\cdot 2\overline{\psi}M\psi\int_0^1[(1-v)-(1-v^2)]\frac{\mathrm{d}v}{v}$$

$$= -\frac{e}{2m}\cdot\frac{e^2}{4\pi^2}\cdot\overline{\psi}M\psi\int_0^1(v-v^2)\frac{\mathrm{d}v}{v}.$$

奇点正好消失. 我们有

$$I^{1'} + IIa = -\frac{e}{4m}\cdot\frac{\alpha}{\pi}\cdot\overline{\psi}M\psi, \tag{29.35}$$

其中 $\alpha = e^2/4\pi \simeq 137$. 这是对 (29.3) 式给出的磁矩的修正.

除了涨落项尚未讨论外, 还剩下 III 项, 我们将看到, III 也是这种形式. 我们将未曾讨论的项收集在一起:

$$I^{1''} + \text{c.c.} = -\frac{e}{4m}\cdot\frac{e^2}{4\pi^2}F_{\alpha\beta}\int \mathrm{d}^4q\exp[-iqx]\overline{u}(q)\gamma^\alpha q_\beta\cdot$$
$$\int_0^1\frac{(1-v)^2}{v}\psi(x)\mathrm{d}v + \text{c.c.}. \tag{29.36}$$

$$IIb = +\frac{e^3}{(2\pi)^3}F_{\alpha\beta}\int \mathrm{d}^4k\int \mathrm{d}^4q\overline{u}(q)\exp[-iqx]\cdot$$
$$\int_0^1\delta''[k^2 + v(q^2 + m^2 - 2kq)]\cdot(q_\beta - k_\beta)\gamma^\alpha\varphi(x)v\mathrm{d}v + \text{c.c.}. \tag{29.37}$$

这里, 我们实行通常的变换 $k = k' + vq$, 令 $q^2 + m^2 = 0$, 并舍去 k' 的线性项, 于是,

$$IIb = \frac{e^3}{(2\pi)^2} \cdot \frac{1}{2m^2} F_{\alpha\beta} \int \mathrm{d}^4q \exp[-\mathrm{i}qx]\overline{u}(q)\gamma^\alpha q_\beta$$

$$\int_0^1 \frac{1-v}{v}\psi(x)\mathrm{d}v + \mathrm{c.c.} \tag{29.38}$$

还有方程 (29.26),

$$III = \mathrm{i}\frac{e^3}{8} F_{\mu\nu} \int \mathrm{d}^4q \exp[-\mathrm{i}qx]\overline{u}(q)\gamma^\alpha \int \mathrm{d}^4\xi \exp[-\mathrm{i}q\xi] \cdot$$

$$[\overline{D}(\lambda)\Delta^1(\lambda) + D^1(\lambda)\overline{\Delta}(\lambda)]\gamma^\mu\gamma^\alpha\xi^\nu\psi(x) + \mathrm{c.c.}$$

因为 $\gamma^\alpha\gamma^\mu\gamma^\alpha = -2\gamma^\mu$ 及引理 (29.19), 有

$$\int \exp[-\mathrm{i}q\xi][\overline{D}(\lambda)\Delta^1(\lambda) + D^1(\lambda)\overline{\Delta}(\lambda)]\mathrm{d}^4\xi$$

$$= -\left(\frac{1}{2\pi}\right)^3 \int \mathrm{d}^4k \int_0^1 \delta'(k^2 + v(q^2 + m^2 - 2kq))\mathrm{d}v,$$

对 q_ν 微分, 得,

$$\int \exp[-\mathrm{i}q\xi]\xi^\nu[\overline{D}(\lambda)\Delta^1(\lambda) + D^1(\lambda)\overline{\Delta}(\lambda)]\mathrm{d}^4\xi$$

$$= \left(\frac{1}{2\pi}\right)^3 \mathrm{i}\frac{\partial}{\partial q_\nu} \int \mathrm{d}^4k \int_0^1 \delta'(k^2 + v(q^2 + m^2 - 2kq))\mathrm{d}v$$

$$= -\frac{\mathrm{i}}{(2\pi)^3} \int \mathrm{d}^4k \cdot 2(q_\nu - k_\nu) \int_0^1 \delta''(k^2 + v(q^2 + m^2 - 2kq))v\mathrm{d}v.$$

于是

$$III = -\frac{1}{2}\frac{e^3}{(2\pi)^3} F_{\mu\nu} \int \mathrm{d}^4q \exp[-\mathrm{i}qx]\overline{u}(q) \int \mathrm{d}^4k(q_\nu - k_\nu) \cdot$$

$$\int_0^1 \delta''(k^2 + v(q^2 + m^2 - 2kq))\psi(x)v\mathrm{d}v + \mathrm{c.c..} \tag{29.39}$$

$$III = -\frac{1}{2}IIb,$$

所以

$$III + IIb = +\frac{1}{2}IIb = +\frac{e}{4m^2}\frac{e^2}{(2\pi)^2} F_{\alpha\beta} \cdot$$

$$\int \mathrm{d}^4q \exp[-\mathrm{i}qx]\overline{u}(q)\gamma^\alpha q_\beta \int_0^1 \psi(x)\frac{1-v}{v}\mathrm{d}v + \mathrm{c.c.}$$

因为

$$I^{1''} = -\frac{e}{4m^2}\frac{e^2}{(2\pi)^2}F_{\alpha\beta}\int \mathrm{d}^4q \exp[-\mathrm{i}qx]\overline{u}(q)\gamma^\alpha q_\beta \cdot$$

$$\int_0^1 \psi(x)\frac{(1-v)^2}{v}\mathrm{d}v + \mathrm{c.c.},$$

我们定义:

$$Z = I^{1''} + IIb + III = \frac{e^2}{4\pi^2}\cdot\frac{e}{4m^2}F_{\alpha\beta}\int \mathrm{d}^4q\overline{u}(q)\cdot$$

$$\exp[-\mathrm{i}qx]\gamma^\alpha q^\beta \cdot \int_0^1 \psi(x)[1-(1-v)]\frac{1-v}{v}\mathrm{d}v + \mathrm{c.c.},$$

$$Z = \frac{e^2}{4\pi^2}\cdot\frac{e}{4m^2}\cdot\frac{1}{2}F_{\alpha\beta}\int \mathrm{d}^4q\overline{u}(q)\exp[-\mathrm{i}qx]\gamma^\alpha q_\beta \psi(x) + \mathrm{c.c.}$$

$$= \frac{e^2}{4\pi^2}\cdot\frac{e}{8m^2}F_{\alpha\beta}\left\{\mathrm{i}\frac{\partial\overline{\psi}}{\partial x^\beta}\gamma^\alpha\psi(x) + \mathrm{c.c.}\right\}.$$

因为

$$\mathrm{i}e\overline{\psi}\gamma^\alpha\psi \equiv j^\alpha,$$

则

$$\mathrm{c.c.}(\mathrm{i}\overline{\psi}\gamma^\alpha\psi) = +\mathrm{i}\overline{\psi}\gamma^\alpha\psi.$$

因此

$$Z = \frac{e^2}{4\pi^2}\frac{e}{8m^2}\mathrm{i}F_{\alpha\beta}\left\{\frac{\partial\overline{\psi}}{\partial x^\beta}\gamma^\alpha\psi(x) + \overline{\psi}\gamma^\alpha\frac{\partial\psi}{\partial x^\beta}\right\}$$

$$= \frac{e^2}{4\pi^2}\cdot\frac{e}{8m^2}\cdot F_{\alpha\beta}\frac{\partial}{\partial x^\beta}(\mathrm{i}\overline{\psi}\gamma^\alpha\psi)$$

$$= \frac{\alpha}{\pi}\cdot\frac{1}{8m^2}F_{\alpha\beta}\frac{\partial j^\alpha}{\partial x^\beta},$$

$$Z = \frac{\alpha}{\pi}\frac{1}{8m^2}\frac{\partial}{\partial x^\beta}(F_{\alpha\beta}j^\alpha).$$

因为 $F_{\alpha\beta}$ 是常数, 也可写成另一种形式:

$$Z = \frac{\alpha}{\pi}\frac{1}{16m^2}F_{\alpha\beta}\left(\frac{\partial j^\alpha}{\partial x^\beta} - \frac{\partial j^\beta}{\partial x^\alpha}\right). \tag{29.40}$$

确实, 当只对空间积分时, 这样的项不为零, 而得到一形式为 $\boldsymbol{E}\cdot(\mathrm{d}\boldsymbol{J}/\mathrm{d}t)$ 的结果.

　　但是, 这表达式的时间积分为零. 于是, 这些项只有对应一种涨落的矩阵元, 而且如已指出的那样, 它们对自具能无贡献,

最后的注: 维拉斯–日亥钮方法对于计算反常磁矩的好处, 主要在于不出现电荷重正化项. 在物理学上必须是这样的, 因为场源在无限远. 相反, 施温格方法得出许多这样的电荷重正化项, 而最后, 这些项相消.

第七章

量子电动力学的费曼方法[①]

§30. 路径积分法

费曼方法从避免哈密顿函数的量子力学公式化着手. 这种方法起源于狄拉克的一个评论[②], 而费曼发展了这种方法[③]. 也可参看乔夸德的文章[④].

我们从 n 个自由度的薛定谔方程的一个特解开始,

$$\frac{\hbar}{\mathrm{i}}\frac{\partial \psi}{\partial t} + \underline{H}\psi = 0 \tag{30.1}$$

$\psi(q,t)$ 的形式为:

$$\psi(q,t) = K(q,t;q',t'), \tag{30.2}$$

当 $t = t'$ 时, K 简化为 n 维 δ 函数:

$$K(q,t;q',t) = \delta^{(n)}(q - q') \tag{30.3}$$

于是, K 给出了任一初态 $\psi(q',t')$ 的解:

$$\psi(q,t) = \int K(q,t;q',t')\psi(q',t')\mathrm{d}^n q'. \tag{30.4}$$

在时间 τ 内, 系统由状态 ψ_n 到 ψ_m 的概率幅由下述矩阵元给出:

$$K_{mn} \equiv \int \mathrm{d}^n q \int \mathrm{d}^n q' \psi_m^*(q,t+\tau)K(q,t+\tau;q',t)\psi_n(q',t).$$

[①] R. P. FEYNMAN. *Phys. Rev.* **76**, 769 (1949); **80**, 440 (1950).

[②] P. A. M. DIRAC. *The Principles of Quantum Mechanics* (Oxford University Press, Oxford, 1947), 3rd ed., Sect, 32, p. 125, "The action principle." 中译本《量子力学原理》狄拉克著, 陈咸亨译 (科学出版社, 1965) §32, 作用量原理, p.127.

[③] R. P. FEYNMAN. *Rev. Mod. Phys.* **20**, 367 (1948).

[④] PH. CHOQUARD, *Helv. Phys. Acta.* **28**, 89 (1955).

为简化起见, 下面我们假定 $\underline{H}$ 不明显依赖于时间; 于是, K 只包含时间差 $\tau = t - t'$:

$$K(q, t; q', t') = K(q, \tau; q', 0). \tag{30.5}$$

但是, 这个限制不是本质的.

K 的性质:

1. $\displaystyle\int K(q, q'; \tau) K^*(q, q''; \tau) \mathrm{d}^n q = \delta^{(n)}(q' - q'')$. $\tag{30.6}$

这是正确的, 因为, 根据连续性方程得出积分是与时间无关的. 但是, 当 $\tau = 0$ 时, 它等于上述方程的右侧.

2. $K^*(q', q; \tau) = K(q, q'; -\tau)$. $\tag{30.7}$

这由 $\underline{H}$ 的厄米性立即得出.

3. K 有群的性质:

$$\int K(q, q'; \tau_1) K(q', q''; \tau_2) \mathrm{d}^n q' = K(q, q''; \tau_1 + \tau_2), \tag{30.8}$$

因为 (a) 两边都满足薛定谔方程 (关于 q), (b) 由性质 1 和性质 2 得出, 初始条件 (30.3) 是满足的.

费曼企图给出一个省略薛定谔方程 (30.1) 的新的量子力学基础,

$$\frac{\hbar}{\mathrm{i}} \frac{\partial K}{\partial t} + \underline{H} K = 0 \quad \text{(注意: } \underline{H} \text{ 算符只作用于 } q),$$

而代之以公理地引入 K. 此外, 方程 (30.4) 必须成立.

如大家所熟知的, 薛定谔方程允许按对应原理由一古典问题 $(H(p, q))$ 变换到相关的量子力学问题 $(\underline{H}(\underline{p}, \underline{q}))$, 除了因子的次序含糊不定外. 这里, 可以进行某些类似的变换. 当 τ 小时, 我们能够求得一个解 $K(q, q'; \tau)$. 我们定义:

$$K_C(q, q'; \tau) = (2\pi \mathrm{i} \hbar)^{-n/2} \sqrt{D} \exp\left[\frac{\mathrm{i}}{\hbar} S(q, q'; \tau)\right]. \tag{30.9}$$

这里, $S(q, q'; \tau)$ 是古典作用量积分:

$$S(q, q'; \tau) = \int_t^{t+\tau} L \mathrm{d} t', \tag{30.10}$$

其中积分是沿古典路径由 q' 到 q. 如果 $H(p, q)$ 明显地与时间有关, 我们必须写作:

$$S(q, t + \tau; q', t) = \int_t^{t+\tau} L \mathrm{d} t'. \tag{30.11}$$

而且,

$$D = (-1)^n \left\| \frac{\partial^2 S}{\partial q^i \partial q'^k} \right\|, \tag{30.12}$$

其中 $\|\ \ \|$ 表示行列式. 按照古典力学,

$$p_k = \frac{\partial S}{\partial q^k}, \quad p'_k = -\frac{\partial S}{\partial q'^k}, \tag{30.13}$$

且哈密顿–雅可比方程成立:

$$\left.\begin{array}{l} \dfrac{\partial S}{\partial \tau} + H\left(\dfrac{\partial S}{\partial q}, q\right) = 0 \\[2mm] \dfrac{\partial S}{\partial \tau} + H\left(-\dfrac{\partial S}{\partial q'}, q'\right) = 0 \end{array}\right\}. \tag{30.14}$$

现在我们来导出关于 K_C 的微分方程式. 一般情况下, 这不会是薛定谔方程式——确实, 不应该期望得到薛定谔方程式, 因为否则, 由于 K_C 确实是纯粹由古典量所构成的, 波动力学将几乎是多余的. 但是, 当 τ 小时, 这微分方程转变为薛定谔方程. 对 $\tau = 0, K_C$ 之转变为 δ 函数是更为重要的, 因而, 将举例说明.

我们将限于讨论包含磁场的一种 "正常" 拉格朗日函数, 并用笛卡儿坐标写作:

$$\left.\begin{array}{l} L = \displaystyle\sum_k \dfrac{m_k}{2}((\dot{q}^k)^2 - \dot{q}^k A_k(q)) - V(q) \\[2mm] H = \displaystyle\sum_k \dfrac{1}{2m_k}(p_k + A_k(q))^2 + V(q) \end{array}\right\}. \tag{30.15}$$

(关于曲线坐标, 可按完全相同的方法进行.) 于是,

$$\frac{\partial S}{\partial \tau} + \sum_k \frac{1}{2m_k}\left(\frac{\partial S}{\partial q^k} + A_k(q)\right)^2 + V(q) = 0. \tag{30.16}$$

现在我们需要 $\partial D/\partial \tau$, 因而需要

$$\frac{\partial}{\partial \tau}\left(\frac{\partial^2 S}{\partial q^i \partial q'^k}\right).$$

方程式 (30.16) 意味着

$$\frac{\partial}{\partial \tau}\frac{\partial S}{\partial q'^i} + \sum_k \frac{1}{m_k}\left(\frac{\partial S}{\partial q^k} + A_k\right)\frac{\partial^2 S}{\partial q^k \partial q'^i} = 0.$$

对上式取 $\partial/\partial q^j$, 得,

$$\frac{\partial}{\partial \tau}\frac{\partial^2 S}{\partial q'^i \partial q^j} + \sum_k \frac{1}{m_k}\frac{\partial}{\partial q^j}\left(\frac{\partial S}{\partial q^k} + A_k\right)\frac{\partial^2 S}{\partial q'^i \partial q^k} +$$

$$\sum_k \frac{1}{m_k}\left(\frac{\partial S}{\partial q^k} + A_k\right)\frac{\partial^3 S}{\partial q^i \partial q'^i \partial q^k} = 0. \tag{30.17}$$

令

$$\varphi_{ji} = \frac{\partial^2 S}{\partial q^j \partial q'^i}, \quad (\varphi_{ji} \neq \varphi_{ij}),$$

且按下式定义 φ^{ji},

$$\sum_\alpha \varphi^{j\alpha}\varphi_{\alpha i} = \delta_i^j = \sum_\alpha \varphi^{\alpha j}\varphi_{i\alpha}.$$

于是,

$$\frac{\partial D}{\partial \tau} = D \cdot \varphi^{ji}\frac{\partial \varphi_{ij}}{\partial \tau}$$

和

$$\frac{\partial D}{\partial q^k} = D \cdot \varphi^{ji}\frac{\partial \varphi_{ij}}{\partial q^k},$$

这里使用了习惯的求和法. 以 φ^{ij} 乘方程 (30.17), 利用上两式化简后得:

$$\frac{1}{D}\frac{\partial D}{\partial \tau} + \sum_k \frac{1}{m_k}\frac{\partial}{\partial q^k}\left(\frac{\partial S}{\partial q^k} + A_k\right) +$$

$$\sum_k \frac{1}{m_k}\left(\frac{\partial S}{\partial q^k} + A_k\right)\frac{1}{D}\frac{\partial D}{\partial q^k} = 0. \tag{30.18}$$

现在我们建立

$$\frac{\hbar}{\mathrm{i}}\frac{\partial K_C}{\partial \tau} + \left(\sum_k \frac{1}{2m_k}\left(\frac{\hbar}{\mathrm{i}}\frac{\partial}{\partial q^k} + A_k\right)^2 + V(q)\right)K_C. \tag{30.19}$$

我们有

$$\left(\frac{\hbar}{\mathrm{i}}\frac{\partial}{\partial q^k} + A_k\right)K_C = \left(\frac{\partial S}{\partial q^k} + A_k + \frac{\hbar}{\mathrm{i}}\frac{1}{2D}\frac{\partial D}{\partial q^k}\right)K_C,$$

$$\left(\frac{\hbar}{\mathrm{i}}\frac{\partial}{\partial q^k} + A_k\right)^2 K_C = \left(\frac{\partial S}{\partial q^k} + A_k + \frac{\hbar}{\mathrm{i}}\frac{1}{2D}\frac{\partial D}{\partial q^k}\right)^2 K_C +$$

$$\frac{\hbar}{\mathrm{i}}\left[\frac{\partial}{\partial q^k}\left(\frac{\partial S}{\partial q^k} + A_k + \frac{\hbar}{\mathrm{i}}\frac{1}{2D}\frac{\partial D}{\partial q^k}\right)\right]\cdot K_C,$$

$$\frac{\hbar}{\mathrm{i}}\frac{\partial K_C}{\partial \tau} = \left(\frac{\partial S}{\partial \tau} + \frac{1}{2}\frac{\hbar}{\mathrm{i}}\frac{1}{D}\frac{\partial D}{\partial \tau}\right)K_C.$$

我们按 $\hbar$ 的幂进行排列并相加, 则因哈密顿–雅可比方程 (30.16), $\hbar$ 的零次项为零, $\hbar$ 的一次项为:

$$\frac{\hbar}{2\mathrm{i}}\left[\frac{1}{D}\frac{\partial D}{\partial \tau} + \sum_k \frac{1}{m_k}\frac{\partial}{\partial q^k}\left(\frac{\partial S}{\partial q^k} + A_k\right) + \right.$$

$$\left. \sum_k \frac{1}{m_k}\left(\frac{\partial S}{\partial q^k} + A_k\right)\frac{1}{D}\frac{\partial D}{\partial q^k}\right] = 0. \qquad (30.20)$$

剩下的只是 $\hbar^2$ 项 ("虚假项"):

$$-\hbar^2 \left(\sum_k \frac{1}{2m_k}\left[\left(\frac{1}{2D}\frac{\partial D}{\partial q^k}\right)^2 + \frac{\partial}{\partial q^k}\left(\frac{1}{2D}\frac{\partial D}{\partial q^k}\right)\right]\right)\cdot K_C.$$

如果将这些项结合在一起, 则得:

$$\frac{\hbar}{\mathrm{i}}\frac{\partial K_C}{\partial \tau} + \underline{H}K_C = -\hbar^2\left(\sum_k \frac{1}{2m_k}\frac{1}{\sqrt{D}}\frac{\partial^2 \sqrt{D}}{\partial (q^k)^2}\right)\cdot K_C$$

注: 若 D 与 q 无关, 则 $K_C = K$ 已经是正确的解.

现在我们要证明, 在一般情况下, 虽然 K_C 不是所要求的 K, 但当 τ 小时, K_C 却正好具有 K 的性质. 更明确地说, 我们要证明:

1. $K_C(q, q'; 0) = \delta^{(n)}(q - q')$,
2. $\lim\limits_{\tau\to 0}\dfrac{K - K_C}{\tau} = 0$.

如果这些断言得到满足, 那么, 利用群的性质 (30.8), 我们可以通过极限过程由 K_C 得到真正的 K:

$$K(q, q'; \tau) = \lim_{\substack{\varepsilon \to 0 \\ N \to \infty \\ \tau\, 固定}} \int \prod_{\alpha=0}^{N-1} K_C(q^{(\alpha+1)}, q^{(\alpha)}; \varepsilon)\mathrm{d}q^1 \cdots \mathrm{d}q^\alpha \cdots \mathrm{d}q^{N-1}, \qquad (30.21)$$

其中我们将 τ 分成大小为 ε 的 N 个间隔:

$$\tau = N\varepsilon, \quad 和 \quad q' = q^0, \quad q = q^N.$$

且 K_C 由 (30.9) 给出. 方程 (30.21) 可以解释为沿所有古典路径的积分[1]. 因为 $\lim\limits_{\tau\to 0}(K - K_C)/\tau = 0$, 在方程 (30.21) 中, K 的结果不会产生非无限小的误差, 所以, 事实上这是正确的 K.

我们还必须证明断言 1 和 2. 为此, 考虑一些例子.

---

[1] R. P. FEYNMAN, *Rev. Mod. Phys.* **20**, 367 (1948).

a. 自由落体:

$$L = \frac{m}{2}\dot{q}^2 + mgq,$$

$$K_C(q, q'; \tau) = K(q, q'; \tau) = \sqrt{\frac{m}{2\pi i\hbar\tau}} \cdot$$

$$\exp\left[\frac{i}{\hbar}m\left(\frac{(q'-q)^2}{2\tau} + \frac{\tau}{2}g(q-q') - \frac{1}{24}g^2\tau^3\right)\right]. \quad (30.22)$$

b. 线性谐振子:

$$L = \frac{m}{2}\dot{q}^2 - \frac{m\omega^2}{2}q^2,$$

$$K_C(q, q'; \tau) = K(q, q'; \tau)$$

$$= \sqrt{\frac{m\omega}{2\pi i\hbar\sin\omega\tau}}\exp\left[\frac{i}{\hbar}m\omega\frac{(q^2+q'^2)\cos\omega\tau - 2qq'}{2\sin\omega\tau}\right]. \quad (30.23)$$

c. 均匀磁场中的一个自由粒子:

$$L = \frac{m}{2}(\dot{q}_1^2 + \dot{q}_2^2) - m\sigma(\dot{q}_1 q_2 - \dot{q}_2 q_1), \quad \sigma = \frac{eH}{2mc},$$

$$K_C(\boldsymbol{q}, \boldsymbol{q}'; \tau) = K(\boldsymbol{q}, \boldsymbol{q}'; \tau) = \frac{m\sigma}{2\pi i\hbar\sin\sigma\tau} \cdot$$

$$\exp\left[\frac{i}{\hbar}m\sigma\left(\frac{(\boldsymbol{q}-\boldsymbol{q}')^2\cos\sigma\tau}{2\sin\sigma\tau} + q_2'q_1 - q_1'q_2\right)\right]. \quad (30.24)$$

为了证明上述断言, 按所期望的结果, 我们写下

$$\int K(q, q'; \tau)\varphi(q')\mathrm{d}q' = \varphi(q) + \frac{i}{\hbar}\tau\underline{H}\varphi(q) + \tau\chi(q, \tau), \quad (30.25)$$

并且想要证明,

$$\lim_{\tau\to 0}\chi(q, \tau) = 0. \quad (30.26)$$

这既包括断言 1, 又包括断言 2. 在例 *a* 中, 可进行精确计算. 在计算过程中, 所有要点都已经能够看出. 我们有,

$$\int K(q, q'; \tau)\varphi(q')\mathrm{d}q' = \sqrt{\frac{m}{2\pi i\hbar\tau}}\int\exp\left[\frac{i}{\hbar}m\left(\frac{(q'-q)^2}{2\tau} + \right.\right.$$

$$\left.\left.\frac{\tau}{2}g(q+q') - \frac{1}{24}g^2\tau^3\right)\right]\varphi(q')\mathrm{d}q'$$

$$= \exp[-i\tau gq]\sqrt{\frac{m}{2\pi i\hbar\tau}}\int\exp\left[\frac{i}{\hbar}\frac{m}{2\tau}\left(\xi^2 - \tau^2 g\xi - \frac{1}{12}g^2\tau^4\right)\right] \cdot$$

$$\varphi(q+\xi)\mathrm{d}\xi. \quad (30.27)$$

因为 $\xi - \frac{1}{2}g\tau^2 = u$, 所以方程 (30.27) 等于:

$$
= \exp[-\mathrm{i}\tau gq]\sqrt{\frac{m}{2\pi\mathrm{i}\hbar\tau}} \int \exp\left[\frac{\mathrm{i}}{\hbar}\frac{m}{2\tau}\left(u^2 + 2\tau^2 gq - \right.\right.
$$

$$
\left.\left. \frac{1}{12}g^2\tau^4 + \frac{1}{4}g^2\tau^4\right)\right] \cdot \varphi\left(q + u + \frac{1}{2}g\tau^2\right)\mathrm{d}u.
$$

若令 $u = v\sqrt{2\tau}$, 上式成为:

$$
= \exp[-\mathrm{i}\tau gq]\sqrt{\frac{m}{\pi\mathrm{i}\hbar}} \int \exp\left[\frac{\mathrm{i}}{\hbar}m[v^2 + O(\tau^2)]\right] \cdot
$$

$$
\varphi\left(q + \sqrt{2\tau}v + \frac{1}{2}g\tau^2\right)\mathrm{d}v.
$$

因为:

$$
\int_{-\infty}^{+\infty} \exp[\mathrm{i}au^2]\mathrm{d}u = \sqrt{\frac{\mathrm{i}\pi}{a}}
$$

$$
\left(\sqrt{\mathrm{i}} \equiv \exp\left[+\mathrm{i}\frac{\pi}{4}\right]\right),
$$

$$
\int_{-\infty}^{+\infty} \exp[\mathrm{i}au^2]u \cdot \mathrm{d}u = 0,
$$

$$
\int_{-\infty}^{+\infty} \exp[\mathrm{i}au^2]u^2\mathrm{d}u = \frac{1}{2}\left(\frac{-\mathrm{i}\pi}{a^3}\right)^{\frac{1}{2}}.
$$

以及

$$
\varphi\left(q + \sqrt{2\tau}v + \frac{1}{2}g\tau^2\right) = \varphi(q) + \sqrt{2\tau}v\varphi'(q) + \tau v^2\varphi''(q) + O(\tau^2),
$$

得到结果为:

$$
\int K(q, q'; \tau)\varphi(q')\mathrm{d}q' = \exp\left[-\frac{\mathrm{i}\tau gq}{\hbar}\right] \cdot
$$

$$
[\varphi(q) + \tau \cdot \mathrm{i}\hbar\varphi''(q)] + O(\tau^2)
$$

$$
= \varphi(q) + \frac{\mathrm{i}\tau}{\hbar}\left[-\frac{\hbar^2}{2m}\frac{\partial^2}{\partial q^2} + gq\right]\varphi(q) + O(\tau^2), \tag{30.28}
$$

这就是我们想要证明的. 对于例 b, 计算方法完全与此相同. 一般证明也可以模仿这种计算过程. 我们的想法如下:

用与普通变数有些不同的变数 q 和 q^+, $|q - q'|$ 愈小, 则对固定的 τ, 用自由的 S 代替 $S(q, q'; \tau)$ 更合适.

无力的情况:

$$
S_0(q, q'; \tau) = m\frac{(q' - q)^2}{2\tau}.
$$

一般情况:

$$S(q, q'; \tau) = m\frac{(q'-q)^2}{2\tau} - \tau V(q) + S_1(q, q'; \tau),$$

其中, 当 τ 固定时, 若 $q' \to q$, 则 $S_1(q, q'; \tau) \to 0. \partial S_1/\partial q$ 给出末动量的变化, 这种变化是由于沿路径作用的力所引起的. 令 $F(q)$ 表示力, 则在物理学上我们断定: 如果,

$$|F(q + \lambda q')|\tau \ll m\frac{|q'-q|}{\tau} \tag{30.29}$$

(就是说, 如果, 在无力情况下, 力的作用比动量小得多), 那么,

$$|S_1| < C\frac{\tau^2|F|}{m|q'-q|} \cdot |S_0|. \tag{30.30}$$

如果我们限制力的增加不太快 (即, 如果 $|F|/|q-q'|$ 是有界的), 那么, 对于大的 $|q'-q|$, $|S_1|$ 是一致有界的. 于是, 可按下述方式计算积分. 存在一个 ξ_0, 当 $|q'-q| > \xi_0$ 时, 上述条件得到满足, 所以, 如果忽略 S_1, 则误差 $\leqslant O(\tau^2)$. 当 $\xi < \xi_0$ 时, 这是不允许的, 但 ξ_0 可选择为 $\lim_{\tau \to 0}|(1/\tau)\xi_0| = 0$, 所以该积分的贡献也为零, 因为积分确实是有界的. 这样的 ξ_0 是存在的, 因为下式必须满足:

$$\frac{m}{1}F(q) \cdot \tau^2 \ll \xi_0 \ll \sqrt{\frac{2\tau\hbar}{m}}.$$

ξ_0 的最佳值是:

$$\xi_0 = \tau^{5/4}\frac{F}{\sqrt{2m\hbar}},$$

事实上, 这满足全部条件. 于是证明了

$$\int K(q, q'; \tau)\varphi(q')\mathrm{d}q' = \varphi(q) - \frac{\hbar}{\mathrm{i}}\tau\underline{H}\varphi(q) + \chi(q, \tau), \tag{30.31}$$

其中

$$\lim_{\tau \to 0}\frac{\chi(q, \tau)}{\tau} = 0.$$

注: (1) 当力与速度有关时, (例如存在磁场) 也可进行同样的计算.

(2) 只有一个限制:

$$|F(q)| < M.|q|.$$

当 τ 小和 $|q'-q|$ 固定时, 为了能够利用自由的 K_0, 这条件也是必需的 (也是我们感兴趣的) 这可由一长为 L 的一维盒中的一个粒子这个例子看出. 这对应于势:

$$V(q) = C \cdot \left(\frac{|q|}{L}\right)^{\infty},$$

于是,

$$\frac{\hbar}{i}\frac{\partial\psi}{\partial t} + \frac{p^2}{2m}\psi = 0, \quad \text{其中 } \psi(0,t) = \psi(L,t) = 0.$$

因为,

$$\psi_n(q,t) = u_n(q)\exp[-i\nu_n t],$$

我们有

$$u_n(q) = \sqrt{\frac{2}{L}}\sin\left(\frac{n\pi q}{L}\right),$$

$$\nu_n = \frac{1}{\hbar}\frac{p_n^2}{2m} = \frac{\hbar\pi^2}{2mL^2}n^2.$$

核 K 可用两种方法得到:

1. 利用本征函数, 由熟悉的格林函数表达式得到,

$$K(q,q';\tau) = \sum_n u_n^*(q)u_n(q')\exp[-i\nu_n\tau],$$

于是,

$$K(q,q';\tau) = \frac{1}{L}\sum_{n=1}^{\infty}\left[\cos\left(\frac{n\pi}{L}(q-q')\right) - \right.$$
$$\left. \cos\left(\frac{n\pi}{L}(q+q')\right)\right] \cdot \exp\left[-i\frac{\hbar\pi^2\tau}{2mL^2}n^2\right]. \tag{30.32}$$

2. 由自由粒子的核得到,

$$K_0(q,q';\tau) = \sqrt{\frac{m}{2\pi i\hbar\tau}}\exp\left[\frac{im}{2\hbar\tau}(q-q')^2\right] \equiv K_0(q-q'),$$

利用镜像法,

$$K'(q,q';\tau) = \sum_{n=-\infty}^{+\infty}[K_0(q-q'-2Ln) - K_0(q+q'-2Ln)].$$

当然, 核 K 和 K', 两者是相等的. 这由下述最容易看出. 按照惠特克和沃森的记号[1],

$$\vartheta_3(z|\tau) = \sum_{n=-\infty}^{+\infty}\exp[2niz]\exp[i\pi\tau n^2]$$
$$= 1 + 2\sum_{n=1}^{\infty}\cos 2nz \cdot \exp[i\pi\tau n^2],$$

---

[1] E. T. WHITTAKER and G. N. WATSON, *A Course of Modern Analysis* (Cambridge University Press, Cambridge, 1927) 4th ed., p. 462.

而且, 因为

$$\vartheta_3(z|\tau) = \vartheta_3(-z|\tau),$$

和

$$\vartheta_3(z|\tau) = (-\mathrm{i}\tau)^{-\frac{1}{2}} \exp\left[\frac{z^2}{\mathrm{i}\pi\tau}\right] \cdot \vartheta_3\left(\frac{z}{\tau}\Big| -\frac{1}{\tau}\right) \tag{30.33}$$

成立. 于是, 得到

$$K(q,q';\tau) = \frac{1}{2L}\left[\vartheta_3\left(\frac{\pi(q-q')}{2L}\Big| -\frac{\hbar\pi\tau}{2mL^2}\right) - \right.$$
$$\left. \vartheta_3\left(\frac{\pi(q+q')}{2L}\Big| -\frac{\hbar\pi\tau}{2mL^2}\right)\right].$$

和

$$K'(q,q';\tau) = \sqrt{\frac{m}{2\pi\mathrm{i}\hbar\tau}}\left\{\exp\left[\frac{\mathrm{i}m}{2\hbar\tau}(q-q')^2\right] \cdot \right.$$
$$\vartheta_3\left(+\frac{mL}{\hbar\tau}(q-q')\Big| \frac{2m}{\pi\hbar\tau}L^2\right) - $$
$$\left. \exp\left[\frac{\mathrm{i}m}{2\hbar\tau}(q+q')^2\right] \cdot \vartheta_3\left(+\frac{mL}{\hbar\tau}(q+q')\Big| \frac{2m}{\pi\hbar\tau}L^2\right)\right\},$$

而且, 因为关系式 (30.33), 这两个表达式简化为相同的表式.

在这个例题中, 当 τ 小和 $|q'-q|$ 固定时, 我们看出, 对于 $|F(q)| > M \cdot |q|$, 自由核 K_0 不产生一个好的近似. 虽然如此, 但是在这里, 古典的 K_C 却是薛定谔方程的一个严格解.

注: 只当 $\operatorname{Im}\tau > 0$ 时, ϑ_3 级数才一致收敛; 虽然, 实际上, 当 τ 为实数时, 我们给出的核并不存在. 但是, 可以证明, 对于充分 "正常" 的函数 $\varphi(q')$, 式

$$\int K(q,q';\tau)\varphi(q')\mathrm{d}q'$$

是存在的, 并且由下式给出:

$$\lim_{\varepsilon\to 0}\int K(q,q';\tau+\mathrm{i}\varepsilon)\varphi(q')\mathrm{d}q'.$$

于是, 上述所有公式都必须这样来考虑——完成积分之后, 再取极限值, 以消去虚数部分.

费曼还利用这种形式导出量子电动力学. 首先, 对于一个谐振子的强迫振动, 我们能够给出一个严格解 [1].

$$\left.\begin{aligned} L &= \frac{1}{2}(\dot{q}^2 - \omega^2 q^2) + \gamma(t)\cdot q \\ H &= \frac{1}{2}(p^2 + \omega^2 q^2) - \gamma(t)\cdot q \end{aligned}\right\}, \tag{30.34}$$

---

[1] R. P. FEYNMAN. *Phys. Rev.* **80**, 440 (1950); 第 3 节.

所以

$$\ddot{q} + \omega^2 q = \gamma(t).$$

注: 这里, $K(q,t;q',t')$ 不只是与 $\tau = t - t'$ 有关; 虽然如此, 但是与以前的考虑没有本质的改变.

于是我们有①.

$$S = \frac{\omega}{2\sin\omega\tau}\Bigg[(q^2 + q'^2)\cos\omega\tau - 2qq' +$$

$$\frac{2q}{\omega}\int_{t'}^{t}\gamma(u)\sin\omega(u - t')\mathrm{d}u + \frac{2q'}{\omega}\int_{t'}^{t}\gamma(v)\sin\omega(t - v)\mathrm{d}v +$$

$$\left(-\frac{2}{\omega^2}\right)\int_{t'}^{t}\mathrm{d}v\int_{t'}^{v}\mathrm{d}u\gamma(v)\gamma(u)\sin\omega(t - v)\sin\omega(u - t')\Bigg]. \quad (30.35)$$

特别地, 基态的对角元素是:

$$K_{00}(t,t') = \int\mathrm{d}q\int\mathrm{d}q'\psi_0^*(q,t)K(q,t;q',t')\psi_0(q',t'),$$

$$\psi_0(q,t) = \sqrt[4]{\frac{\omega}{\pi}}\exp\left[-\frac{1}{2}\omega q^2 - \frac{\mathrm{i}}{2}\omega t\right],$$

$$K_{00}(t,t') = \exp\left[-\frac{1}{2\omega}\cdot\int_{t'}^{t}\mathrm{d}v\int_{t'}^{v}\mathrm{d}u\gamma(u)\gamma(v)\exp[-\mathrm{i}\omega(v - u)]\right]. \quad (30.36)$$

这是容易证明的②.

于是, 可以消去场振子. 让我们考虑一个系统——例如, 一个电子——与一振子耦合. 则,

$$H = H_0(x) + \frac{1}{2}(p^2 + \omega^2 q^2) - \gamma[x(t)]\cdot q \quad (30.37)$$

如果我们应用 K 的乘积表达式 (30.21), 并且找出振子停留在基态 ($\sim$ 光子真空) 的矩阵元, 那么我们能够对 q 积分, 而得到:

$$K(x,x';\tau) = \lim_{\varepsilon\to 0}\int\cdots\int\prod_{\alpha=0}^{N}\sqrt{D}\exp\left[\frac{\mathrm{i}}{\hbar}S_0(x_{\alpha+1},x_\alpha;\varepsilon)\right]\cdot$$

$$K_{00}(\gamma(x_1)\cdots\gamma(x_n))\mathrm{d}^N x,$$

其中 $\tau = (N+1)\varepsilon, x' = x_0, x = x_{N+1}$, 并且必须认为 K_{00} 是 $\gamma(x)$ 的函数; 或者说, 如果把积分写成黎曼和, 则必须认为 K_{00} 是 N 个 $\gamma(x_\alpha)$ 的函数.

费曼将这应用到无限个场振子, 并且正好得到戴森公式, 当然, 是必定会得到这样结果的. 特别是, 很好地得出了 D^C 函数.

正如我们在这里能够看到的那样, 该公式与普通量子电动力学完全等效. 然而, 用这种方式, 费曼推出了戴森公式, 比戴森的推导来得早.

---

①② R. P. FEYNMAN. *Phys. Rev.* **80**, 440 (1950); 第 3 节.

补充书目

A. AKHIEZER and V. B. BEREZTETSKI, *Quautum Electrodynamics* (Wiley, New York, 1963).

J. D. BJORKEN and S. D. DRELL, *Relativistic Quantum Fields* (McGraw-Hill, New York, 1965).

N. N. BOGOLIUBOV and D. V, SHIRKOV. *Introduction to the Theory of Quantized Fields* (Interscience, New. York, 1959).

G F. Chew, S-*Matrix Theory of Strong Interactions* (Benjamin, New York, 1962).

R. P. FEYNMAN, *Quantum Electrodynamics* (Benjamin, New. York, 1962).

A. O. G. KALLEN, *"Quantenelektrodynamik"* in *Encyclopedia of Physics* (S. Flügge, ed.) Vol. V. Part 1 (Springer, Berlin, 1958).

F. MANDL, *Introduction to Quantum Field Theory* (Interscience, New. York, 1960).

S. SCHWEBER, *An Introduction to Relativistic Quantum Field Theory* (Harper and Row, New York, 1961).

J. SCHWINGER, *Quantum Electrodynamics* (Dover, New York, 1958).

附录　英译本编者评注

[A–1] (§1) 本书采用下列记号: 具有希腊字标 $\mu = 1, 2, 3, 4$ 的量 a^μ, b_μ 表示四维矢量. 按通常的求和习惯, 标积写作:

$$(ab) = a^\mu b_\mu = \boldsymbol{a} \cdot \boldsymbol{b} - a^0 b_0,$$

其中 $\boldsymbol{a}, \boldsymbol{b}$ 是三维矢量, 且 $a^4 = \mathrm{i}a^0, b_4 = \mathrm{i}b_0$ 采用这种记号, 上标和下标之间没有区别. 我们规定, 上标用于位置矢量 $x^\mu(x^0 = t)$, 电流 j^μ, 和狄拉克矩阵 γ^μ (后者都是厄米量); 下标用于动量矢量 k_μ, 量子化矢势 Φ_μ, 和外 (c 数) 矢势 $\mathscr{A}_\mu$. 此外, $\mathrm{d}^4 x = \mathrm{d}^3 x \mathrm{d} x_0, \mathrm{d}^4 k = \mathrm{d}^3 k \mathrm{d} k_0$.

上标 $*$ 用来表示 c 数的复数共轭, 同样表示 q 数的厄米共轭. 但在下列各处有些例外: 方程 (3.13) 中星号表示复数共轭, 方程 (15.10) 中星号意义由 (15.15) 定义, 在方程 (15.15) 以及其他地方, 例如 (3.17) 到 (3.19) 中, 厄米共轭由上标 $+$ 表示. 因为在各种情况下, 所表示的意义是明显的, 所以对原稿中这些不一致的地方不作改正.

本书采用 $\hbar = c = 1$ 单位. 麦克斯韦方程写成赫维赛德单位, 所以 $e^2/(4\pi) = a \cong 1/137, e$ 是电子电荷, a 是精细结构常数. 于是,

$$\Box \Phi_\mu = -j^\mu; \quad \frac{\partial \Phi_\mu}{\partial x^\mu} = 0,$$

其中

$$\Box = \frac{\partial}{\partial x^\mu} \cdot \frac{\partial}{\partial x^\mu} = \nabla^2 - \frac{\partial^2}{\partial t^2}.$$

是达朗贝尔算符, 第二个方程是洛伦兹条件. 详见本丛书第一卷《电动力学》.

[A–2] (§11) 海特勒在辐射的量子理论中, 通过测量规定作了解释. (W. Heitler, *The Quantum Theory of Radiation* (Clarendon Press, Oxford, 1954), 3rd edition, p. 319).

[A-3] (§12) 自旋为 $\frac{1}{2}$ 的粒子除了具有正常的玻尔磁子 $e/(2m)$ 以外，还具有一个反常磁矩 $\mu e/(2m)$，这种粒子除了引起正常 (或 "最小") 相互作用 (19.2) 外，还引起如下相互作用：

$$\frac{1}{2}\mu\sigma_{\mu\nu}F_{\mu\nu}.$$

与场 $F_{\mu\nu}$ 有关，而不是与势 Φ_μ 有关的这样一项相互作用称为泡利项. 见泡利的文章：W. Pauli, *Rev. Mod. Phys.* **13**, 203 (1941).

[A-4] (§13, 14, 18) §13，§14 和 §18 大部分是 §5，§9 和 §3 的重复. 这是因为，§1 至 §12 是泡利在 1950 年较短的夏季学期讲述的，而从 §13 开始，是在长的暑假之后，于 1950—1951 冬季学期讲述的. 在德文原讲义中，明显地划分为第一部分和第二部分.

[A-5] (§15) 这里，$\Psi(N_\lambda)$ 的意义由本征矢量 $|(N_\lambda)\rangle$ 转换为这些矢量在广义态 Ψ 中的振幅. 更确切地说，应该写作：

$$\Psi = \sum_{(N_\lambda)} |(N_\lambda)\rangle c(N_\lambda).$$

于是，由辅助条件 (15.14) 和 §15 中方程：
对于 $i = 1, 2, 3$，

$$A_i\psi(N_i) = \sqrt{N_i}\psi(N_i - 1),$$
$$A_i^*\psi(N_i) = \sqrt{N_i + 1}\psi(N_i + 1).$$

和对于 $i = 4$，

$$A_4\psi(N_4) = -\mathrm{i}\sqrt{N_4 + 1}\psi(N_4 + 1),$$
$$A_4^*(N_4) = -\mathrm{i}\sqrt{N_4}\psi(N_4 - 1).$$

得到

$$\sqrt{N_3 + 1}c(N_3 + 1, N_4) + \sqrt{N_4}c(N_3, N_4 - 1) = 0,$$
$$\sqrt{N_3}c(N_3 - 1, N_4) + \sqrt{N_4 + 1}c(N_3, N_4 + 1) = 0.$$

因此，

$$c(N_3, N_4) = \delta_{N_3, N_4}(-1)^{N_3}c(0, 0),$$

故因 $c(0, 0) \neq 0$，

$$|\Psi|^2 = \sum_{N_3, N_4} |c(N_3, N_4)|^2 = \infty.$$

§15. c 中关于 $\sum\limits_{(N_\lambda)} \psi^*(N_\lambda)\psi(N_\lambda)(-1)^{N_4}$ 在时间上保持常数的断定由下述得到:
Ψ 模方的时间依赖性由下式给出,

$$|\Psi(t)|^2 \equiv (\Psi^*(t), \eta\,\Psi(t)) = (\Psi^* \exp[-\mathrm{i}H^+t]\,\eta \exp[+\mathrm{i}Ht]\,\Psi)$$
$$= \sum_{(N_\lambda)}\sum_{(N_\lambda')} c^*(N_\lambda)c(N_\lambda')\langle (N_\lambda)|\exp[-\mathrm{i}H^+t]\,\eta \exp[+\mathrm{i}Ht](N_\lambda')\rangle.$$

由 §15c 中所列方程 $\eta H = H^+\eta$ 得,

$$\exp[-\mathrm{i}H^+t]\eta = \eta \exp[-\mathrm{i}Ht].$$

根据

$$\eta A_\lambda^+ = \varepsilon_\lambda A_\lambda^+ \eta; \quad \varepsilon_\lambda = \begin{cases} +1; & \lambda = 1, 2, 3, \\ -1; & \lambda = 4, \end{cases}$$

我们有 $[\eta, N_\lambda] = 0$ 和

$$\langle (N_\lambda)|\eta|(N_\lambda')\rangle = \delta_{(N_\lambda)(N_\lambda')}(-1)^{N_4}\langle (0)|\eta|(0)\rangle.$$

因此

$$|\Psi(t)|^2 = \sum_{(N_\lambda)} |c(N_\lambda)|^2 (-1)^{N_4}\langle (0)|\eta|(0)\rangle.$$

的确, 这确是常数, 而且是 §15. c 中所指出的形式.

[A-6] (§24) 这里, 泡利引用了 R. 格劳伯未发表的工作 "关于幺正算符描述系统随时间的发展, 证明它与 "入" 和 "出" 算符的关系, 以及用这些算符所定义的 S 矩阵的确与戴森所定义的 S 矩阵相同" (引自 R. 格劳伯给编者的信). 这工作包括在杨振宁和费德曼的论文中 (第五章参考文献 1), 而且在该文脚注 14 中得到证实. 泡利对杨振宁提出过, 格劳伯可以作为杨振宁–费德曼论文的合作者.

[A-7] (§25) 当然, 戴森信守了他的诺言, 参见 *Phys. Rev.* 82: 428 (1951); 83: 608, 1207(1951); *Proc. Roy. Soc.* (London) **A** 207, 395 (1951).

在 1950 年 11 月 11 日提出的上述第一篇论文的脚注 7 中, 戴森感谢 "W. 泡利教授和 R. 约斯特博士, 向他指出用这种场平均工作的必要性" 并且参考了约斯特一个未发表的计算, 其中 "包括本系列论文所提出的许多概念". 这说明在泡利讲授这些讲义的当时, 苏黎世学派活动的重要性.

至于注 1 所提到的自旋为零的情况, 则不可能查明究竟是否做过类似的工作.

[A–8] (§29) K. 亥普乐意为本讲义作了如下注释:

1. 可以证明, 重正化概念对微扰论的每一级都是正确的. 这首先由戴森 [1] 提出, 后来由许多作者 [2] 推广到数学上更为严格的各种形式.

2. 在 S 维时空的某些相互作用量子场的模型中, (如 $S = 2$ 的汤川型相互作用 [3], $S = 3$ 的四次式 Φ^4 的玻色子自相互作用 [4], $S = 4$ 的 Φ^3 相互作用 [5]), 可以用严格的数学方法确定正确的局部重正化哈密顿量. 其 (非截止的) 无限反项正是微扰论所提出的. 对于汤川型相互作用, 格利姆和雅菲的结果是非常受鼓舞的: 在重正化理论的海森伯图像中, 时间发展是局部的, 并导致量子场方程中非线性项的一种一致定义.

1. F. J. DYSON, *Phys. Rev.* 75: 486, 1736 (1949).

2. 参看下列著作: K. Hepp and H. Epstein in the 1970 *Les Houches Lectures*, C. de Witt *and* R. stora, editors (Gordon and Breach, New. York, 1971) 和 O. STEINMANN, *Perturbation Expansions in Axiomatic Field Theory*, Lecture Notes in Physics (Springer, Berlin, 1971).

3. J. GLIMM and A. JAFFE; *Ann, Phys.* (*N. Y*) 60, 321 (1970) 和 *J. Functional Analysis*7, 323 (1971).

4. J. GLIMM, *Comm. Math. Phys.* 10, 1 (1968).

5. K. OSTERWALDER, ETH Thesis (Zurich, 1970).

索引

(汉–英)

E

L

1945年诺贝尔物理学奖获得者
WOLFGANG PAULI 著作选译
PAULI LECTURES ON PHYSICS
VOLUME 1, 2, 3
泡利物理学讲义
（第一、二、三卷）
泡利

ISBN: 978-7-04-040409-8

1945年诺贝尔物理学奖获得者
WOLFGANG PAULI 著作选译
PAULI LECTURES ON PHYSICS
VOLUME 4, 5, 6
泡利物理学讲义
（第四、五、六卷）
泡利

ISBN: 978-7-04-054105-2

1945年诺贝尔物理学奖获得者
WOLFGANG PAULI 著作选译
RELATIVITÄTSTHEORIE
相 对 论
泡利

ISBN: 978-7-04-053909-7

1991年诺贝尔物理学奖获得者
P. G. DE GENNES 著作选译 第一辑
SUPERCONDUCTIVITY
OF METALS AND ALLOYS
金属与合金的超导电性
德热纳

ISBN: 978-7-04-036886-4

1991年诺贝尔物理学奖获得者
P. G. DE GENNES 著作选译 第二辑
THE PHYSICS OF
LIQUID CRYSTALS
液晶物理学（第二版）
德热纳

ISBN: 978-7-04-047622-4

1991年诺贝尔物理学奖获得者
P. G. DE GENNES 著作选译 第三辑
SCALING CONCEPTS
IN POLYMER PHYSICS
高分子物理学中的
标度概念
德热纳

ISBN: 978-7-04-038291-4

1991年诺贝尔物理学奖获得者
P. G. DE GENNES 著作选译 第四辑
CAPILLARITY AND
WETTING PHENOMENA
DROPS, BUBBLES, PEARLS, WAVES
毛细和润湿现象
——液滴、气泡、液珠和表面波
德热纳

1991年诺贝尔物理学奖获得者
P. G. DE GENNES 著作选译 第五辑
SOFT INTERFACES
THE 1994 DIRAC MEMORIAL LECTURE
软界面
——1994年狄拉克纪念讲演录
德热纳

ISBN: 978-7-04-038693-6

1991年诺贝尔物理学奖获得者
P. G. DE GENNES 著作选译 第六辑
INTRODUCTION TO
POLYMER DYNAMICS
高分子动力学导引
德热纳

ISBN: 978-7-04-038562-5

1932年诺贝尔物理学奖获得者
WERNER HEISENBERG 著作选译
DIE PHYSIKALISCHEN PRINZIPIEN
DER QUANTENTHEORIE
量子论的物理原理
海森伯

ISBN: 978-7-04-048107-5

1933年诺贝尔物理学奖获得者
ERWIN SCHRÖDINGER 著作选译
STATISTICAL
THERMODYNAMICS
统计热力学
薛定谔

ISBN: 978-7-04-039141-1

1938年诺贝尔物理学奖获得者
ENRICO FERMI 著作选译
QUANTUM MECHANICS
量子力学
费米

有ISBN号的截至本书出版时已出版